U0789823

高等学校教材

材料检测技术与应用

陈金身　智红梅　主编

黄河水利出版社

·郑州·

内 容 提 要

本书全面系统地介绍了化学实验常识，实验准备，材料成分的湿法定性，磨料分析，磨具物理性能分析，超硬磨具化学成分分析，磨料磨具主要原材料分析，陶瓷原料分析，金属材料分析技术以及现代快速仪器分析方法简介等十个方面的内容。既照顾到传统的检测方法，又增加了一些快速分析方法及最新研究成果，体现了实际应用的特点。

本书可供高等学校磨料磨具专业、超硬材料专业、无机非金属材料专业、材料科学与工程专业、金属材料专业等师生作为实验教材使用，也可作为理化检验资格鉴定培训教材，还可供相关专业从事科研、设计、产品开发、生产、质量检测方面的人员作为技术参考书使用。

图书在版编目(CIP)数据

材料检测技术与应用/陈金身，智红梅主编．—郑州：黄河水利出版社，2008.7

ISBN 978－7－80734－455－1

Ⅰ．材…　Ⅱ．①陈…　②智…　Ⅲ．工程材料－检测－高等学校－教材　Ⅳ．TB302

中国版本图书馆 CIP 数据核字(2008)第 095065 号

策划组稿：马广州　电话：13849108008　E-mail：magz@yahoo.cn

出 版 社：黄河水利出版社

地址：河南省郑州市金水路 11 号　　邮政编码：450003

发行单位：黄河水利出版社

发行部电话：0371－66026940、66020550、66028024、66022620(传真)

E-mail：hhslcbs@126.com

承印单位：黄河水利委员会印刷厂

开本：787 mm×1 092 mm　1/16

印张：16.75

字数：430 千字　　印数：1—3 000

版次：2008 年 7 月第 1 版　　印次：2008 年 7 月第 1 次印刷

定价：38.00 元

前　　言

《材料检测技术与应用》一书是根据教育部提出的拓宽专业口径、按专业大类进行人才培养的思路，为了适应材料类专业的教学内容和课程体系改革的需要，并体现材料专业的专业特点，融合多年来材料检测技术与应用方面实验教学改革成果编写而成的实验教材。

本书全面系统地介绍了化学实验常识，实验准备，材料成分的湿法定性，磨料分析，磨具物理性能分析，超硬磨具化学成分分析，磨料磨具主要原材料分析，陶瓷原料分析，金属材料分析技术以及现代快速仪器分析方法简介等十个方面的内容。既照顾到传统的检测方法，又增加了一些快速分析方法及最新研究成果，体现了实际应用的特点。

本书由陈金身副教授、智红梅高级工程师任主编，李素平副教授、闫国进副教授任副主编。

全书由河南工业大学材料学院院长邹文俊教授、徐三魁教授任主审，温绍国教授、黄敬民高级经济师任副主审，河南省理化检验学会秘书长杨宏伟高级工程师、中国高速分析仪器专业委员会副主任委员张兴宝高级经济师、全国磨料磨具标准化委员会主任张长伍高级工程师审阅并提出了宝贵的意见。编写过程中得到了业内同仁的帮助，文字处理方面得到张颂、黎克楠、郭维清、余莹、陈智等的帮助，在此一并致谢。

本书第一章由郑州大学化学系徐占辉博士编写；第二章由河南工业大学材料科学与工程学院闫国进副教授编写；第三章、第四章、第五章由郑州大学高温研究所李素平副教授编写；第六章、第七章第一节至第三节由郑州大学化工学院张翔博士编写；第七章第四节至第八节、第八章、第九章第一节至第六节由河南工业大学材料科学与工程学院陈金身副教授编写；第九章第七节至第二十节由河南工业大学化学工业职业学院智红梅高级工程师编写；第九章第二十一节、第十章由郑州大学公共卫生学院刘利娥编写。全书由陈金身、智红梅统稿。

本书可供高等学校磨料磨具专业、超硬材料专业、无机非金属材料专业、材料科学与工程专业、金属材料专业等师生作为实验教材使用，也可作为理化检验资格鉴定培训教材，还可供相关专业从事科研、设计、产品开发、生产、质量检测方面的人员作为技术参考书使用。

本书力求全面系统地反映近代材料分析检测的最新技术。由于内容涉及面广，谬误之处在所难免，敬请广大读者批评指正。

编　者

2008 年 3 月

目　录

第1章　化学实验常识

1.1　实验常用器皿及使用规则

1.1.1　玻璃器皿的洗涤

化学实验经常使用大量的玻璃器皿，这些玻璃器皿经使用后常沾有化学药品，既有可溶性物质，也有灰尘和其他不溶性物质及油污等有机物质。为了得到准确的实验结果，实验前必须将实验器皿洗涤干净。每次用过后要立即洗涤，避免残留物变质固化，造成洗涤困难。

1.1.1.1　水洗

在玻璃器皿内注入约占总容量1/3的自来水，用力振荡片刻，倒掉，照此连洗2～3次，可洗去粘附易溶物及部分灰尘，洗净后用蒸馏水润洗。

1.1.1.2　刷洗

用水不能清洗干净时，可用毛刷由外到里刷洗器皿，每次用水量不要太多，刷洗2～3次后检查是否清洗干净。若不能用水刷洗干净，须用毛刷蘸少量去污粉（洗洁精、洗衣粉等）再进行刷洗，直至刷洗干净为止，再用水彻底冲洗。

1.1.1.3　针对性洗涤

有些不溶污垢久置后很难用刷洗方法洗去，这时可根据污垢的性质进行针对性洗涤。即利用酸碱中和反应、氧化还原反应、配位反应等将不溶物转化为易溶物再进行清洗。如银镜反应粘附的银及沉积的硫化银可加入硝酸生成易溶的硝酸银；未反应完的二氧化锰，反应生成的难溶氢氧化物、碳酸盐等可用盐酸处理生成可溶的氯化物；沉积在器壁上的银盐，一般用硫代硫酸钠溶液洗涤，生成易溶配合物；沉积在器壁上的碘可用硫代硫酸钠溶液洗涤，也可用碘化钾或氢氧化钠溶液清洗。表1-1列出了几种常用的洗涤液及使用方法。

在进行多次清洗时，使用的洗涤剂应本着"少量多次"的原则，这样既可节约试剂，也能保证洗涤效果。用自来水洗净后，根据实验需要，有时还需用蒸馏水、去离子水或试液润洗。玻璃器皿洗净后应透明且不挂水珠。

1.1.2　玻璃器皿的干燥

实验时所用的器皿，除必须清洗外，有时还要求干燥。干燥的方法主要有以下几种。

1.1.2.1　倒置晾干

将洗净的器皿倒置在干净的仪器柜内或滴水架上，任其滴水晾干。

1.1.2.2　热（冷）风吹干

洗净的器皿若急需干燥，可用电吹风直接吹干。若在吹风前先用易挥发的有机溶剂（如乙醇、丙酮、石油醚等）淋洗一下，则干得更快。或用玻璃器皿快速烘（吹）干仪烘（吹）干。

1.1.2.3　加热烘干

将洗净的器皿放在电热（或鼓风）干燥箱内烘干，烘箱温度要控制在105 ℃左右。能加热的器皿如烧杯、蒸发皿等可用酒精灯或电炉小火烤干，容器外壁的水珠应先揩干。

表 1-1　几种常用的洗涤液

洗涤液	配方	使用方法
铬酸洗液	25 g 重铬酸钾溶于 50 mL 水中，冷却后向溶液中慢慢加入 450 mL 浓硫酸	具有强氧化性和强酸性，能有效地去除还原性污垢、难溶于水的有机物和易溶于酸的碱性污垢。在用洗液洗涤前，应先用水刷洗器皿，除去污物，并尽量倒掉残留水，避免稀释洗液影响洗涤效果。用洗液洗涤时，要注意安全(6 价铬的毒性，浓硫酸的腐蚀性)，若不慎溅洒，应立即用水清洗。洗液变绿后，不再具有氧化性和去污能力，勿再使用
盐酸	浓或 1:1	用于洗去碱性物质及大多数无机物残渣
碱性洗液	氢氧化钠 10% 的水溶液或乙醇溶液	水溶液加热(可煮沸)使用，去除油污效果较好；碱 - 乙醇洗液不要加热
碱性高锰酸钾洗液	4 g 高锰酸钾溶于水中，加入 10 g 氢氧化钠，用水稀释至 100 mL	洗涤油污或其他有机物，洗后析出的二氧化锰用浓盐酸或草酸洗液、硫酸亚铁、亚硫酸钠等还原剂除去
草酸洗液	5 ~ 10 g 草酸溶于 100 mL 水中，加入少量浓盐酸	洗涤高锰酸钾洗液洗后产生的二氧化锰，必要时加热使用
碘 - 碘化钾洗液	1 g 碘和 2 g 碘化钾溶于 100 mL 水中	洗涤用过硝酸银滴定液留下的黑褐色沾污物，也可用于擦洗沾过硝酸银的白瓷片或水槽
有机溶剂	苯、乙醚、丙酮、二氯乙烷	可洗去油污或可溶于该溶剂的有机物质，乙醇配制的指示剂干渣可用盐酸 - 乙醇(1:2)洗液洗去
混合酸洗液	王水或浓硝酸与氢氟酸的混合酸	可洗涤金属铂、铼、钨、钼及硫化汞、氧化硅等

1.1.3　其他器皿及其使用

1.1.3.1　瓷器皿

瓷器可耐高温，可在 1 200 ℃以下使用，耐腐蚀性能比玻璃好，且比较坚固，涂有釉的瓷坩埚灼烧后失重甚微，可用于称量分析中的恒重。常用的瓷器有瓷蒸发皿和瓷坩埚，两者均上釉。前者常用于蒸发液体，容量有 30 mL、60 mL、100 mL、250 mL 等；后者常用于灼烧沉淀和高温熔解试样，容量有 20 mL、30 mL、40 mL 等。

1.1.3.2　玛瑙研钵

玛瑙是一种天然二氧化硅，有很高的硬度，不与一般的化学物质起反应。用玛瑙研钵研磨样品，样品不易受研钵污染，玛瑙研钵常用于矿样的研磨。玛瑙研钵易碎，用时只能研磨，不能用力敲击。因内部有结构水，所以不可加热。

1.1.3.3 铂制品

铂又叫白金，价格比黄金贵，熔点很高（1 773.5 ℃），灼烧时不起变化，能耐碱金属碳酸盐和氢氟酸的腐蚀。铂蒸发皿常用于蒸发带氢氟酸的样品，铂坩埚常用于灼烧和称量沉淀。铂制品的使用应严格遵守如下规则：

（1）铂在高温下不可接触以下物质：固体氧化钾、氧化钠、硝酸钾、硝酸钠、氰化钠、氰化钾、过氧化钠、氢氧化钡、氢氧化锂等（碳酸钠和碳酸钾可用）；王水、卤素和能产生卤素的溶液，如硝酸钾、高锰酸钾、重铬酸钾等的盐酸溶液，碳酸亚铁的盐酸溶液；在高温能与铂生成低熔点合金的金属及其化合物，如 Ag、Hg、Pb、Sb、Sn、Bi、Cu 等；含碳的硅酸盐，磷、砷、硫及其化合物，硫化钠、硫氰化钠等。

（2）洗涤铂制品时，不能用大力，且不能用玻璃棒等硬物去刮铂制品。

（3）铂制品不可在含碳和氢化合物的还原火焰中加热。

（4）铂制品在高温下不可与其他金属接触。

（5）铂制品不可用于处理未知成分的样品。

（6）铂制品不可用盐酸和硝酸的混合物洗涤。

（7）铂器皿最高使用温度 1 200 ℃。

1.1.3.4 银坩埚

银较廉价，不受碱的腐蚀，因此可用于蒸发碱液，银的熔点为 960 ℃，不可用于分解和灼烧含硫物质，不可用于熔融硼砂和含铝、锌、锡、铅、汞等金属盐，浸取熔融物不可用酸，银坩埚不能用于恒重分析。最高使用温度 700 ℃。

1.1.3.5 镍坩埚

镍的熔点为 1 455 ℃，可在较高温度下使用，镍几乎不与强碱起作用，可用于以过氧化钠为熔剂的试样，但有少量腐蚀。镍坩埚亦不能熔融硼砂和含铝、锌、锡、铅、汞等的金属盐。镍易溶于酸，不可用酸浸取熔块，镍坩埚用前可放在水中蒸沸几分钟，去除污物。镍坩埚不可用于恒重分析。

1.1.3.6 铁坩埚

铁很便宜，耐碱性不如镍，但可用于代替镍坩埚熔融过氧化钠。

1.1.3.7 塑料制品

聚乙烯是热塑性材料，不耐热，但耐强碱腐蚀，吸附性小，常用于盛碱液、氢氟酸溶液，取水样等。聚四氟乙烯也称塑料王，耐浓酸、浓碱、强氧化剂、氢氟酸的腐蚀，最高工作温度可达 250 ℃，但在 415 ℃以上将急剧分解释放出剧毒的全氟异丁烯气体。聚四氟乙烯制品常用于需要使用氢氟酸的场合。

1.2 化学实验室安全知识

化学实验室中经常使用的有机试剂和溶剂，多数具有易燃性、易爆性和毒性等。虽然我们在选择实验时，尽量选用低毒的溶剂和试剂，但是大量使用它们时，对人体也会造成一定伤害。因此，防火、防爆、防中毒已成为化学实验室中的重要问题。

1.2.1 防火、防爆

化验室内应备有灭火用具、急救箱和个人防护器材。化验员要熟知这些器材的使用方法。

禁止用火焰在煤气管道上寻找漏气的地方，应该用肥皂水来检查漏气。

操作、倾倒易燃液体时应远离火源，瓶塞打不开时，切忌用火加热或冒然敲打。倾倒易燃液体量大时要有防静电措施。

加热易燃溶剂必须在水浴或严密的电热板上缓慢进行，严禁用火焰或电炉直接加热。

点燃煤气灯时，必须先关闭风门，划着火柴，再开煤气，最后调节风量。停用时要先闭风，后闭煤气。不依次序，就有发生爆炸和火灾的危险。还要防止煤气灯内燃。

使用酒精灯时，注意酒精切勿装满，应不超过容量的2/3，灯内酒精不足1/4容量时，应灭火后添加酒精。燃着的灯焰应用灯帽盖灭，不可用嘴吹灭，以防引起灯内酒精起燃。酒精灯应用火柴点燃，不应用另一正燃着的酒精灯来点，以防失火。

易爆炸类药品，如苦味酸、高氯酸、高氯酸盐、过氧化氢等应放在低温处保管，不应和其他易燃物放在一起。

在蒸馏可燃物时，要时刻注意仪器和冷凝器的正常工作。如需往蒸馏器内补充液体，应先停止加热，放冷后再进行。

易发生爆炸的操作不得对着人进行，必要时操作人员应戴面罩或使用防护挡板。

身上或手上沾有易燃物时，应立即清洗干净，不得靠近灯火，以防着火。

严禁可燃物与氧化剂一起研磨。工作中不要使用不知其成分的物质，因为反应时可能形成危险的产物（包括易燃、易爆或有毒产物）。在必须进行性质不明的实验时，应尽量先从最小剂量开始，同时要采取安全措施。

易燃液体的废液应设置专用贮器收集，不得倒入下水道，以免引起燃爆事故。

电炉周围严禁有易燃物品。电烘箱周围严禁放置可燃、易燃物及挥发性易燃液体。不能烘烤放出易燃蒸气的物料。

一旦发生火情，应沉着镇定地采取正确措施，控制事故的扩大。首先立即切断电源，移走易燃物。然后根据易燃物的性质和火势采取适当的方法进行扑救。有机物着火通常不用水进行扑救。小火可用湿布或石棉布盖熄。火势较大时，使用黄沙、灭火器等将火熄灭。

1.2.2 灭火

一旦发生火灾，化验员要临危不惧、冷静沉着，及时采取灭火措施。若局部起火，应立即切断电源，关闭煤气阀门，用湿抹布或石棉布覆盖熄灭。若火势较猛，应根据具体情况，选用适当的灭火机进行灭火，并立即与有关部门联系，请求救援。常用灭火器类型和适用范围见表1-2。

根据燃烧物的性质，国际上统一将火灾分为A、B、C、D四类。

A类火灾是指木材、纸张和棉花等物质的着火，最经济的灭火剂是水，另外可用酸碱式和泡沫式灭火机。

B类火灾是指可燃性液体，如石油化工产品、食用油脂等着火。扑灭此类火灾可用泡沫式灭火机、二氧化碳灭火机、干粉灭火机和“1211”灭火机。“1211”是对付B类火灾的有效武器，它在火焰中气化时产生一种抑制和阻断燃烧链反应的游离基，使燃烧中断。

C类火灾是指可燃性气体，如城市煤气、石油液化气等着火。这类火灾，用水、酸碱式灭火机和泡沫式灭火机都无能为力，可使用“1211”灭火机或干粉灭火机。干粉灭火机是一种灭火时间短、灭火能力大的高效灭火机。

D类火灾是指可燃性金属，如钾、钠、钙、镁、铝、钛等金属着火。这些活泼金属如钾、钠、钙能与水反应产生可燃性气体——氢气，在高温下，这些活泼金属还能和二氧化碳起剧烈反应。

因此，D类火灾严禁用水灭火，酸碱式灭火机、泡沫式灭火机和二氧化碳灭火机、通用型干粉灭火机和“1211”也无济于事。扑灭D类火灾最经济有效的方法是用干砂土覆盖。此外，也可用“7150”灭火剂，即三甲氧基硼氧六环，它受热分解，吸收大量的热并在可燃金属表面形成氧化硼保护膜，将空气隔绝，使火窒息。它对于扑救镁、铝、海绵状钛等轻金属的火灾，效果较好。

衣服着火时应立即用毯子之类蒙盖在着火者身上以熄灭燃烧着的衣服，不应慌张跑动，否则加强气流流向燃烧着的衣服，使火焰加大。

使用四氯化碳灭火机要注意防毒，四氯化碳遇高温可形成剧毒的光气，所以禁止用它扑救二硫化碳的火灾。四氯化碳和“1211”均属卤代烷灭火剂，它们的特点是绝缘性能好，灭火后在燃烧物上不留痕迹，不会损坏仪器设备，所以它们适用于扑灭精密仪器、贵重图书资料和电线等着火。一般电线着火，若用泡沫灭火机灭火，必须首先断电，否则会因喷出的药液导电而致使灭火人员触电伤亡。

无论何种灭火器，皆应从火的四周开始向中心扑灭。

实验室内的灭火器材要定期检查和更换药液，临用前须检查喷嘴是否畅通，如有阻塞，应用铁丝疏通，以免造成爆炸事故。

表1-2　常用灭火器(剂)

灭火器(剂)类型	特性要求	适用范围
水(消火栓)		适用于一般木材及各种纤维的着火以及可溶可半溶于水的可燃液体的着火
砂土	隔绝空气而灭火，应保持干燥	用于不能用水灭火的着火物
石棉毯或薄毯	隔绝空气而灭火	用于扑灭人身上燃着的火
二氧化碳泡沫灭火器	主要成分为硫酸铝、碳酸氢钠、皂粉等，经与酸作用生成二氧化碳的泡沫盖于燃烧物上隔绝空气而灭火	适用于油类着火，不宜用于精密仪器、贵重资料灭火
干式二氧化碳灭火器	用二氧化碳压缩干粉(碳酸氢钠及适量滑润剂、防潮剂等)喷于燃烧物上而灭火	适用于油类、可燃气体、易燃液体、固体电器设备及精密仪器等的着火，不适用于钾、钠着火
“1211”灭火器	“1211”即二氟一氯一溴甲烷，是一种阻化剂，能加速灭火作用，不导电，毒性较四氯化碳小，灭火效果好	用于油类、档案资料、电气设备及贵重精密仪器的着火

1.2.3　化学毒物及中毒的救治

1.2.3.1　毒物

某些侵入人体的少量物质引起局部刺激或整个机体功能障碍的任何疾病都称为中毒，这类物质称为毒物。根据毒物侵入的途径，中毒分为摄入中毒、呼吸中毒和接触中毒。接触中毒和腐蚀性中毒有一定区别，接触中毒是通过皮肤进入皮下组织，不一定立即引起表面的灼伤，腐蚀性中毒是使接触它的那一部分组织立即受到伤害。

毒物的剂量与效应之间的关系称为毒物的毒性，习惯上用半致死剂量(LD_{50})或半致死浓度(LC_{50})作为衡量急性毒性大小的指标，将毒物的毒性分为剧毒、高毒、中等毒、低毒、微毒五级。上述分级未考虑其慢性毒性及致癌作用，我国国家标准《职业性接触毒物危害程度分级》

(GB 5044—85)根据毒物的 LD_{50} 值、急慢性中毒的状况与后果、致癌性、工作场所最高允许浓度等 6 项指标全面权衡,将毒物的危害程度分为Ⅰ～Ⅳ级,分级依据列于表 1-3 中,表 1-3 列出该标准对我国常见的 56 种毒物的危害程度分级。

表 1-3 职业性接触毒物危害程度分级

级别	毒物名称
Ⅰ级(极度危害)	汞及其化合物、苯、砷及其无机化合物(非致癌的除外)、氯乙烯、铬酸盐与重铬酸盐、黄磷、铍及其化合物、对硫磷、羰基镍、八氟异丁烯、氯甲醚、锰及其无机化合物、氰化物
Ⅱ级(高度危害)	三硝基甲苯、铅及其化合物、二硫化碳、氯、丙烯腈、四氯化碳、硫化氢、甲醛、苯胺、氟化氢、五氯酚及其钠盐、镉及其化合物、敌百虫、氯丙烯、钒及其化合物、溴甲烷、硫酸二甲酯、金属镍、甲苯二异氰酸酯、环氧氯丙烷、砷化氢、敌敌畏、光气、氯丁二烯、一氧化碳、硝基苯
Ⅲ级(中度危害)	苯乙烯、甲醇、硝酸、硫酸、盐酸、甲苯、二甲苯、三氯乙烯、二甲基甲酰胺、六氯丙烯、苯酚、氮氧化物
Ⅳ级(轻度危害)	溶剂汽油、丙酮、氢氧化钠、四氟乙烯、氨

1.2.3.2 中毒症状与救治方法

化验人员应了解毒物的侵入途径、中毒症状和急救办法。在工作中贯彻“预防为主”的方针,减少化学毒物引起的中毒事故。一旦发生中毒时能争分夺秒地(这是关键)、正确地采取自救互救措施,力求在毒物被吸收以前实现抢救,直至医生到来。表 1-4 简要地列出了部分化学毒物的中毒症状及救治办法,供参考。

表 1-4 常见化学毒物的急性致毒作用与救治方法

分类	名称	主要致毒作用与症状	救治方法
酸	硫酸、盐酸、硝酸	接触:硫酸局部红肿痛,重者起水泡、呈烫伤症状;硝酸、盐酸腐蚀性小于硫酸	立即用大量流动清水冲洗,再用 2% 碳酸氢钠水溶液冲洗,然后清水冲洗
		吞服:强烈腐蚀口腔、食道、胃黏膜	初服可洗胃,时间长忌洗胃以防穿孔;应立即服 7.5% 氢氧化镁悬液 60 mL,鸡蛋清调水或牛奶 200 mL
	氢氟酸	局部灼烧感,开始疼痛较小不易察觉,氢氟酸渗入指甲,剧痛	立即用大量水冲洗,将伤处侵入:①0.1%～0.133% 氯化苄铵水或乙醇溶液(冰镇);②饱和硫酸镁溶液(冰镇);③70% 乙醇溶液(冰镇)。上述方洗任选一种,①的效果最佳
		眼烧伤	大量清洁冷水淋洗,每次 15 min,间隔 15 min
强碱	氢氧化钠、氢氧化钾	接触:强烈腐蚀性,化学烧伤	迅速用水、柠檬汁、稀乙酸或 2% 硼酸水溶液洗涤
		吞服:口腔、食道、胃黏膜糜烂	禁洗胃或催吐,给服稀乙酸或柠檬汁 500 mL,或 0.5% 盐酸 100～500 mL,再服蛋清水、牛奶、淀粉糊、植物油等

续表1-4

分类	名称	主要致毒作用与症状	救治方法
无机物	汞及其化合物	大量吸入汞蒸气或吞食二氯化汞等汞盐;引起急性汞中毒,表现为恶心、呕吐、腹痛、腹泻、全身衰弱、尿少或尿闭甚至死亡	误服者不得用生理盐水洗胃,迅速灌服鸡蛋清、牛奶或豆浆 送医院治疗
		汞蒸气慢性中毒症状:头晕、头痛、失眠等神经衰弱症侯群;植物神经功能紊乱、口腔炎及消化道症状及震颤	脱离接触汞的岗位,医院治疗
		皮肤接触	大量水冲洗后,湿敷3% ~5%硫代硫酸钠溶液,不深性汞化合物用肥皂和水洗
	砷及其化合物	皮肤接触	用肥皂和水冲洗,皮炎可涂2.5%二巯基丙醇油膏
		吞服:恶心、呕吐、腹痛、剧烈腹泻	立即洗胃、催吐、洗胃前服新配氢氧化铁溶液(12%硫酸亚铁与20%氧化镁混悬液等量混合)催吐,或服蛋清水或牛奶,导泻,医生处置
		粉尘和气体也可引起慢性中毒	
	氰化物	皮肤烧伤	大量水冲洗,依次用万分之一的高锰酸钾和硫化铵洗涤,或用0.5%硫代硫酸钠冲洗
		吸入氰化氢或吞食氰化物:量大者造成组织细胞窒息,呼吸停止而死亡 急性中毒:胸闷、头痛、呕吐、呼吸困难、昏迷;慢性中毒:神经衰弱症状、肌肉酸痛等	用亚硝酸异戊酯、亚硝酸钠、硫代硫酸钠解毒(医生进行)
	铬酸、重铬酸钾等铬化合物	铬酸、重铬酸钾对黏膜有剧烈的刺激,产生炎症和溃疡;铬的化合物可以致癌	用5%硫代硫酸钠溶液清洗受污染皮肤
		吞服中毒	(略)
有机化合物	石油烃类(石油产品中的各种饱和或不饱和烃)	吸入高浓度汽油蒸气,出现头痛、头晕、心悸、神志不清等	移至新鲜空气处,重症可给予吸氧
		汽油对皮肤有脂溶性和刺激性,皮肤干燥、皲裂,个别人起红斑、水疱	温水清洗
		石油烃能引起呼吸、造血、神经系统慢性中毒症状	医生治疗
		某些润滑油和石油残渣长期刺激皮肤可能引发皮肤癌	涂5%炉甘石洗剂
	苯及其同系物(如甲苯)	皮肤渗透	皮肤接触用清水洗涤
		吸入蒸气 急性:头晕、头痛、恶心、重者昏迷抽搐甚至死亡 慢性:损害造血系统、神经系统	人工呼吸、输氧、医生处置
	三氯甲烷	皮肤接触:干燥、皲裂	皮肤皲裂者选用10%脲素冷霜
		吸入高浓度蒸气,急性中毒:眩晕、恶心、麻醉;慢性中毒:肝、心、肾损害	脱离现场,吸氧,医生处置

续表1-4

分类	名称	主要致毒作用与症状	救治方法
有机化合物	四氯化碳	接触:皮肤因脱脂而干燥、皲裂	2%碳酸氢钠或1%硼酸溶液冲洗皮肤和眼
		吸入,急性:黏膜刺激、中枢神经系统抑制和胃肠道刺激症状慢性:神经衰弱症侯群,损害肝、肾	脱离中毒现场急救,人工呼吸、吸氧
	甲醇	吸入蒸气中毒,也可经皮肤吸收 急性:神经衰弱症状,视力模糊,酸中毒症状;慢性:肾衰症状,视力减弱,眼球疼痛;吞服15 mL可导致失明,70~100 mL致死	皮肤污染用清水冲洗 溅入眼内,立即用2%碳酸氢钠冲洗 误服,立即用3%碳酸氢钠溶液充分洗胃后医生处置
	芳胺、芳香族硝基化物	吸入或皮肤渗透 急性中毒致高铁血红蛋白症,溶血性贫血及肝脏损害	用温肥皂水(忌用热水)洗,苯胺可用5%乙酸或70%乙醇洗
气体	氮氧化物	呼吸系统急性损害 急性中毒:口腔、咽喉黏膜、眼结膜充血,头晕、支气管炎、肺炎、肺水肿;慢性:呼吸道病变	移至新鲜空气处,必要时吸氧
	二氧化硫、三氧化硫	对上呼吸道及眼结膜有刺激作用;结膜炎、支气管炎、胸痛、胸闷	移至新鲜空气处,必要时吸氧,用2%碳酸氢钠洗眼
	硫化氢	眼结膜、呼吸及中枢神经系统损害 急性:头晕、头痛甚至抽搐昏迷;久闻不觉其气味更具危险性	移至新鲜空气处,必要时吸氧 生理盐水洗眼

化验室接触毒物造成中毒的可能发生在取样,管道破裂或阀门损坏等意外事故,样品溶解时通风不良;有机溶剂萃取、蒸馏等操作中发生意外。预防中毒的措施主要是:

(1)改进实验设备与实验方法,尽量采用低毒品代替高毒品。

(2)有符合要求的通风设施将有害气体排除。

(3)消除二次污染源,即减少有毒蒸气的逸出及有毒物质的撒落、泼溅。

(4)选用必要的个人防护用具如眼镜、防护油膏、防毒面具、防护服装等。

1.2.4 有毒化学物质的处理

实验室需要排放的废水、废气、废渣称为实验室"三废"。由于各类化验室测定项目不同,产生的三废中所含化学物质的毒性不同,数量也有很大的差别。为了保证化验人员的健康及防止环境污染,化验室三废的排放也应遵守我国环境保护法的有关规定。

1.2.4.1 汞蒸气及其他废气

长期吸入汞蒸气会造成慢性中毒,为了减少汞液面的蒸发,可在汞液面上覆盖化学液体。甘油效果最好,5% $Na_2S\cdot9H_2O$ 溶液次之,水效果最差。

对于溅落的汞,应尽量拣拾起来,颗粒直径大于1 mm的汞可用以吸气球或真空泵抽吸的拣汞器拣起来，拣过汞的地点可以洒上多硫化钙、硫黄或漂白粉，或喷洒药品使汞生成不挥发的难溶盐，干后扫除。药品为：

（1）20% 三氯化铁溶液。

（2）1% 碘 –1.5% 碘化钾溶液，每平方米使用 300 ~ 500 mL。

对吸附在墙壁、地板及设备表面上的汞可以用加热熏碘法除去，按每平方米 0.5 g 碘，加热薰蒸，或按每 10 m^2 用 0.02 m^2 蒸发面积的碘片，下班前关闭门窗，任其自然升华，次日移去。

以上除汞方法中，三氯化铁及碘蒸气对金属有腐蚀作用，采用这两种方法时要注意对室内精密仪器的保护。

另外，也可用紫外灯除汞，紫外辐射激发产生的臭氧可使分散在物体表面和缝隙中的汞氧化为不溶性的氧化汞。紫外灯（市售品常为 30 W，220 V）的安装方法与一般荧光灯相同。高度 2.5 ~ 3.0 m，0.5 ~ 0.8 W/m^3。可以利用无人的非工作时间辐照。

化验室的少量废气一般可由通风装置直接排至室外，排气管必须高于附近屋顶 3 m，毒性大的气体可参考《工业废气处理办法》用吸附、吸收、氧化、分解等方法处理后排放。

1.2.4.2 废液

我国国家标准《污水综合排放标准》（GB 8978—96）中对能在环境或动植物体内蓄积、对人体产生长远影响的污染物称第一类污染物，其他的称为第二类污染物，它们的允许排放浓度作了严格的规定，见表 1-5、表 1-6。

表 1-5　第一类污染物的最高允许排放浓度

污染物	最高允许排放浓度（mg/L）	污染物	最高允许排放浓度（mg/L）
1. 总汞	0.05（烧碱行业采用 0.005 mg/L）	6. 总砷	0.5
2. 烷基汞	不得检出	7. 总铅	1.0
3. 总镉	0.1	8. 总镍	1.0
4. 总铬	1.5	9. 苯并[a]芘	0.000 03（试行标准，二、三级）
5. 六价铬	0.5		

实验室废液可以分别收集进行处理，下面介绍几种处理方法：

（1）无机酸类：将废酸慢慢倒入过量的含碳酸钠或氢氧化钙的水溶液中或用废碱互相中和，中和后用大量水冲洗。

（2）氢氧化钠、氨水：用 6 mol/L 盐酸水溶液中和，用大量水冲洗。

（3）含汞、砷、锑、铋等离子的废液：控制酸度 0.3 mol/L[H^+]，使其生成硫化物沉淀。

（4）含氰废液：加入氢氧化钠使 pH 值在 10 以上，加入过量的高锰酸钾（3%）溶液，使 CN^- 氧化分解。如 CN^- 含量高，可加入过量的次氯酸钙和氢氧化钠溶液。

（5）含氟废液：加入石灰使生成氟化钙沉淀。

（6）可燃性有机物：用焚烧法处理。焚烧炉的设计要确保安全、保证充分燃烧，如有有毒气体产生，应设洗涤器。不易燃烧的可先用废易燃溶剂稀释。

1.2.4.3 废渣

废弃的有害固体药品严禁倒在生活垃圾处，必须经处理解毒后丢弃。处理方法可参阅有关文献。

表 1-6 第二类污染物的最高允许排放浓度

序号	有害物质或名称	最高允许排放浓度
1	pH	6～9
2	悬浮物（水力排灰、洗煤水、水力冲渣）	500 mg/L
3	生物需氧量（5 天，20 ℃）	60 mg/L
4	化学耗氧量（重铬酸钾法）	100 mg/L
5	硫化物	1 mg/L
6	挥发性酚	0.5 mg/L
7	氰化物（以游离氰根计）	0.5 mg/L
8	有机磷	0.5 mg/L
9	石油类	10 mg/L
10	铜及化合物	1 mg/L
11	锌及化合物	5 mg/L
12	氟及无机化合物	10 mg/L
13	硝基苯类	5 mg/L
14	苯胺类	3 mg/L

1.2.5 气瓶的安全使用

1.2.5.1 气瓶内装气体的分类

（1）压缩气体：临界温度低于 -10 ℃的气体，经加高压压缩，仍处于气态者称压缩气体，如氧、氮、氢、空气、氩、氦等。这类气体钢瓶若设计压力大于或等于 12 MPa（125 kg/cm^2）称高压气瓶。

（2）液化气体：临界温度≥10 ℃的气体，经加高压压缩，转为液态并与其蒸气处于平衡状态者称为液化气体。临界温度在 -10～70 ℃者称高压液化气体，如二氧化碳、氧化亚氮。临界温度高于 70 ℃，且在 60 ℃时饱和蒸气压大于 0.1 MPa 者称低压液化气体，如氨、氯、硫化氢等。

（3）溶解气体：单纯加高压压缩，可产生分解、爆炸等危险性的气体，必须在加高压的同时，将其溶解于适当溶剂，并由多孔性固体物充盛。在 15 ℃以下压力达 0.2 MPa 以上，称为溶解气体（或称气体溶液），如乙炔。

从气体的性质分类可分为剧毒气体，如氟、氯等；易燃气体，如氢、一氧化碳等；助燃气体，如氧、氧化亚氮等；不燃气体，如氮、二氧化碳等。

1.2.5.2 气瓶的存放及安全使用

（1）气瓶必须存入在阴凉、干燥、严禁明火、远离热源的房间，并且要严禁明火，防暴晒。

除不燃性气体外，一律不得进入实验楼内。使用中的气瓶要直立固定放置。

(2)搬运气瓶要轻拿轻放，防止摔掷、敲击、滚滑或剧烈震动。搬前要戴上安全帽，以防不慎摔断瓶嘴发生事故。钢瓶必须具有两个橡胶防震圈。乙炔瓶严禁横卧滚动。

(3)气瓶应定期做技术检验、耐压试验。

(4)易起聚合反应的气体钢瓶，如乙烯、乙炔等，应在贮存期限内使用。

(5)高压气瓶的减压器要专用，安装时螺扣要上紧(应旋进 7 圈螺蚊，俗称吃七牙)，不得漏气。开启高压气瓶时操作者应站在气瓶出口的侧面，动作要慢，以减少气流摩擦，防止产生静电。

(6)瓶内气体不得全部用尽，一般应保持 0.2 ~ 1 MPa 的余压，备充气单位检验取样所需及防止其他气体倒灌。

1.2.6 电气安全

化验室接触的物质可能是易燃易爆的，如有机溶剂、高压气体等，又可能使用大型现代化仪器。因此保障电气安全对人身及仪器设备的保护都是非常重要的。

1.2.6.1 电击防护

触电事故主要是指电击。通过人体的电流越大，伤害越严重。电流取决于施加人体的电压和人体电阻。把不能引起生命危险的电压称为安全电压，一般规定为小于 36 V。

电击的防护措施如下：

(1)电器设备完好，绝缘好。发现设备漏电要立即修理。不得使用不合格的或绝缘损坏、已老化的线路。建立定期维护检查制度。

(2)良好的保护接地。将电气设备在正常情况下不带电的金属部分与接地体之间做良好的金属连接。

(3)使用漏电保护器。

1.2.6.2 静电防护

静电是在一定的物体中或其表面上存在的电荷。一般 3 ~ 4 kV 电压的静电，人便会有不同程度电击的感觉。

静电危害有两个方面：一是危及大型精密仪器的安全。由于现代化仪器中大量使用高性能元件，很多元件对静电放电敏感，造成器件损坏，安装在印刷电路板上的元器件更易损坏。二是静电电击危害。静电电击和触电电击不同，触电电击是指触及带电物体时电流持续通过人体造成的伤害。而静电电击是由于静电放电时瞬间产生的冲击性电流通过人体时造成的伤害。它虽不会引起生命危险，但放电时引起人摔倒、电子仪器失灵及放电的火花可引起易燃混合气体的燃烧爆炸，因此必须加以防护。

静电防护措施如下：

(1)防静电区内不要使用塑料地板、地毯或其他绝缘性好的地面材料，可以铺设导电性地板。

(2)在易燃易爆场所，应穿导电纤维及材料制成的防静电工作服、防静电鞋(电阻应在 150 kΩ以下)，戴防静电手套。不要穿化纤类织物、胶鞋及绝缘鞋底的鞋。

(3)高压带电体应有屏蔽措施，以防人体感应产生静电。

(4)进入实验室应徒手接触金属接地棒，以消除人体从外界带来的静电。坐着工作的场合可在手腕上戴接地腕带。

(5)提高环境空气中的相对湿度，当相对湿度超过65%～70%时，由于物体表面电阻降低，便于静电逸散。但这对精密仪器的生产、使用、维修过程仍不能满足要求(在防静电安全区内静电电压力不得超过100 V)。

1.2.6.3 用电安全守则

(1)不得私自拉接临时供电线路。

(2)不准使用不合格的电气设备，室内不得有裸露的电线。保持电器及电线的干燥。

(3)正确操作闸刀开关，应使闸刀处于完全合上或完全拉断的位置，不能若即若离，以防接触不良打火花。禁止将电线头直接插入插座内使用。

(4)新购的电器使用前必须全面检查，防止因运输震动使电线连接松动，确认没问题并接好地线后方可使用。

(5)使用烘箱和高温炉时，必须确认自动控温装置可靠。同时还需人工定时监测温度，以免温度过高。不得把含有易燃易爆溶剂的物品送入烘箱和高温炉加热。

(6)电源或电器的保险丝烧断时，应先查明原因，排除故障后再按原负荷换上适宜的保险丝。

(7)使用高压电源工作时，要穿绝缘鞋、戴绝缘手套并站在绝缘垫上。

1.2.7 一般安全守则

实验人员必须认真学习实验规程和有关的安全技术规程，了解设备性能及操作中可能发生事故的原因，掌握预防和处理事故的方法。

(1)进行有危险性的工作，如危险物料的现场取样、易燃易爆物品的处理、焚烧废液等应有第二者陪伴，陪伴者应处于能清楚看到工作地点的地方并观察操作的全过程。

(2)玻璃管与胶管、胶塞等拆装时，应先用水润湿，手上垫棉布，以免玻璃管折断扎伤。

(3)打开浓盐酸、浓硝酸、浓氨水试剂瓶塞时应带防护用具，在通风柜中进行。

(4)夏季打开易挥发溶剂瓶塞前，应先用冷水冷却，瓶口不要对着人。

(5)稀释浓硫酸的容器，烧杯或锥形瓶要放在塑料盆中，只能将浓硫酸慢慢倒入水中，不能相反！必要时用水冷却。

(6)蒸馏易燃液体严禁用明火。蒸馏过程不得离人，以防温度过高或冷却水突然中断。

(7)化验室内每瓶试剂必须贴有明显的与内容物相符的标签。严禁将用完的原装试剂空瓶不更新标签而装入别种试剂。

(8)操作中不得离开岗位，必须离开时要委托能负责任者看管。实验室内禁止吸烟、进食，不能用实验器皿处理食物。离室前用肥皂洗手。

(9)工作时应穿工作服，长发要扎起。进行有危险性的工作要加戴防护用具。最好能做到做实验时都戴上防护眼镜。

(10)每日工作完毕检查水、电、气、窗，进行安全登记后方可锁门。

1.3 有效数字及运算规则

1.3.1 有效数字

有效数字能体现测量值的可信程度。所谓有效数字就是在测量中所能得到的有实际意义的数字。它通常包括全部准确数字和一位不确定的可疑数字。有效数字的保留位数与测量方法及仪器准确度有关。

在日常的化学分析工作中，为了得到准确的分析结果，不仅要认真仔细地选择分析方法并按技术条件、工艺要求、操作规程进行测量，还应当对过程进行正确的记录和计算。当记录和表达数据结果时，不仅要反映测量值的大小，而且还要反映测量值的准确程度。正确地运用有效数据及其计算法则，不仅是化验人员的基本技能，而且在实际工程中它还关系到测量结果的准确度。所谓正确地记录是指正确地记下数字的位数，因数字的位数不仅表示数量的大小，也反映测量的准确程度。使用有效数字时，应注意以下几点：

(1)记录测量所得的数据时，只允许保留一位可疑数字，不允许增加位数，也不允许减少位数。

例如称量一个红外碳硫坩埚，先用药物天平称量，所得数据应记作 18.1 g，因为药物天平的感量为 0.1 g，这个数据表示坩埚质量在 18.1 g ±0.1 g 之间。再用万分之一天平称量同一坩埚，所得数据应记作 18.045 6 g，这表示前五位数字都是确切的、可靠的，称为可靠数字，只有末位数字因天平的感量是 0.1 mg，所以"6"是估计得到的，不那么可靠，称可疑数字。又如移取 10.00 mL 的溶液，是四位有效数字，是用刻度 0.1 mL 的刻度吸量管量取的，估读至 ±0.01 mL。若记成 10.0 mL，是三位有效数字，说明是用刻度 1 mL 的小量筒量取的，估读至 0.1 mL。若记作 10 mL，则只有二位有效数字，说明量取准确度至 ±1 mL。但应特别注意的是，当用10 mL无分度吸量管吸取液体时，一般应记录为 10.00 mL，用 100 mL 容量瓶时，则应记为100.00 mL，而 250 mL 容量瓶配溶液时，所配溶液体积应记作 250.0 mL。这是根据容量瓶质量的国家允许容量误差决定的。

(2)有效数字的位数还反映了测量的相对误差。

如称量某试剂的质量为 0.501 0 g，表示该试剂的质量是(0.501 0 ±0.000 1)g，其相对误差(*RE*)为：

$$RE = \frac{\pm 0.000\ 1}{0.501\ 0} \times 100\% \approx \pm 0.02\%$$

如果少记一位有效数字，则表示该试剂的质量是(0.501 +0.001)g，其相对误差为：

$$RE = \frac{\pm 0.001}{0.501} \times 100\% \approx \pm 0.2\%$$

(3)有效数字的位数与量的使用无关。

如得某物的质量为 15 g，两位有效数字，以 mg 为单位时，应记为 1.5×10^4 mg，而不能记为 15 000 mg。

(4)记录中对数字的"0"要作具体分析。

数字中间的"0"，如 1003 中"00"都是有效数字。数字前边的"0"，当用"0"来定位，即用"0"来表示小数点的位置时，它就不是有效数字，这与量的使用有关，例如 0.001 54 m 变为 1.54 mm，前面三个"0"全消失了，故有效数字实际上只有三位。数字后边的"0"，尤其是小数点后的"0"，如 1.50 中"0"是有效数字，即 1.50 是三位有效数字。又如 25 000，很难说"0"是否为有效数字，这时最好用指数表示。25 000 若写成 2.50×10^4，则表示是 3 位有效数字；若写成 2.5×10^4，则表示是二位有效数字。

(5)简单的计数、分数或倍数，属于准确数或自然数，其有效位数是无限的。

例如，化学式"H_2SO_4"中的"2"和"4"等数字，没有可疑数字，其有效数字可认为是无限的。

(6)分析化学中常遇到的 pH、pK 等有效数字的确定。

pH、pK 等有效位数仅取决于小数部分的位数，其整数部分只说明原数值的方次，如 pH = 2.49，表示$[H^+] = 3.2 \times 10^{-3}$ mol/L，是二位有效数字；pH = 13.0，表示$[H^+] = 1 \times 10^{-13}$ mol/L，是一位有效数字。

(7)在一般情况下，测量数据要经过一系列运用后才能获得所需的结果。

在计算一些有效数字位数不同的数据之前，需要根据测定情况来确定有效数字的位数。有效数字确定后，应按照确定了的有效数字将多余的数字修约或化整。

有效数字的修约应按照《数字修约规则》(GB/T 8170—1987)进行。通常称为"四舍六入五留双"法则。修约口诀：四要舍，六要入，五后有数进一位，五后无数看单双，单数在前进一位，偶数在前全舍光（0 视为偶数），数字修约有规则，连续修约不应当。

这一法则具体运用如下：

①被舍弃的第一位数字大于 5，则前一位数字加 1。如 27.363 5，取 3 位有效数字时，则有效数字为 27.4。

②被舍弃的第一位数字等于 5，而其后面的数字全部为零，被保留的末位数字为奇数时进 1，为偶数（零视为偶数）舍弃。如 25.350、25.250、25.050，只取 3 位有效数字时，分别应为 25.4、25.2、25.0。

③被舍弃的第一位数字等于 5，而其后面无数，则被保留的末位数字为奇数时进 1，为偶数时弃去。如把 23.175 和 23.165 处理成 4 位有效数字，则分别为 23.18 和 23.16。

④被舍弃的第一位数字等于 5，而其后的数字不全是零，无论前面的数字是奇数还是偶数皆进 1。如 25.250 1，只取 3 位有效数字时，则进 1，成为 25.3。

⑤若被舍弃的数字包括几位数字时，不得对该数字进行连续修约，而应根据以上规则仅作一次处理，如 3.154 546，只取 3 位有效数字时，应为 3.15，而不得连续修约为 3.16（3.154 546→3.154 55→3.154 6→3.155→3.16）。

有时应根据不同的分析标准中规定的修约规则进行修约，不完全参照上述的规则。

⑥有界数字修约：国家标准局规定，凡标准中规定有界数字时，对超出标准规定的允许偏差数字不允许修约。如产品技术条件规定 $\omega(S) \leqslant 0.04\%$，而实际测定的数据为 0.044%，此时不允许将 0.044% 修约为 0.04% 变为合格。

1.3.2 有效数字的运算规则

在处理数据过程中，常遇到一些准确度不同的数据，对于这类数据，必须按照一定的法则进行运算，既可节省计算时间，又可避免计算过程中引起错误。常用的基本法则如下。

1.3.2.1 加减运算

几个数目相加或相减时，它们和或差的有效数字的保留应以小数点后位数最少的数字为根据。

例如将 0.012 1、25.64 及 1.057 82 三位相加，按有效数字保留原则，各数目的最后一位均为不定数字，则它们的和应为多少？

```
 0.012 1?
25.64? ??
 1.057 82
---------
26.71? ??
```

显然,这三个数目的和只要保留小数点后二位即已足够,因为从第三位开始已为不确定数,在弃去过多的不准确数字时,采用“四舍六入五留双”法则。

1.3.2.2 乘除计算

“乘或除时,所得积或商的百分准确性,不能高于所有数目中准确程度最差者”,即有效数字位数最少的那个数为依据。例如:

$$\frac{0.032\,5 \times 5.103 \times 60.06}{139.8} = 0.071\,3$$

如果用笔算所得的0.071 299 作为答数,就不对了,因为四个数目中准确程度为0.032 5,现说明如下:

0.032 5 中最末一位5是不确定值,可能是0.032 6 也可能是0.032 4,误差为 ±0.000 1,这个误差所占的百分率为:

$$\pm\frac{0.000\,1}{0.032\,5} \times 100\% = \pm 0.3\%$$

同理可得:

$$\pm\frac{0.001}{5.103} \times 100\% = \pm 0.02\%$$

$$\pm\frac{0.01}{60.06} \times 100\% = \pm 0.02\%$$

$$\pm\frac{0.1}{139.8} \times 100\% = \pm 0.000\,7\%$$

显然, ±0.3% 百分准确度为最差,故所得值有效数字的位数应与0.032 5 相同。

中间算式中可多保留一位。遇到个位数为8或9时,可以多算一位有效数字。如9.13,实际上虽只有三位,但在计算有效数字时,可作为四位计算,例如下面的数据运算:0.012 1 × 25.64 × 1.057 82 = ?

在这组数据中,0.012 1 的相对误差最大,应以它为标准先进行修约,再计算:

$$0.012\,1 \times 25.6 \times 1.06 = 0.328$$

或先多保留一位有效数字,算完后再修约一次。如0.012 1 × 25.64 × 1.057 = 0.327 9,修约为0.328。

在一般数学计算中,对于2.53 和2.530 这两个数没有什么区别的,即是说2.530 中后面一个零要不要也没有什么关系,如果将这两个数给予一定的物理意义,假设它们代表质量,即为2.53 g 和2.530 g,此时这两个数有不同的含义,2.53 g 表示使用的天平为百分之一,而2.530 g表示使用的天平为千分之一,如果我们用千分之一的天平称量为2.530 g 而写成2.53 g,显然使用其测定方法准确度降低了,为了使测定数据的表示能够反映出测定方法的准确度必须引入有效数字的概念。

有效数字就是在一个数值中含有确定数字和一位不确定的数字。

如有滴定管读出体积数为26.53 mL,前三位数是确定的,而最后一位数即0.03 mL 是不确定的数,是估计出来的,本身含有 ±0.01 mL 的误差。

有效数字的位数一般由数字的实际个数决定,如26.53 mL 是四位,2.530 g 是四位等,但对于“零”是否算成一位有效数字,要看情况不同而定,如:0.003 12 只有三位有效数字,“零”不是有效数字,而105.43 或12.40 中“零”是有效数字。又如15 800 这个数后面两个“零”是否为有效数字,根据实际情况而定,若为四位,可用指数表示,即用 1.580×10^4 表示这个数,同

样可用 3.12×10^3 表示 0.003 12,有效数字位数更清楚。

有效数字位数的确定。分析测试中,在记录测定数据时,用来表示测定结果的数值所表示的准确程度应与测试时所用的测量仪器及测试方法的精度相一致。通常测定时,一般可估计到测量仪器最小刻度的十分位,在记录测定数据时,只应保留一位不确定数字,其余数字都应是准确的。通常称此时所记录的数字为有效数字。记录和报告的测定结果只应包含有效数字,对有效数字的位数不能任意增删。

化学实验中常用仪器的精度与实测数据有效数字位数的关系列于表 1-7 中。

表 1-7 常用仪器的精度与实测值有效数字位数

仪器名称	仪器的精度	实测值	有效数字位数	错误举例
托盘天平	0.1 g	12.3 g	3 位	12.30 g
电光天平	0.000 1 g	12.345 6 g	6 位	12.345 g
10 mL 量筒	0.1 mL	7.2 mL	2 位	7 mL
100 mL 量筒	1 mL	72 mL	2 位	72.5 mL
滴定管	0.01 mL	23.00 mL	4 位	23.0 mL
移液管	0.01 mL	25.00 mL	4 位	25 mL
容量瓶	0.01 mL	50.00 mL	4 位	50 mL

1.4 偏差、误差、精密度及准确度

实验结果应具有一定的准确度,因为不准确的结果会导致产品报废,或引发质量事故,或造成资源浪费,甚至在科学上得出错误的结论。但是,在实验过程中,即使是技术很熟练的人,用同一种方法对同一试样仔细地进行多次实验,也不能得到完全一致的实验结果,而是实验结果会在一定的范围内波动。也就是说,实验过程中的误差是客观存在的。实验工作应该做到既快速又准确。但是,快速与准确两者之间谁是主要方面,则需视实际需要才能确定,有时快速是主要的,如钢厂的炉前快速分析等;有时准确度是主要的,如原子量和各种常数的测定等。由于各种实验方法能达到的准确度不同,因此应根据具体情况,设法使实验结果达到一定的准确度,以适应各种工作的需要。

1.4.1 误差的性质和分类

1.4.1.1 误差

我们把测量结果减去真实值称为误差。测量值总是带有误差的,如将误差从测量值中减去,则可获得真实值,也就是说,误差的定义是:

$$E = x - \mu \tag{1-1}$$

式中 E——误差;

x——测量值;

μ——真值。

可以由多种原因产生误差:首先是测定过程受到很多变化因素的影响;其次是被测定物质

的状态也会发生变化；再有尚难用简单的数学关系把测定中各个变量的关系表达清楚，而又不忽略任何误差来源。

随着测量工作的精密度和准确度的提高，可使测量值逐步趋近于真值。如我们在标准物质研制中把多家实验室的测定结果汇总后的标准值作为该标准物质的真值。误差越小，表示测量值与真值越接近，准确度越高；误差越大，则表示准确度越低。同时误差也有正负号，测量值大于真值时误差为正，表示结果偏高；反之，误差为负时，表示结果偏低。

以上讨论的误差 E 是绝对误差为正，它与测量值的单位相同。绝对误差的评价要与测量值的大小联系起来才有意义。例如，对于铜质量分数为 59% 的黄铜试样而言，0.05% 的绝对误差是可以允许的。但对于铜质量分数为 0.1% 的铝合金试样来说，0.05% 的绝对误差就不能允许了。所以我们用绝对误差占真实值的百分数来表示，就容易评价分析结果的优劣，这就是相对误差：

$$\text{相对误差} = \frac{x-\mu}{\mu} = \frac{E}{\mu} \times 100\% \tag{1-2}$$

当真值或标准值是未知数，且绝对误差又比较小时，可用多次测量的算术平均值$\bar{x}$代替真值。

相对误差是无量纲的。

$$\text{相对误差} = \frac{x-\bar{x}}{\bar{x}} = \frac{E}{\bar{x}} \times 100\% \tag{1-3}$$

1.4.1.2 误差的分类

按照误差的来源和性质的不同，误差可分为三类：系统误差；偶然误差；过失误差。

1）系统误差（可测误差）

系统误差指在重复性条件下，对同一被测量进行无限多次测量所得到结果的平均值之差。系统误差是由于某些比较确定的原因所引起的，它对分析结果的影响比较固定，即误差的正负是一定的，其大小也有一定的规律性。在重复测量的情况下，它有重复出现的性质。因此，其大小往往可以测出，并且可以通过实验，设法消除其一部分或全部。产生系统误差的原因有如下几种：

（1）方法误差。这种误差，是由于分析方法本身造成的，如滴定分析中反应进行得不完全，终点与理论终点不相符，有副反应发生等。

（2）仪器和试剂不纯引起的误差。仪器误差来源于仪器本身不够精确，如天平两臂不等长引起称量误差；试剂误差来源于试剂不纯，如所用试剂或蒸馏水含有杂质或含有被测物质或干扰物质，使分析结果偏高或偏低。

（3）操作误差。一般指在正常操作条件下，由于各操作者掌握规程和实验条件有出入而引起的误差。例如，对颜色的观察不够正确；洗涤沉淀时洗涤过分或不充分；灼烧温度不够或太高等。

系统误差可以粗略地估计到，并可采取适当措施减小误差。例如对所用仪器进行校正；做空白试验加以比较等。为了核对测定方法的准确度，通常可以用标准样品，用分析未知物的方法进行同样的分析，测得的结果与标准样品的已知结果进行比较，可以看出所采用的分析方法的准确度。由于系统误差及其原因不能完全获知，因此可以通过修正值对系统误差作有限程度的补偿。

2)偶然误差(随机误差)

偶然误差指测量结果与重复性条件下对同一量进行无限多次测量所得结果的平均值之差。但实际上只能进行有限次测量,因而只能得出这一测量结果中随机误差的估计值。偶然误差不是由于一定的原因,而是由于多种可变的原因所引起的,因此是偶然性的,不能控制的,有时正,有时负,有时大,有时小,所以偶然误差又称不定误差。例如称量时,分析天平感量是0.1 mg,几次称量同一物体,质量之间读数彼此有0.1 mg的差别,这是难免的。同理,滴定管读数彼此常会相差±0.1 mL。测量人员对各份试样处理时的微小差别,都能使最后的结果在一定的范围内波动。由于定量分析的步骤较多,这一类难于控制的、找不出确定原因的偶然性因素比一般简单测量要多。因此,更难免有偶然误差。

大量的生产实践和科学实验说明,当人们对一个量进行重复多次的测量,然后把所得结果进行统计,就可以发现偶然误差具有如下的规律:正误差和负误差出现的几率相等;小误差出现的次数多,大误差出现的次数少,个别特别大的误差出现的次数极少。因此,在消除引起系统误差的所有因素后,多次测量的算术平均值最接近真实值。

3)过失误差

过失误差是一种显然与事实不符的误差,它主要是由于粗枝大叶、不按操作规程办事等引起的。例如读错刻度值、看错砝码、记录错误、加错试剂、计算错误、漏液、试样沾污等。此类误差无规则可寻,只要提高警惕,细心操作,过失误差就可以避免。在分析工作中,出现很大误差时应分析其原因,如系过失所引起,则在计算平均值时舍弃。

1.4.2 准确度与误差

准确度是测定值与真实值之间的一致程度,它说明测定的可靠性,用误差值来量度。

$$\text{绝对误差} = \text{测定值} - \text{真实值}$$

$$\text{相对误差} = \frac{\text{测定值} - \text{真实值}}{\text{真实值}} \times 100\%$$

实际上用误差的大小来衡量不准确程度,误差值愈大,说明测定愈不准确,即准确度低;反之,误差愈小,就意味着测定愈准确,或者说,测定的准确度高。

例如:标定某盐酸溶液的浓度时,在0.1 mg感量的分析天平上称得基准碳酸钠的质量为0.207 6 g,如其真实质量为0.207 7 g,则:

$$\text{绝对误差} = 0.207\ 6\ \text{g} - 0.207\ 7\ \text{g} = -0.000\ 1\ \text{g}$$

$$\text{相对误差} = \frac{-0.000\ 1\ \text{g}}{0.207\ 7\ \text{g}} \times 100\% = -0.05\%$$

又例如:称得另一物质的质量为2.207 6 g,则其

$$\text{绝对误差} = 2.207\ 6 - 2.207\ 7 = -0.000\ 1\ \text{g}$$

$$\text{相对误差} = \frac{-0.000\ 1\ \text{g}}{2.207\ 7\ \text{g}} = -0.005\%$$

从以上两例可以看出,两次称量的绝对误差虽然相同,均为-0.000 1 g,但这个误差在真实值中所占的百分数(相对误差)却不一样,称量结果的准确度,第二个是第一个的10倍。显然,在绝对误差相同时,被测量物质的质量较大时,相对误差就比较小,即称量的准确度比较高。

绝对误差和相对误差都有正值和负值,正值表示测定值比真实值偏高,负值表示测定值比

真实值偏低。

1.4.3 精密度与偏差

精密度是指在相同条件下,多次重复测定结果彼此相接近的程度,表现了测定结果的再现性,用偏差来量度。偏差也可分为绝对偏差和相对偏差。

$$绝对偏差 = 个别测定值 - 测定平均值$$

$$相对偏差 = \frac{绝对偏差}{测定平均值} \times 100\%$$

实际上用偏差大小来衡量不精密程度,偏差愈大,即愈不精密,说明分析测定值彼此间不接近,或者说精密度低;偏差愈小,即愈精密,分析测定值彼此间愈接近,或者说精密度高。偏差不计正负号。

例:测定硅铁中硅的质量分数时,两次测定的结果为50.20%和50.22%,求其平均值和相对偏差。

解:

$$平均值 = \frac{50.20\% + 50.22\%}{2} = 50.21\%$$

$$相对偏差 = \frac{50.22\% - 50.21\%}{50.21\%} \times 100\% = 0.02\%$$

上述绝对偏差与相对偏差都是个别测定结果与平均值比较所得的偏差,对多次测定结果的精密度,常用平均偏差表示。

平均偏差也分为绝对平均偏差和相对平均偏差。

绝对平均偏差是将各次测定值绝对偏差的绝对值之和与被测定次数相除得到的数值,简称平均偏差。

如对同一试样进行了 n 次测定,测得的结果分别为 $x_1, x_2, x_3, \cdots, x_n$,则其测得的平均值($\bar{x}$),平均偏差($\bar{d}$)可分别有下列两式计算:

$$\bar{x} = \frac{x_1 + x_2 + x_3 + \cdots + x_n}{n} = \frac{\sum_{i=1}^{n} x_i}{n}$$

$$\bar{d} = \frac{|x_1 - \bar{x}| + |x_2 - \bar{x}| + |x_3 - \bar{x}| + \cdots + |x_n - \bar{x}|}{n} = \frac{\sum_{i=1}^{n} |x_i - \bar{x}|}{n}$$

相对平均偏差是平均偏差在测得平均值中所占的百分数,用 $\overline{d_x}$ 表示:

$$\overline{d_x} = \frac{\bar{d}}{\bar{x}} \times 100\% \tag{1-4}$$

式中 $\overline{d_x}$——相对平均偏差;

$\bar{d}$——平均偏差;

$\bar{x}$——平均值。

例:用质量法测定高温合金中镍的质量分数进行5次测定,测得 x_i 数据分别为:67.47%,67.43%,67.40%,67.48%,67.37%,求平均偏差 $\bar{d}$ 与相对平均偏差 $\overline{d_x}$。

解：$\bar{x} = \frac{67.47\% + 67.43\% + 67.40\% + 67.48\% + 67.37\%}{5} = 67.43\%$

$$\sum_{i=1}^{n} |x_i - \bar{x}| = 0.18\%$$

$$\bar{d} = \frac{0.18\%}{5} = 0.036\%$$

$$\bar{d}_x = \frac{\bar{d}}{\bar{x}} \times 100\% = \frac{0.036\%}{67.43\%} \times 100\% = 0.053\%$$

用平均偏差表示精密度，方法虽简单，但当测定所得数据的分散程度较大时，平均偏差不能看出精密度的好坏。用统计方法处理数据时，广泛采用标准偏差来衡量数据的分散程度。

标准偏差是指样本中个别测定的偏差平方值的总和除以测定次数减 1 后的开方值，也称为均方根偏差，以 S 表示：

$$S = \sqrt{\frac{\sum_{i=1}^{n}(x_i - \bar{x})^2}{n-1}} \tag{1-5}$$

如果 n 值较大($n > 50$)，则分母用 $n-1$ 或 n 都无关紧要。

例：用质量法测定硅铁中硅的质量分数，5 次分析结果分别为：37.52%，37.40%，37.20%，37.32%，37.34%，计算分析的平均偏差和标准偏差。

解：

测得数据	$x - \bar{x}$	$(x - \bar{x})^2$
37.20%	−0.16	0.025 6
37.32%	−0.04	0.001 6
37.34%	−0.02	0.000 4
37.40%	+0.04	0.001 6
37.52%	+0.16	0.025 6
$\bar{x} = 37.36\%$	$\sum \lvert x - \bar{x} \rvert = 0.42$	$\sum (x - \bar{x})^2 = 0.054\ 8$

平均偏差 $\bar{d} = \frac{\sum |x - \bar{x}|}{n} = \frac{0.42}{5} = 0.08(\%)$

相对平均偏差 $\bar{d}_x = \frac{\bar{d}}{\bar{x}} \times 100\% = \frac{0.08\%}{37.36\%} \times 100\% = 0.21\%$

标准偏差 $S = \sqrt{\frac{\sum_{i=1}^{n}(x - \bar{x})^2}{n-1}} = \sqrt{\frac{0.054\ 8}{4}} = 0.12\%$

用标准偏差表示分析结果的精密度比用平均偏差更好一些，因为单次测量值的偏差平方之后，较大的偏差就能显著地反映出来，能更好地说明数据的精密度。

例:用质量法测定硅铁中硅的质量分数的另一批数据为:37.26%,37.24%,37.36%,37.48%,37.44%,计算分析的平均偏差和标准偏差。

解:

测得数据	$x-\bar{x}$	$(x-\bar{x})^2$
37.24%	-0.12	0.014 4
37.26%	-0.10	0.010 0
37.36%	0.00	0.000 0
37.44%	+0.08	0.006 4
37.48%	+0.12	0.014 4
$\bar{x}=37.36\%$	$\sum \mid x-\bar{x} \mid =0.42$	$\sum (x-\bar{x})^2=0.045\ 2$

$$平均偏差\bar{d}=\frac{\sum \mid x-\bar{x} \mid}{n}=\frac{0.42}{5}=0.08(\%)$$

$$标准偏差 S=\sqrt{\frac{\sum_{i=1}^{n}(x-\bar{x})^2}{n-1}}=\sqrt{\frac{0.045\ 2}{4}}=0.106\%$$

由上例看出,两批数据的平均偏差相同,但标准偏差不同,这说明,在第一批数据中有两个较大的绝对偏差,因此标准偏差值较大,分析的精密度比第二批更差些。但在一般的化学分析中因为测量数据不多,也可以用平均偏差来表示测量的精密度。

有时为了更好地说明分析结果的好坏,也有用变异系数(C_v)或相对标准偏差(RSD)来表示精密度的,变异系数代表单次测定标准偏差对测定平均值的相对值,也用百分数表示,其表达式如下:

$$RSD \rightarrow C_v=\frac{S}{\bar{x}}\times 100\% \qquad (1\text{-}6)$$

另外,对于少量数据的评价,我们也用极差来表示。极差又称全距或范围误差,它是测量数据中的最大值与最小值之差,说明数据的延伸情况。对于重复测次数较少的数据(15 次以内),可通过下述公式估算标准偏差:

$$S=\frac{R}{C} \qquad (1\text{-}7)$$

式中 S——标准偏差;

R——极差;

C——与测量次数有关的统计因子,可从表中查得。

实际上 C 值大致等于测量次数 N 的平方根。故按下式也可粗略地求得标准偏差:

$$S\approx\frac{R}{\sqrt{N}} \qquad (1\text{-}8)$$

1.4.4 准确度与精密度的关系

从以上讨论可知,系统误差是定量分析中误差的主要来源,可影响分析结果的准确度;偶然误差影响分析结果的精密度。精密度表示测定结果的重复性,准确度则表示测定结果的正确性。精密度与准确度两者之间既有区别又有联系。例如,A、B、C 三位化验员,测定同一种黄铜中的铜含量,各分析 3 次,测定结果如下:

化验员	A	B	C
测定结果(%)	59.22 59.19 59.17	59.20 59.30 59.25	59.42 59.40 59.41
平均值(%)	59.19	59.25	59.41

若已知黄铜中铜的质量分数为 59.39%,从 3 次分析情况来看,A 的分析精密度较高,说明偶然误差很小,但平均值与真实值相差较大,故准确度不高,说明系统误差很大;B 的分析结果精密度不高,准确度也不高,说明系统误差和偶然误差都很大;C 的分析结果精密度和准确度都比较高,说明方法中的系统误差和偶然误差都很小。

由此例可以看出,精密度是保证准确度的先决条件,只有在精密度比较高的前提下,才能保证分析结果的可靠性。因此,在分析时,必须用一份组成相近的标准样品,同时操作,以获得或接近标准结果来说明分析结果的准确度。若精密度很差,说明所测结果不可靠,当然其准确度也不高,虽然由于测定次数多可能使正负偏差相互抵消,但已失去衡量准确度的前提。因此,我们在评价分析结果的时候,还必须将系统误差和偶然误差的影响结合起来考虑,从而得到精密度好、准确度也好的分析结果。

1.4.5 平均值的置信界限

根据统计学的原理,多次测定的平均值比单次测定值可靠,测定次数愈多,其平均值愈可靠。但在实际上增加测定次数所取得的效果是有限的。

在前面的讨论中,测量的精密度可用标准偏差来度量。但标准偏差本身也是一个随机变量,所以标准偏差也存在精密度问题。通常用平均值的标准偏差来表示:

$$\delta_{\bar{x}} = \pm \frac{S}{\sqrt{N}} \tag{1-9}$$

式中 $\delta_{\bar{x}}$——平均值的标准偏差;

S——标准偏差;

N——测量次数。

在实际工作中,当测定次数在 20 次以内时,用标准偏差作为 δ 的估计值,这样平均值的标准偏差 $\delta_{\bar{x}}$改用下式表示:

$$S_{\bar{x}} = \pm \frac{S}{\sqrt{N}} \tag{1-10}$$

式中　$S_{\bar{x}}$——平均值的标准偏差（测定次数小于20次时）；

S——标准偏差；

N——测量次数。

上式表明平均值的标准偏差按测定次数的平方根成比例减小。增加次数可以提高测定的精密度，但当$N>5$以后，这种提高变化缓慢，即提高不多。因此，在日常分析工作中，重复测定3～4次已可以了。

在完成一项测定工作以后，总是把测定数据的平均值作为结果发出报告，但是平均值还不是真值，它的可靠性是相对的，仅仅报告一个平均值还不能说明测定可靠性。一个分析报告应当包括测定的平均值、平均值的误差范围以及测得数据有多少把握能落在此范围内，这种所谓把握称之为置信水平。在分析化学中，通常按95%的置信水平来要求。在此置信水平下，分析数据可以落到平均值附近的界限称之为置信界限。为了解决有限次测定的置信界限，W. S. Gosset提出了一个新的量，即所谓的t值。其含义可理解为平均值的误差以平均值的标准偏差为单位来表示的数值：

$$\pm t=(\bar{x}-\mu)\frac{\sqrt{N}}{S} \tag{1-11}$$

式中　$\bar{x}$——测量数据的平均值；

μ——真值；

S——标准偏差；

N——测量次数。

由此，可以求真值：

$$\mu=\bar{x}\pm\frac{tS}{\sqrt{N}} \tag{1-12}$$

在实际工作中，可根据测定的数据按如下步骤求得平均值和它的置信界限：

（1）求得平均值和标准偏差。

（2）按规定的置信水平（一般取95%），从表1-8中查得t值。

表1-8　t值分布表（95%）

N	12	13	14	15	16	17	18	19	20
t	2.179	2.160	2.145	2.131	2.120	2.110	2.101	2.093	2.086
N	21	22	23	24	25	26	27	28	29
t	2.080	2.074	2.069	2.064	2.060	2.056	2.052	2.048	2.045
N	30	31	32	33	34	35	36	37	38
t	2.042	2.040	2.037	2.035	2.032	2.030	2.028	2.026	2.024
N	39	40	60	∞					
t	2.023	2.021	2.000	1.960					

注：N为测量次数。

（3）按公式$\mu=\bar{x}\pm\frac{tS}{\sqrt{N}}$计算平均值的置信界限。

1.5 实验数据的处理

1.5.1 化学实验结果的表示法

化学实验结果的表示法主要有三种：

(1)表格法。实验数据中选出主变数与因变数，将二者的对应值列表。

(2)图解法。在两个变数的情形中，图解法一般采用直角坐标系图解法，可绘出所考虑的量的相互联系及其规律变化的直观概念。比表格法更为明显。

(3)方程式。根据图形可以求出正确的函数关系，用数学公式表示出来。

1.5.2 图解法在化学中的应用

各种不同系统的图解研究法，在基础化学的每一分支中都得到了广泛的应用。主要是如下两个方面：

(1)内插法。有时数学方程式不知道或要经过冗长的、复杂的计算，可根据图形找出各函数的中间值。

(2)外推法。在某些情况下，线性关系可适用于测量范围以外，找出极限数值的方法。

1.5.3 作图规则

(1)选用合适的坐标纸，以横轴表示主变数，纵轴表示因变数，画出坐标图，并在轴旁注明所表示变数的名称和单位。

(2)横轴读数自左至右，纵轴读数自下至上，但不必从0开始。

(3)比例尺的选择，应使作图及读数方便准确，且使图纸有效利用(比例尺应在图上写明)。

(4)比例尺选定后，在两坐标轴旁每隔一定间隔距离，写下该处变数应有之值，数字应写在轴的左边或底边，以便于作图及读数，但不应将实验值写于坐标轴旁或图上代表点旁。

(5)作图时，数据所代表的点用“0”或“.”表示之。

(6)如图线代表不同组的测量值时，则各组测量值的代表点应用不同符号，连续的曲线应用不同颜色，以示区别。

(7)图名必须清楚、完备。

(8)当各个数据点连结成一条曲线时，要求是一条圆滑的曲线，就是说只要求大多数点通过这条曲线，准许一部分的点落在曲线的两旁，而不要求为了使每个点都通过曲线而连结成曲折线。

(9)图旁应有数据表。

1.5.4 原始数据记录及整理

原始记录是化验室重要的需要保存的资料，也是实验人员得出结论的依据，因此原始记录要求：

(1)要用圆珠笔或钢笔在实验的同时记录在本上，不应事后抄到本上。可事先设计合理的格式。

(2)要详尽、清楚、真实地记录测定条件、仪器、试剂、数据及操作人员。

(3)采用法定计量单位。数据应按测量仪器的有效读数位记录,发现观测失误应注明。

(4)更改记错数据的方法为在原数据上划一条横线表示消去,在旁边另写更正数据。

数据整理要求用清晰的格式把大量原始数据表达出来,必须保持原始数据应有的信息。

1.5.5 实验结果的数据处理

在日常分析中,一般只对每个试样进行有限次的平行测定,那么,若所得的分析数据的极差值不超过该方法对精密度的规定值,均认为有效,可取平均值报出。但对于一些特殊要求的试样多次测量的数据是否都那么可靠,是否都参加平均值的计算,就必须进行合理评价和舍取。如果在消除了系统误差之后,测得的数据出现显著的大值或小值,这样的数据是值得怀疑的。因此,我们称这些数据为可疑值。对可疑值应做如下处理:在分析过程中已知数据是可疑的,如试样沾污或溶液溅出;燃烧法测碳时试样未燃烧完全;或在复查分析结果时已找出出现可疑值原因的,应将可疑值立即弃去;但找不出可疑值原因的,不应随意弃去或保留,而应根据数据统计原则来处理。下面介绍三种检查方法进行判断,决定取舍。

1.5.5.1 4 $\bar{d}$检验法

(1)除可疑值外,将其余数据求其算术平均值$\bar{x}$及平均偏差$\bar{d}$。

(2)将可疑值与平均值$\bar{x}$相减,若可疑值减平均值之差小于4 $\bar{d}$,则可疑值应保留,若可疑值减平均值之差大于或等于4 $\bar{d}$,则可疑值应舍去。

例如:测得一组1Cr18Ni9中的质量分数为17.18%、17.56%、17.23%、17.35%、17.32%五个数据,问其中最大值17.56%是否应该舍去?

$$\bar{x} = \frac{17.18 + 17.23 + 17.35 + 17.32}{4} = 17.27$$

$$\bar{d} = \frac{0.09 + 0.04 + 0.08 + 0.05}{4} = 0.065$$

$$4\bar{d} = 0.26$$

因为 $17.56 - 17.27 = 0.29$,$0.29 > 4\bar{d}(0.26)$,故17.56应该舍去。

此法应用时计算比较简单,适用于4~6个平行数据的取舍。

1.5.5.2 格鲁布斯(Grubbs)检验法

(1)将所有测量结果的数据按大小顺序排列:

$$x_1 < x_2 < x_3 < \cdots < x_n$$

其中 x_1 或 x_n 可能是可疑值,需要首先进行判断,决定其取舍。

(2)用格鲁布斯(Grubbs)检验法判断可疑值时,首先计算出该组数据的平均值$\bar{x}$及标准偏差 S,再根据统计量 T 进行判断。统计量 T 与可疑值、平均值$\bar{x}$标准偏差有关。

设 x_1 是可疑值,则

$$T = \frac{\bar{x} - x_1}{S} \tag{1-13}$$

设 x_n 是可疑值,则

$$T = \frac{x_n - \bar{x}}{S} \tag{1-14}$$

如果 T 值很大，说明可疑值与平均值相差很大，有可能要舍去。T 值要多大才能确定该可疑值应舍弃？这就要看我们对置信度的要求如何。表 1-9 是临界 $T_{\alpha,n}$。如果 $T \geqslant T_{\alpha,n}$，则可疑值应舍去；否则应保留。A 为显著性水准，n 为测量次数。

格鲁布斯(Grubbs)检验法最大的优点是在判断可疑值的过程中，将正态分布中的两个最重要的样本参数平均值 $\bar{x}$ 及标准偏差 S 引入进来，故此方法的准确性较好。但相对而言计算平均值 $\bar{x}$ 及标准偏差 S 比较麻烦。

表 1-9　临界 $T_{\alpha,n}$ 表

n	显著性水准 α		
	0.05	0.025	0.01
3	1.15	1.15	1.15
4	1.46	1.48	1.49
5	1.67	1.71	1.75
6	1.82	1.89	1.94
7	1.94	2.02	2.10
8	2.03	2.13	2.22
9	2.11	2.21	2.32
10	2.18	2.29	2.41
11	2.23	2.36	2.48
12	2.29	2.41	2.55
13	2.33	2.46	2.61
14	2.37	2.51	2.66
15	2.41	2.55	2.71
20	2.56	2.71	2.88

例如：前一例中的实验数据，用格鲁布斯(Grubbs)检验法判断时，17.56% 这个数据是否保留(置信度 95%)？

解：$\bar{x} = 17.33\%$　　　　$S = 0.147$

$$T = \frac{x_n - \bar{x}}{S} = \frac{17.56 - 17.33}{0.147} = 1.56$$

查表 1-9，$T_{0.05,5} = 1.67$，$T < T_{0.05,5}$，故 17.56% 这个数据应该保留。此结论与上题中用 $4\bar{d}$ 法判断所得结论不同。在这种情况下，一般取格鲁布斯(Grubbs)检验法的结论，因为这种方法的准确度较高。

1.5.5.3　Q 检验法

(1)将所有测量结果的数据按大小顺序排列：$x_1 < x_2 < x_3 < \cdots < x_n$

(2)计算 Q 值。

$$Q=\frac{|x_{?}-x|}{x_{max}-x_{min}} \tag{1-15}$$

式中 $x_{?}$ ——可疑值；

x——与 $x_{?}$ 相邻的值；

x_{max}——最大值；

x_{min}——最小值。

(3)查表1-10。比较由 n 次测得的 Q 值，与表中所列的相同测量次数的 $Q_{0.90}$ 相比较。$Q_{0.90}$ 表示90%的置信度。若 $Q>Q_{0.90}$，则相应的 $x_{?}$ 应舍去；若 $Q<Q_{0.90}$，则相应的 $x_{?}$ 应保留。

表1-10 置信水平的 Q 值

测定次数	3	4	5	6	7	8	9	10
$Q_{0.90}$	0.94	0.76	0.64	0.56	0.51	0.47	0.44	0.41
$Q_{0.95}$	1.53	1.05	0.86	0.76	0.69	0.64	0.60	0.58

例如：有一组不锈钢试样测定镍的数据：13.31%，13.41%，13.32%，14.05%，13.35%，13.42%，其中14.05%为可疑值，问是否应舍去？

解：$Q=\frac{|14.05-13.32|}{14.05-13.31}=0.986$，由 Q 值表查知，$n=6$ 时，$Q_{0.90}=0.56$，$Q_{0.95}=0.76$。

因 $Q>Q_{0.90}$，故可疑值14.05应弃去。

采用 Q 检验法时应注意以下几点：

(1)上述方法适用于测定次数在3～10之间。

(2)此法原则上只适用于检验一个可疑值。

(3)若测量次数仅3次，检出可疑值后勿轻易舍去，最好补测1～2个数据后再作检验以决定取舍。

1.6 分析结果与不确定度

1.6.1 分析结果的报出

在定量分析中，一般每一个方法标准中都有精密度的规定。在正常和正确操作情况下，如果两个单次测试结果之间的差值超过了相应按精密度公式计算出的重复性和再现性数值，则认为这两个结果是可疑的。

《测试方法精密度在重复性和再现性条件下所得测试结果可接受性的检查和最终测试结果的确定》(GB/T 11792—1989)中对最终测试结果的确定作了规定。这个标准适用相同的测试方法，并且这一测试方法规定了相应的重复性和(或)再现性标准差时，对相同的试样，在重复性和(或)再现性条件下所得到的测试结果，以及如何从多个测试结果表示为一个最终测试结果的方法。这个标准假设测试结果的误差服从统计学上的正态分布。在计算中的概率水平为近似95%。下面介绍该标准规定的在实际工作中常遇到的情形。

1.6.1.1 在重复性条件下所得测试结果可接受性的检查方法和最终测试结果的确定

当只取得一个测试结果时，不可能直接与给定的重复性标准差作可接受性统计检验。对测试结果的准确性有任何疑问时都应取得第二个测试结果。

取得两个初始测试结果，两个结果之差的绝对值与重复性限 r 相比较。

（1）测试费用较低的情形。如果两个测试结果之差的绝对值不大于 r 值，这两个结果可以接受。最终测试结果 $\hat{\mu}$ 等于两个结果的平均值。如果两个测试结果之差的绝对值大于 r 值，必须再做 2 次测试。若 4 个结果的极差（$x_{max}-x_{min}$）等于或小于 $n=4$ 的临界极差 $C_rR_{95}(4)$，则取 4 个结果的平均值作为最终测试结果 $\hat{\mu}$。临界极差 $C_rR_{95}(n)$ 的表达式为：

$$C_rR_{95}(n)=f(n)\sigma_r \qquad (1\text{-}16)$$

上式中的 $f(n)$ 值见表 1-11。

表 1-11　临界极差系数 $f(n)$

n	$f(n)$	n	$f(n)$	n	$f(n)$	n	$f(n)$
2	2.8	7	4.2	12	4.6	17	4.9
3	3.3	8	4.3	13	4.7	18	4.9
4	3.6	9	4.4	14	4.7	19	5.0
5	3.9	10	4.5	15	4.8	20	5.0
6	4.0	11	4.6	16	4.8		

如果 4 个结果的极差大于重复性临界极差，则取 4 个结果的中位数数值作为最终测试结果。

中位数的确定：若 n 个数值按其代数值大小递增的顺序排列，并加以编号 1 至 n。当 n 为奇数时，则 n 个值的中位数为其中第 $\frac{n+1}{2}$ 个数值；当 n 为偶数时，则中位数位于第 $\frac{n}{2}$ 个数值与 $\frac{n+1}{2}$ 个数值之间，取这两个数值的算术平均值。

例：某实验室用《钢铁及合金中磷量的测定》（GB/T223.59—1987）中锑磷钼蓝光度法测定钢铁中磷的含量。已知该方法磷的质量分数为 0.017 4% 时，重复性公式 $r=0.001\,475+0.025\,74$ m，则该含量时 $r=0.001\,8$，已测得同一样品的三个数据为 0.017 0%、0.017 4%、0.015 2%，求最终测试结果。

解：极差　　　$0.017\,4-0.015\,2=0.002\,2$

临界极差　　$C_rR_{95}(3)=f(3)\times\dfrac{0.001\,8}{2.8}=3.3\times0.000\,64=0.002\,1$

由于极差大于临界极差，且测试费用较高，故再测 1 个结果为 0.017 0%。

临界极差　　$C_rR_{95}(4)=f(4)\times\dfrac{0.001\,8}{2.8}=3.6\times0.000\,64=0.0002\,3$

由于极差为 0.002 2，小于临界极差，故取 4 个结果的平均值作为最终测试结果：

$$\hat{\mu}=(0.017\,0+0.017\,4+0.015\,2+0.017\,0)/4=0.016\,6$$

从上面的例题可以看出，计算 C_rR_{95} 临界极差值比较费时，且不方便，按照上面的表达式，根据经验预先计算出多次测试结果的临界极差的近似值不大于：$n=3$ 时，$1.18r$；$n=4$ 时，$1.28r$；$n=5$ 时，$1.39r$。

（2）测试费用较高的情形。如果两个测试结果之差的绝对值小于 r 值，这两个测试结果可以接受,最终结果 $\hat{\mu}$ 等于两个测试结果的平均值。如差的绝对值大于 r 值,应再得一个测试结果。如 3 个测试结果的极差值等于或小于临界极差 $C_rR_{95}(3)$,则最终测试结果 $\hat{\mu}$ 等于 3 个测试结果的平均值。如果 3 个结果的极差大于临界极差 $C_rR_{95}(3)$,则由下列两种情况之一来确定 $\hat{\mu}$。

第一种是不可能取得第 4 个测试结果时,取中位数数值作为最终测试结果 $\hat{\mu}$。

第二种是有可能取得第 4 个测试结果时,应取第 4 个测试结果。如果 4 个测试结果的极差等于或小于临界极差 $C_rR_{95}(4)$,则取 4 个结果的平均值作为最终测试结果 $\hat{\mu}$。如果极差大于 $C_rR_{95}(4)$,则取 4 个结果的中位数作为最终测试结果 $\hat{\mu}$。

1.6.1.2 在重复性与再现性条件下所得测试结果可接受性的检查方法和最终测试结果的确定

本方法应用于两个实验室参加实验,其测试结果或最终测试结果的确定应当像重复性一样,用给定的再现性标准差做统计检验。这部分内容本教材不作介绍。

(1)测试次数,特别是各测试次数的累计总和。

(2)最终结果是取的平均值还是中位值。对报出结果的有效位数,应根据测试方法和仪器的准确度而定。

(3)最终结果的报出,最终结果确定后,报出最终结果时应说明以下内容:①测试次数,特别是各测试次数的累计总和。②最终结果是取的平均值还是中位值。对报出结果的有效位数,应根据测试方法和仪器的准确度而定。

1.6.2 不确定度的基本概念

1.6.2.1 不确定度定义及意义

原国家质量技术监督局发布的国家计量技术规范《测量不确定度评定与表示》(JJF 1059—1999)是评定与表示不确定度的通用规则。根据这一规范,测量不确定度是指表征合理地赋予被测量之值的分散性,与测量结果相联系的参数。广义而言,测量不确定度意为对测量结果正确性的可疑程度,可以由如合成不确定度或扩展不确定度表示,由多个分量组成,并恒为正值。通过测量得到被测量的量值,但测量值不等于真值。由于被测量的真值一般不能获得,通常说的准确度只是一个定性的、理想化的概念。在应用时只能说准确度的高和低,或准确度的等级,而不能具体说出准确度的数值。通过测量不确定度的评定来定量地评价测量结果的质量,以确定测量结果的可信程度。因此,测量结果在有不确定度说明时才是完整和有意义的。测量不确定度在科学技术和生产中,在商业、贸易、医疗、环保中具有广泛性和普遍性。不确定度越小,测量结果的质量越高,水平越高,使用价值也越高;不确定度越大,测量结果的质量越低,水平越低,其使用价值也越低。测量不确定度必须正确评定,不确定度评定过大,会因测量不能满足需要而需再投资,造成浪费;不确定度评定过小,会对生产造成危害。不确定度评定不当,可能会造成巨大的经济损失。

1.6.2.2 不确定度的表示

(1)合成标准不确定度:测量结果由其他量值得来时,按其他量值的方差或协方差算出的测量结果的标准不确定度。测量结果 y 的合成标准不确定度记为 $u_c(y)$,简写为 u_c 或 $u(y)$。它是测量结果标准差的估计值。

(2)扩展不确定度:也称为范围不确定度或展伸不确定度。它是确定测量结果区间的量,合理赋予被测量值分布的大部分可望含于该区间。扩展不确定度记为 U。

1.6.2.3 不确定度的评定

(1)不确定度的 A 类评定:由观测系列统计分析所作的不确定度评定。

(2)不确定度的B类评定:由不同于观测系列统计分析所作的不确定度评定。

1.6.2.4 测量不确定度的来源

化学成分测量过程中有许多引起不确定度的因素,它们可能来自以下几个方面:

(1)被测对象的定义不完善(如被测定的分析物的结构不确切)。

(2)取样带来的不确定度,不同试样根据标准都应有相应的取样方法。

(3)被测对象的预富集或分离的不完全。

(4)基体对被测量元素的影响和干扰。

(5)在抽样或样品制备过程中的沾污以及样品分析期间可能的变化,由于热状态的改变或光分解而引起样品的交叉沾污和来自实验室环境的污染,特别对痕量成分的分析尤为重要。

(6)测量过程中对环境条件影响缺乏认识或环境条件的测量不够完善,例如:玻璃容器具的校准温度和使用温度不同带来的不确定度,环境湿度的变化对某些物质产生的影响等。

(7)读数不准,如滴定法时滴定管的读数,每个实验员都有其固定的读数方法。

(8)仪器的分辨率(或灵敏度)以及仪器的偏倚、分析天平校准中的准确度的极限、温度控制器可能维持的平均温度与所指示的设定的温度点不同、自动分析仪滞后等。

(9)测量标准和标准物质所给定的不确定度。

(10)从外部取得并用于数据的整理换算的常数或其他参数的值所具有的不确定度。

(11)在测量方法和过程中的某些近似与假设,某些不恰当的校准模式的选择,例如:使用一条直线校准一条弯曲的响应曲线,数据计算中的舍入影响。

(12)随机变化,在整个分析测试过程中,随机影响对不确定度都有贡献。

以上所有影响不确定度的因素,不一定都是独立的,它们之间可能还存在一定的相互关系,所以还要考虑相互之间的影响对不确定度的贡献,即要考虑协方差。

1.6.2.5 测量误差、精密度和测量不确定度之间的关系

测量误差、精密度和测量不确定度之间的关系可用表1-12表示。

表1-12 测量误差、精密度和测量不确定度之间的关系

项目	误差	精密度	不确定度
定义的内涵	测量结果与真值之差	给定条件下由随机因素引起测量结果的分散性	给定条件下由随机因素和系统因素引起测量结果的分散性
量值	客观存在	在给定统计下客观存在	与对被测量、影响因素及测量过程的认识有关
理论上能否确切评定	不能,当用约定真值代替真值时,可得到估计值	在给定条件下能定量评定	在给定条件下能定量评定
表达符号	正值或负值	正值	正值
分量	随机误差,系统误差(过失误差)	重复性条件下的标准偏差 再现性条件下的标准偏差	A类不确定度评定 B类不确定度评定
分量的合成	代数和	方根和	方根和

续表 1-12

项目	误差	精密度	不确定度
自由度	不存在	存在	存在
评定中与测量结果的分布关系	无关	有关	有关
应用	已知系统误差的估计值时可对测量结果进行修正	不能对测量结果修正。用于表示测量结果一致性的评价	不能对测量结果修正。与测量结果一起表示在一定概率水平被测量值的范围

1.6.2.6　不确定度的评定过程

不确定度的评定过程通常如图 1-1 所示。

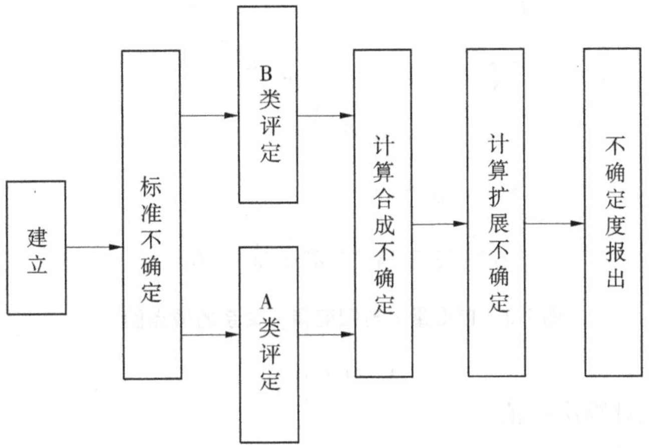

图 1-1　不确定度评定过程示意图

1.6.2.7　实例

水和海水成分分析用亚硝酸盐－氮标准物质 1.00 mol/L 的不确定度。

此标准溶液的标准值由配制值给出,标准值的不确定度来源见表 1-13。

亚硝酸盐－氮标准物质的总标准不确定度为:$u_c = 1.16 \times 10^{-2} \approx 1.2 \times 10^{-2}$。

因本书的篇幅有限,更详细的不确定度的介绍请读者参阅《测量不确定度评定与表示》(JJF 1059)及其他有关不确定度的书籍。

表 1-13　水和海水成分分析用亚硝酸盐－氮标准值的不确定度来源

不确定度来源	相对不确定度的估计值
亚硝酸钠纯度的不确定度	2.1×10^{-3}
称量引起的不确定度	6×10^{-5}
稀释引起的不确定度	1.0×10^{-3}
不均匀性引起的不确定度	8×10^{-3}
稳定性差引起的不确定度	8×10^{-3}

1.7 回归分析

有的自变量与因变量之间并不存在确定的函数关系，但是从大量统计数据看，它们又可能存在某种规律，这种情况称为存在相关关系。从相关变量中找出合适的数学方程式的过程称为回归，得到的数学方程式称为回归式或回归模型。回归也称为“拟合”，它是从大量实验数据中，寻找隐藏在内的统计性规律的方法。

1.7.1 一元线性回归

n 个数据点$(x_1,y_1),(x_2,y_2),\cdots,(x_n,y_n)$的散点图如图 1-2 所示，数据 x 与 y 之间大致呈现线性关系，于是可以建立因变量 y 与自变量 x 之间的一元线性回归方程：

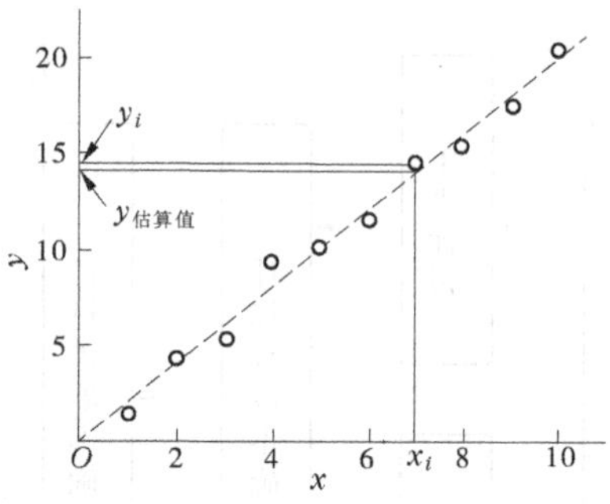

图 1-2 自变量 x 与因变量 y 关系的散点图

$$\hat{y} = a + bx \tag{1-17}$$

式中 $\hat{y}$——由回归式计算出的值；

a、b——回归系数。

1.7.1.1 最小二乘法求解回归系数

用式(1-17)可以计算出任一 x_i 对应的回归值 $\hat{y}_i$。回归值 $\hat{y}_i$ 与实测值之差的绝对值为：

$$D_i = |y_i - \hat{y}_i| = |y_i - (a + bx_i)| \tag{1-18}$$

D_i 表示实测值 y_i 与回归直线的偏离程度。要使回归直线成为最能接近实验点的直线，必须使 $\sum D_i$ 最小。要使 $\sum D_i$ 最小，就是要使函数 $\sum D_i^2$ 值最小。设

$$Q = \sum_{i=1}^{n} D_i^2 = \sum_{i=1}^{n} [y_i - (a + bx_i)]^2 \tag{1-19}$$

式中 x_i 和 y_i 是已知值，故 Q 为回归系数 a 和 b 的函数。根据数学上的极值原理，函数 Q 有最小值时应有以下关系：

$$\frac{\partial Q}{\partial a} = -2\sum_{i=1}^{n}(y_i - a - bx_i) = 0 \tag{1-20}$$

$$-\frac{\partial Q}{\partial a} = -2\sum_{i=1}^{n}(y_i - a - bx_i)x_i = 0 \tag{1-21}$$

式(1-20) 和式(1-21) 可变换为(以下省略求和的上、下限，简写为 $\sum$)：

$$\sum y_i - \sum a - b\sum x_i = 0 \tag{1-22}$$

$$\sum x_i y_i - a\sum x_i - b\sum x_i^2 = 0 \tag{1-23}$$

因$\sum a = na$,故式(1-23)可转化为:

$$na = \sum y_i - b\sum x_i \tag{1-24}$$

则

$$a = \frac{\sum y_i - b\sum x_i}{n} = \bar{y} - b\bar{x} \tag{1-25}$$

可见,回归方程通过离散点的平均值($\bar{x}$,$\bar{y}$),得:

$$b = \frac{\sum x_i y_i - (1/n)\sum x_i \sum y_i}{\sum x_i^2 - (1/n)(\sum x_i)^2} = \frac{\sum x_i y_i - \bar{x}\sum y_i}{\sum x_i^2 - \bar{x}\sum x_i} \tag{1-26}$$

通过式(1-25)和式(1-26)就可以计算出回归系数 b 和 a,从而建立回归方程。

为了计算方便,使用下列有关符号:

$$L_{xy} = \sum x_i y_i - (1/n)\sum x_i \sum y_i \tag{1-27}$$

$$L_{xx} = \sum x_i^2 - (1/n)(\sum x_i)^2 \tag{1-28}$$

$$L_{yy} = \sum y_i^2 - (1/n)(\sum y_i)^2 \tag{1-29}$$

则

$$b = \frac{L_{xy}}{L_{xx}} \tag{1-30}$$

1.7.1.2 相关系数

为了检验所建立回归方程的精度,可用相关系数表示。相关系数 r 是说明两个变量之间线性关系密切程度的一个数量性指标,其定义如下:

$$r = \frac{L_{xy}}{\sqrt{L_{xx}L_{yy}}} \tag{1-31}$$

当 $r=1$,为确定的线性函数。

当 $r=0$,说明无线性关系。

当 $r<0.5$,说明线性相关程度较小。

当 $0.5<r<1$,说明存在一定的线性关系。而 r 愈接近1,线性关系愈密切。

相关系数检验的临界值表见表1-14。

表1-14 相关系数检验的临界值表

$n-2$	临界值			
	$r_{(0.10,n-2)}$	$r_{(0.05,n-2)}$	$r_{(0.01,n-2)}$	$r_{(0.001,n-2)}$
1	0.988	0.997	0.999 8	0.999 999
2	0.900	0.950	0.990	0.999
3	0.805	0.878	0.959	0.991
4	0.729	0.811	0.917	0.974
5	0.669	0.755	0.875	0.951
6	0.622	0.707	0.834	0.925
7	0.582	0.666	0.798	0.898
8	0.549	0.632	0.765	0.872
9	0.521	0.602	0.735	0.847
10	0.497	0.576	0.708	0.823

注:n 为检验次数。

1.7.2 多元线性回归

在实际问题中，自变量往往不止一个，而因变量只要一个。这类问题就是多元回归问题，其中最简单的是多元线性回归。如果因变量 y 和 m 个自变量 $x_1, x_2, \cdots, x_m$ 之间存在线性相关关系，则可建立如式(1-32)所示的多元一次回归方程式：

$$\hat{y} = b_0 + b_1 x_1 + b_2 x_2 + \cdots + b_m x_m \tag{1-32}$$

设有 n 组实验测量值，则：

$$(x_{1i}, x_{2i}, \cdots, x_{mi}, y_i), i = 1, 2, 3, \cdots, n$$

同样用最小二乘法进行处理，得到如下方程组：

$$\begin{cases} nb_0 + b_1 \sum x_{1i} + b_2 \sum x_{2i} + b_3 \sum x_{3i} + \cdots + b_m \sum x_{mi} = \sum y_i \\ b_0 \sum x_{1i} + b_1 \sum x_{1i}^2 + b_2 \sum x_{2i}x_{1i} + b_3 \sum x_{3i}x_{1i} + \cdots + b_m \sum x_{mi}x_{1i} = \sum y_i x_{1i} \\ b_0 \sum x_{2i} + b_1 \sum x_{1i}x_{2i} + b_2 \sum x_{2i}^2 + b_3 \sum x_{3i}x_{2i} + \cdots + b_m \sum x_{mi}x_{2i} = \sum y_i x_{2i} \\ \vdots \\ b_0 \sum x_{mi} + b_1 \sum x_{1i}x_{mi} + b_2 \sum x_{2i}x_{mi} + b_3 \sum x_{3i}x_{mi} + \cdots + b_m \sum x_{mi}^2 = \sum y_i x_{mi} \end{cases} \tag{1-33}$$

该方程组中有 $m+1$ 个变量，经过变换得到如下方程组：

$$\begin{cases} L_{11}b_1 + L_{12}b_2 + L_{13}b_3 + \cdots + L_{1m}b_m = L_{1y} \\ L_{21}b_1 + L_{22}b_2 + L_{23}b_3 + \cdots + L_{2m}b_m = L_{2y} \\ \vdots \\ L_{m1}b_1 + L_{m2}b_2 + L_{m3}b_3 + \cdots + L_{mm}b_m = L_{my} \end{cases} \tag{1-34}$$

方程组中各系数的计算公式为：

$$L_{kj} = \sum (x_{ji} - \bar{x}_j)(x_{kj} - \bar{x}_k) = \sum x_{ji}x_{kj} - \frac{1}{n}(\sum x_{ji})(\sum x_{ki}) \tag{1-35}$$

$$L_{jy} = \sum (x_{ji} - \bar{x}_j)(y_i - \bar{y}) = \sum x_{ji}y_i - \frac{1}{n}(\sum x_{ji})(\sum y_i) \tag{1-36}$$

$$L_{yy} = \sum (y_i - \bar{y})^2 = \sum y_i^2 - \frac{1}{n}(\sum y_i)^2 \tag{1-37}$$

式中 i——数据的组数，$i = 1, 2, 3, \cdots, n$；

j——m 个自变量的第 j 个，$j = 1, 2, 3, \cdots, m$。

通过对线性方程组的求解，可得到线性回归系数($b_0, b_1, b_2, \cdots, b_m$)，从而得到回归方程式。

第2章 实验准备

2.1 试样的准备

2.1.1 样品的采集、制备与保存

样品的采集简称采样（又称取样、抽样等），是为了进行检验而从大量物料中抽取的一定量具有代表性的样品。在实际工作中，要化验的物料常常是大量的，其组成有的比较均匀，有的却很不均匀。化验时所取的分析试样只需几克、几十毫克甚至更少，而分析结果必须能代表全部物料的平均组成。因此，必须正确地采取具有足够代表性的“平均试样”，并将其制备成分析试样。若所采集的样品组成没有代表性，那么以下的分析过程再准确也是无用的，甚至可能导致错误的结论，给生产或科研带来很大的损失。

2.1.1.1 采样的原则与方法

采样方法是以数理统计学和概率论为理论基础建立起来的。一般情况下，经常使用随机采样和计数采样的方法。不同行业的分析对象是各不相同的，例如金属、矿石、土壤、石油、化工产品、天然气、工业用水、药品、食品、饲料等。若按物料的形态，则可分为固态、液态和气态三种。而从各组分在试样中的分布情况看，则有均匀分布和不均匀分布两种。显然对于不同的分析对象和分析要求，分析前试样的采集及制备也是不同的。因此，采样及制备样品的具体步骤应根据分析的要求、试样的性质、均匀程度、数量多少等来决定。这些步骤和细节在有关产品的国家标准中都有详细规定（见表2-1）。这里仅就一些采样的基本原则和方法作些简要说明。

表2-1 取样及制样标准

标准代号	标准名称
GB/T 222	钢的化学分析用试样取样法及成品化学成分允许偏差
GB/T 719	生铁化学分析用试样制取方法
GB/T 4010	铁合金化学分析用试样的采取和制备
GB/T 5678	铸造合金光谱分析取样方法
GB/T 17432	变形铝及铝合金化学成分分析取样方法
GB/T 10322.1	铁矿石取样和制样方法
GB/T 10325	定形耐火制品抽样验收规则
GB/T 17617	耐火原料和不定形耐火材料取样
GB/T 2007.1	散装矿产品取样、制样通则手工取样方法
GB/T 2011	散装锰矿石取样、制样方法
GB/T 4414	包装钨精矿取样、制样方法

1）组成比较均匀的物料

一般来说，化工产品、金属试样、粮食、油料、水样、气态试样等组成比较均匀，任意取一部分，或稍加混合后取一部分，即成为具有代表性的分析试样。金属或合金组成比较均匀的材料取样时，可根据具体条件，采用刨取法、车取法、铰取法、钻取法、剪取法等不同方法。在切削或钻取时，转速不宜太快，以免高温氧化，影响碳、硫等元素的分析结果。金属材料在浇铸、轧制、冷却过程中会产生元素的偏析，使元素分布产生一定的差异。因此，取样时应先将表面处理，然后用钢钻在不同部位和深度钻取碎屑并混匀。一定要注意取样部位和切削粒度，以提高试样的均匀性和代表性。取样工具或样品沾有油污时应用无水乙醚洗净，晾干，否则易使分析结果含碳量有偏差。

2）组成不均匀的物料

对一些粒度大小不均匀，成分混杂不整齐，组成很不均匀的试样，如矿石、煤炭、土壤等，欲采集具有代表性的均匀试样，的确是一项较为复杂的工作。为此，必须按照一定的程序，根据物料总样的多少、存放情况，自物料的各个不同部位采取一定数量粒度不同的样品。取出的份数越多，试样的组成与被分析物料的平均组成越接近。

根据经验，矿石试样采取量可用采样公式计算，即

$$Q = Kd^a \tag{2-1}$$

式中 Q——采取试样的最小质量，kg；

d——试样中最大颗粒的直径，mm（见表2-2）；

K,a——与被检验物料的均匀程度和易破碎程度有关的经验常数，通常系数 K 在0.02～0.2之间，各类矿石的缩分系数 K 见表2-3（a 在1.8～2.5之间，地质部门规定 a 为2）。

表2-2 筛号与试样最大颗粒直径的关系

筛号（网目）	3	6	10	20	40	60	80	100	120	140	200
试样最大颗粒直径（mm）	6.72	3.36	2.00	0.83	0.42	0.25	0.177	0.149	0.125	0.105	0.074

表2-3 各类矿石的缩分系数参考值

矿石种类	K	矿石种类	K
铁、锰	0.1～0.2	铅、锌、锡	0.2
铜、钼、钨	0.1～0.5	锑、汞	≥0.1～0.2
镍（硫化物）、钴	0.2～0.5	菱镁矿、石灰石、白云岩	0.05～0.1
镍（硅酸盐）、铝土矿（均一的）	0.1～0.3	磷灰石、萤石、黄铁矿、高岭土、黏土、石英岩	0.1～0.2
铬	≤0.25～0.3	明矾、石膏、硼砂	0.2

3）采样注意事项

a. 采集前的准备

应调查物料的货主、来源、种类、批次、生产日期、总量、包装堆积形式、运输情况、贮存条件、贮存时间、可能存在逸散和污染情况，以及其他一切能揭示物料发生变化的信息。

b. 采样器械

采样器械可分为电动器械、机械器械和手工器械三种类型。采样时，根据需要选择不与样品发生化学反应的材料制成的采样器。采样器应便于使用和清洗，而且坚固耐用。采样时应保持采样器清洁、干燥。

c. 盛样容器

盛样容器应使用不与样品发生化学反应、不被样品溶解、不使样品质量发生变化的材料制成。当检验微量元素时，对容器要进行预处理。例如检验铅质量分数时，容器在盛样前应先进行去铅处理；检验铬锌质量分数时，不能使用镀铬、镀锌的工具和容器；检验铁质量分数时，应避免与铁制工具和铁容器接触。

样品容器应清洁、干燥，坚固耐用，密闭性能要好。通常盛样容器有如下几种类型：

(1) 无色透明或棕色的具有磨口塞的可密封玻璃瓶。

(2) 可密封的聚乙烯瓶。

(3) 内衬塑料袋，外用布袋或牛皮纸袋。

(4) 稠密的纺织布、聚乙烯塑料或金属材料的容器。

总之，盛样容器要依分析项目和被检物料的性质而定。

d. 采样后的标记

采样后要及时记录样品名称、规格型号、批号、等级、产地、采样基数、采样部位、采样人、采样地点、日期、生产厂家名称及详细通讯地址等内容。采样单上填写的字迹要清晰，并能长期保留不褪色。

采集的样品包装后，应将标有样品编号、采样人单位印章、采样日期的标签贴在样品容器上。再贴上有样品编号、加盖有采样单位和受检单位公章以及采样人印章的封条。

采集的样品应由专人妥善保管，并尽快送达指定地点，且要注意防潮、防损、防丢失和防污染。

样品的交接一定要有文字记录，手续要清楚。

若发现被采物的包装容器受损、腐蚀或渗漏等可疑或异常现象，应及时请示报告，不要进行检验。

2.1.1.2 样品的制备与保存

采集的原始平均试样，对一整批物料来说应具有足够的代表性。对组分不均匀的物料，必须经过一定程序的加工处理，才能制备成供分析用的分析试样。

1) 样品的制备

样品制备的目的，在于得到十分均匀的样品，使样品在拣取任何部分进行检验时，都能代表全部样品的成分，以取得正确的结果。

粒度较大的固体样品(如矿石)的试样加工程序如下。

a. 样品破碎和过筛

用机械或人工方法把样品逐步破碎，大致可分为粗碎、中碎和细碎等阶段。

粗碎：用颚式破碎机把大颗粒试样压碎至通过 4 ~6 目网筛。

中碎：用盘式粉碎机把粗碎后的试样磨碎至通过 20 目网筛。

细碎：用盘式粉碎机进一步磨碎，必要时再用研钵研磨，直到通过所要求的筛孔为止。

由于同一物料中难破碎的粗粒与易破碎的细粒成分往往不同，故每次破碎后过筛时应将未通过筛孔的粗粒进一步破碎，直到全部通过筛子为止。绝不可将未通过筛的粗粒随意丢弃。

过筛时采用标准筛。

b. 样品混合均匀

样品破碎过筛后,经过混合使样品达到均匀。混合样品可采用下列方法:

手工混合:样品连续通过二分器 3 次,每次通过后将两部分样品合并;小粒度样品(<1 mm)可用手工 3 次堆转混合。

机械混合:样品破碎至一定粒度(如<10 mm)后可用双锥混合器或 V 形混合器混合。

c. 样品缩分

由于没有必要把原始试样全部加工成分析试样,因此在制样过程中要多次进行缩分。可用人工或机械(分样器)进行缩分。

人工缩分常用"四分法"。先将已破碎的样品充分混匀,堆成圆锥形,将锥顶压平(也可压成圆饼状或平面正方形),通过平顶的中心按十字形切成 4 等份,弃去任意对角的 2 份,保留另 2 份,混匀。由于样品中不同粒度、不同相对密度的颗粒大体上分布均匀,留下的样品数量虽然仅为原样的一半,但仍能代表原样的成分。

缩分的次数不是随意的,每次缩分后试样粒度与保留的试样量之间,都应符合采样公式(式 2-1),否则应进一步破碎后再缩分。通常留下 200 ~ 500 g,送化验室作为分析试样。试样最后的细度应便于溶解。对于较难溶解的试样,要研磨至能通过 100 ~ 200 目细筛。

机械缩分常用机械缩分器。它包括以下两种方法:

定比缩分法:使得到的缩分样的质量正比于缩分前样品的质量。常用的有旋转容器缩分机、旋转圆锥缩分机和回转式缩分器等。

定量缩分法:使得到的质量基本一致(质量差异小于 20%,以变异系数 C_v 表示)的缩分样品的方法。此法不考虑缩分前样品的质量差异。常用的有转换溜槽式、切割式缩分机。

2) 样品中湿存水的处理

一般固体试样往往含有湿存水(也称吸湿水),即试样表面及孔隙中吸附的空气中的水分。湿存水质量分数随样品的粉碎程度、放置时间和空气中湿度的不同而改变,因此试样中各组分的相对质量分数也必然随着湿存水的多少而改变。为了便于比较,试样各组分相对质量分数的高低常用干基表示。干基是不含湿存水的试样质量。因此在进行分析之前,必须先将试样烘干,在烘箱中烘干的温度和时间可根据试样的性质而定。受热易分解的试样采用风干或真空干燥的方法干燥。有些物质遇热易爆炸,则只能在室温下放在保干器中除去水分。对于湿存水的质量分数,可另取烘干前的试样测定。

在采样和样品制备过程中,必须注意防止待测组分损失和沾污,以保证试样的代表性。制备好的试样贮存于具有磨口玻璃塞的广口瓶中,贴好标签,注明试样编号、名称、来源、采样日期等。

通常把制备好的样品分成两份。一份作为检验用的样品,称为试验样品或检验样品;一份作为备查用的样品,称为保留样品。试验样品应尽快地送检验部门进行检验。保留样品应置于温度适宜、干净的密封容器内,避光妥善保存。

2.1.2 试样的分解

在一般的分析实践中,除了干法(如光电直读光谱法、X 射线荧光光谱法)外,通常需要将试样分解,转变成可溶于水的各种盐类,才能进行准确的测定。选择合适的试样分解方法,要求能将试样完全分解,没有残留原试样的残渣,并且不应有待分析组分的挥发损失,不引入干扰测定的物质。所以试样的分解是化学分析工作的第一个工作环节，对整个分析过程有重要的意义。如果试样的分解选择不当，将造成试样分解不完全，或使被测组分损失，或引进干扰物质，都影响分析。而试样分解方法的选择与被测物质组成、被测元素和测定的方法有关。另外由于某些试样分解的时间往往占整个分析过程的大部分，故分解方法的选择对制定快速的分析方案具有决定意义。

试样的分解大致分两种：溶解和熔融。

溶解就是将试样直接溶于水、酸、碱或其他溶剂中。

熔融是将试样与适宜的熔剂混合，在高温下熔融，使被测组分转化成可溶性化合物，然后再以水或酸浸取溶质。熔融法较烦琐、费时，只有试样无法用溶解法分解时才选择熔融法。

一般来说，溶解（酸或碱为溶剂）是一种最简单的分解方法。凡是能直接溶解的试样，就不用熔融法。在工作中要求两种方法结合起来，即将试样先用酸处理，不溶残渣再以适当熔剂进行熔融，然后浸出溶质与主溶液合并。

下面介绍分解试样方法和常用溶（熔）剂选择。

2.1.2.1 酸碱分解法

1）HCl

分析上常用密度 $\rho = 1.19$ g/mL，质量分数 35% ~38%，物质的量浓度 $c = 12$ mol/L。在金属的电位序中氢以前的金属或其合金都能溶解 HCl。许多金属氧化物、氢氧化物、多数碳酸盐矿物都可以溶于 HCl。除 Pb、Ag 等少数金属外，大多数金属氯化物易溶于水，Cl^- 与许多金属离子如 Fe^{3+} 形成氯配离子（$FeCl_4^-$ 等），能助溶。盐酸对 MnO_2、Fe_3O_4 等有还原作用，助溶。

单独使用 HCl 不适宜钢样的分解，因为会留下一部分碳化物。若 $HCl + H_2O_2$，能分解不锈钢、铜合金、铝合金、高温合金等许多合金材料，是良好溶剂。采用 $HCl + H_2O_2$ 溶解不锈钢等含 Si 量较高的试样，防止硅酸析出有效。用浓 HCl 在沸腾状态下逐滴滴加浓 HNO_3 可溶解特殊耐高温、耐腐蚀的合金材料。

2）HNO_3

常用浓硝酸密度 $\rho = 1.42$ g/mL，质量分数约 65%，物质的量浓度 $c = 14$ mol/L。纯净时应无色，但受光和热的作用，分解出 NO_2，呈红棕色。HNO_3 有氧化性，除金、铂族金属外，绝大多数金属都能溶解。几乎所用的硝酸盐都易溶于水，但 W、Sn、Sb 等金属溶于 HNO_3 时，生成难溶性钨酸 H_2WO_4、锡酸（H_2SnO_3）和锑酸（$HSbO_3$）。由于其氧化性，使一些金属如 Al、Cr 及其铬合金材料在 HNO_3 中形成氧化膜而钝化，阻止了溶解作用的进行。此时，可滴加 HCl 助溶。在钢铁中常用 HNO_3 分解碳化物。

钢铁中所含碳化物在溶解试样时，以黑色或褐色沉淀形式存在，但这种沉淀在有 HNO_3 作用下，很容易分解，形成挥发性的碳。

碳化物的分解根据其稳定性，一般可采用以下几个措施：

（1）钢铁试样用稀硫酸或硫磷混酸溶解，然后滴加浓硝酸破坏碳化物，对 Mn_3C、Cr_3C（碳铬含量较低时）有效。

（2）钢铁内含有较稳定的碳化物时，在用 HNO_3 氧化前，先进行蒸发至冒 H_2SO_4 烟，在高温下加浓 HNO_3 破坏碳化物，并维持一段时间，直到溶解完。

（3）如钢样中含有极稳定的碳化物（如合金铸铁）用上述方法不能全部分解时，可将钢样用王水处理，然后加 $HClO_4$ 加热冒烟，并维持一段时间，这时碳化物就会全部分解（也可用 HCl 或 HNO_3 处理再冒 $HClO_4$ 烟）。

1 体积 HNO_3 + 3 体积 HCl = 王水　　　$HNO_3 + 3HCl = NOCl + Cl_2 + 2H_2O$

氯化亚硝酰和 Cl_2 都是强氧化剂。HCl 还可以提供 Cl^-，与一些金属发生配合作用，因此王水能溶解金、铂等贵金属，不锈钢、高速钢、高合金钢。

3 体积 HNO_3 + 1 体积 HCl = 逆王水

对于一般硫化物矿石，单用 HNO_3 溶解会析出硫，可用逆王水。

$HNO_3 + KClO_3$ 或 $HNO_3 + Br_2$ 等强氧化剂混合，将 S 氧化成 SO_4^{2-}。

(4)用 HNO_3 分解试样后，溶液含有 HNO_2 或 NO、NO_2，常破坏有机显色剂、有机化合物或指示剂，因此需要煮沸除掉，或加尿素分解。

3) H_2SO_4

分析上常用浓 H_2SO_4，密度 $\rho = 1.84$ g/mL，质量分数约 98%，物质的量浓度 $c = 18$ mol/L，纯净的无色黏稠状液体。吸水性强，与水作用放出大量的热，故配制时应将 H_2SO_4 缓缓加入水中。碱土金属、Pb 和一小部分稀土金属的硫酸盐溶解度小，其他硫酸盐的溶解度也常比相应的硝酸盐或氯化物小，但 H_2SO_4 仍是重要的溶剂之一。其特点是沸点高，热浓 H_2SO_4 有强氧化性和脱水能力。

质量法测硅时，用做脱水剂。热浓 H_2SO_4 可用于分解独居石、萤石和锰、钒、钛、铝及铍等的矿石，破坏试样中的有机物等。当 HNO_3、HCl、HF 等低沸点酸的阴离子对测定有干扰时，常加入 H_2SO_4，蒸发至冒 SO_3 烟。此时低沸点酸都被赶走，这个性质在化学分析中应用较广。但如将 H_2SO_4 冒烟处理时间太长时，易析出难溶的硫酸盐(如含 Cr 钢，Cr 铁合金)，给分析造成困难，因此应注意。

稀 H_2SO_4 可溶解 Fe、Co、Ni、Zn、Cr 等金属及其合金，测 P 时试样不能单独使用 H_2SO_4 分解，因为易产生 PH_3 气体逸出，造成磷的损失。

4) H_3PO_4

分析上常用密度 $\rho = 1.70$ g/mL，质量分数约为 85%，物质的量浓度 $c = 15$ mol/L，属中等强度酸，纯净无色黏稠状。磷酸具有较强的配合能力，在容量法测钢中 Mn、V、Cr 等元素时，常加入磷酸与 Fe 配合，降低 Fe^{3+}/Fe^{2+} 氧化电位，有利于亚铁滴定。同时铁盐溶液生成无色，有利于终点观察。溶解含 W 钢时，加磷酸，生成可溶性钨酸，避免了钨酸沉淀的产生，以便作其他元素的测定和比色法测 W。在钢铁分析中，常用硫磷混酸溶剂作为分解合金钢的溶剂。当试样用 H_3PO_4 冒烟(213 ℃)处理时，因时间长，析出难溶焦磷酸盐，给分解带来困难，应注意。磷酸在较高温度(约 200 ℃)下具有很强的溶解能力，能溶解过去很多认为不能溶解于酸的矿石，如铬铁矿 $FeCr_2O_4$、铌铁矿 $FeMnNb_2O_6$、钛铁矿 $FeTiO_3$ 等。

$H_3PO_4 + SnCl_2$ 是一种强还原剂，可使 S 形成 H_2S，砷形成 AsH_3，可用挥发气体法测 S 和 As。

H_3PO_4 + HF(NH_4F)是溶解硅酸盐矿物的有效溶剂，但对玻璃腐蚀严重。

单独使用 H_3PO_4 在高温时对玻璃也侵蚀，故采用 H_3PO_4 分解试样时要经常摇动，且溶解时间不易过长，否则会将玻璃容器的器壁腐蚀一薄层，并生成焦磷酸盐和聚硅磷酸盐粘结在器皿底部，阻碍了试样的溶解。同时用 H_3PO_4 溶解试样的玻璃容器，不适合测试样中的 P 元素。

5) $HClO_4$

常用浓 $HClO_4$，$\rho = 1.68$ g/mL，质量分数 70% ~72%，物质的量浓度 $c = 12$ mol/L，是强酸。

热的 $HClO_4$ 是强氧化剂和脱水剂，除钾、铷、铯等少数离子外，一般金属高氯酸盐均溶于水。用于分解不锈钢、耐热合金、铬铁矿、钨铁及氟矿石等。能把 Cr^{3+} 氧化成 $Cr_2O_7^{2-}$，V 氧化

成 VO_3^-,S 氧化成 SO_4^{2-}。

用 $HClO_4$ 氧化 Cr^{3+} 成 $Cr_2O_7^{2-}$,再滴加 HCl(或 NaCl)时,能使 $Cr_2O_7^{2-}$ 转化为 CrO_2Cl_2(氯化铬酰)挥发除去。此外,As、Sb、Sn、Os、Ru、Re(铼)等元素在高氯酸或它的混酸溶解时,也产生挥发性物质。

高氯酸分解试样时,用它蒸发赶掉低沸点酸后,残渣易溶于水,而用 H_2SO_4 蒸发后残渣则常不易溶解,这是高氯酸的优点。故用质量法测 Si 时,用 $HClO_4$ 脱水优于 H_2SO_4 和 HCl,一次脱水即可,所得硅比较纯。

热浓 $HClO_4$ 遇有机物,由于激烈的氧化作用会引起爆炸,所以用热 $HClO_4$ 处理会引起爆炸,所以用热 $HClO_4$ 处理含有机物的试样时,应先用浓 HNO_3 破坏有机物,然后加 $HClO_4$。金属铋遇 $HClO_4$ 会爆炸。

6)HF

HF 密度 $\rho = 1.13$ g/mL,质量分数约 40%,物质的量浓度 $c = 23$ mol/L,弱酸,能腐蚀玻璃、陶瓷器皿,对一些高价状态的离子有很强的配合能力。

它与其他酸(H_2SO_4、$HClO_4$、HNO_3)混合使用,能分解硅酸盐矿石,硅铁、铬铁矿,含硅高的合金及含钨、铌、锆的合金钢和特殊合金(如镍合金)等。

矿石等材料用 HF 分解后,Fe^{3+}、Al^{3+}、Ti^{4+}、Zr^{4+}、Si、W、Nb、Ta 和 U 形成氟配合物形式进入溶液;Ca^{2+}、Mg^{2+} 和稀土、Th(Ⅳ)和 U(Ⅳ)形成氟化物沉淀;SiO_2 形成 SiF_4 气体。

在用含 HF 混合酸溶解试样时,若试样中分析 Si,为防止生成 SiF_4 气体,一般用聚乙烯容器,在低于 60 ℃ 的条件下分解试样。对于不分析 Si 的试样,而又需要高温处理,一般选用铂器皿。聚四氟乙烯烧杯和坩埚,可在 250 ℃ 以下用 HF、王水、$HClO_4$ 分解试样,但容易产生有毒含氟异丁烯气体。

HF 有毒,对人体有害,应在通风橱中进行。

7)NaOH 溶液

NaOH 质量分数 30% ~40%,能剧烈分解铝及其合金。

$$2Al + 2NaOH + 2H_2O = 2NaAlO_2 + 3H_2 \uparrow$$

反应可在银或聚乙烯烧杯中进行;若试样中的 Fe、Mn、Cu、Ni、Mg 等形成金属残渣析出,Al、Zn、Sn 和部分 Si 形成含氧酸根进入溶液中。可将溶液用 HNO_3、H_2SO_4 酸化,并将金属残渣溶解在所得溶液中测定各组分。

2.1.2.2 熔融分解法(一般分解硅酸盐物料)

当有些试样无法用上述酸碱完全溶解时,就必须采用某些熔剂将全部试样或其中不溶于酸的部分进行熔融。

熔融分解法:利用碱或碱性熔剂与试样在高温下进行复分解反应,使试样中的全部组分转化为易溶于水或酸的化合物。

熔融分解法的温度和浓度都比溶解法的高得多,分解能力也强得多。但熔融时要加入大量熔剂(试样量的 6 ~12 倍),带入的熔剂本身离子和其他杂质,以及熔融时对坩埚材料的腐蚀,都会使试液受到污染,应给予考虑。下面介绍常用的熔剂。

1)焦硫酸钾($K_2S_2O_7$)

焦硫酸钾是酸性熔剂,熔融时,焦硫酸钾在 300 ℃开始融化,在 420 ℃开始分解放出 SO_3,SO_3 可与碱性或中性氧化物作用,生成可溶性硫酸盐。例如金红石(TiO_2):

$$TiO_2 + 2K_2S_2O_7 = Ti(SO_4)_2 + 2K_2SO_4$$

Fe、Al、Ti、Zr、铪、钽的氧化矿物，中性或碱性材料，都可用 $K_2S_2O_7$ 熔融分解。

用 $K_2S_2O_7$ 熔融试样宜在瓷坩埚中进行。$K_2S_2O_7$ 对铂坩埚有腐蚀性，每次有数毫克的损失。

用 $K_2S_2O_7$ 熔融时温度不宜过高，以免 $K_2S_2O_7$ 快速分解生成 SO_3 气体来不及与被分解的物质发生反应，使 $K_2S_2O_7$ 生成 K_2SO_4 不起作用。加热时间也不宜过长，以免使硫酸盐分解为难溶性氧化物或盐类（如含 Ti、Zr、Ir）的试样，熔融后将熔块冷却，加入少量的 H_2SO_4，以水浸出，有时要加入酒石酸或草酸等配合剂，以防金属离子水解产生沉淀。

$KHSO_4$ 在加热时生成 $K_2S_2O_7$ 可代替 $K_2S_2O_7$。

$$2KHSO_4 = K_2S_2O_7 + H_2O。$$

2）Na_2CO_3 和 K_2CO_3

都是碱性熔剂，熔点分别是 849 ℃和 891 ℃，经常把二者以 1∶1混合使用。这样熔点降到 700 ℃左右。常用它们分解硅酸盐、硫酸盐、酸性熔渣。

$$NaAlSi_3O_4 + 3Na_2CO_3 + 2O_2 = NaAlO_2 + 3Na_2SiO_3 + 3CO_2\uparrow$$

（钠长石）

$$BaSO_4 + Na_2CO_3 = BaCO_3 + Na_2SO_4$$

（重晶石）

用 Na_2CO_3 和 K_2CO_3 熔样宜在铂坩埚中进行，温度由低温逐渐升高，以免加热过快引起碳酸盐剧烈分解，造成试样溢出。

用碳酸盐，空气可以把某些元素氧化成高价态，为了氧化得更完全，有时用混合熔剂 $Na_2CO_3 + K_2CO_3$，它可以在高温下将 Cr_2O_3 转化为 Na_2CrO_4，MnO_2 转化为 $NaMnO_4$。

Na_2CO_3 与硫磺混合是一种碱性硫化剂，用于分解含 As、Sb、Sn 的矿石，使它们转化为可溶性硫代砷（Sb、Sn）酸盐而与其他元素分离。

3）碱性快速熔剂

1 份 Na_2CO_3加 1 份硼砂（或 2 +1）混合而成，可对难溶性的炉渣、矿石、耐火材料及锆石进行快速熔融。温度控制在 1 000 ℃左右，在铂坩埚中进行。

4）半融混合熔剂

Na_2CO_3 与 MgO 或 ZnO 按不同比例混合而成。

利用 MgO 或 ZnO 的高熔点，防止 Na_2CO_3 在灼烧时熔合，使被熔混合物保持松散状态，从而被分解的矿石氧化得更快、更完全。常用来分解铁矿石及煤中的硫。

5）Na_2O_2

Na_2O_2 是具有强氧化性、腐蚀性的碱性熔剂，能分解许多难熔物质。如铬铁、硅铁、锆矿石、黑钨矿（$FeMnWO_4$）、辉钼矿（MnS_2）和硅砖等。

Na_2O_2 对坩埚严重腐蚀，通常以 Fe 坩埚在 600 ℃时熔融，也可用镍、刚玉坩埚，不能用铂坩埚，锆坩埚能抵抗 Na_2O_2 腐蚀。

用 Na_2O_2 熔融后以水浸出时，Fe、Co、Ni、Mn、Mg、Ti、Zr、Th、稀土等形成高价氢氧化物，能定量地进行沉淀；Pb、Cr、As、Sb、S、P、W、V 等形成高价含氧酸根进入溶液；当 Ca、Mg 含量高时，有些含氧酸根与 Ca、Mg 形成沉淀，如 $Ca_3(PO_4)_2$、$CaWO_4$ 等。

6）NaOH 与 KOH

NaOH 与 KOH 都是低熔点强碱性熔剂，熔点在 300 ℃左右。常用于铝土矿、锡石、钼矿等的分解。熔融常在400 ℃的铁、镍、银坩埚中进行。应用NaOH与KOH作熔剂时，最好先脱水，以免熔融时由于排出水分而发生大量气泡，溅出试样。在用 Na_2CO_3 熔融时，加入NaOH可降低熔点并稍提高分解能力。由于NaOH与KOH含杂质较多，且不易提纯，因此应用受到限制。

2.1.3 试样分解方法的选择

要得到准确结果，试样必须分解完全，选择分解方法很重要。绝大部分碱金属化合物、大多数氯化物（Ag、Hg、Pb除外）、硝酸盐（Sn、Sb除外）、硫酸盐（Ca、Sr、Ba、Pb除外）等都可溶于水。金属活动顺序H前的金属，可为非氧化性强酸所分解。H以后的金属，可用氧化性强酸或混合酸溶解。

如果试样为化合物，酸性试样（酸性炉渣）用碱溶（熔）法，碱性试样（镁砂）用酸溶（熔）法；对还原性试样（如硫化物矿石）则用氧化性溶（熔）剂来分解。

有时由于晶体结构不同，虽然化学组成相同，但选择的分解方法也会不同。如试剂 Al_2O_3 可溶于HCl中，但天然的 Al_2O_3（刚玉）则不溶于HCl，需要熔融分解。试样中若含有易水解的元素如Ti(Ⅳ)、Th(Ⅳ)、Zr(Ⅳ)、Fe^{3+}、Sn^{4+}、Sb(Ⅴ)等，分解后的溶液必须保持在酸性介质中，而Nb(Ⅴ)、Ta(Ⅴ)则需要在HF、酒石酸或草酸等配合剂存在下才能保持在溶液中。

试样中若含有难分解的组分，如钢样中含的Ti、Al，其中金属Ti、TiN（酸溶性Ti）和金属Al，氮化铝（酸溶性）及氧化钛（TiO_2）（酸不溶性）和 Al_2O_3（酸不溶性铝）存在。当然酸溶和酸不溶很难严格区分，因为Al、Ti的氧化物不是绝对不溶于酸中，而Al、Ti的氧化物也不是完全溶于酸的，只能在特定的条件下作相对理解，为了得到较好的分析方法，必须把握试样的分解方法。在分析Ti(Ⅳ)时，必须经 $HClO_4$ 冒烟或 H_2SO_4 冒烟，使Ti全部溶解，否则结果偏低。在分析 Al^{3+} 时，实验证明对同一试样，由于所用的分解酸不同，而得到的Al的含量不同。$HClO_4$ > 王水（蒸干）> 王水 > 稀硫酸，所以用 $HClO_4$ 测试样，测酸溶性铝结果最好。

分解试样还应考虑试样中待测组分的性质，一般讲，一个试样经分解后可测定多种组分，但有时同一试样的不同组成必须采用不同的分解方法，如测P时，必须用 HNO_3 或王水分解，不能用HCl、H_2SO_4 非氧化性酸，易生成 PH_3 气体，但其他元素可用HCl、H_2SO_4 或硫硝混酸等。

有时测同一组分时，由于测定方法不同，选用的分解方法也不同，同时试样分解过程中经常引进阴离子或金属离子，可能对测定有影响，故选择分解方法应注意。

2.1.4 样品中待测组分质量分数的测定

根据被测组分的性质、质量分数和对分析结果准确度的要求，再根据实验室的具体情况，选择合适的化学分析或仪器分析方法进行测定。各种分析方法在灵敏度、选择性和适用范围等方法有较大的差别，所以应该熟悉各种方法的特点，做到能根据需要正确选择分析方法。

一般对高质量分数组分的测定来说，分析方法要求有较高的准确度，对灵敏度要求较低，通常可选择化学分析法；对低质量分数的组分来说，要求有较高的灵敏度，对准确度要求不高，允许有较大的相对误差，因此常选择仪器分析法。表2-4列出了几种分析方法的特性。

表 2-4　各种分析方法的特性比较

分析方法		检测限(g)	准确度	精密度	分析范围	每次分析元素数目	干扰情况	沾污情况	分析时间	最小取样量
化学法	称量法	$10^{-6} \sim 10^{-3}$	好	好	宽	1	有	有	h	1 g
	滴定法	$10^{-6} \sim 10^{-3}$	好	好	宽	1	有	有	h	1 g
仪器法	分光光度法	10^{-6}	中	中	宽	1	有	有	h	1 g
	原子吸收法	$10^{-15} \sim 10^{-6}$	好	好	金属元素	1	有	有	min	50 μg
	火焰发射光谱	10^{-6}	好	好	金属元素	1	有	有	min	20 μg
	ICP 发射光谱	约 10^{-9}	好	好	金属元素	50	有	有	min	1 mg
	荧光法	$10^{-9} \sim 10^{-6}$	好	好	窄	1	有	有	h	1 g
	X－荧光法	10^{-6}	中	好	窄	50	有	无	h	1 g
	极谱法	$10^{-9} \sim 10^{-6}$	中	好	宽	1～5	有	有	h	1 g
	质谱法	10^{-9}	中	中	宽		可能有	有	min	10 μg
	中子活化法	$10^{-18} \sim 10^{-6}$	好	好		30～50	少	无	s～d	10 mg

2.2　化学实验用水的制备与检验

2.2.1　实验室用水规格及技术指标

实验室用水级别及主要技术指标见表 2-5。

表 2-5　实验室用水级别及主要技术指标

指标名称	一级	二级	三级
pH(25 ℃)	—	—	5.0～7.0
电导率(25 ℃)(mS/m)	≤0.01	≤0.010	≤0.05
可氧化物质(以 O 计)(mg/L)	—	<0.08	<0.4
蒸发残渣((105±2) ℃)(mg/L)	—	≤1.0	≤2.0
吸光度(254 nm,1 cm 光程)	≤0.01	≤ 0.01	
可溶性硅(以 SiO_2 计)(mg/L)	<0.01	<0.02	

2.2.2　制备方法

天然水中,常含有氯化物、碳酸盐、硫酸盐、泥沙等少量无机物和有机物,不能直接作为分析用水,必须经过制备,达到分析用水技术要求后才能使用。

实验室内分析用水,常用的制备方法有两种,一种是蒸馏法,另一种是离子交换法。蒸馏法为目前实验室中最广泛采用的一种制备纯水的方法。它是将天然水加热成蒸汽,使水中的盐类分离,然后再冷凝成水,所以这种水叫蒸馏水。虽然所用的蒸馏锅系采用镀锡铜皮、铝皮等材料制成,但所得的蒸馏水中仍含有微量的金属离子和有机物杂质,这对于质量要求较高的分析用水来说,则难以达到要求。一般采用玻璃烧瓶或石英烧瓶进行二次或多次蒸馏后,才能达到分析要求。

离子交换树脂是一种具有可进行离子交换能力的树脂状的物质，属于网状结构体型的离分子化合物。在树脂固定网络骨架上，连接许多带极性能离解的功能基，这种功能基虽不能自由移动，但功能基上可离解的离子能够自由移动。这种离子与周围离子可以相互交换。具有阳离子交换性能的叫阳离子交换树脂，具有阴离子交换性能的叫阴离子交换树脂。

由于离子交换树脂有很好的去离子作用，可用来快速制备纯水，而且质量很高，相当于用石英烧瓶蒸馏28次后的质量。这是一种多、快、好、省的纯水制备方法。

2.2.2.1 离子交换法的原理

离子交换树脂多数是交联的有机高分子物质，常见的有苯乙烯与苯二乙烯交联聚合物，其结构上具有能与溶液中阳离子或阴离子进行交换的一种阳离子或阴离子基团。离子交换树脂的种类很多，归纳起来可分为强酸性阳离子交换树脂，如磺酸型 $R—SO_3H$；弱酸性阳离子交换树脂，如羧酸型 R—COOH；强碱性阴离子交换树脂，如羟基型 $R{\equiv}N^+OH^-$；弱碱性阴离子交换树脂，如氨基型 $R—NH_2$、$R{=}NH$、$R{\equiv}N$ 等（R 为交换树脂母体）。

离子交换过程是基团在起作用，是由于基团上带有可以离解出来并能与周围其他离子来回交换的离子，其作用实际上是离子反应或取代作用。

为了使水净化，必须除去水中下列阴离子和阳离子。

阴离子：Cl^-、SO_4^{2-}、HPO_4^{2-}、HCO_3^-、SiO_3^{2-}、、BO_3^{3-}、NO_3^-、HS^-。

阳离子：K^+、Na^+、Ca^{2+}、Mg^{2+}、Fe^{2+}、Fe^{3+}、Mn^{2+}、Al^{3+}以及痕量的Zn^{2+}、Cu^{2+}、Cr^{3+}、Mo^{6+}等。

含有离子的天然水，流过氢型的阳离子交换树脂后，金属离子与树脂的氢离子进行交换，金属离子被吸附，同时氢离子与阴离子生成酸而流出：

$$nR—SO_3^-H^+ + Me^{n+}Cl_n \rightleftharpoons [R—SO_3^-]_nMe^{n+} + nHCl$$

含有阴离子的水，流过氢氧型的阴离子交换树脂后，阴离子与树脂的氢氧根离子进行交换，氢离子与氢氧根离子作用生成水而流出：

$$R \equiv N^+OH^- + HCl = R \equiv N^+Cl^- + H_2O$$

或 $$nH^+ + X^{n-} + nR—N(CH_3)_3^+OH^- = [R—N(CH_3)_3]_nX + nH_2O$$

当水流过交换树脂时，水中上述杂质即被离子交换树脂所截留，树脂基团中的可交换离子H^+或OH^-与上述杂质元素互换，原树脂基团中的H^+或OH^-转入水中，而杂质元素离子交换到树脂上，从而使水得到净化。

经过一段时间的交换，带有杂质离子的树脂就变成没有交换能力的树脂，这就是说树脂失效了。

对于失效的树脂，可以利用离子交换的可逆反应，用盐酸或氢氧化钠进行处理，此时又可发生相应的离子交换，从而使树脂恢复到原来的交换能力，即树脂复活（再生）。

所以，离子交换树脂可以反复使用。

2.2.2.2 制取离子交换水的装置

制取离子交换水的装置如图2-1所示。

柱高一般可以根据要求自行选择，目前较多地采用柱高1 500 mm、内径200 mm、柱壁厚4 mm、上下夹板厚10 mm的离子交换柱（由有机玻璃制成，树脂充至交换柱2/3～3/4的高度）。

2.2.2.3 树脂及新树脂使用前的处理

目前使用的717苯乙烯型强碱性阴离子交换树脂规格为：黄色至金黄色球形颗粒，真密度1.13～1.16 g/L，含水46%～50%，氯型，粒度为16～50目。

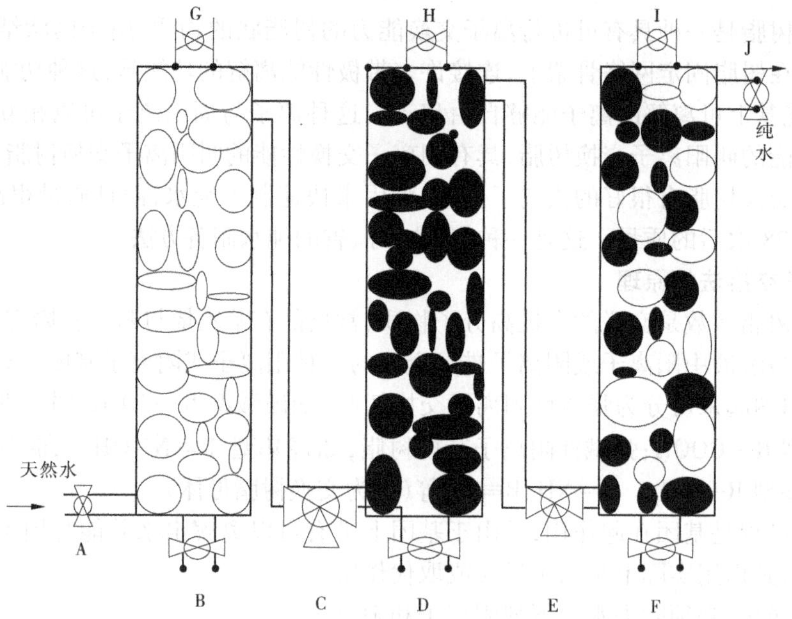

图 2-1 纯水制备装置示意图

732 苯乙烯型强酸性阳离子交换树脂规格为淡黄色至褐色球形磨粒，真比重 1.23 ~ 1.27 g/L，含水 46% ~ 52%，钠型，粒度为 16 ~ 50 目。

新用树脂在使用前需经处理。市售的商品树脂绝大多数是未经处理的，里面有不少的机械杂质和一些低聚合物。当树脂网状组织中含有少量低聚合物时，若使用不当便会溶解出来，从而造成树脂分解，降低树脂的交换能力。因此，新树脂在使用前必须进行精制，以除去树脂中的机械杂质及低聚合物，同时也要使树脂充分吸收水分而膨胀，以免在使用过程中由于树脂膨胀而胀坏柱体。其新树脂的详细处理步骤如下：

(1) 在领取新树脂时，首先要看清商标，了解树脂类型是否符合使用要求。

(2) 如果树脂颗粒相差太大时，首先必须进行筛选。

(3) 将阳离子交换树脂分别用水浸泡 24 h，水面应高出树脂 50 ~ 100 mm，使其体积充分膨胀。

(4) 浸泡后的阳离子交换树脂分别用化学纯试剂配制的 1 ~ 1.5 mol/L 氢氧化钠溶液、1 ~ 1.5 mol/L 盐酸溶液再浸泡 24 h，并多次更换酸碱液直至溶液透明为止。然后将阳离子交换树脂用水洗至近中性（pH 试纸检查），再用 1 ~ 1.5 mol/L 盐酸溶液浸泡 24 h（也是再生过程）；阴离子交换树脂用经阳离子交换柱一次交换除去钙、镁等离子的水洗到中性，再用经阳离子交换的水配制的 1 ~ 1.5 mol/L 氢氧化钠溶液浸泡 24 h，最后用自来水洗阳离子交换树脂至 pH = 2 ~ 3，用经阳离子交换的水洗阴离子交换树脂至 pH = 7 ~ 8。这样处理后的树脂就可以分别使用了。混合柱内树脂按阴: 阳 = 2: 1装入。

2.2.2.4 制备操作

制备操作前检查管路是否畅通，按装置图 2-1 所示，先开出水阀门 J，然后再开进水阀门 A，操作过程中应保持交换柱内的水位高于树脂层，工作结束时，首先关闭进水阀门 A，然后关闭出水阀门 J。

2.2.2.5 对离子交换水的质量检查

1)化学法

一般是定性检查,通常检查水中有无钙、镁离子,检查的方法是取交换水约 200 mL,加氨水 - 氯化铵缓冲溶液(pH = 10)20 mL、铬黑 T 指示剂少许,搅拌均匀后,如水呈纯蓝色,说明水的质量符合要求。

2)仪器检查

用电导仪测交换水的比电导,一般控制其比电导在 $2\times10^{-6}\Omega\cdot cm$ 以下,高于此值,则说明树脂需进行再生。

2.2.2.6 各交换柱是否失效的检查

1)阳离子交换柱

由 C 处流出的交换水其 pH 值大于 5 ~ 6 时说明阳离子交换树脂失效。

2)阴离子交换柱

失效的阴离子交换树脂可由树脂本身颜色的变化看出,当颜色变浅部分占总体积的 4/5 左右就认为失效。

3)混合离子交换柱

判定混合交换柱失效的方法,可从 E 及 J 两处流出水的质量比较来看,J 处流出水的质量不比 E 处流出水的质量好时,则说明混合交换柱失效。

2.2.2.7 交换柱的再生方法

1)阳离子交换树脂的再生

先用自来水进行反洗(如图 2-1 所示,由柱体底部 C 处进水、上部出水),将柱内的悬浮物、气泡和其他杂质冲洗出去,并反冲至树脂疏松(树脂能上下流动)出水清亮为止。柱内充满水,然后由 G 处导入 60 ~ 80 L 1.0 ~ 1.5 mol/L 盐酸淋洗液(或用压缩空气抽气,将酸液导入),流速保持为制备水时出水流速的 1/2 ~ 1/4,待盐酸淋洗液淋洗完后,先浸泡一小时,再用水洗过量的酸。洗涤时先由 C 处排出水 pH 值为 2 ~ 3 时,则再生完毕,即可充水使用。

2)阴离子交换柱的再生

经阳离子交换柱交换过的水配制 60 ~ 80 L 1.0 ~ 1.5 mol/L 氢氧化钠溶液为淋洗液。应注意整个阴离子交换柱再生过程(包括洗管及桶)都不得使用自来水,应采取经阳离子交换柱所交换过的水。另外氢氧化钠淋洗液配好后需冷却后方能使用。

具体操作步骤与阳离子交换柱的再生相同,再生后洗涤过量氢氧化钠使之由 E 流出水的 pH 值为 8 左右,再生即告完毕。

3)混合离子交换柱的再生

首先将混合柱内的阴阳离子交换树脂导出于塑料容器中,加入一定量的水,然后边搅拌边加氯化钠(采用市售的精制食盐)至阴阳离子交换树脂分层为止,上层为阴离子交换树脂,下层为阳离子交换树脂,将上层阴离子交换树脂分出置于另一容器内,再进行分别洗涤。阳离子交换树脂用自来水洗涤 6 ~ 8 次,阴离子交换树脂先用自来水洗 3 ~ 4 次,再用阳离子交换柱交换过的水洗 4 ~ 6 次,然后再按再生阴阳离子交换树脂的方法进行再生或者用水反洗,采用压缩空气使阴、阳树脂分层(阴树脂比重小在柱子上部,阳树脂在柱子底部),然后从交换柱上部,加入氢氧化钠溶液(用交换水配制),按再生阴离子交换柱操作进行,最后用经阳离子交换柱交换的水洗至流出的水 pH = 7 ~ 8 即可;再生阳树脂时,从柱壁上的小嘴加入盐酸溶液(调节流速,盐酸只能加到阴、阳树脂分界面为限),然后按再生阳柱操作进行。最后用水进行正洗（但水面不得超过阴、阳树脂分界面）。待阴阳离子交换树脂分别再生合格后，从柱子底部导入交换水，水面应高于树脂界面 150 mm，然后从柱顶部抽气、底部进气进行混合。再生合格后将其混合均匀，装入混合柱内，连接阴、阳柱，接通自来水再进行洗涤，直至流出的水质量经检查符合要求即可。为了节约酸碱，再生时所用的盐酸和氢氧化钠溶液可按下列方法回收使用：将再生树脂用的酸、碱溶液分别流经交换柱淋洗时，弃去最初部分，待流出液的酸、碱浓度与原来浓度接近时，将其分别收集于塑料容器内，直至柱内树脂层上仅有 3 ~ 5 cm 酸、碱液为止。再次使用前，按原来浓度和容积要求增补酸、碱溶液后，即可使用。

2.2.3 各种方法所制备纯水的质量表

纯水质量见表 2-6。

表 2-6 纯水质量

精制方法	精制水的电阻率（Ω·cm）	精制方法	精制水的电阻率（Ω·cm）
纯水的理论值	1.83×10^{7}	石英容器 3 次蒸馏	2.0×10^{6}
蒸馏水	1.0×10^{5}	石英容器 28 次蒸馏	1.6×10^{7}
玻璃容器 1 次蒸馏	5.0×10^{5}	复床式	1.0×10^{6}
玻璃容器 3 次蒸馏	1.0×10^{6}	混合床式	1.8×10^{7}

2.2.4 实验室用水一般性检验方法

实验室用水一般通过测定电导率或化学方法检验。离子交换法制得的纯水，可通过电导率仪监测水的电导率，来确定是否更换离子交换柱。注意取样后要立即测定，以免空气中的二氧化碳溶于水中而导致电导率增大。也可采用表 2-7 的化学方法检验。

表 2-7 实验室用水的化学检验方法

测定项目	检验方法及条件	指示剂	现象	结论
离子	量水样 10 mL 于小烧杯中，加入氨缓冲溶液使 pH = 10	2 ~ 3 滴铬黑 T	蓝色	无 Ca^{2+}、Mg^{2+} 等阳离子
			紫红色	有阳离子
氯离子	量水样 10 mL 于小烧杯中，加入稀硝酸酸化后，加入硝酸银		无色透明	无氯离子
			白色浑浊	有氯离子
pH 值	量水样 10 mL 于小烧杯中	2 ~ 3 滴甲基红	不显红色	符合要求

2.2.5 国家标准检验方法简介

2.2.5.1 pH 值

量取水样 100 mL，用 pH 计测定 pH 值。

2.2.5.2 电导率

用电导率仪测定电导率。一、二级水测定时，配备电极常数为 0.01 ~ 0.1 cm^{-1}“在线”电导池，使用温度补偿。三级水测定时，配备电极常数为 0.1 ~ 1 cm^{-1} 的电导池。

2.2.5.3 吸光度

将水样分别注入 1 cm 和 2 cm 吸收池中，在紫外 - 可见分光光度计 254 nm 处，以 1 cm 吸收池中水为参比，测定 2 cm 吸收池中水的吸光度。

2.2.5.4 可氧化物

量取二级水 100 mL（三级水 200 mL）置于烧杯中，加入 20% 的硫酸 5.0 mL（三级水 1.0 mL），混匀，加入 0.005 mol/mL，高锰酸钾标准溶液 1.00 mL，盖上表面皿，加热至沸并保持 5 min，溶液粉红色不应完全褪去。

2.2.5.5 蒸发残杂

量取二级水 1 000 mL（三级水 500 mL），分批加入旋转蒸发器的 500 mL 蒸馏瓶中，在水浴上减压蒸发至约 50 mL，转移至一恒重的玻璃蒸发皿中，用少量水冲洗蒸馏瓶，洗液合并于蒸发皿中，继续在水浴上蒸干，于 105 ℃温度的烘箱中，干燥至质量恒定。

2.2.5.6 可溶性硅

可溶性硅测定方法比较烦琐，一、二级水可按 GB 6682—92 标准中方法检验。三级水一般测定水样中的硅酸盐。方法为：取 30 mL 的水样于一小烧杯中，加入 4 mol/L 硝酸 5.0 mL，5% 的钼酸铵溶液 5.0 mL，室温下放置 5 min 后，加入 10% 的亚硫酸钠溶液 5.0 mL，应不呈蓝色。

2.2.6 合理地选用水的规格

实验室用的纯水一般要保持纯净，防止污染。使用时根据不同的情况选用不同级别的纯水。定量分析一般用三级水，有时需将三级水加热煮沸后使用，特殊情况可使用二级水。仪器分析实验中，一般用二级水，有些实验可用三级水，有些实验则必须用一级水。实验室工作时要注意节约用水。

2.3 常用标准溶液的配制与标定

2.3.1 NaOH 溶液的配制和标定及 HCl 浓度的测定

2.3.1.1 实验原理

酸碱滴定法中常用的标准溶液都是由强酸、强碱配制的，由于 NaOH 固体在空气中易吸水和 CO_2，因此不能用来直接配制成标准溶液，而只能先配成近似浓度的溶液，再用基准物质进行标定得到碱溶液的准确浓度。我们常用邻苯二甲酸氢钾作基准物质，它有以下几个方面的优点：

(1) 易于获得纯品。

(2) 化学性质稳定。

(3) 分子量大，可相对降低称量误差。

(4) 能够定量反应，其反应式为：

用经过标定的 NaOH 标准液去滴定一定体积（V_A）的酸，当达到化学计量点（即等当点）

时，由公式 $c_A V_A = c_T V_T$ 可求得酸的未知浓度，从而可测得酸的未知浓度。这些反应的终点可用指示剂的变色来确定，用强碱滴定强酸时，可用酚酞作指示剂，用强酸滴定强碱时，可用甲基橙作指示剂。

2.3.1.2 实验仪器、药品

NaOH(固体)、HCl、邻苯二甲酸氢钾(基准物质)、酚酞指示剂，碱、酸滴定管、锥形瓶、50 mL 量筒、10 mL 吸量管。

2.3.1.3 实验内容

1)0.1 mol/L NaOH 溶液的配制

称取 2.5 ~ 3 g 的固体 NaOH，置于 100 mL 烧杯中，用加热煮沸过的蒸馏水溶解，溶解后的溶液转入试剂瓶中，用洗瓶洗烧杯 2 次，洗液倒入试剂瓶，然后加水稀释至大约 500 mL，用橡皮塞塞好瓶口，充分摇匀，用 0.1 mol/L NaOH 洗碱滴定管 2 次，每次 5 ~ 10 mL，然后将溶液倒入碱式滴定管，除去气泡，调好零点。

2)0.1 mol/L NaOH 的标定

在分析天平上准确称取 0.3 ~ 0.5 g 邻苯二甲酸氢钾，放入 250 mL 锥形瓶中，加 20 ~ 30 mL 水溶解后，加入 1 滴酚酞指示剂，用 NaOH 溶液滴定至溶液呈浅红色，30 s 不褪色，即为终点，记下消耗 NaOH 体积 V(mL)，平行测定 2 次。

3)HCl 溶液未知浓度的测定

用移液管向干净的锥形瓶中准确移入 10 mL HCl 未知液，加入 1 滴酚酞指示剂，用已知浓度的 NaOH 滴定至溶液由无色→浅红色即为终点，记下消耗 NaOH 体积，平行测定 2 次。

2.3.1.4 数据的处理

邻苯二甲酸氢钾是一元酸，它与 NaOH 反应的物质的量是按 1∶1进行的，故计算公式为：

$$c(\mathrm{NaOH}) = \frac{1\,000m}{MV} \tag{2-2}$$

式中 c(NaOH)——NaOH 的浓度，mol/L；

m——邻苯二甲酸氢钾质量，g；

M——邻苯二甲酸氢钾的摩尔质量，204.2 g/mol；

V——滴定消耗 NaOH 的体积，mL。

由 $c(\mathrm{NaOH})V(\mathrm{NaOH}) = c(\mathrm{HCl}) \cdot V(\mathrm{HCl})$ 得

$$c(\mathrm{HCl}) = c(\mathrm{NaOH}) \cdot V(\mathrm{NaOH}) / V(\mathrm{HCl})$$

2.3.2 EDTA 标准溶液的配制和标定

2.3.2.1 实验原理

乙二胺四乙酸二钠(简称 EDTA)是白色微晶粉末，易溶于水，经提纯后可作为基准试剂，但提纯方法较复杂，故常采用间接方法，即用基准物质对 EDTA 进行标定，我们常用 $CaCO_3$ 作基准物质，在 pH≥13 的碱性介质中，以钙指示剂为指示剂，直接进行标定，反应式为：

$$Ca^{2+} + HIn^{2-} \longrightarrow CaIn^{-} + H^{+}$$

纯蓝色　　紫红色

$$CaIn^{-} + H_2Y^{2-} \longrightarrow CaY^{2-} + HIn^{2-} + H^{+}$$

紫红色　　　　　　纯蓝色

2.3.2.2 仪器及试剂

(1)仪器：25 mL 酸式滴定管 1 支，250 mL 锥形瓶 2 个，试剂瓶 1 个，100 mL 量筒 1 个。

(2) 试剂：基准物 $CaCO_3$，EDTA（AR），1∶1 HCl 溶液，10% NaOH 溶液，钙指示剂。

2.3.2.3 实验步骤

1) EDTA 溶液的配制

在托盘天平上称取 1.6 g EDTA 于小烧杯中，加 50 mL 水，低温搅拌，加热溶解，冷却后转移到试剂瓶中，洗烧杯 2 次，洗液注入到试剂瓶中，然后把溶液稀释至 200 mL，摇匀。

2) EDTA 溶液的标定

准确称取 0.1～0.12 g $CaCO_3$ 于 50 mL 小烧杯中，滴加 1∶1 HCl 溶液至沉淀完全溶解，将溶液转移到容量瓶中，洗小烧杯 2～3 次，洗液转移到容量瓶中，加水稀释到刻度，摇匀。准确移取 25 mL 溶液于锥形瓶中，加 25 mL 水，再加 10% NaOH 溶液 4 mL 和少许钙指示剂，摇匀，用 EDTA 溶液滴至溶液由紫红色→蓝色即为终点，记下消耗的 EDTA 溶液体积 V。

2.3.2.4 实验数据的记录及处理

EDTA 浓度计算公式为：

$$c(\text{EDTA}) = \frac{1\,000m}{MV} \tag{2-3}$$

式中 c(EDTA)——EDTA 的浓度，mol/L；

m——$CaCO_3$ 的质量，g；

M——$CaCO_3$ 摩尔质量，100.09 g/mol；

V——EDTA 溶液的体积，mL。

2.3.3 硫代硫酸钠溶液的配制和标定

2.3.3.1 实验原理

结晶硫代硫酸钠往往含有杂质，所以不能直接配制标准溶液，而且硫代硫酸钠溶液不稳定，容易分解，引起硫代硫酸钠分解的原因如下：

(1) 与溶解在水中的 CO_2 的作用。$Na_2S_2O_3$ 在中性或弱碱性溶液（pH = 9～10）中较稳定，在 pH < 4.6 时不稳定，因溶液中含有 CO_2 时会促进 $Na_2S_2O_3$ 的分解：

$$Na_2S_2O_3 + H_2CO_3 = NaHCO_3 + S\downarrow + NaHSO_3$$

(2) 空气的氧化作用：

$$2Na_2S_2O_3 + O_2 = 2Na_2SO_4 + 2S\downarrow$$

(3) 微生物的作用。空气及水中有能使 $Na_2S_2O_3$ 分解的微生物：

$$Na_2S_2O_3 \xrightarrow{\text{微生物}} Na_2SO_3 + S\downarrow$$

由于上述原因，配制溶液时，为了减少溶解在水中的 CO_2 杀死水中的微生物，应用新煮沸并已冷却的蒸馏水，并加入少量 Na_2CO_3 以防止 $Na_2S_2O_3$ 的分解。

标定 $Na_2S_2O_3$ 溶液的基准物质很多，本实验我们采用 $K_2Cr_2O_7$ 作基准物对 $Na_2S_2O_3$ 溶液进行间接标定，首先 $K_2Cr_2O_7$ 与过量的 KI 反应：

$$Cr_2O_7^{2-} + 6I^- + 14H^+ = 2Cr^{3+} + 3I_2 + 7H_2O$$

析出的 I_2 再用 $Na_2S_2O_3$ 溶液滴定：

$$I_2 + 2S_2O_3^{2-} = S_4O_6^{2-} + 2I^-$$

2.3.3.2 实验仪器及药品

(1) 仪器：25 mL 碱式滴定管 1 个，100 mL 烧杯 1 个，100 mL、50 mL 量筒各 1 个，锥形瓶

2个，试剂瓶1个，表面皿1个。

(2)试剂：基准物 $K_2Cr_2O_7$、$Na_2S_2O_3$ 试剂，Na_2CO_3 固体，1∶1 HCl 溶液，KI 固体，淀粉指示剂。

2.3.3.3 实验步骤

1) $Na_2S_2O_3$ 溶液的配制

在托盘天平上称取 3 g $Na_2S_2O_3$ 于小烧杯中，加入少许无水 Na_2CO_3 和 50 mL 煮沸冷却的蒸馏水，搅拌溶解后，移入试剂瓶中，再加入 100 mL 煮沸冷却的蒸馏水于试剂瓶中，摇匀，待标定。

2) $Na_2S_2O_3$ 溶液的标定

准确称取 0.05～0.08 g $K_2Cr_2O_7$ 于 250 mL 锥形瓶中，加 20 mL 水溶解，分别加入 0.5 g KI 和 1∶1 HCl 5 mL，立即盖上表面皿摇动 1 min 后，放置 10 min，用洗瓶吹洗表面皿和锥形瓶内壁，然后加 20 mL 水稀释，用 $Na_2S_2O_3$ 溶液滴定到溶液由暗红色变为黄绿色时加入淀粉指示剂 1 mL，继续滴定溶液由蓝色变为亮绿色即为终点。

2.3.3.4 实验数据的记录与处理

$Na_2S_2O_3$ 浓度计算公式为：

$$c(Na_2S_2O_3)=\frac{6m}{MV}\times 1\ 000 \tag{2-4}$$

式中 $c(Na_2S_2O_3)$——$Na_2S_2O_3$ 的浓度，mol/L；

m—— $K_2Cr_2O_7$ 质量，g；

M—— $K_2Cr_2O_7$ 摩尔质量，294.18 g/mol；

V—— $Na_2S_2O_3$ 溶液的体积，mL。

2.3.3.5 滴定时注意事项

(1)因 I_2 容易挥发损失，在反应过程中要及时用表面皿盖好瓶口。

(2) I_2 微溶于水，但可溶于 KI 溶液，此时 I_2 在溶液中以 I_3^- 形式存在，反应式为 $I_2+KI=KI_3$，这样可减少 I_2 挥发的损失。

(3) $K_2Cr_2O_7$ 与 KI 的反应速度较慢，所以应将反应液放置一定时间，使 $K_2Cr_2O_7$ 与 KI 反应完全。

(4)滴定前须将溶液稀释。这样既可降低酸度，使 I^- 被空气的氧化速度减慢，又可使 $Na_2S_2O_3$ 的分解作用减小，而且稀释后 Cr^{3+} 绿色变浅便于观察终点。

(5)在接近终点时才能加入淀粉指示剂，如果加入太早，则大量的碘与淀粉反应形成蓝色吸附配合物，这部分碘不容易与 $Na_2S_2O_3$ 反应，因而使滴定产生误差。

(6)滴定完了的溶液如果放置 5～10 min 后才变色，是由于空气中氧的氧化作用，不影响分析结果，如果很快变蓝，说明 $K_2Cr_2O_7$ 与 KI 作用不完全，溶液稀释过早，发生这种情况，实验应重做。

2.3.4 高锰酸钾溶液的配制和标定

2.3.4.1 实验原理

市售的高锰酸钾常会有少量杂质，如硫酸盐、氯化物和硝酸盐等，另外由于高锰酸钾氧化性很强，易和水中的还原性杂质作用，因此不能直接配成标准溶液，必须进行标定。

高锰酸钾溶液常用草酸钠作基准物来标定，草酸钠不含结晶水且易提纯，用草酸钠标定高锰酸钾溶液的反应如下：

$$2MnO_4^-+5H_2C_2O_4+6H^+=2Mn^{2+}+10CO_2+8H_2O$$

反应开始较慢，待溶液中产生 Mn^{2+} 后，由于 Mn^{2+} 的催化作用，反应越来越快，反应温度应在 75～85 ℃之间，滴定温度不应低于 60 ℃，温度太低，反应速度太慢；但也不能过高，温度高于 90 ℃，草酸会分解。

2.3.4.2 仪器和试剂

(1)仪器：25 mL 酸式滴定管 1 支，锥形瓶 2 个，50 mL 量筒 1 个。

(2)试剂：草酸钠基准物，高锰酸钾固体，3 mol/L H_2SO_4 溶液。

2.3.4.3 实验步骤

1) $KMnO_4$ 溶液的配制

称取 1.6 g $KMnO_4$，溶于 500 mL 水中，加热煮沸 20～30 min。冷却后在暗处放置 7～10 d，然后用玻璃砂芯漏斗过滤除去 MnO_2 及杂质，滤液贮于棕色瓶中，摇匀即可标定使用。

2) $KMnO_4$ 溶液的标定

准确称取 0.1～0.15 g 基准 $Na_2C_2O_4$ 于锥形瓶中，加 30 mL 水使之溶解，加入 10 mL、3 mol/L 硫酸溶液并加热至 75～85 ℃，立即用高锰酸钾小心滴定溶液至微红色在 30 s 内不消失，即为终点，平行测定两次，记下消耗的高锰酸钾体积。

2.3.4.4 实验数据的记录与处理

对于反应 $2MnO_4^- + 5H_2C_2O_4 + 6H^+ = 2Mn^{2+} + 10CO_2 + 8H_2O$，由化学计量关系得：

$$c(KMnO_4) = \frac{2m}{5MV} \times 1\,000 \tag{2-5}$$

式中 $c(KMnO_4)$——$KMnO_4$ 的浓度，mol/L；

m——草酸钠质量，g；

M——草酸钠摩尔质量，134 g/mol；

V——消耗高锰酸钾体积，mL。

2.4 实验室的管理

2.4.1 实验室规划设计

2.4.1.1 实验室的位置选择及设备布置

实验室最好选择在环境安静、清洁、噪声较小及自然通风条件较好的位置，不要建在马路、锅炉房、烟囱和排出有害气体的车间附近，以减少振动、飘尘、有害气体的侵袭。中间控制分析室可以设在车间旁边或附近，以便随时取样和报送分析结果。

实验室的房屋结构应能防震、防火、防尘、防潮。光线要充足，地面要干燥。实验室最好划分为试样制取室、化学分析室、天平室、精密仪器室、试剂贮藏室等几个部分。条件不允许时，至少应把化学处理用的通风橱分隔。试剂应在试剂柜内存放，而天平室及精密分析器室应隔成一个小室，以免分析天平及仪器受到腐蚀。

实验室可采用水泥、水磨石地面或浇涂地板漆的地板，有条件的单位也可铺橡塑地板。化学分析室、试剂贮藏室要设计有地漏，以便于清洗冲刷地面，同时也可减小跑水事故的危害。

实验室内的设备布置，应有利于分析人员高效率地工作，有利于保护仪器设备及安全操作。在筹建实验室的过程中，可根据本单位的分析对象、场地条件等具体情况做出合理、实用的平面装置。

2.4.1.2　**实验室的基本设备**

实验室内的主要设备有:水电系统设备、实验台、试剂柜、通风橱及室内排气设备等。

1)实验室的水电系统设备

实验室的供排水系统设备安排要合理,使用应方便,供水有保证,排水要畅通。可在实验台两头设水槽,以便于洗涤仪器。化验室的下水道应耐腐蚀(至少应有一根管道耐腐蚀),管径应粗大些,以防止堵塞。上水道应设有一般自来水阀门,还应配有高型弯管阀门,以便用于淋洗滴定管、移液管等较长的器皿。此外,还应设有带支管的抽滤用的水龙头,以供蒸馏、抽滤时应用。

实验室的电力总负荷,应根据用电设备的需要而设计。刀开关等配电用器材应采用封闭式。馈电导线应采用铜线,不宜采用铝线,以减少腐蚀。室内应安装可靠的保护接地线,以满足精密仪器接地的需要。

电力线引进室内后,要安装总的配电设施。室内布线要合理。不要随意拉线。单相三孔插座,要按规定接火、地、中三线。地线不要虚设。电源线的连接不良、绝缘部分的绝缘不良、金属导线裸露在外等现象都是不允许的。使用电器时,切记注意安全。

2)实验台与试剂柜

在化学分析室中,实验台应置于可使光线从侧面射入的位置,并有荧光灯照明,以便于在光线昏暗时颜色的辨别及刻度的观察等。实验台中间可设试剂架,并有水龙头、煤气阀门和电源插座。试剂架上存放常用试剂溶液。试剂架下可设计一个窄长方形水槽,与下水道相通,以便于清洁台面,也可直接排放极稀的易挥发废液。实验台下为玻璃器皿柜。

实验台可采用木材制作,并应刷涂油漆以提高其耐蚀性。实验台面上,应铺设瓷砖或耐酸性良好的塑料板或橡胶板,以便于清洁台面。为防止油污、有机溶剂侵蚀以及耐热需要,可在台面铺设较厚的石棉板。

放置精密仪器的工作台,要求稳固、水平,通常是采用钢筋混凝土结构,上铺水磨石或瓷砖的台面。

实验室内用的试剂柜,用于存放固体试剂及各类指示剂滴瓶等。

3)实验室的通风设施

实验室的通风设施极为重要。在试样处理、分析操作过程中,经常会产生各种有毒、有害、有腐蚀性及刺激性的气体,这些气体必须及时采用通风设施排出室外。

a.通风橱

通风橱是化验室内最常用且必需的通风设施,其大小可根据需要而定。通常为长 1.5 ~ 1.8 m,深 0.8 m,空间高度 1.5 m 左右。前门及侧壁安装玻璃。前门可以上下开启。框架可用木料制造,并刷涂耐腐漆。内壁及台面铺瓷砖。橱内应设有照明、加热装置。最好在通风橱内设计一个水槽,以便于定期清洗冲刷,以确保安全操作。

通风橱应采用塑料风机排风。通风管道和风机,采用聚氯乙烯板焊接,排风口应高出屋顶 2 m 以上。

抽气口开在侧面,而不是开在顶部。这样,既可以避免尘粒从抽气口落下,又有利于抽出比空气重或比空气轻的有毒有害气体。

b.排气扇

排气扇是一种简易式排除室内空气的装置。通常将其安装在墙体的上部,可排除密度比空气小的有毒气体及蒸气。有些场合,排气扇则安装在墙体的底部,以排出密度比空气大的有毒气体或蒸气(如汞蒸气)。现在市场上有各种全塑排气扇可供选用。

2.4.2 实验室质量管理

分析测试中的质量保证是最近十几年的事。人们把实验比做一个生产过程,实验室收到的样品比做生产中使用的原材料,对原材料进行一系列的操作加工,产生的“产品”即为分析测试数据与报告。在实验室中应用的许多质量控制和质量保证技术,如控制图、仪器校准等,在形式上与生产过程中使用的相似。然而,进入实验室的试样不是均匀的,得到的“产品”也不是一个直觉的实体,而是有关试样的信息,即分析测试数据的报告。这些数据的报告可能在技术方面(包括生产、科研)、商业方面、安全方面或法律上有重要的应用。怎样衡量数据的质量呢?如果数据具有一致性,而且他们的不确定度小于准确度要求时,就认为这些数据有合格的质量。反之,数据过分离散或不确定度满足不了准确度要求时,就认为这些数据是低质量的或不合格的。确认测量数据达到预定目标的步骤称为质量保证。它包括两个方面:

(1)质量控制:为产生达到质量要求的测量所遵循的步骤。

(2)质量评定:用于检验质量控制系统处于允许限内的工作和评价数据质量的步骤。

2.4.3 分析测试中的质量控制

质量控制技术包括从试样的采集、预处理到数据处理的全过程的控制操作和步骤。

质量控制的基本要素有:人员的技术能力;合格的仪器设备;好的实验室和好的测量操作;合适的测量方法,标准的操作规程;合格的试剂及原材料;正确的采样及样品处理;合乎要求的原始记录和数据处理;必要的检查程序等。

2.4.3.1 **人员的技术能力**

实验人员的能力和经验是保证分析测试质量的首要条件。随着现代分析仪器的应用,对人员的专业水平要求更高。实验室应按合理比例配备高、中、初级技术人员,各自承担相应的分析测试任务。实验室要有一个勤勤恳恳、努力工作、联系群众,既有一定的理论基础,又有工作经验的负责抓质量保证的实验室主任。实验室工作人员必须有一定的化学知识并通过专门培训。实验室应不断对各类人员进行业务技术培训,并且建立每一个工作人员的技术业务档案,包括学历、能承担的分析任务项目、编写的论文与技术资料、参加的学术会议、专业培训(包括短训班、夜大、进修有关的课程、研讨会)与资格证明、工作成果、考核成绩、奖惩情况等。这些个人技术业务档案不仅是个人业务能力的考核,也是显示实验室水平的重要基础,是社会认可实验室的重要依据。

2.4.3.2 **实验室的仪器设备**

仪器设备是实验室不可缺少的重要物质基础,是开展化验工作的必要条件。典型的分析化学需要有专门的仪器设备。分析检验的成败,常与使用的仪器设备密切相关。专门的仪器设备正在迅速地替代常规仪器。因此,某些种类的分析测量就只能在有这些仪器设备的实验室中进行。

实验室的仪器设备必须适应实验室的任务要求。应根据实验室任务的需要,选择合适的仪器设备,没有必要盲目地追求仪器设备的档次。不应购进备而不用的仪器设备。

要产生质量好的数据,只有合适的仪器设备是不够的,还必须正确地使用和保养好这些仪器设备,使仪器设备产生误差的因素处于控制之下,才能得到符合质量要求的数据。

1)常用仪器设备的校准

在化学测量的仪器分析中,大部分测量是相对测量技术,必须以标准物质(标准溶液)对仪器设备的响应值进行校正。校正的标准,可以用国家质量管理部门监制的标准物质,也可用制造厂家标定的设备和厂家标明的一定纯度的化学试剂。是否使用标准物质依赖于使用仪器设备的分析方法所需的准确度,有时还与经费开支有关。因为标准物质的价格通常比较昂贵,只在必要时才用它。分析方法的校正常通过制作标准溶液的工作曲线来实现。

(1)分析天平。常用 50 g 或 100 g 高质量的砝码(或标准砝码)来校正。电子分析天平内常装有已知质量的标准砝码,用于天平的校正。天平校正的时间间隔长短依赖于天平的使用次数,如果使用较多,需每天或每周校准一次。

(2)容量玻璃器皿。若使用著名厂家生产的标有"一等"字样的玻璃量器,除非要求方法准确度高于 0.2%,一般不用校正。

(3)烘箱、马弗炉。烘箱应使用校正过的温度计(可以根据生产厂家提供的证明),烘箱的温度每天要检查。马弗炉的温度通常不需校正,若要校正可采用光学高温计。

(4)紫外-可见分光光度计。可用铷玻璃滤光器进行波长校正。也可用 K_2CrO_4 0.004 g/L(含 0.05 mol/L KOH)溶液进行波长校正。$KMnO_4$ 溶液可用于检查可见区 526 nm 和 546 nm 吸收峰的分辨能力。吸光度的校正采用工作曲线法。分光度的波长和吸光度至少每周校准一次。

(5)pH 计。用标准 pH 缓冲溶液进行校准。pH 计每次使用均应校准。

(6)红外光度计。可用聚苯乙烯薄膜进行波束的校正及分辨率的校正。

(7)荧光计。荧光强度用已知浓度的硫酸奎宁溶液校正。荧光计的激发光光谱和荧光光谱,可采用罗单明 B 标准光子计数器进行校正。其波长的分辨率可以用汞灯的波长为 365.0 nm、365.5 nm 和 366.3 nm 三条线的分辨情况来检查。

(8)原子吸收光谱仪。每次使用均需使用被测元素的空心阴极灯进行波长的校正,用标准溶液进行浓度校正或作工作曲线。

(9)电导仪。电导值可用一定浓度的 KCl 或 NaCl 标准溶液校准。每周至少校准一次。

(10)气相色谱和高效液相色谱仪。每批样品测定至少要用工作曲线校正一次。必要时还要采用内标法。

2)仪器设备的管理

安放仪器设备的实验室应符合该仪器设备的要求,以确保仪器设备的精度及使用寿命。仪器室应防尘、防腐蚀、防震、防晒、防湿等。仪器应在单独房间安装,不能与化学操作室混用。

使用仪器之前应经专人指导培训或认真仔细阅读仪器设备的说明书,弄懂仪器的原理、结构、性能、操作规程及注意事项等方能进行操作。操作时应非常小心地按操作规程进行。未经准许的人,未经专门培训的人,应严禁使用或操作贵重仪器。某些胆大妄为、胡乱拨弄仪器、猛拨开关、乱按键盘的做法是极坏的行为,应严加阻止。

仪器设备应建立专人管理的责任制。仪器名称、规格、型号、数量、单价、出厂和购置年月以及主要的零配件都要准确登记。

3)精密仪器的管理

安放仪器的房间应符合该仪器的要求,以确保仪器的精度及使用寿命。做好仪器室的防震、防尘、防腐蚀工作。

建立专人管理责任制,仪器的名称、规格、数量、单价、出厂和购置的年月都要登记准确。

大型精密仪器每台建立技术档案，内容包括：①仪器说明书、装箱单、零配件清单；②安装、调试、性能鉴定、验收记录、索赔记录；③使用规程、保养维修规程；④使用登记本、检修记录。

大型仪器使用、维修应由专人负责，使用维修人员经考核合格方可独立操作使用。如确需拆卸、改装应有一定的审批手续。

2.4.3.3 实验室应具备的条件

一个好的实验室应具备以下条件。

1）组织管理与质量管理的9项制度

（1）技术资料档案管理制度。要经常注意收集本行业和有关专业的技术性书刊和技术资料，以及有关字典、辞典、手册等必备的工具书，这些资料在专柜保存，由专人管理，负责购置、登记、编号、保管、出借、收回等工作。

（2）技术责任制和岗位责任制。

（3）检验实验工作质量的检验制度。

（4）样品管理制度。

（5）设备、仪器的使用、管理、维修制度。

（6）试剂、药品以及低值易耗品的使用管理制度。

（7）技术人员考核、晋升制度。

（8）实验事故的分析和报告制度。

（9）安全、保密、卫生、保健等制度。

2）对仪器设备的要求

（1）应具备与其业务范围相适应的实验仪器设备。

（2）仪器设备的性能及运用性能应定期进行检查、维修和维护；定期进行校准。

（3）仪器设备发生故障时，应及时进行检修，并写出检修记录存档。

（4）仪器设备应由专人管理，保持完好状态，便于随时使用。

3）对实验室环境要求

（1）实验室的环境应符合装备技术条件所规定的操作环境的要求，如要防止烟雾、尘埃、震动、噪声、电磁、辐射等可能的干扰。

（2）保持环境的整齐清洁。除有特殊要求外，一般应保持正常的气候条件。

（3）仪器设备的布局要便于进行实验和记录测试结果，并便于仪器设备的维修。

4）收取试样要有登记手续

试样要编号并妥善保管一定时间。试样应有标签，标签上记录编号、委托单位、交样日期、实验人员、实验日期、报告签发日期以及其他简短说明。

5）妥善保存重要的技术资料

实验时需妥善保存的资料主要是：

（1）测试分析方法汇编。

（2）原始数据记录本及数据处理。

（3）测试报告的复印件。

（4）实验室的各种规章制度。

（5）质量控制图。

（6）考核样品的分析结果报告。

（7）标准物质、盲样。

(8)鉴定或审查报告、鉴定证书。

(9)质量控制手册、质量控制审计文件。

(10)分析试样需编号保存一定时间,以便查询或复检。

(11)实验室人员的技术业务档案。

2.4.4 实验室的药品管理

实验室所需的化学药品及试剂溶液品种很多,化学药品大多具有一定的毒性及危险性,对其加强管理不仅是保证分析数据质量的需要,也是确保安全的需要。

实验室只宜存放少量短期内需用的药品。化学药品存放时要分类,无机物可按酸、碱、盐分类,盐类中可按周期表金属元素的顺序排列,如钾盐、钠盐等,有机物可按官能团分类,如烃、醇、酚、醛、酮、酸等。另外也可按用途分类,如基准物、指示剂、色谱固定液等。

2.4.4.1 属于危险品的化学药品

(1)易爆和不稳定物质。如浓过氧化氢、有机过氧化物等。

(2)氧化性物质。如氧化性酸,过氧化氢也属此类。

(3)可燃性物质。除易燃的气体、液体、固体外,还包括在潮气中会产生可燃物的物质。如碱金属的氢化物、碳化钙及接触空气自燃的物质如白磷等。

(4)有毒物质。见表 1-3。

(5)腐蚀性物质。如酸、碱等。

(6)放射性物质。

2.4.4.2 化学试剂级别

化学试剂按所含杂质的多少分为三类:①优级纯(GR)或一级品,用于精密分析和科学研究;②分析纯(AR)或二级品,用于质量分析和一般科研工作;③化学纯(CP)或三级品,用于一般分析工作。此外还有实验试剂(LR)等。另外,根据专用试剂的用途,还有色谱纯试剂、光谱纯试剂等。各类试剂的标识如表 2-8 所示。

表 2-8 试剂等级及标识

品别	一级品	二级品	三级品	四级品	生化试剂
纯度分类	优级纯	分析纯	化学纯	实验试剂	生代试剂
英文代号	GR	AR	CP	LR	BR
标签颜色	绿	红	蓝	其他颜色	咖啡色

2.4.4.3 试剂的存放

每个试剂瓶上都应贴上标签,并标明试剂的名称、纯度、浓度和配制日期,标签外应涂蜡或用透明胶带保护。

2.4.4.4 实验室试剂存放要求

(1)固体试剂一般存放在易于取用的广口瓶中,液体试剂则存放在细口的试剂瓶中。试剂瓶的瓶盖一般都是磨口的,在盛强碱性试剂(如氢氧化钠、氢氧化钾、硅酸钠等)时,应换用橡皮塞,避免试剂与玻璃成分二氧化硅起反应而黏结,难以开启瓶盖。氢氟酸由于腐蚀玻璃,须用塑料或铅制容器保存。易氧化性物质如金属钠、钾等,应放置在煤油中。

(2)易燃易爆试剂贮存于铁柜(壁厚 1 mm 以上)中,柜的顶部有通风口。严禁在实验室存放大于20 L的瓶装易燃体。易燃易爆药品不要放在冰箱内(防爆冰箱除外)。

(3)相互混合或接触后可以产生激烈反应、燃烧、爆炸、放出有毒气体的两种或两种以上的化合物称为不相容化合物,不能混放。这种化合物系多为强氧化性物质与还原性物质。

(4)腐蚀性试剂宜放在塑料或搪瓷的盘或桶中,以防因瓶子破裂造成事故。

(5)要注意化学药品的存放期限,一些试剂在存放过程中会逐渐变质,甚至形成危害物。醚类、四氢呋喃、二氧六环、烯烃、液体石蜡等在见光条件下若接触空气可形成过氧化物,放置愈久愈危险。乙醚、异丙醚、丁醚、四氢呋喃、二氧六环等若未加阻化剂(对苯二酚、苯三酚、硫酸亚铁等)存放期限不得超过一年。已开过瓶的乙醚若加1,2,3-苯三酚(每100 mL加0.1 mg)存放期限可达两年。

(6)药品柜和试剂溶液均应避免阳光直晒及靠近暖气等热源。要求避光的试剂应装于棕色瓶中或用黑纸或黑布包好存于暗柜中。见光易分解的试剂(如硝酸银、高锰酸钾、碘化钾等)应装在棕色瓶中;但见光分解的双氧水只能装在不透明的塑料瓶中,并避光于阴凉处,因为棕色瓶玻璃材质中的重金属离子会加速双氧水的分解。

(7)发现试剂瓶上标签掉落或将要模糊时应立即贴好标签。无标签或标签无法辩认的试剂都要当成危险物品重新鉴别后小心处理,不可随便乱扔,以免引起严重后果。

(8)剧毒品应锁在专门的毒品柜中,建立领用需经申请、审批、双人登记签字的制度。

2.4.4.5 其他实验物品的管理

除精密仪器外可以把其他实验物品分为三类:低值品、易耗品和材料。材料一般指消耗品如金属、非金属原材料、试剂等;易耗品指玻璃仪器、元器件等;低值品则指价格不够固定资产标准又不属于材料范围的用品,如电表、工具等。这些物品使用频率高,流动性大,管理上以心中有数、方便使用为目的,要建立必要账目。在仪器柜和实验柜中分门别类存入,对工具、电料等都要养成取用完放回原处的习惯。有腐蚀性蒸气的酸应注意盖严,定时通风,勿与精密仪器置于同一室中。

2.4.5 分析测试的质量评定

质量评定是对质量过程进行监督的方法。通常分为实验室内部质量评定和实验室外部质量评定。

2.4.5.1 实验室内部质量评定

实验室内部的质量评定可采用下列方法:

(1)用重复测定试样的方法来评价测试方法的精密度。

(2)用测量标准物质或内部参考标准中组分的方法来评价测定方法的系统误差。

(3)利用标准物质,采用交换操作者、交换仪器设备的方法来评价测试方法的系统误差,可以评价系统误差来自操作者还是来自仪器设备本身。

(4)利用标准测量方法或权威测量方法和现用的测量方法测得的结果相比较,可用来评价方法的系统误差。

2.4.5.2 实验室外部质量评定

测试分析质量的外部评定是很重要的。它可以避免实验室内部的主观因素,评价测量系统的系统误差的大小;它是实验室水平的鉴定、认可的重要手段。测试分析质量的外部评定可采用实验室之间共同分析一个试样、实验室间交换试样以及分析从其他实验室得到的标准物质或质量控制样品等方法。

标准物质为比较测量系统和比较各实验室在不同条件下取得的数据提供了可比性的依据，它已被广泛认可为评价测量系统的最好的考核样品。

2.5 实验室常用试剂

2.5.1 标准缓冲溶液的 pH 值

标准缓冲溶液的 pH 值(见表 2-9)。

表 2-9 标准缓冲溶液的 pH 值

温度(℃)	0.05 mol/L 草酸三氢钾	酒石酸氢钾(25 ℃饱和溶液)	0.05 mol/L 邻苯二甲酸氢钾	0.025 mol/L KH_2PO_4 0.025 mol/L Na_2HPO_4	0.01 mol/L 硼砂
0	1.67	—	4.01	6.98	9.46
5	1.67	—	4.01	6.95	9.39
10	1.67	—	4.00	6.92	9.33
15	1.67	—	4.00	6.90	9.27
20	1.68	—	4.00	6.88	9.22
25	1.68	3.56	4.01	6.86	9.18
30	1.69	3.55	4.01	6.85	9.14
35	1.69	3.55	4.02	6.84	9.10
40	1.70	3.54	4.03	6.84	9.07
45	1.70	3.55	4.04	6.83	9.04
50	1.71	3.55	4.06	6.83	9.01
55	1.72	3.56	4.08	6.84	8.99
60	1.73	3.57	4.10	6.84	8.96

2.5.2 酸碱指示剂

实验室常用酸碱指示剂(见表 2-10)。

表 2-10 酸碱指示剂

指示剂名称	变色范围(pH)	颜色变化	溶液配制方法
茜素黄 R	1.9～3.3	红—黄	0.1%水溶液
甲基橙	3.1～4.4	红—橙黄	0.1%水溶液
溴酚蓝	3.0～4.6	黄—蓝	0.1 g 指示剂溶于 100 mL 20%乙醇中
刚果红	3.0～5.2	蓝紫—红	0.1%水溶液
茜素红 S	3.7～5.2	黄—紫	0.1%水溶液
溴甲酚绿	3.8～5.4	黄—蓝	0.1 g 指示剂溶于 100 mL 20%乙醇中
甲基红	4.4～6.2	红—黄	0.1 g 指示剂溶于 100 mL 60%乙醇中

续表 2-10

指示剂名称	变色范围(pH)	颜色变化	溶液配制方法
溴百里酚蓝	6.0～7.6	黄—蓝	0.05 g 指示剂溶于 100 mL 20% 乙醇中
酚红	6.8～8.0	黄—红	0.1 g 指示剂溶于 100 mL 20% 乙醇中
甲酚红	7.2～8.8	亮黄—紫红	0.1 g 指示剂溶于 100 mL 50% 乙醇中
百里酚蓝（麝香草酚蓝）	第一次变色 1.2～2.8	红—黄	0.1 g 指示剂溶于 100 mL 20% 乙醇中
	第二次变色 8.0～9.6	黄—蓝	
酚酞	8.2～10.0	无—红	0.1 g 指示剂溶于 100 mL 60% 乙醇中
麝香草酚酞	9.4～10.6	无—蓝	0.1 g 指示剂溶于 100 mL 90% 乙醇中

2.5.3 常用氧化还原指示剂

常用氧化还原指示剂(见表 2-11)。

表 2-11 常用氧化还原指示剂

指示剂	颜色变化	
	氧化形	还原形
磺酸靛蓝	蓝	无色
酚番红	红	无色
亚甲基蓝	蓝	无色
1-萘酚-2 磺酸钠吲哚酚	红	无色
二苯胺	紫	无色
二苯基联苯胺	紫	无色
二苯胺磺酸	紫红	无色
依里加里新(毛铬染蓝)	红	绿黄
苯基代邻氨基苯甲酸	紫红	无色
邻菲啰啉	蓝	红
邻菲啰啉硫酸亚铁溶液	蓝	红
硝基邻菲啰啉硫酸亚铁溶液	品红	紫红
2,6-二苯酚吲哚酚	蓝	无色

2.5.4 金属指示剂

金属指示剂(见表 2-12)。

表 2-12　金属指示剂

指示剂名称	滴定酸度(pH)	颜色变化	测定离子	配制方法	注意事项
铬黑 T(简称 BT 或 EBT)	8～10	酒红～蓝	Ca^{2+}、Mg^{2+}、Pb^{2+}、Zn^{2+}、Cd^{2+}	1 g 铬黑 T 加氯化钠 100 g 研磨后备用	Fe^{3+}、Al^{3+}、Cu^{2+}、Ni^{2+} 等封闭 EBT
二甲酚橙(简称 XO)	5～6	红～黄	Pb^{2+}、Zn^{2+}、Cd^{2+}、Hg^{2+}、La^{3+}	0.2 g 溶于 100 mL 水或乙醇中	Fe^{3+}、Al^{3+}、Ti^{4+}、Ni^{2+} 等封闭 XO
	1～2	红～黄	Bi^{3+}、Zr^{4+}		
紫脲酸铵	10	棕黄～紫红	Ni^{2+}	1 g 紫脲酸铵与氯化钠 100 g 研磨混合均匀	
钙指示剂(简称 NN)	12～13	酒红～蓝	Ca^{2+}	1 g 钙指示剂与氯化钠 100 g 研磨混匀	Fe^{3+}、Al^{3+}、Ti^{4+}、Cu^{2+}、Ni^{2+}、Co^{2+}、Mn^{2+} 等封闭 NN
磺基水杨酸(简称 ssal)	1.5～2.5	紫红～无色	Fe^{3+}	0.5 g 溶于 100 mL 水	ssal 本身无色，FeY^- 呈黄色
酸性铬 K	10	紫红～蓝	Mg^{2+}、Zn^{2+}、Mn^{2+}	1 g 酸性铬 K 与氯化钠 100 g 研磨混匀	
	13		Ca^{2+}		
PAN	2～3	紫红～黄	Th^{4+}、Bi^{3+}	0.2 g 溶于 100 mL 乙醇中	滴定时须加热
	4～5		Fe^{3+}、Pb^{2+}、Cd^{2+}、Cu^{2+}、Ni^{2+}、Mn^{2+}		

2.5.5　常用的掩蔽剂

常用的掩蔽剂(见表 2-13)。

表 2-13　常用的掩蔽剂

名称	pH 范围	被掩蔽离子	备注
氰化钾	>8	Zn^{2+}、Cd^{2+}、Hg^{2+}、Cu^{2+}、Ni^{2+}、Co^{2+}、Ag^{+}	
氟化铵	4～6	Al^{3+}、Ti^{IV}、Sn^{IV}、W^{VI}、Zn^{2+}	NH_4F 比 NaF 好，加后溶液变化小
	10	Ca^{2+}、Mg^{2+}、Al^{3+}、Sr、Ba、稀土元素	
邻二氮菲	5～6	Mn^{2+}、Zn^{2+}、Cd^{2+}、Hg^{2+}、Cu^{2+}、Ni^{2+}、Co^{2+}	
三乙醇胺(TEA)	10	Al^{3+}、Ti^{IV}、Sn^{IV}、Fe^{3+}	与氰化钾并用，可提高掩蔽效果
	11～12	Al^{3+}、Fe^{3+} 及少量 Mn^{2+}	
二巯基丙醇	10	Zn^{2+}、Cd^{2+}、Hg^{2+}、Ag^{+}、As^{3+}、Pb^{2+}、Bi^{3+}、Sn^{IV} 及少量 Cu^{2+}、Co^{2+}、Ni^{2+}、Fe^{3+}	
硫脲	弱酸性	Hg^{2+}、Cu^{2+}、Tl^{+}	
铜试剂(DDTC)	10	能与 Cd^{2+}、Hg^{2+}、Cu^{2+}、Pb^{2+}、Bi^{3+} 生成沉淀，其中 Cu－DDTC 为褐色，Bi－DDTC 为黄色，故其存在量应分别小于2 mg和 10 mg	
酒石酸	1.5～2	Sb^{3+}、Sn^{IV}	在抗坏血酸存在下
	5.5	Al^{3+}、Fe^{3+}、Sn^{IV}、Ca^{2+}	
	6～7.5	Mg^{2+}、Cu^{2+}、Al^{3+}、Fe^{3+}、Mo^{4+}	
	10	Al^{3+}、Fe^{3+}、Sn^{IV}	

2.5.6 配位滴定中常用的缓冲溶液

配位滴定中常用的缓冲溶液(见表2-14)。

表2-14 配位滴定中常用的缓冲溶液

pH值	配制方法
<2	加一定量的1 mol/L 盐酸或1 mol/L 硝酸
2~4.5	2 mol/L 氯乙酸和2 mol/L 乙酸钠,按pH计所示值调配
2.2	2 mol/L 氯乙酸100 mL,加氢氧化钠8 g,再加20%氢氧化钠中和至pH=9(pH试纸),再与2 mol/L氯乙酸500 mL混合
2.2~5.5	0.2 mol/L 邻某二甲酸氢钾(pH=4),加0.2 mol/L 盐酸或0.2 mol/L 氢氧化钠,按pH计所示值调配
3.4~5.5	1 mol/L 乙酸和1 mol/L 乙酸钙,按pH计所示值调配
4	120 mL 冰乙酸,加无水乙酸钠32 g,以水稀释至1 L
4.5	60 mL 冰乙酸,加无水乙酸钠50 g,以水稀释至1 L
5	60 mL 冰乙酸,加无水乙酸钠160 g,以水稀释至1 L
4.5~6	30%六亚甲基四胺和(1+1)盐酸,按pH计所示值调配
5.4	六亚甲基四胺40 g,加水100 mL溶解,加浓盐酸10 mL
5.5	结晶乙酸钠200 g,加水溶解,加冰乙酸9 mL,稀释至1 000 mL
5.5~7.0	1 mol/L 丙二酸(或琥珀酸)和1 mol/L 氢氧化钾,按pH计所示值调配
6~8	1 mol/L 二氮杂茂和1 mol/L 盐酸,按pH计所示值调配
6.5~8.5	1 mol/L 三乙羟胺和1 mol/L 盐酸,按pH计所示值调配
8~11	1 mol/L 氯化铵和1 mol/L 氨水,按pH计所示值调配
9.2	54 g 氯化铵加水溶解,加相对密度0.89氨水63 mL混合,加水稀释至1 L
10	54 g 氯化铵加水溶解,加相对密度0.89氨水350 mL混合,加水稀释至1 L
12~13	加入适量的1 mol/L 氢氧化钠或氢氧化钾

2.5.7 基准试剂的干燥条件

基准试剂的干燥条件见表2-15。

表2-15 基准试剂的干燥条件

基准试剂	使用前的干燥条件	标定对象
碳酸钠	在坩埚中加热到270~300 ℃,干燥至恒重	酸
邻苯二甲酸氢钾	在105~110 ℃下干燥至恒重	碱
铜	在硫酸干燥器中至恒重	还原剂
草酸钠	在105~110 ℃下至恒重	$KMnO_4$
重铬酸钾	在140 ℃下干燥至恒重	还原剂
溴酸钾	在180 ℃下干燥1~2 h	还原剂
碘酸钾	在105~110 ℃下至恒重	还原剂
三氧化二砷	在硫酸干燥器中至恒重	氧化剂
锌	用6 mol/L HCl冲洗表面,再用水、乙醇、丙酮冲洗,在干燥器中放置24 h	EDTA
氯化钠	在500~600 ℃下灼至恒重	$AgNO_3$
草酸	室温空气干燥	碱或$KMnO_4$

2.5.8 常用酸碱溶液

常用酸碱溶液及其浓度(见表2-16)。

表2-16 常用酸碱溶液及其浓度(15 ℃)

溶液名称	密度ρ(g/mL)	质量百分浓度(%)	(物质的量)浓度C(mol/L)
浓硫酸 H_2SO_4	1.84	95~96	18
稀硫酸 H_2SO_4	1.18	25	3
稀硫酸 H_2SO_4	1.06	9	1
浓盐酸 HCl	1.19	38	12
稀盐酸 HCl	1.10	20	6
稀盐酸 HCl	1.03	7	2
浓硝酸 HNO_3	1.40	65	14
稀硝酸 HNO_3	1.20	32	6
稀硝酸 HNO_3	1.07	12	2
浓磷酸 H_3PO_4	1.7	85	15
稀磷酸 H_3PO_4	1.05	9	1
稀高氯酸 $HClO_4$	1.12	19	2
浓氢氟酸 HF	1.13	40	23
氢溴酸 HBr	1.38	40	7
氢碘酸 HI	1.70	57	7.5
冰醋酸 CH_3COOH	1.05	99~100	17.5
稀醋酸 CH_3COOH	1.04	35	6
稀醋酸 CH_3COOH	1.02	12	2
浓氢氧化钠 NaOH	1.36	33	11
稀氢氧化钠 NaOH	1.09	8	2
浓氨水 NH_3(aq)	0.88	35	18
浓氨水 NH_3(aq)	0.91	25	13.5
稀氨水 NH_3(aq)	0.96	11	6
稀氨水 NH_3(aq)	0.99	3.5	2
乙酸乙酯	0.90	99.5	10.2

2.5.9 实验室常用试剂

实验室常用试剂及其配制方法(见表2-17)。

表 2-17　实验室中常用试剂及其配制方法

试剂名称	浓度(mol/L)	配制方法
硫化钠 Na_2S	1	称取 240 g $Na_2S \cdot 9H_2O$,40 g NaOH 溶于适量水中,稀释至 1 L,混合
硫化铵 $(NH_4)_2S$	3	通 H_2S 于 200 mL 浓 $NH_3 \cdot H_2O$ 直至饱和,然后再加 200 mL 浓 $NH_3 \cdot H_2O$,最后加水稀释至 1 L,混匀
氯化亚锡 $SnCl_2$	0.1	称取 22.6 g $SnCl_2 \cdot 2H_2O$ 溶于 330 mL 6 mol/L HCl 中,加水稀释至 1 L,在溶液中放几颗纯锡粒(亦可将锡粒溶解于一定量的浓 HCl 中配制)
氯化铁 $FeCl_3$	0.5	称取 135.2 g $FeCl_3 \cdot 6H_2O$ 溶于 100 mL 6 mol/L HCl 中,加水稀释至 1 L
三氯化铬 $CrCl_3$	0.1	称取 26.7 g $CrCl_3 \cdot 6H_2O$ 溶于 30 mL 6 mol/L HCl 中,加水稀释至 1 L
硝酸亚汞 $Hg_2(NO_3)_2$	0.1	称取 56 g $Hg_2(NO_3)_2 \cdot 2H_2O$ 溶于 250 mL 6 mol/L HNO_3,加水稀释至 1 L,并加入金属汞少许
硝酸铅 $Pb(NO_3)_2$	0.25	称取 83 g $Pb(NO_3)_2$ 溶于少量水中,加入 15 mL 6 mol/L HNO_3,加水稀释至 1 L
硝酸铋 $Bi(NO_3)_3$	0.1	称取 48.5 g $Bi(NO_3)_3 \cdot 5H_2O$ 溶于 250 mL 1 mol/L HNO_3 中,加水稀释至 1 L
硫酸亚铁 $FeSO_4$	0.25	称取 69.5 g $FeSO_4 \cdot 7H_2O$ 溶于适量水中,加入 5 mL 18 mol/L H_2SO_4,再加水稀释至 1 L,并置入小铁钉数枚
Cl_2 水	Cl_2 的饱和水溶液	将 Cl_2 通入水中至饱和为止(用时临时配制)
Br_2 水	Br_2 的饱和水溶液	在水中滴入液溴至饱和
I_2 水	约 0.005	将 1.3 g I_2 和 5 g KI 溶解在尽可能少量的水中,待 I_2 完全溶解后(充分搅动)再加水稀释至 1 L
淀粉溶液	约 0.5%	称取易溶淀粉 1 g 和 $HgCl_2$ 5 mg(作防腐剂)置于烧杯中,加水少许调成薄浆,然后倾入 200 mL 沸水中
三氯化铋 $BiCl_3$	0.1	溶解 31.6 g $BiCl_3$ 于 330 mL 6 mol/L HCl 中,加水稀释至 1 L
三氯化锑 $SbCl_3$	0.1	溶解 22.8 g $SbCl_3$ 于 330 mL 6 mol/L HCl 中,加水稀释至 1 L
硝酸汞 $Hg(NO_3)_2$	0.1	溶解 33.4 g $Hg(NO_3)_2 \cdot \frac{1}{2}H_2O$ 于 1 L 0.6 mol/L HNO_3 中
硫酸氧钛 $TiOSO_4$	0.1	溶解 19 g 液态 $TiCl_4$ 于 220 mL 1∶1 H_2SO_4 中,再用水稀释至 1 L(注意:液态 $TiCl_4$ 在空气中强烈发烟,因此必须在通风橱中配制)

第3章 材料成分的湿法定性

3.1 常见阳离子的未知液分析

3.1.1 实验原理

与阴离子数量少、干扰少不同，阳离子的种类很多，常见的有20多种，而且其鉴定反应常受其他离子干扰，所以阳离子的未知液分析不能采取个别分析的方法，而是利用阳离子的某些共同特性将阳离子分为几个组，然后再根据同组内阳离子的个别特性分别检出，凡能使一组阳离子在适当的反应条件下生成沉淀或溶液而与其他组阳离子分离的试剂称为组试剂。利用组试剂将阳离子逐组分离，再进行检出的方法叫做阳离子的系统分析。系统分析方法常见的有两种，一种是硫化氢系统分析法（见表3-1），另一种是两酸两碱系统分析法（见表3-2）。

表3-1 硫化氢系统分析的分组

组序	组名	组试剂	组离子	产物
一	盐酸组	稀 HCl	Ag^+、Hg_2^{2+}、Pb^{2+}	氯化物沉淀
二	硫化氢组	0.3 mol/L $HCl + H_2S$	Cu^{2+}、Pb^{2+}、Cd^{2+}、Bi^{3+}、Hg^{2+}、$As^{Ⅲ}$、Sb^{3+}、Sn^{2+}	硫化物沉淀
三	硫化铵组	$NH_3 - NH_4Cl$、$(NH_4)_2S$	Al^{3+}、Fe^{3+}、Fe^{2+}、Co^{2+}、Cr^{3+}、Zn^{2+}、Mn^{2+}、Ni^{2+}	硫化物沉淀 氢氧化物沉淀
四	碳酸铵组	$NH_3 - NH_4Cl$、$(NH_4)_2CO_3$	Ba^{2+}、Sr^{2+}、Ca^{2+}	碳酸盐沉淀
五	易溶组	无组试剂	K^+、Na^+、NH_4^+、Mg^{2+}	离子

表3-2 两酸两碱系统分析的分组

组序	组名	组试剂	组离子	产物
一	易溶组	无组试剂	K^+、Na^+、NH_4^+、Mg^{2+}	离子
二	氯化物组	稀 HCl	Ag^+、Hg_2^{2+}、Pb^{2+}	氯化物沉淀
三	硫酸盐组	稀 H_2SO_4 + 乙醇	Ca^{2+}、Ba^{2+}、Pb^{2+}	硫酸盐沉淀
四	氨合物组	$NH_3 - NH_4Cl + H_2O_2$	Cu^{2+}、Zn^{2+}、Cd^{2+}、Co^{2+}、Ni^{2+}	氨配离子
五	两性组	$NaOH + H_2O_2$	Al^{3+}、Cr^{3+}、$Sb^{Ⅲ、Ⅴ}$、$Sn^{Ⅱ、Ⅳ}$	羟基配离子
六	氢氧化物组	$NaOH + H_2O_2$	Fe^{2+}、Fe^{3+}、Bi^{3+}、Mn^{2+}、Hg^{2+}	氢氧化物、 氨基氯化物

硫化氢系统分析法的原理，是根据阳离子的硫化物、氯化物、碳酸盐等溶解度的不同，用不同的组试剂把阳离子分成5个组，再根据组内产物在稀酸、硫化钠等试剂中的溶解性及其特征反应而逐一分离或检出。该系统分析法的优点是系统性强，分离方法比较严密，并可与溶度积等基本概念较好地配合；不足之处是与化合物的两性及形成配合物的性质等方面联系较少，而且其操作步骤繁杂，分析花费时间较多，硫化氢污染环境等。因此许多化学家提出了各种新的分析方法，两酸两碱法就是一种常见的污染小而且与酸碱性和配合物等结合较为紧密的系统分析法。其分组方法见表3-2。下面重点介绍两酸两碱系统分析法。

各组阳离子的分离与鉴定方法如下。

3.1.1.1 一组（易溶组）阳离子的分析

本组阳离子包括 NH_4^+、K^+、Na^+、Mg^{2+}，它们的盐大多易溶于水，没有一种共同的试剂可以作为组试剂，而是采用个别鉴定的方法，将它们加以检出。

1）NH_4^+ 的鉴定

取试液3～4滴，用两块干燥的表面皿，一块表面皿内滴入 NH_4Cl 与 NaOH，另一块贴上湿的红色石蕊试纸或滴有奈斯勒试剂的滤纸条，然后迅速地把两块表面皿扣在一起做成气室，若红色石蕊试纸变蓝或奈斯勒试纸变棕色，则表示 NH_4^+ 存在。在点滴板的圆穴中加入1滴0.1 mol/L NH_4Cl 溶液，再加1滴奈斯勒试剂，若出现红棕色沉淀，表示有 NH_4^+ 存在。其反应为：

$$NH_4^+ + OH^- \xlongequal{\triangle} NH_3\uparrow + H_2O$$

$$NH_3 + 2HgI_4^{2-} + OH^- = \left[\begin{matrix} I—Hg \\ I—Hg \end{matrix} > NH_2\right]I\downarrow + 5I^- + H_2O$$

Fe^{3+}、Cr^{3+}、Co^{2+}、Ni^{2+}、Ag^+、Hg^{2+} 等离子能与奈斯勒试剂生成有色沉淀，妨碍 NH_4^+ 的检出。

2）K^+ 的鉴定

取试液3～4滴，加入4～5滴 $Na_3[Co(NO_2)_6]$ 溶液，用搅棒搅拌，并摩擦试管内壁片刻，如有黄色沉淀生成，表示有 K^+ 存在。

NH_4^+ 与 $Na_3[Co(NO_2)_6]$ 作用也生成黄色沉淀，干扰 K^+ 的鉴定，应预先除去。

3）Na^+ 的鉴定

取试液3～4滴，加入1滴6 mol/L HAc 及7～8滴醋酸铀酰锌溶液，用玻璃棒在试管内壁摩擦，如有黄色晶体沉淀，表示有 Na^+ 存在。其反应如下：

$$Na^+ + Zn^{2+} + 3UO_2^{2+} + 9Ac^- + 9H_2O = NaAc \cdot ZnAc_2 \cdot 3UO_2Ac_2 \cdot 9H_2O$$

4）Mg^{2+} 的鉴定

取试液1滴，加入6 mol/L NaOH 及镁试剂各1～2滴，搅匀后，如有天蓝色沉淀生成，表示有 Mg^{2+} 存在。

强碱性介质中能生成有色沉淀的离子 Ag^+、Hg^{2+}、Ni^{2+}、Co^{2+}、Cr^{3+}、Cu^{2+}、Mn^{2+}、Fe^{3+} 等对反应有干扰。

3.1.1.2 二组（氯化物组）阳离子的分析

本组阳离子包括 Ag^+、Hg_2^{2+}、Pb^{2+}。它们的氯化物不溶于水，其中 $PbCl_2$ 可溶于 NH_4Ac 和热水中，而 AgCl 可溶于 $NH_3 \cdot H_2O$ 中，因此检出这三种离子时，可先把这些离子沉淀为氯化物，然后再分别鉴定。其分离鉴定步骤如下。

取分析试液20滴，加入2 mol/L HCl 至沉淀完全，离心分离。沉淀用1 mol/L HCl 数滴洗涤后按以下方法鉴定 Pb^{2+}、Ag^{+}、Hg_2^{2+} 的存在(离心液保留作其他离子的分离鉴定用)。

1) Pb^{2+} 的鉴定

将上面得到的沉淀加入 3 mol/L NH_4Ac 5 滴,在水浴中加热搅拌,趁热离心分离,在离心液中加入 $K_2Cr_2O_7$ 或 K_2CrO_4 2～3 滴,有黄色沉淀出现示有 Pb^{2+} 存在。即

$$PbCl_2 + 3Ac^- = [PbAc_3]^- + 2Cl^-$$

$$2[PbAc_3]^- + Cr_2O_7^{2-} + H_2O = 2PbCrO_4\downarrow + HAc$$

经 NH_4Ac 处理后,剩下的沉淀用 3 mol/L NH_4Ac 溶液数滴加热除去 Pb^{2+},离心分离后,保留沉淀作 Ag^{+}、Hg_2^{2+} 鉴定。

2) Ag^{+} 和 Hg_2^{2+} 的分离和鉴定

取上面保留的沉淀,滴加 6 mol/L $NH_3 \cdot H_2O$ 5～6 滴,不断搅拌,沉淀变为灰黑色,表示有 Hg_2^{2+} 存在。

$$Hg_2Cl_2 + NH_3 = HgNH_2Cl\downarrow + Hg\downarrow + NH_4Cl$$

离心分离,在离心液中滴加 HNO_3 酸化,如有白色沉淀产生,表示有 Ag^{+} 存在。

$$[Ag(NH_3)_2]^+ + Cl^- + 2H^+ = AgCl\downarrow + 2NH_4^+$$

3.1.1.3 第三组(硫酸盐组)阳离子的分析

本组阳离子包括 Ba^{2+}、Ca^{2+}、Pb^{2+}。它们的硫酸盐都不溶于水,但在水中的溶解度差异较大,在溶液中生成沉淀的情况不同。Ba^{2+} 能立即析出 $BaSO_4$ 沉淀;Pb^{2+} 比较缓慢地生成 $PbSO_4$ 沉淀;$CaSO_4$ 溶解度稍大,Ca^{2+} 只有在浓的 Na_2SO_4 中生成 $CaSO_4$ 沉淀,但加入乙醇后溶解度能显著地降低。其分离步骤如下:

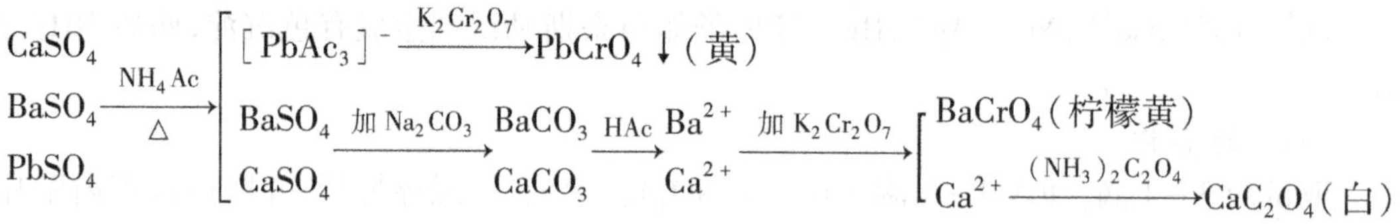

取 Ca^{2+}、Ba^{2+} 和 Pb^{2+} 的混合试液 20 滴(或上面保留试液),在水浴中加热,逐滴加入 1 mol/L H_2SO_4,至沉淀完全后再过量数滴(若无沉淀,表示无本组离子存在),加入 95% 乙醇 4～5 滴,静置 3～5 min,冷却后离心分离(离心液保留作其他组阳离子的分析),沉淀用混合溶液(10 滴 1 mol/L H_2SO_4 加入乙醇 3～4 滴)洗涤 1～2 次后弃去洗涤液,在沉淀中加入 3 mol/L NH_4Ac 7～8 滴,加热搅拌,离心分离。离心液按第二组鉴定 Pb^{2+} 的方法鉴定 Pb^{2+} 的存在。

沉淀中加入 10 滴饱和 Na_2CO_3 溶液,置沸水浴中搅拌 1～2 min,离心分离,弃去离心液。沉淀再用饱和 Na_2CO_3 同样处理 2 次后,用约 10 滴蒸馏水洗涤一次,弃去洗涤液,沉淀用数滴 HAc 溶解后,加入 $NH_3 \cdot H_2O$ 调 pH 值 4～5,加 $K_2Cr_2O_7$ 2～3 滴,加热搅拌,生成黄色沉淀,表示有 Ba^{2+} 存在。

离心分离,在离心液中加入饱和 $(NH_4)_2C_2O_4$ 溶液 2～3 滴,温热后,慢慢生成白色沉淀,表示有 Ba^{2+} 存在。

3.1.1.4 第四组(氨合物组阳离子的分析)

本组阳离子包括 Cu^{2+}、Cd^{2+}、Co^{2+}、Ni^{2+} 和 Zn^{2+} 等离子,它们和过量的氨水都能生成相应的氨合物,故本组称为氨合物组。Fe^{3+}、Al^{3+}、Mn^{2+}、Cr^{3+}、Bi^{3+}、Sb^{3+}、Sn^{2+}、Sn^{4+}、Hg^{2+} 等离子在过量氨水中因生成氢氧化物沉淀而与本组离子分离(Hg^{2+} 在大量 NH_4^+ 存在时,将与 $NH_3 \cdot H_2O$ 形成 $[Hg(NH_3)_4]^{2+}$ 而进入氨合物组)。由于 $Al(OH)_3$ 是典型的两性氢氧化物,能

部分溶解在 $NH_3 \cdot H_2O$ 中,因此加入铵盐(NH_4Cl)使 OH^- 浓度降低,可防止 $Al(OH)_3$ 溶解,但是由于降低了 OH^- 浓度,Mn^{2+} 不能生成 $Mn(OH)_2$ 沉淀,如在溶液中加入 H_2O_2,则 Mn^{2+} 可被氧化而生成 $MnO(OH)_2$ 棕色沉淀。因此本组阳离子的分离条件为:在适量 NH_4Cl 存在时,加入过量 $NH_3 \cdot H_2O$ 和 H_2O_2,这时本组阳离子因形成氨合物而与其他阳离子分离。

第四组阳离子分析步骤示意如下:

$$[Cu(NH_3)_4]^{2+} \xrightarrow{\text{部分溶液用亚铁氰化钾法鉴定}} Cu_2[Fe(CN)_6]\downarrow(\text{红棕})$$

$$[Ni(NH_3)_4]^{2+} \xrightarrow{\text{部分溶液用丁二肟法鉴定}} \text{红色螯合物}\downarrow$$

$$[Co(NH_3)_6]^{3+} \xrightarrow{\text{部分溶液用硫氰酸铵法鉴定}} [Co(SCN)_4]^{2+}(\text{蓝色})$$

$$\left.\begin{array}{l}[Zn(NH_3)_4]^{2+}\\ [Cd(NH_3)_4]^{2+}\end{array}\right\} \xrightarrow{(NH_4)_2S} \left\{\begin{array}{l} ZnS\downarrow, CdS\downarrow \xrightarrow{HCl} \left\{\begin{array}{l}Cd^{2+}\\ Zn^{2+}\end{array}\right. \xrightarrow{\text{过量 NaOH}} \left\{\begin{array}{l}Cd(OH)_2\downarrow\\ [Zn(OH)_4]^{2-}\end{array}\right.\\ K^+, Na^+, Mg^{2+}, NH_4^+\end{array}\right.$$

$$\left\{\begin{array}{l}Cd(OH)_2 \xrightarrow{HCl+H_2S} CdS(\text{黄})\\ [Zn(OH)_4]^{2-} \xrightarrow{\text{二苯硫腙}} \text{粉红色溶液}(Zn^{2+})\end{array}\right.$$

取本组混合试液 20 滴(或上面分离第三组后保留的离心液),加入 3 mol/L NH_4Cl 2 滴、3% H_2O_2 3 ~4 滴,用浓氨水碱化后,在水浴中加热,再滴加浓氨水并过量 4 ~5 滴,搅拌后注意沉淀是否溶解(如果沉淀溶解或氨水碱化时不生成沉淀,表示无 Bi^{3+}、Sb^{3+}、Sn^{2+}、Cr^{3+}、Al^{3+} 和 Fe^{3+} 等离子存在),继续在水浴中加热 1 min,取出,冷却后离心分离(沉淀保留做其他组阳离子的分析)。离心液按下法鉴定 Cu^{2+}、Cd^{2+}、Co^{2+}、Ni^{2+} 和 Zn^{2+} 等离子。

1)Cu^{2+} 的鉴定

取离心液 2 ~3 滴,加入 HAc 酸化后,用亚铁氰化钾法鉴定 Cu^{2+} 的存在。

2)Co^{2+} 的鉴定

取离心液 2 ~3 滴,用 HCl 酸化并加新配制 $SnCl_2$ 2 ~3 滴,用饱和 NH_4SCN 溶液鉴定 Co^{2+} 的存在。

3)Ni^{2+} 的鉴定

取离心液 2 滴,加入丁二肟溶液鉴定 Ni^{2+} 的存在。

4)Zn^{2+}、Cd^{2+} 的分离与鉴定

取离心液 15 滴,在沸水浴中加热近沸,加入 $(NH_4)_2S$ 溶液 5 ~6 滴,搅拌,加热至沉淀凝聚再继续加热 3 ~4 min,离心分离。沉淀用 0.1 mol/L NH_4Cl 溶液数滴洗涤 2 次,离心分离,弃去洗涤液。在沉淀中加入 2 mol/L HCl 溶液 4 ~5 滴。充分搅拌片刻,离心分离。将离心液在沸水浴中加热,除尽 H_2S 后用 6 mol/L NaOH 碱化并过量 2 ~3 滴,搅拌,离心分离。

取离心液 5 滴,加入二苯硫腙 10 滴,搅拌,并在水浴中加热,水溶液呈粉红色,表示有 Zn^{2+} 存在。

沉淀用蒸馏水数滴洗涤 1 ~2 次后,离心分离,弃去洗涤液,沉淀用 2 mol/L HCl 溶液 3 ~4 滴搅拌溶解,然后加入等体积的饱和 H_2S 溶液,如有黄色沉淀生成表示有 Cd^{2+} 存在。

3.1.1.5 第五组(两性组)与第六组(氢氧化物组)阳离子的分析

第五组阳离子有 Al^{3+}、Cr^{3+}、Sb^{3+}、Sn^{2+} 等元素离子,第六组阳离子有 Fe^{3+}、Mn^{2+}、Bi^{3+}、Hg^{2+} 等元素离子。这两组的阳离子主要存在于分离第四组后的沉淀中,利用 Al、Cr、Sb、Sn 的

氢氧化物的两性性质，用过量碱可将这两组的元素分离。这两组离子的分离步骤如下。

1）第五组和第六组阳离子的分离

取第五组与第六组的混合溶液20滴在水浴中加热，加3 mol/L NH_4Cl 2滴、3% H_2O_2 3～4滴、6mol/L NaOH 15滴，搅拌后在沸水浴中加热搅拌3～5 min，使$[Cr(OH)_4]^-$氧化成CrO_4^{2-}并破坏过量的H_2O_2，离心分离，离心液作鉴定第五组阳离子用。

2）第五组阳离子的鉴定

（1）Cr^{3+}的鉴定。取离心液2滴，加入乙醚5滴，逐滴加入浓HNO_3酸化，加3% H_2O_2 2～3滴，振荡试管，乙醚层出现蓝色，表示有Cr^{3+}存在。

（2）Al^{3+}、Sb^{V}、Sn^{IV}的分离鉴定。将剩余离心液用H_2SO_4酸化，然后用$NH_3 \cdot H_2O$碱化并多加几滴，离心分离，弃去离心液。沉淀用0.1 mol/L NH_4Cl溶液洗涤，加入3 mol/L NH_4Cl及浓氨水各2滴，$(NH_4)_2S$溶液7～8滴在水浴中加热至沉淀凝聚，离心分离。沉淀用数滴0.1 mol/L NH_4Cl洗涤1～2次后，加入H_2SO_4 2～3滴，加热使沉淀溶解，然后加入3 mol/L NaAc溶液3滴，铝试剂溶液2滴，搅拌，在沸水浴中加热1～2 min，如有红色絮状沉淀出现，表示有Al^{3+}存在。

离心液用HCl逐滴中和呈酸性后，离心分离，弃去离心液。在沉淀中加入浓HCl 15滴，在沸水浴中加热，充分搅拌，除尽H_2S后，离心分离，弃去不溶物（可能为硫）。离心液供鉴定Sb和Sn用。

（3）Sb^{V}离子的鉴定。取上述离心液1滴，于光亮的锡箔上放置2～3 min，锡箔上出现黑色斑点，表示有Sb^{V}存在。

（4）Sn^{IV}离子的鉴定：取上述离心液10滴，加入铝片或少许镁粉，在水浴中加热使之溶解完全后，再加浓HCl溶液1滴，加$HgCl_2$溶液2滴，搅拌，若有白色或灰黑色沉淀析出，表示有Sn^{IV}存在。

3）第六组阳离子的鉴定

取分离第五组离子后所得的沉淀，加入3 mol/L H_2SO_4溶液10滴、3% H_2O_2溶液2～3滴，在充分搅拌下，加热3～5 min，以溶解沉淀并破坏过量的H_2O_2，离心分离，弃去不溶物。离心液供下面Mn^{2+}、Bi^{3+}和Hg^{2+}的鉴定之用。

（1）Mn^{2+}的鉴定。取离心液2滴，用$NaBiO_3$法鉴定Mn^{2+}是否存在。

（2）Bi^{3+}、Hg^{2+}、Fe^{3+}的鉴定。于3支试管中各取离心液2滴，分别加入$Na_2[Sn(OH)_4]$、$SnCl_2$和KSCN溶液，鉴定Bi^{3+}、Hg^{2+}、Fe^{3+}是否存在。

3.1.2 仪器、药品与材料

3.1.2.1 仪器

离心机。

3.1.2.2 试剂

（1）酸：2.0 mol/L HCl、6.0 mol/L HCl、（浓）HCl、2.0 mol/L HNO_3、6.0 mol/L HNO_3、浓HNO_3、2.0 mol/L H_2SO_4、6.0 mol/L H_2SO_4、浓H_2SO_4、6 mol/L HAc、饱和H_2S。

（2）碱：2.0 mol/L NaOH、6.0 mol/L NaOH、2.0 mol/L $NH_3 \cdot H_2O$、6.0 mol/L $NH_3 \cdot H_2O$、浓$NH_3 \cdot H_2O$。

（3）盐：0.1 mol/L $HgCl_2$、0.1 mol/L KSCN、0.1 mol/L K_2CrO_4、0.1 mol/L $K_2Cr_2O_7$、0.1

mol/L $K_4[Fe(CN)_6]$、0.1 mol/L $SnCl_2$、饱和 KSCN、3 mol/L NH_4Ac、3 mol/L NaAc、0.1 mol/L NH_4Cl、3 mol/L NH_4Cl、6 mol/L $(NH_4)_2S$、阳离子未知液、固体 $NaBiO_3$。

(4)其他:3% H_2O_2、95%乙醇、戊醇(或乙醚)、丁二肟、铝片、锡箔、二苯硫腙、pH 试纸。

3.1.3 实验内容

取含有混合阳离子的未知液,分离并鉴定有哪些离子存在。

3.2 有机高聚物的简易鉴别及粘接

3.2.1 实验原理

3.2.1.1 高聚物的鉴别

对未知高聚物的鉴别往往比较复杂。通常使用红外光谱、质谱、X 射线衍射、气相色谱等仪器对常见高聚物进行不同程度的定性和定量分析。这些仪器比较昂贵,且仪器分析方法也不是万能的,有时需用化学方法加以辅助验证。因此,高聚物的简易鉴别方法有比较广泛的用途。

按高聚物的特性,可根据其外观、密度、燃烧情况、溶解性、元素分析等对高聚物进行实验室简易鉴别。

1)根据外观来鉴别

可根据高聚物的硬度、表面光滑度、透明度等进行简易鉴别。表 3-3 列出了几种高聚物的一般外观。

表 3-3 常见高聚物的一般外观

缩写	名称	硬度	表面状况	透明程度	弹性
LDPE	低密度聚乙烯	柔软	光滑,有蜡状感	半透明	易弯曲,有弹性
HDPE	高密度聚乙烯	硬	光滑	半透明	
PVC	聚氯乙烯	硬	光滑,无蜡状感	全透明	
PS	聚苯乙烯	硬,敲打有清脆声音		全透明	
ABS	丙烯腈-丁二烯-苯乙烯共聚物	硬	光滑	半透明	易弯曲,有弹性
PA	尼龙	硬	光滑	透明	易弯曲,有弹性
PMMA	有机玻璃	硬	光滑,无蜡状感	全透明	

2)根据密度来鉴别

高聚物密度差别悬殊,有些比水轻,浮于水面,有些比水重 2 倍。因此,可以通过密度的测定来鉴别一些高聚物。表 3-4 列出了常见高聚物在 20~25 ℃时的密度。

表 3-4　常见高聚物在 20 ~ 25 ℃时的密度　　（单位:g/cm³）

密度范围	高聚物	密度范围	高聚物
<0.8	硅油 0.75	1.0 ~ 1.2	聚甲基丙烯酸甲酯 1.19
0.8 ~ 1.0	橡胶(未硫化)、聚丙烯 0.91		苯胺-甲醛树脂、聚碳酸酯 1.20
	橡胶(已硫化)、聚异丁烯、异丁橡胶、低密度聚乙烯 0.92	1.2 ~ 1.4	聚丙烯酸甲酯 1.22
	丁苯橡胶(未硫化)0.94		氯丁橡胶 1.23 ~ 1.28
	高密度聚乙烯 0.94 ~ 0.98		纤维素三乙酸酯 1.26
	丁腈橡胶(未硫化)0.97 ~ 1.0		环氧树脂,硅橡胶 1.3
1.0 ~ 1.2	丁苯和丁腈橡胶(已硫化)1.0		聚硫橡胶 1.3 ~ 1.6
	聚甲基丙烯酸异丁酯 1.02		酚醛树脂(无填料) 1.34
	尼龙 12、尼龙 11　1.01 ~ 1.05		硝化纤维、酚醛树脂(压模件) 1.39 ~ 1.40
	聚苯乙烯、聚甲基丙烯酸丙酯 1.01 ~ 1.06		聚氟乙烯 1.39
	ABS 1.04 ~ 1.06	1.4 ~ 1.8	氯化聚乙烯 1.44
	尼龙 610　1.09		苯胺 - 甲醛树脂 约 1.5
	聚丙烯腈(纤维状) 1.12 ~ 1.18		氯化橡胶 1.64
	尼龙 6　1.13	>1.8	聚三氟氯乙烯 2.12
	尼龙 66　1.14		
	聚乙烯醇缩乙醛 1.15		

3）根据燃烧的火焰及气味鉴别

根据高聚物在燃烧时的难易程度、火焰颜色和燃烧时产生的气味等,能初步确定它们的类别。

高聚物在受热时,热固性物质变脆、发焦但不软化;热塑性物质变软或熔融。含 F、Si 的高聚物一般不易着火或具有自熄性。含苯环和不饱和双键的高聚物在燃烧时会冒出黑色的浓烟。此外,某些高聚物在受热时会分解成单体和其他低分子物质并产生特殊的气味。例如聚苯乙烯、聚甲基丙烯酸甲酯能分解为单体;聚乙烯、聚丙烯能分解为各种不同的碳氢化合物;聚氯乙烯能分解出氯化氢。图 3-1 为常见塑料的燃烧试验系统鉴别方法。

4）根据溶解性试验来鉴别

热固性高聚物不溶于任何溶剂,但可在某些液体中起溶胀作用;而热塑性高聚物除某些高聚物(如聚四氟乙烯)外,一般都能溶于不同的有机溶剂。图 3-2 为几种常见热塑性塑料的溶解性能鉴别方法。

5）试剂显色鉴别法

高聚物在用燃烧试验及溶解试验进行鉴别时,常需要与试剂显色鉴别法加以配合。它是根据各种高聚物与试剂作用后产生不同的现象来鉴别高聚物的种类的。

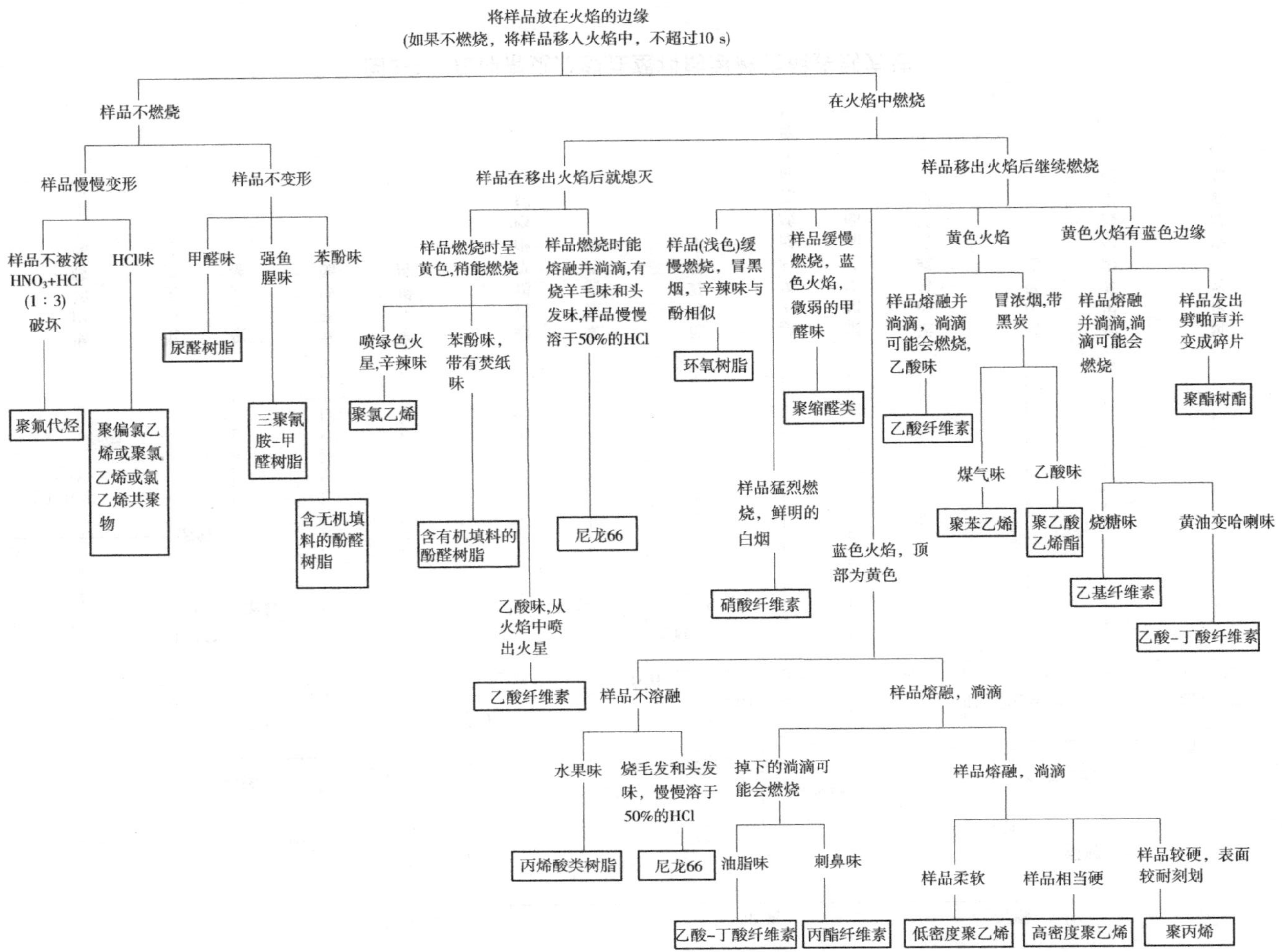

图3-1　常见塑料燃烧试验系统鉴别方法

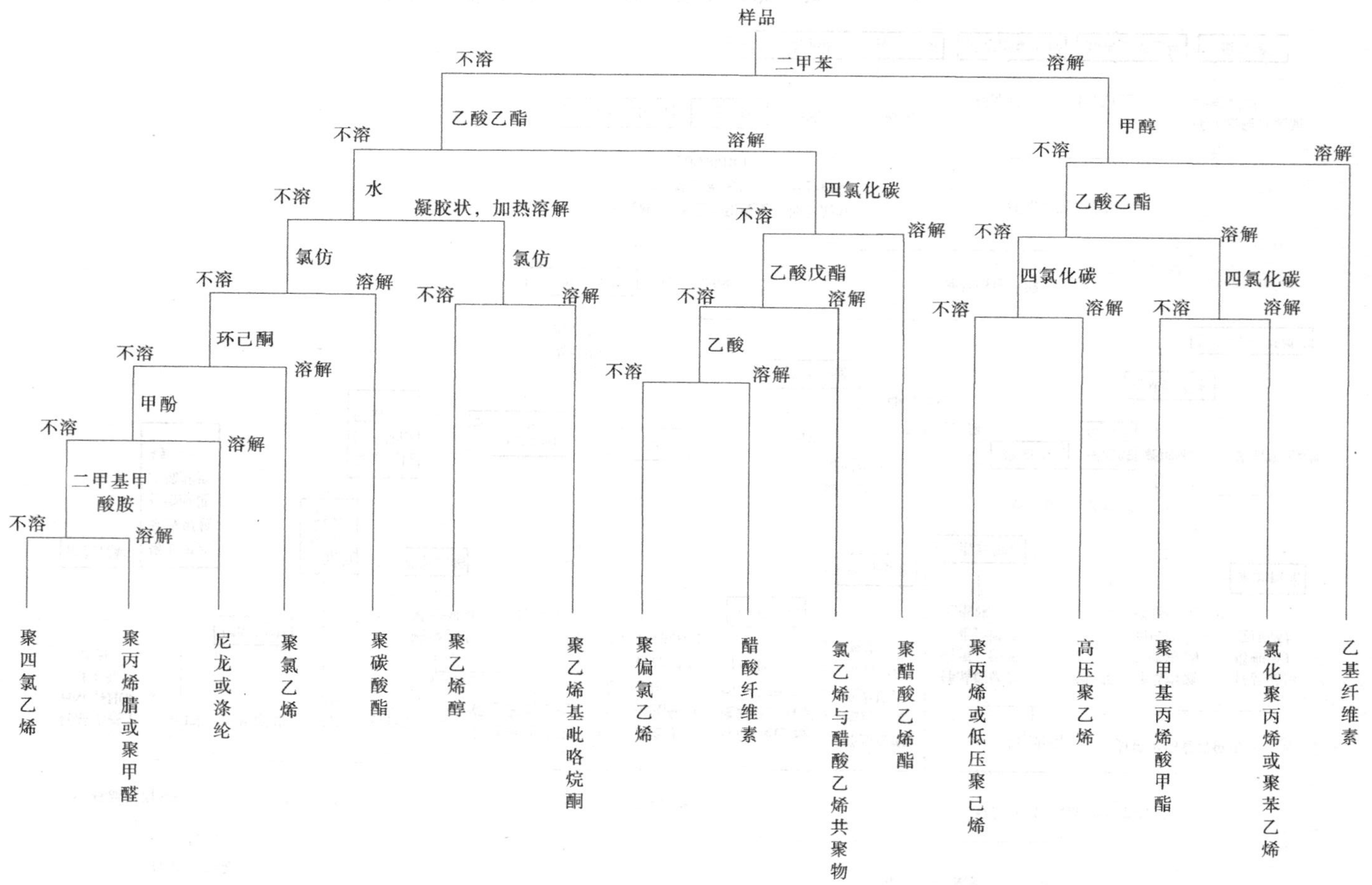

图3-2　几种常见热塑性塑料的溶解性能鉴别方法

3.2.1.2 塑料的粘接

（1）热熔法。通过加热塑料的清洁表面，使表面熔融，然后将粘合面叠合在一起（必要时需施加压力），冷却凝固即可。热塑性塑料如脲醛树脂、聚乙烯、聚氯乙烯、聚苯乙烯、有机玻璃等，常常采用这种方法进行粘接。

（2）溶剂法。许多热塑性塑料可溶于适当的有机溶剂中，利用这种溶解性可以对其进行粘接。例如有机玻璃可用三氯甲烷进行粘接。

（3）粘接剂法。热固性塑料、陶瓷、玻璃、木材、金属等，不能用以上两种方法进行粘接，需用粘接剂粘接。粘接剂一般是由几种材料组成。如环氧树脂粘接剂，是由环氧树脂加固化剂乙二胺、增塑剂和其他附加剂（填料）等配制而成，能粘接几乎一切材料，故称为“万能胶”。在环氧树脂中加入固化剂（如乙二胺）时，由于固化剂与环氧树脂的环氧基或羟基起反应，形成体型结构，因而使环氧树脂固化。

环氧树脂结构中有极性较强的羟基（—OH）、环氧基（$-\underset{\diagdown O \diagup}{CH-CH}-$）和醚基（—O—），这些极性基容易与粘接物中的极性部分产生强烈的吸引力，因此具有很强的粘接性能和机械强度。

3.2.2 实验内容

3.2.2.1 燃烧试验

参考图3-1分别验证下列五种物质：酚醛树脂、聚苯乙烯、聚氯乙烯、聚乙烯、有机玻璃。

3.2.2.2 溶解性试验

参考图3-2分别鉴别下列三种物质：聚氯乙烯、聚苯乙烯、环氧树脂。

取一未知塑料试样，鉴定它是何种塑料。

3.2.2.3 试剂显色鉴别法

（1）环氧树脂的鉴定。取试样0.5～1 g，加入对苯二胺30 mg，煮沸3 min，若呈桃红色为环氧树脂。

（2）聚甲基丙烯酸甲酯的鉴定。取试样0.5 g放入试管中进行热分解，管口上盖三层纸以防单体逸出，冷却后加入浓硝酸数毫升，微热，冷却后，加入硝酸一半体积的水，然后加入少许锌粒。若为聚甲基丙烯酸甲酯，则出现蓝色（锌粒不能过多，否则会影响显色）。

（3）聚氯乙烯的鉴定。将5 mL 0.1%聚合物吡啶溶液加热1 min，趁热向溶液加入0.5 mL 2%的氢氧化钾甲醇溶液。含聚乙烯的溶液将由棕色变为黑色，放置后复转为棕色沉淀。

（4）聚酰胺的鉴定。取试样0.1～0.2 g放于小试管中，管口用脱脂棉塞住加热，取出棉花涂上1%的二甲苯胺甲醛的甲醇溶液，加浓盐酸1滴酸化，若有聚酰胺则变为红色。用此法也可以鉴定下述树脂：聚胺基甲酸酯为黄色，环氧树脂为紫色，聚碳酸酯为蓝色。

3.2.2.4 塑料的粘接

①热熔法粘接；②溶剂法粘接；③粘接剂粘接。

3.3 常见离子鉴定方法汇总

常见离子鉴定方法见表3-5。

表 3-5　常见离子鉴定方法汇总

离子	鉴定方法
Cl^-	+6 mol/L HNO_3 +0.1 mol/L $AgNO_3$ ⟶ $AgCl$↓ (白色沉淀,可溶于 $NH_3 \cdot H_2O$)
Br^-	+1 mol/L H_2SO_4 + Cl_2 + 苯⟶苯层显橙黄色
I^-	+1 mol/L H_2SO_4 + Cl_2 + 苯⟶苯层呈紫色
SO_4^{2-}	+6 mol/L HCl +0.1 mol/L $BaCl_2$ ⟶ $BaSO_4$(白色)
SO_3^{2-}	+饱和 $ZnSO_4$ +0.1 mol/L $K_4[Fe(CN)_6]$ + $Na_2[Fe(CN)_5NO]$ ⟶ $Zn_2[Fe(CN)_5NOSO_3]$↓(红色)
$S_2O_3^{2-}$	(1) + $AgNO_3$ ⟶ $Ag_2S_2O_3$↓(白→黄→棕→黑) (2) +2 mol/L HCl ⟶ S↓
S^{2-}	(1) +6 moL/L HCl ⟶ $Pb(Ac)_2$ 试纸变黑 (2) + $Na_2[Fe(CN)_5NO]$ ⟶ $Na_4[Fe(CN)_5NOS]$(紫色)
NO_3^-	+饱和 $FeSO_4$ +浓 H_2SO_4(沿试管壁)⟶接触面出现棕色环
NO_2^-	+2 mol/L HAc +新配制的 $FeSO_4$ ⟶溶液呈棕色
PO_4^{3-}	+钼酸铵⟶黄色晶体沉淀
CO_3^{2-}	$Ba(OH)_2$ 气瓶法: +6 mol/L HCl ⟶ $Ba(OH)_2$ 溶液变浑浊
H_3BO_3	+浓 H_2SO_4 +乙醇 $\xrightarrow{点燃}$ 硼酸三乙酯蒸气特征绿色
NH_4^+	(1)气室法: +6 mol/L NaOH ⟶酚酞试纸变红 (2)奈斯勒试剂法: +奈斯勒试剂(KI、HgI_2 的碱性溶液)⟶红棕色沉淀
Al^{3+}	+2 mol/L HAc +铝试剂 +6 mol/L $NH_3 \cdot H_2O$ ⟶红色沉淀
Sn^{2+}	+0.1 mol/L $HgCl_2$ ⟶白→灰→黑↓
Sb^{3+}	该液滴在锡片上锡片变黑
Pb^{2+}	+ HAc + K_2CrO_4 ⟶黄色
Bi^{3+}	+ $Na_2[Sn(OH)_4]$ ⟶ Bi↓(黑色)
Cr^{3+}	+6 mol/L NaOH +3% H_2O_2,加热,冷却+乙醚,滴加 H_2SO_4,振荡⟶乙醚层出现深蓝色
Mn^{2+}	+6 mol/L HNO_3 + $NaBiO_3$ 固体⟶上层溶液呈紫色
Fe^{3+}	(1) +0.1 mol/L KSCN ⟶血红色 (2) +2 mol/L HCl +0.1 mol/L $K_4[Fe(CN)_6]$ ⟶深蓝色↓
Fe^{2+}	+2 mol/L HAc +0.1 mol/L $K_3[Fe(CN)_6]$ ⟶深蓝色↓
Cu^{2+}	+2 mol/L HAc +0.1 mol/L $K_4[Fe(CN)_6]$ ⟶红棕色↓
Ag^+	+2 mol/L HCl ⟶ AgCl↓白色,沉淀溶于 2 mol/L $NH_3 \cdot H_2O$
Zn^{2+}	+6 mol/L NaOH +二苯硫腙,加热⟶水溶液呈粉红色
Cd^{2+}	+饱和 H_2S 溶液⟶ CdS↓(黄色)
Hg^{2+}	+0.1 mol/L $SnCl_2$ ⟶ $HgCL_2$ 白↓⟶ Hg 黑↓
Mg^{2+}	+6 mol/L NaOH +镁试剂⟶天蓝色↓
Ca^{2+}	+2 mol/L HAc +饱和 $(NH_4)_2C_2O_4$ ⟶白色↓
Ni^{2+}	+6 mol/L 氨水 +二乙酰二肟⟶鲜红色↓
Co^{2+}	+饱和 NH_4SCN +戊醇⟶戊醇层出现蓝色
K^+	焰色反应,火焰呈紫色
Na^+	焰色反应,火焰呈黄色

第4章　磨料分析

4.1　棕刚玉的全分析

4.1.1　试样的制备

4.1.1.1　块状磨料

先用锤子于一钢板上将磨料打碎到直径约为30 mm的小块，在小型颚氏破碎机中破碎至直径约5 mm的小块，用四分法缩分到40～50 g，再用钢研钵粉碎到直径小于2 mm和四分法缩分到10～15 g，继续用钢研钵或用刚玉研钵研细至全部通过100#筛，用磁力1～1.5 kg的磁铁吸出粉碎中带入的铁杂质。然后装入试样袋中，在105～110 ℃的烘箱中烘干1 h，取出、放入干燥器内，冷却，备用。

4.1.1.2　粒状磨料

粗于10#筛粒度的试样，先用四分法缩分到10～15 g，用刚玉研钵研细至全部通过100#筛，混合均匀，装入试样袋中，烘干，备用。细于100#筛粒度的试样，用四分法缩分到15～20 g，装入试样袋中，烘干，备用。

4.1.2　分析试液的制备

准确称取样品0.500 0 g于铂坩埚中，加入3 g混合熔剂，搅拌均匀后，再盖上混合熔剂1 g，加盖，将坩埚送入高温炉中于980～1 100 ℃熔融2 h，取出，旋转坩埚，使熔融物附于坩埚内壁上，冷却后以水洗净坩埚外壁，放入已盛有近沸的100 mL 15%盐酸的250 mL烧杯中，盖上表面皿，于砂浴上加热浸取，用水洗出坩埚及盖，移入250 mL容量瓶中，冷却后，以水稀释至刻度，摇匀，备用。

4.1.3　灼减的测定

4.1.3.1　实验步骤

称取制备好的试样1 g于已经过980～1 100 ℃灼烧至恒重的30 mL的铂坩埚中，加盖，盖微启置铂坩埚于高温炉中，980～1 100 ℃灼烧1 h后取出，置于干燥器中，冷至室温，称量，重复灼烧，称量至恒重为止。

4.1.3.2　计算

灼减的计算公式如下：

$$W(\text{灼减}) = \frac{m_1 - m_2}{m} \times 100\% \tag{4-1}$$

式中　m_1——灼烧前坩埚及样品质量，g；

m_2——灼烧后坩埚及样品质量，g；

m——灼烧前样品质量，g。

4.1.3.3 注意事项

刚玉产品有时有灼烧增重现象，如系灼增，以下式计算：

$$W(\text{灼增}) = \frac{m_2 - m_1}{m} \times 100\% \tag{4-2}$$

4.1.4 二氧化硅的测定

4.1.4.1 实验原理——硅钼兰比色法

在0.08～0.32 mol/L的盐酸介质中，硅酸与钼酸生成黄色的硅钼配合物，再用还原剂将其还原成为硅钼兰，用比色法测定，其反应为：

$$H_4SiO_4 + 12H_2MoO_4 \longrightarrow H_8[Si(Mo_2O_7)_6] + 10H_2O$$

$$H_8[Si(Mo_2O_7)_6] + [\text{还原剂}] + H^+ \longrightarrow H_8[Si<\begin{matrix}Mo_2O_5\\Mo_2O_7\end{matrix}] + [\text{氧化剂}] + H_2O$$

4.1.4.2 试剂

（1）硼砂－碳酸钠混合熔剂：2∶1。

（2）盐酸：15%。

（3）钼酸铵溶液：5%，加热溶解1 g钼酸铵于小烧杯中，以水稀释至20 mL（放置24 h后过滤使用，如若出现沉淀，即应停止使用）。

（4）酒石酸溶液：5%，称取5 g酒石酸于水中，以水稀释至100 mL，加热煮沸，否则放久后会有絮状沉淀产生。

（5）1,2,4－酸还原剂溶液：溶解1,2,4－酸（1－氨基－2－萘酚－4－磺酸）0.15 g、无水亚硫酸钠0.7 g、亚硫酸氢钠9 g于水中，以水稀释到100 mL，储存于塑料瓶中，该溶液一般可使用两周。若超过两周应停止使用。

（6）二氧化硅标准溶液：准确称取经980～1 000 ℃灼烧过1 h的二氧化硅（基准试剂）0.100 0 g于铂坩埚中，加无水碳酸钠（基准试剂）2 g。仔细混匀。在860～900 ℃的高温炉中熔融20 min取出，旋转坩埚，使熔融物附于坩埚内壁上，冷却，洗净外壁，在聚乙烯烧杯中，用热水浸出，冷却并转入1 000 mL容量瓶中，用水稀释至刻度，摇匀后，立即移入干净并干燥过的塑料瓶中贮存，此储备溶液每毫升含二氧化硅0.1 mg。

吸取储备液50 mL于预先盛有2 mol/L盐酸5 mL的100 mL容量瓶中，以水稀释至刻度，摇匀，即为二氧化硅标准溶液（0.05 mg/mL）。

（7）空白溶液：取4 g混合熔剂于铂坩埚中，在950 ℃的高温炉中熔融20 min取出，冷却，洗净坩埚外壁，以15% HCl 100 mL加热浸出，移入250 mL容量瓶中，冷却后，以水稀释至刻度，摇匀，备用。

4.1.4.3 标准曲线的绘制

吸取空白溶液2.50 mL共5份，分别放入5个50 mL容量瓶中，用5 mL刻度吸管依次加入二氧化硅标准溶液0.00 mL、0.50 mL、1.00 mL、2.00 mL、3.00 mL（即SiO_2含量分别为0.00%、0.50%、1.00%、2.00%、3.00%），加5%钼酸铵溶液2.5 mL，摇匀，放置使其显色完全（室温15 ℃以上放置10 min），加5%酒石酸溶液10 mL，立即加入1,2,4－酸还原剂溶液1.5 mL，摇匀，放置20 min，以水稀释至刻度，摇匀，在分光光度计上，以空白溶液作参比，用1 cm比色皿，在波长700 nm处测其吸光度，绘制标准曲线。

4.1.4.4　**实验步骤**

移取分析试液2.50 mL于50 mL容量瓶中，加5%钼酸铵溶液2.5 mL，摇匀，放置使其显色完全（室温15 ℃以上放置10 min），加5%酒石酸溶液10 mL，1,2,4－酸还原剂溶液1.5 mL，摇匀，放置20 min，以水稀释至刻度，摇匀，在分光光度计上，以空白溶液作参比，用1 cm比色皿，在波长700 nm处测其吸光度，从标准曲线上求出SiO_2含量。

4.1.4.5　**注意事项**

（1）硅钼黄在0.08～0.32 mol/L的酸度下显色完全，酸度过大或过小均显色不完全。

（2）硅钼黄的稳定性受温度的影响，在35 ℃时，仅可稳定半小时，故在加入钼酸铵放置显色完全后，应立即加入1,2,4－酸还原成硅钼蓝，显色的条件必须严格控制一致。

（3）每次必须依同样的分析步骤做空白试验，以校正结果。

4.1.5　三氧化二铁的测定

4.1.5.1　**实验原理——分光光度法**

磺基水杨酸是测定微量铁较好的一种试剂，在氨性介质（pH8～11.5）中磺基水杨酸与Fe^{3+}形成黄色配合物，该配合物在430 nm处有最大吸收峰，由比尔定理$A = kcL$得吸光度A。取不同浓度的铁在同样条件下，分别测其A，然后以吸光度A为纵坐标，以铁浓度为横坐标，绘出工作曲线，再在同样条件下测待测试液的吸光度值，从工作曲线上找出所测得的吸光度对应的Fe_2O_3含量。

4.1.5.2　**仪器和试剂**

722型分光光度计，50 mL容量瓶6个，25 mL移液管1支，2 mL、5 mL和10 mL移液管各1支。基准物Fe_2O_3，15%磺基水杨酸，6 mol/L HCl，9 mol/L $NH_3 \cdot H_2O$。

4.1.5.3　**实验步骤**

1）Fe_2O_3标准溶液（0.25 mg/mL）的配制

准确称取基准物Fe_2O_3 0.062 5 g于100 mL小烧杯中，加6 mol/L HCl 10 mL，加热微沸溶解后移入250 mL容量瓶中，洗涤小烧杯2～3次，洗液移入容量瓶中，以水稀释至刻度，摇匀。

2）标准曲线的制作

在5个50 mL容量瓶中，用2 mL移液管分别加入配制的Fe_2O_3标准溶液0.00 mL，0.50 mL，1.00 mL，1.50 mL，2.00mL，加15%磺基水杨酸5 mL，加入9 mol/L $NH_3 \cdot H_2O$ 3 mL，以水稀释至刻度，摇匀，以不含Fe_2O_3标液的空白溶液为参比液，在430 nm处，用1 cm比色皿测各溶液的吸光度，以Fe_2O_3标准溶液体积为横坐标，相应吸光度为纵坐标，绘出标准曲线。

3）待测试液中Fe_2O_3含量的测定

吸取分析试液25 mL于50 mL容量瓶中，加15%磺基水杨酸5 mL，加入9 mol/L $NH_3 \cdot H_2O$ 3 mL（或滴加氨水至稳定黄色），以水稀释至刻度，摇匀，以空白液为参比液，在430 nm处，用1 cm比色皿，测其吸光度。

4.1.5.4　**计算方法**

在坐标纸上绘出标准曲线，在标准曲线上找出待测试液的吸光度值所对应的Fe_2O_3的含量。

4.1.5.5　**注意事项**

（1）因为三价铁离子与磺基水杨酸形成的黄色配合物受酸度影响较大，当pH＜8时，其颜色为紫红色或褐色，而 pH > 12 时，黄色开始被破坏，故应当控制其酸度在 pH = 8 ~ 11.5 之间，使其生成稳定的黄色配合物。

(2) 铝、钙、镁亦能和磺基水杨酸生成无色配合物，故应当加入过量的磺基水杨酸。

(3) 当加入氨水时，若有氢氧化物沉淀析出而出现浑浊，表明磺基水杨酸的加入量不够，可外加磺基水杨酸使之清亮后，再加氨水。

4.1.6 二氧化钛的测定

4.1.6.1 实验原理

四价钛在 0.75 ~ 1.75 mol/L 硫酸溶液中，与过氧化氢生成 $[TiO(H_2O_2)]^{2+}$ 的黄褐色配离子，借以进行光度分析。

其反应式为：

$$TiO^{2+} + H_2O_2 = [TiO(H_2O_2)]^{2+}$$

此配离子在波长 420 ~ 430 nm 处有吸收峰，当二氧化钛含量为 0.03 mg/mL 时，符合比尔定律，三价铁离子的干扰可加入磷酸使其生成无色的 $[Fe(PO_4)_2]^{2+}$ 配离子消除。

4.1.6.2 试剂

(1) 磷－硫混酸。取 73 mL 蒸馏水放入 100 mL 烧杯中，在搅拌下慢慢加入 2 mL 磷酸，冷却后，在不断搅拌下，慢慢加入硫酸 25 mL，冷却后备用。

(2) 过氧化氢溶液。取 30% 过氧化氢 3 mL，以水稀释到 30 mL，此溶液应在用时配制。

(3) 二氧化钛标准溶液。准确称取经 980 ~ 1 000 ℃ 灼烧 1 h 后的二氧化钛（基准试剂）0.062 5 g 于 50 mL 烧杯中，加硫酸铵 4 g，硫酸 8 mL，加盖表面皿于明丝电炉上加热到完全溶解，待完全冷却后，在搅拌下缓慢注入另一预先盛有 50 mL 水的 100 mL 烧杯中，冷却后，移入 250 mL 容量瓶中，用水稀释至刻度，摇匀，即为标准溶液（含二氧化钛 0.25 mg/mL）。

4.1.6.3 标准曲线的绘制

分别取 5 个 50 mL 容量瓶，用刻度吸管依次加入二氧化钛标准溶液 0.00 mL、1.00 mL、2.00 mL、4.00 mL、6.00 mL（即 TiO_2 含量分别为 0.00%、0.50%、1.00%、2.00%、3.00%）。用移液管加入磷－硫混合酸 10 mL，摇匀，加 3% 过氧化氢 3 mL，以水稀释至刻度，摇匀，在分光光度计上，以空白作参比溶液，用 2 cm 的比色皿，于波长 420 nm 处测定其吸光度值 A，绘制标准曲线。

4.1.6.4 实验步骤

吸取分析试液 25 mL 于 50 mL 容量瓶中，用移液管加入磷－硫混酸 10 mL，摇匀，加 3% 过氧化氢 3 mL，以水稀释至刻度，摇匀，在分光光度计上，以空白作参比溶液，用 2 cm 的比色皿，于波长 420 nm 处测定其吸光度值，在标准曲线上求出 TiO_2 的含量。

4.1.6.5 注意事项

(1) 磷酸能降低 $[TiO(H_2O_2)]^{2+}$ 配离子的黄色，其加入量必须一致。

(2) TiO_2 含量超过 3%，应减少取样量，仍用本法进行测定。

4.1.7 三氧化二铝的测定

4.1.7.1 实验原理

在弱酸性溶液中，三价铝离子与 EDTA 生成中等强度的配合物。

$$Al^{3+} + H_2Y^{2-} \longrightarrow AlY^- + 2H^+$$

此反应进行缓慢，不能直接用于滴定，需采用返滴定，即先加入过量的EDTA标准溶液，调整 pH = 2.3 ~ 3.0，加热使三价铝离子与EDTA完全配合，再调整 pH = 5 ~ 6，以二甲酚橙为指示剂。用锌盐标准溶液滴定过量的EDTA，至溶液由黄色变为橙色为终点，以计算出三氧化二铝的含量。

$$Zn^{2+} + H_2Y^{2-} \longrightarrow ZnY^{2-} + 2H^+$$

$$Zn^{2+} + H_6XO \longrightarrow ZnXO^{4-} + 6H^+$$

黄色　　红色

三价铁离子及四价钛离子、锆离子在此条件下，也一起被测定，需在计算时扣除。

4.1.7.2　试剂

(1)氨水：9 mol/L。

(2)盐酸：6 mol/L。

(3)甲基橙指示剂：0.05%水溶液。

(4)六次甲基四胺溶液：15%。

(5)二甲酚橙指示剂：0.5%。

(6)EDTA标准溶液：0.035 mol/L。

(7)硫酸锌标准溶液：0.025 mol/L。

4.1.7.3　实验步骤

1)EDTA溶液的配制

在托盘天平上称取1.6 g EDTA于小烧杯中，加50 mL水，搅拌低温加热溶解，冷却后转移到试剂瓶中，洗烧杯二次，洗液注入到试剂瓶中，然后把溶液稀释至200 mL，摇匀。

2)EDTA溶液的标定

准确称取0.1 ~ 0.12 g $CaCO_3$ 于50 mL小烧杯中，滴加1∶1 HCl溶液至沉淀完全溶解，将溶液转移到容量瓶中，洗小烧杯2 ~ 3次，洗液转移到容量瓶中，加水稀释到刻度，摇匀。准确移取25 mL溶液于锥形瓶中，加25 mL水，再加10% NaOH溶液4 mL和少许钙指示剂，摇匀，用EDTA溶液滴至溶液由紫红色→蓝色即为终点。

3)硫酸锌标准溶液的配制及标定

称取硫酸锌($ZnSO_4 \cdot 7H_2O$) 0.72 g于小烧杯中，加50 mL水搅拌溶解后，移入试剂瓶中，再加入100 mL水于试剂瓶中，摇匀，待标定。

准确移取10 mL EDTA标液于250 mL锥形瓶中，加水20 mL，15%六次甲基四胺3 mL，加1滴二甲酚橙指示剂，以硫酸锌溶液滴定至溶液由黄色变为紫红色即为终点。

4)Al_2O_3 含量的测定

吸取分析试液10 mL于250 mL锥形瓶中，加水20 mL，EDTA标准溶液20 mL，摇匀，加甲基橙指示剂1滴。用9 mol/L氨水调至黄色，再用6 mol/L盐酸调至刚微红色，并过量2滴。以水吹洗瓶内壁。加热微沸3 min，以流水冷却至室温，加15%六次甲基四胺溶液5 mL，0.5%二甲酚橙指示剂一滴。用硫酸锌标准溶液滴至溶液由黄色变为微橙红色为终点。

4.1.7.4　计算

EDTA浓度用下式计算：

$$c(\text{EDTA}) = \frac{1\,000m}{MV} \tag{4-3}$$

式中　$c(EDTA)$——EDTA 的浓度,mol/L;

m——$CaCO_3$ 的质量,g;

M——$CaCO_3$ 摩尔质量,100.09 g/mol;

V——消耗 EDTA 溶液的体积,mL。

Al_2O_3 含量 $\omega(Al_2O_3)$ 计算公式如下:

$$\omega(Al_2O_3)=\frac{c(EDTA)V_1-c(Zn^{2+})V_2}{1\,000m}\times M(\frac{1}{2}Al_2O_3)\times 100\%-\omega(Fe_2O_3)\times 0.638\,3-\omega(TiO)\times 0.638\,1 \quad (4\text{-}4)$$

式中　V_1——加入 EDTA 标准溶液的毫升数,mL;

V_2——测定 Al_2O_3 滴定时消耗硫酸锌标准溶液的毫升数,mL;

m——被测试样的质量,g;

0.638 3——三氧化二铁换算成三氧化二铝的系数;

0.638 1——二氧化钛换算成三氧化二铝的系数;

$M(\frac{1}{2}Al_2O_3)$——反应单元$\frac{1}{2}Al_2O_3$ 的摩尔质量,50.98 g/mol。

4.1.7.5　注意事项

(1)因三氧化二铝含量较高,在煮沸时勿使溶液溅出,每加溶液后应以水吹洗瓶内壁,滴加标准溶液时要掌握滴加时间一致,勿时快时慢,以保证分析质量。

(2)滴定时溶液温度应控制在 30～35 ℃为宜。

(3)加入 0.05% 甲基橙指示剂不能超过 2 滴,否则影响滴定终点的观察。

(4)标定 EDTA 时,要加入 NaOH,并且要控制 NaOH 加入量。

4.1.8　氧化钙的测定

4.1.8.1　实验原理

在 pH = 8～13 的溶液中,钙离子能与 EDTA 定量配合成无色配合物。

$$Ca^{2+} + H_2Y^{2-} \longrightarrow 2H^+ + CaY^{2-}$$

同时在 pH = 13 时,钙离子与钙指示剂反应生成红色配合物:

$$Ca^{2+} + HIn^{2-} \longrightarrow CaIn^- + H^+$$

其中钙离子能被 EDTA 夺取,而游离出指示剂呈现蓝色,以此指示终点,可以测定钙含量。

$$\underset{\text{紫红色}}{CaIn^-} + H_2Y^{2-} \longrightarrow CaY^{2-} + \underset{\text{纯蓝色}}{HIn^{2-}} + H^+$$

用六次甲基四胺 - 铜试剂将钙镁与大部分金属离子分离后,调节 pH = 13,以钙试剂羧酸钠盐为指示剂。用 EDTA 标准溶液滴定钙,此时少量的镁离子形成$[Mg(OH)]^+$或 $Mg(OH)_2$ 沉淀,不与 EDTA 作用,故不影响测定。

4.1.8.2　试剂

(1)硼砂 - 碳酸钠混合熔剂:2:1。

(2)盐酸:6 mol/L,15%。

(3)氢氧化钠。

(4)无水碳酸钠。

(5)氢氧化钠洗液:2%。

(6)甲基红指示剂:0.1%。

(7)六次甲基四胺溶液:15%。

(8)铜试剂。

(9)氢氧化钠溶液:20%。

(10)钙试剂羧酸钠盐指示剂。

(11)镁溶液($MgSO_4 \cdot 7H_2O$):0.01 mol/L。

(12)EDTA 标准溶液:0.01 mol/L。

4.1.8.3 **试液的制备**

准确称取样品0.500 0 g于铂坩埚中,加3 g混合熔剂搅拌均匀后,再盖上混合熔剂1 g,加盖,将坩埚送入高温炉中,于980~1 100 ℃熔融1 h,取出旋转坩埚使熔融物附于坩埚内壁上。冷却后洗净坩埚外壁,置坩埚于300 mL烧杯中,用100 mL沸水于砂浴上加热浸出,洗出坩埚及盖后,加无水碳酸钠1 g,氢氧化钠2 g,于砂浴上加热微沸20 min,稍冷,用快速定量滤纸过滤。用温的2% 氢氧化钠洗液洗涤3~4次,弃去滤液。沉淀用5%热盐酸溶解于250 mL容量瓶中,并用5%热盐酸洗净烧杯及滤纸,加0.1%甲基红指示剂一滴,用9 mol/L氨水调至黄色,再用6 mol/L盐酸调至红色并过量2滴,加15%六次甲基四胺溶液5 mL,摇匀,冷却后,加铜试剂0.1 g,以水稀释至刻度,充分摇匀,待沉淀凝聚后,以快速滤纸干过滤于烧杯中,供测CaO及MgO用。

4.1.8.4 **实验步骤**

移取上述制备的试液100 mL于250 mL锥形瓶中,加0.01 mol/L镁溶液2 mL,加20%氢氧化钠溶液4 mL,摇匀,放置1~2 min。加少量钙试剂羧酸钠盐指示剂,摇匀,用0.01 mol/L EDTA标准溶液,缓慢滴定至纯蓝色为终点,并在相同条件下作空白试验。

4.1.8.5 **计算**

氧化钙含量ω(CaO)的计算公式如下:

$$\omega(\mathrm{CaO}) = \frac{V_1 \times c(\mathrm{EDTA})}{m} \times M(\mathrm{EDTA}) \times 100\% \qquad (4\text{-}5)$$

式中 V_1——滴定钙时消耗EDTA标准溶液的毫升数(已减去空白值),mL;

c(EDTA)——EDTA标准溶液的浓度,mol/L;

M(CaO)——CaO的摩尔质量,g/mol;

m——被测试样的质量,g。

4.1.9 氧化镁的测定

4.1.9.1 **实验原理**

在pH = 8~10的溶液中,钙镁离子能与EDTA定量生成无色配合物:

$$Mg^{2+} + H_2Y^{2-} \longrightarrow 2H^+ + MgY^{2-}$$

在pH = 10的氨性缓冲溶液中,钙镁离子能与铬黑T指示剂生成紫红色配合物:

$$Mg^{2+} + HIn^{2-} \longrightarrow MgIn^- + H^+$$

此两种配合物中的钙镁离子均能为EDTA所夺取。而游离出指示剂呈纯蓝色,以此指示终点,可测定氧化钙和氧化镁的含量。

$$\underset{\text{紫红色}}{MgIn^-} + H_2Y^{2-} \longrightarrow MgY^{2-} + \underset{\text{纯蓝色}}{HIn^{2-}} + H^+$$

用六次甲基四胺－铜试剂将钙镁与大部分金属离子分离后，调节 pH 至 10，以铬黑 T 作指示剂，用 EDTA 标准溶液滴定钙镁合量，减去钙含量后，即得镁含量。

4.1.9.2 **试剂**

（1）氯化铵－氨缓冲溶液：pH = 10，称取氯化铵 67.5 g 溶于 250 mL 水中，加氨水 570 mL，以水稀释到 1 000 mL；

（2）铬黑 T 指示剂：称取 0.5 g 铬黑 T 与氯化钠 50 g 研细混匀；

（3）EDTA 标准溶液：0.01 mol/L。

4.1.9.3 **实验步骤**

吸取上述实验制备的试液 100 mL 于 250 mL 锥形瓶中，加氯化铵－氨缓冲溶液 10 mL，加少量铬黑 T 指示剂，摇匀，以 0.01 mol/L EDTA 标准溶液滴定至纯蓝色为终点。此为钙镁合量，并在相同条件下做一空白试验。

4.1.9.4 **计算**

氧化镁含量 $\omega(\mathrm{MgO})$ 的计算公式如下：

$$\omega(\mathrm{MgO}) = \frac{(V_2 - V_1) \times c(\mathrm{EDTA})}{m} M(\mathrm{MgO}) \times 10^{-3} \times 100\% \tag{4-6}$$

式中 V_1——滴定钙时消耗 EDTA 标准溶液的毫升数（已减去空白值），mL；

V_2——滴定钙镁合量时消耗 EDTA 标准溶液的毫升数（已减去空白值），mL；

$c(\mathrm{EDTA})$——EDTA 标准溶液的浓度，mol/L；

$M(\mathrm{MgO})$——MgO 的摩尔质量，g/mol；

m——被测试样的质量，g。

4.1.9.5 **注意事项**

（1）滴定钙时加氢氧化钠后应摇动并放置 1 ~ 2 min，使氢氧化镁沉淀后再滴定，否则会使结果偏高。

（2）由于我国冶炼棕刚玉所使用的矾土质量较好，氧化钙和氧化镁的含量常稳定在 1% 以下，在生产中一般不作氧化钙和氧化镁的测定。

4.2 碳化硅的全分析

4.2.1 二氧化硅的测定

4.2.1.1 **实验原理**

试样用氯化钠、盐酸、氢氟酸加热，使二氧化硅溶解，加钼酸铵使硅酸离子形成硅钼杂多酸，用 1,2,4－酸溶液还原成硅钼蓝，测定其吸光度。

4.2.1.2 **试剂**

（1）NaCl：10%。

（2）HCl：2.4 mol/L，6 mol/L。

（3）HF：11.5 mol/L。

（4）$AlCl_3$：45%。

（5）对硝基苯酚：0.2%。

（6）钼酸铵溶液：10%。

(7)酒石酸溶液：10%。

4.2.1.3　**工作曲线的绘制**

吸取SiO_2标准溶液(0.05 mg/mL),0.00 mL、2.00 mL、4.00 mL、6.00 mL、8.00 mL、10.00 mL、12.00 mL分别置于7个100 mL塑料烧杯中,加水20 mL,加入10%的NaCl溶液1 mL、6 mol/L HCl 2 mL、11.5 mol/L HF 2 mL,加入45%的$AlCl_3$溶液12 mL,混匀,移入100 mL容量瓶中,稀释至刻度,摇匀,分别吸取10 mL于7个100 mL容量瓶中,加水至溶液体积50 mL,加入0.2%的对硝基苯酚溶液2～3滴作为指示剂,用氨水中和至溶液呈黄色,立即加入2.4 mol/L HCl 5 mL,加5%钼酸铵溶液2.5 mL, 摇匀,放置使其显色完全(室温15 ℃以上放置10 min),加5%酒石酸溶液10 mL,1,2,4－酸还原剂溶液1.5 mL, 以水稀释至刻度,摇匀,放置20 min,用1 cm的比色皿于波长700 nm处,用水作参比液测定其吸光度,减去空白的吸光度,绘制工作曲线。

4.2.1.4　**实验步骤**

称取试样约0.2 g于铂坩埚中,加入10%的NaCl溶液1 mL、6 mol/L HCl 2 mL、11.5 mol/L HF 2 mL,在80～90 ℃水浴上加热15～20 min,冷却,加入45%的$AlCl_3$溶液12 mL,混匀,移入100 mL容量瓶中,稀释至刻度,摇匀,静置后(微粉试样可进行干过滤),吸取上部澄清液10 mL于100 mL容量瓶中,加水至溶液体积50 mL,加入0.2%的对硝基苯酚溶液2～3滴作为指示剂,用氨水中和至溶液呈黄色,立即加入2.4 mol/L HCl 5 mL,加5%钼酸铵溶液2.5 mL, 摇匀,放置使其显色完全(室温15 ℃以上放置10 min),加5%酒石酸溶液10 mL,1,2,4－酸还原剂溶液1.5 mL,以水稀释至刻度,摇匀,放置20 min,用1 cm的比色皿于波长700 nm处,用水作参比液测定其吸光度,减去空白的吸光度,于工作曲线上查出SiO_2含量。

4.2.1.5　**计算**

二氧化硅含量$\omega(SiO_2)$的计算公式如下：

$$\omega(SiO_2)=\frac{10m_2}{m_1}\times 100\% \tag{4-7}$$

式中　m_1—— 试样的称取量,g;

m_2—— 分取试样溶液中自工作曲线上查得的SiO_2量,g。

4.2.2　游离碳的测定

4.2.2.1　**实验原理**

试样在一定温度下加热,碳化硅几乎不分解,而游离碳燃烧生成二氧化碳,用苏打石灰吸收管吸收,由其增重即可求得游离碳的含量。

4.2.2.2　**试剂**

(1)硫酸:相对密度,1.84。

(2)苏打石灰:颗粒状。

(3)无水氯化钙:颗粒状。

(4)氢氧化钾溶液:40%。

(5)玻璃棉:清洁干燥。

4.2.2.3　**实验步骤**

将管式炉的温度升至(850±10) ℃,装置好仪器,确保其密封性。首先通氧(300 mL/min) 15 min后称量二氧化碳吸收管的质量。称取试样1～2 g置于经高温灼烧过的瓷舟中,放入管式炉的高温处。迅速连好接头，通氧(300 mL/min)5 min，关闭吸收管活塞及氧气开关，取下二氧化碳吸收管称量。

4.2.2.4　**计算**

游离碳含量的计算公式如下：

$$C_F=\frac{(m_3-m_2)\times 0.2729}{m_1}\times 100\% \tag{4-8}$$

式中　C_F——游离碳的含量，%；

m_1——试样称取量，g；

m_2——燃烧前吸收管质量，g；

m_3——燃烧后吸收管质量，g；

0.272 9——二氧化碳换算为碳的系数。

4.2.2.5　**注意事项**

当实验室没有管式炉时，称取 1 g 试样置于已灼烧至恒量的瓷皿中，于(750 ± 10) ℃灼烧到恒量后的减量可作为碳化硅中游离碳的近似值，W28 以下细的碳化硅试样于(650 ± 10) ℃灼烧至恒量，如有增量以前一次灼烧称量为准或缩短灼烧时间。

4.2.3　总碳的测定

4.2.3.1　**实验原理**

试样加助熔剂在氧气流中高温加热，使碳化硅中的碳及游离碳完全燃烧生成二氧化碳，用苏打石灰吸收管吸收，由其增量即可求得总碳的含量。

4.2.3.2　**试剂**

(1)四氧化三铅：粉状。

(2)其他试剂同游离碳的测定。

4.2.3.3　**仪器及装置**

管式定碳炉；吸收装置。

4.2.3.4　**实验步骤**

将管式炉的温度升至 1 150 ~ 1 200 ℃，安装好仪器，确保其密封性，首先通氧(300 mL/min)15 min 后，称量二氧化碳吸收管的质量，称取试样 0.1 ~ 0.15 g 置于经高温灼烧过的瓷舟中，加入四氧化三铅 2 g 混匀，再用 1 g 覆盖上，放入管式炉的高温处，迅速连好接头通氧(300 mL/min)25 min 后，关闭吸收管活塞及氧气开关，取下吸收管称量。

4.2.3.5　**计算**

总碳含量的计算公式如下：

$$C_T=\frac{(m_3-m_2)\times 0.2729}{m_1}\times 100\% \tag{4-9}$$

式中　C_T——总碳的含量，%；

m_1——试样称取量，g；

m_2——燃烧前吸收管质量，g；

m_3——燃烧后吸收管质量，g；

0.272 9——二氧化碳换算为碳的系数。

4.2.3.6　**计算**

由总碳含量及游离碳含量计算碳化硅的含量：

$$\omega(\mathrm{SiC}) = (C_T - C_F) \times 3.338\,9 \tag{4-10}$$

式中 $\omega(\mathrm{SiC})$——SiC的含量,%;

C_T——总碳的含量,%;

C_F——游离碳的含量,%;

3.338 9——碳换算为碳化硅的系数。

4.2.4 表面杂质法测碳化硅

4.2.4.1 实验原理

试样经氢氟酸-硝酸-硫酸处理使游离硅及二氧化硅生成挥发性的四氟化硅逸出,W28以下的微粉只用氢氟酸处理,用盐酸浸取使表面杂质溶解,测定残留物量即为碳化硅的含量。

4.2.4.2 试剂

(1)硫酸:9 mol/L。

(2)氢氟酸:23 mol/L。

(3)盐酸:6 mol/L,0.6 mol/L。

4.2.4.3 实验步骤

1)对粗于W28(包括W28)试样的测定

准确称取试样1 g于铂金皿中,用少量水润湿加硝酸10滴、9 mol/L硫酸3~5滴、23 mol/L氢氟酸10 mL置于砂浴上蒸发至三氧化硫白烟冒尽,取下稍冷,加入6 mol/L盐酸10 mL于砂浴上加热10~15 min,使表面杂质溶解,稍冷,用中速定量滤纸过滤,用温热的0.6 mol/L盐酸溶液洗涤铂皿及残留物7~8次,滤液及洗液收集于250 mL容量瓶中,冷却后稀释至刻度,摇匀,留作测定三氧化二铁。将残留物及滤纸放入已灼烧至恒量的铂皿(或瓷坩埚)中,灰化滤纸后于(750±10)℃灼烧到恒量,冷却,称量。

2)对细于W28试样的测定

准确称取试样1 g放入铂皿中,用少量水润湿,加氢氟酸10 mL,于砂浴上蒸发至干,再加氢氟酸5 mL继续蒸发至干,保持30 min,取下稍冷,加入6 mol/L盐酸10 mL于砂浴上加热10~15 min,稍冷,用中速定量滤纸加少许滤纸浆过滤,用温热的0.6 mol/L盐酸溶液洗涤滤纸及残留物7~8次,滤液及洗液收集于250 mL容量瓶中,冷却后稀释至刻度,摇匀,留作测定三氧化二铁。将残留物及滤纸放入已灼烧至恒量的铂皿(或瓷坩埚)中,灰化滤纸后于(650±10)℃灼烧至恒量,冷却,称量。

4.2.4.4 计算

1)粗于W28(包括W28)试样的计算

计算公式如下:

$$\omega(\mathrm{SiC}) = \frac{m_3 - m_2}{m_1} \times 100\% \tag{4-11}$$

式中 $\omega(\mathrm{SiC})$——试样中SiC含量,%;

m_1——试样称取量,g;

m_2——坩埚量,g;

m_3——残留物及坩埚量,g。

2)细于W28试样的计算

计算公式如下:

$$\omega(\mathrm{SiC}) = \frac{m_3 - m_2}{m_1} \times 100\% - F_{\mathrm{Si}} \tag{4-12}$$

式中　F_{Si}——试样中游离硅的含量，%；

其他符号含义同前。

4.2.5　三氧化二铁的测定

方法同4.1.5。

4.2.6　碳化硅中碳的高速分析

实验原理、步骤同9.6.7。

4.3　超硬磨料分析

4.3.1　立方氮化硼微粉杂质分析方法

4.3.1.1　实验原理

立方氮化硼微粉的杂质是立方氮化硼中的非氮化硼物质，即设被测样品为100%，其杂质含量等于总量与被测定该样得到的氮化硼含量的差值（用百分含量表示）。

4.3.1.2　实验步骤

酸碱容量法求出氮化硼的百分含量之后，可求得杂质的百分含量。

4.3.1.3　计算

计算公式如下：

$$\omega(\text{杂质}) = 1 - \omega(\mathrm{NB})。$$

式中　ω（杂质）——试样中杂质的百分含量，%；

ω（NB）——试样中氮化硼的百分含量，%。

4.3.2　人造金刚石微粉中杂质总量的测定

4.3.2.1　实验原理

人造金刚石微粉在900～950 ℃温度下灼烧后的残渣，即为杂质含量。

4.3.2.2　实验步骤

称取试样0.2 g置于灼烧至恒重的瓷坩埚中，在900～950 ℃的高温中灼烧3 h，取出，放入干燥器中，冷却至室温，称量。反复灼烧（每次1 h），称至恒重。

4.3.2.3　计算

计算公式如下：

$$\omega(\text{杂质}) = \frac{m_2 - m_1}{m} \times 100\% \tag{4-13}$$

式中　ω——试样中杂质含量，%；

m_1——坩埚的质量，g；

m_2——灼烧后，残渣加坩埚的质量，g；

m——试样的质量，g。

4.3.3 碳的测定

4.3.3.1 氢氧化钡吸收容量法

1)实验原理

试样于1 250～1 350 ℃ 的氧气流中燃烧,生成的二氧化碳用一定量的氢氧化钡溶液吸收,过剩的氢氧化钡用盐酸标准溶液滴定,根据氢氧化钡的消耗量确定碳的含量。

2)仪器与装置

(1)管式电炉,装有两只硅碳棒。

(2)无釉瓷舟,88 mm,使用前在1 250～1 350 ℃ 的氧气流中灼烧0.5 h,后贮于干燥器中。

(3)无釉瓷管,18 mm×22 mm×600 mm,使用前将各部分在1 250～1 350 ℃ 的氧气中灼烧10 min。

(4)氧气瓶。

(5)洗气瓶,盛有100～150 mL 5%的高锰酸钾溶液。

(6)洗气瓶,盛有100～150 mL硫酸。

(7)干燥塔,上部盛有无水氧化钙,下部盛有粒状氢氧化钠,中间隔有玻璃丝。

(8)二氧化碳吸收器,盛有氢氧化钡吸收溶液。

(9)称取氢氧化钡0.788 8 g,溶于水中,用水稀释至100 mL,在溶液中加0.1%酚酞溶液5 mL摇匀,放置6～7 d过滤至预先经氧气净化过的玻璃瓶中。

(10)标准试样:含碳量与镍试样相近似的镍标样。

(11)助熔剂:锡粒。

3)测定前的准备

(1)检查设备是否漏气,在定碳装置内通入氧气,调节其流速。若洗气瓶中放出的气泡相等,则表示设备不漏气。

(2)0.005 mol/L盐酸对0.002 5 mol/L氢氧化钡溶液的浓度比值的标定:通氧5～10 min,以排除设备中的空气,然后在不断通氧下往吸收器内注入40 mL 0.002 5 mol/L氢氧化钡溶液,并在氧气流中以0.005 mol/L盐酸滴定至溶液无色为止。

浓度比值:

$$K_1 = V/V_0 \tag{4-14}$$

式中 V——滴定消耗0.005 mol/L盐酸的毫升数,mL;

V_0——取0.002 5 mol/L氢氧化钡溶液的毫升数,mL。

(3)空白试验校正值的测定:将管状炉升至1 250～1 350 ℃,通氧5 min,在氧气流中迅速往两个吸收器中各加入0.002 5 mol/L的氢氧化钡20 mL。用胶塞塞紧,关闭玻璃活塞,拔开胶塞推入瓷舟(仅加4 g锡屑)立即塞住胶塞,预热1 min,然后将两个活塞打开,灼烧25～30 min,然后加快通氧气速度,以0.005 mol/L盐酸滴定至溶液无色为止。

按下式求试验空白校正值K:

$$K = K_1 V_1 - V_2 \tag{4-15}$$

式中 K_1——浓度比值;

V_1——所取0.002 5 mol/L氢氧化钡溶液的体积;

V_2——空白试验滴定消耗0.005 mol/L盐酸溶液之体积。

(4)0.005 mol/L盐酸对碳的滴定度标定:取标准试样0.500 0 g盖以4.000 g锡屑,以下步骤按空白试验校正值的测定。

0.005 mol/L 盐酸对碳的滴定度 T(g/mL)：

$$T=\frac{mx}{K_1V_1-(V_2+K)} \tag{4-16}$$

式中 K——空白试验校正值；

K_1——浓度比值；

V_1——取 0.002 5 mol/L 氢氧化钡之体积；

V_2——滴定标准试样消耗之盐酸之体积；

m——标准试样的质量；

x——标准试样中碳的百分含量。

4)实验步骤

称取试样 1～2 g 于瓷舟内，盖以 4 g 锡屑，然后按测定空白试验校正值的操作步骤进行。

5)计算

计算公式如下：

$$\omega(\mathrm{C})=\frac{(K_1V_1-V_2-K)\times T}{m}\times 100\% \tag{4-17}$$

式中 ω(C)——试样中碳的质量分数，%；

K——空白试验校正值；

K_1——浓度比值；

V_1——0.002 5 mol/L 氢氧化钡溶液之体积；

V_2——滴定试样消耗 0.005 mol/L 盐酸之体积，mL；

T——0.005 mol/L 盐酸对碳的滴定度，g/mL；

m——取试样量，g。

6)注意事项

(1)配制氢氧化钡溶液必须使用经煮沸 0.5 h 后冷却至室温的水，贮存氢氧化钡溶液的试剂瓶应连接一个碱石棉管。

(2)分析碳的试样须用乙醚浸洗并干燥之。

4.3.3.2 碱石棉吸收称量法

1)实验原理

试样置高温炉中，高温加热并通氧，使碳氧化成二氧化碳，气体经除硫后，用已知质量的内装碱石棉的吸收瓶吸收二氧化碳。称量，由吸收瓶增加的量，计算试样中碳的含量。

2)仪器与装置

(1)球形干燥管 2 个，其中一个内装干燥脱脂棉，另一个内装活性颗粒二氧化锰。两端塞有干燥脱脂棉。除硫失效时，应重新更换。

(2)二氧化碳吸收瓶：内装碱石棉，底部均匀地铺以玻璃棉，表面铺以 10～15 mm 五氧化二磷或无水高氯酸镁，总质量不超过 100 g。

3)测定前的准备

(1)检查各处设备是否漏气，见燃烧－氢氧化钡吸收法。

(2)如系新装之碱石棉吸收剂，应通氧 20～30 min，称量后再通氧重复 1～2 次。前后差值应小于 0.4 mg。当吸收瓶中碱石棉变白的高度将近全部高度的 2/3 时，必须更换新的吸收剂。在安装吸收剂时,动作要快,防止空气中水和二氧化碳被吸收。

(3)助熔剂中含碳量不应超过0.005%,应作空白值检查,并从结果中减去。

4)实验步骤

称取试样,置瓷舟内铺匀,加适量助熔剂。启开胶塞,将瓷舟推至最高温处,立即塞紧胶塞,预热20 s左右。然后转开二氧化碳吸收瓶活塞,使与大气相通,通氧,并调节氧气流速,待试样燃烧完全,减速通氧,吸收5 min左右。关闭氧气及吸收瓶的活塞,取下吸收瓶,置干燥器中,冷却后称量。

5)计算

计算公式如下:

$$\omega(\mathrm{C})=\frac{(m_2-m_1)\times 0.272\,9}{m}\times 100\% \tag{4-18}$$

式中 $\omega(\mathrm{C})$——试样中的碳的质量分数,%;

m_1——吸收二氧化碳前吸收瓶的质量,g;

m_2——吸收二氧化碳后吸收瓶的质量,g;

m ——试样称样量,g;

0.272 9——二氧化碳换算为碳的系数。

6)注意事项

(1)连续分析试样时,可由后一次质量减去前一次质量的差,求得其含碳量。

(2)如果分析时间间断20 min以上,应重新通氧气洗3~5 min。重新称量吸收瓶的质量。

(3)碱石棉吸收瓶应严防高温和阳光直接照射,以防失重。

4.3.3.3 非水滴定

1)实验原理

试样在高温氧气流中燃烧后生成的二氧化碳,被乙醇-乙醇胺混合液吸收,然后用氢氧化钾的乙醇-乙醇胺溶液滴定,再用百里酚酞指示剂确定终点色泽。

2)试剂

(1)乙醇-乙醇胺氢氧化钾滴定液 $c\,(CH_3CH_2OH-KOH)=0.05$ mol/L。

称氢氧化钾2.8 g,溶于20 mL水中,溶后倾入于1 000 mL乙醇和30 mL乙醇胺中,加百里酚酞0.04 g。溶解混匀备用。

(2)吸收液:配方与滴定液相同,仅不加入氢氧化钾;此步可省。

(3)百里酚酞指示剂:0.1%乙醇(9+1)溶液。

3)仪器

(1)碳吸收器。

(2)自动滴定管:0~15 mL。

(3)氧气净化与试样燃烧系统同气体容量法。

4)准备工作

(1)炉温升至1 250 ℃。

(2)将吸收液装至吸收器的玻璃挡板上2~4 mm处。

(3)放滴定液入自动滴定管。

(4)燃烧一个废试样,通氧并滴定,至溶液呈浅蓝色。

(5)调整滴定液至零点。

(6)放出吸收液,保持体积仍为玻璃挡板上 2 ~4 mm 处。

5)实验步骤

称样(含碳量在 1% ~5% 的称 0. 200 0 g;含量为 0. 5% ~1% 的称 0. 500 0 g;含量为 0. 1% ~0. 5% 称 1. 000 0 g)于瓷舟内,加适当助熔剂,送入燃烧管内最灼热处。塞紧橡皮塞,预热10 s。通氧燃烧,将生成的二氧化碳和过剩气体导入吸收器内。待吸收液开始褪色时进行滴定。至全部吸收液保持原蓝色为终点。

按同样步骤,测定含碳量近似的标钢,求其滴定度换算试样含碳量。

6)计算

计算公式如下:

$$\omega(\mathrm{C}) = \frac{AV}{V_0} \tag{4-19}$$

式中 $\omega(\mathrm{C})$——试样中碳的质量分数,%;

A——标样中碳的质量分数,%;

V_0——标样消耗滴定液的毫升数,mL;

V——试样消耗滴定液的毫升数,mL。

7)注意事项

(1)通氧燃烧速度要一致。

(2)吸收液可连续使用,体积要经常保持一定。

(3)采用乙醇 - 乙醇胺体系,滴定中可不必保持蓝色,并且无剧臭,但测定前要通空白气。

(4)可用工业乙醇代替无水乙醇。

(5)可通过调节滴定液浓度或变更称样使滴定液体积最好保持在 3 ~10 mL 以内。

(6)测定范围:碳含量≥0. 01%。

4. 3. 4 硫的测定

4. 3. 4. 1 燃烧 - 电导法

1)实验原理

电导法适用于微量硫的测定,方法快速,经燃烧生成的二氧化硫导入电导仪中,被含有过氧化氢的水溶液吸收。此时硫转变为硫酸。由于溶液中氢离子浓度的增加,而使电导率发生变化,以此测定硫含量。

2)试剂与仪器

(1)硫吸收液,每升纯水加过氧化氢(30%)3. 0 mL,加(1∶100)硫酸 1. 0 mL。

(2)测硫电导仪。

3)实验步骤

将配制的吸收液储于下口瓶中,炉温升至 1 300 ℃,测硫电导仪预热 15 min,调整氧气流速 1. 5 ~2 L/min,进行空白试验。反复几次至空白读数为 1 格以内。然后按测硫电导仪的操作规程测硫,读取电导读数。

试样称取量 1. 000 g ,测定硫范围 0. 000 5% ~0. 03%。

试样称取量 0. 300 g ,测定硫范围 0. 001% ~0. 30%。

4)计算

计算公式如下:

$$\omega(S)=\frac{\omega(S_{标})\times A_{试}}{A_{标}} \tag{4-20}$$

式中 $\omega(S)$——试样中硫的质量分数,%;

$\omega(S_{标})$——标样中硫的质量分数,%;

$A_{试}$——试样分析时的电导读数;

$A_{标}$——标样分析时的电导读数。

5)注意事项

(1)电导法测硫时,除氧气流速影响外,温差影响也不能忽视,氧气流固定以后,不可再动。在没有恒温装置时,不能有效地消除温差影响,只能每次带标样操作。

(2)进行试样分析的第一个样品,一般产生负偏差,事先烧一只废样可避免。

(3)标样与试样换算时,标样必须可靠,并且高硫与低硫(<0.02%)不能换算。

(4)助熔剂不宜过多。

4.3.4.2 燃烧-碘量法

1)试剂

(1)滴定液。称取0.178 0 g碘酸钾溶于水中,稀释至1 L。此碘酸钾溶液浓度为0.005 mol/L。

吸取该液100 mL,于500 mL量瓶中,加碘化钾0.5 g,以水稀释至刻度。此液浓度为0.001 mol/L,适宜测定0.01%~0.1%的硫。

吸取0.005 mol/L碘酸钾溶液25 mL,于500 mL容量瓶中,加入碘化钾0.5 g,以水稀释至刻度摇匀。此液浓度为0.000 25 mol/L,适宜测定0.000 5%~0.01%的硫。

(2)淀粉吸收液。取淀粉5 g于烧杯中,调成糊状。冲入沸水250 mL,搅拌,并煮沸5 min取下,然后加冷水250 mL,盐酸1小滴,搅匀后静置过夜。取澄清液25 mL,加盐酸50 mL,稀释至1 L备用。

(3)助熔剂。纯锡、纯铜。

(4)氧气净化及高温燃烧炉同碳的气体容量法。

2)分析步骤

称样0.500 0 g,放入已处理的瓷舟中。在吸收器中注入25~40 mL淀粉水溶液,然后用橡皮塞塞紧燃烧管,并通氧和滴入碘标准溶液,使吸收液呈浅蓝色。这时停止通氧,取下橡皮塞,用长钩将盛有试样的瓷舟推入1 300~1 350 ℃之管状炉灼热处。之后再塞上橡皮塞,预热10~30 s,并开始缓慢通氧,然后加快通氧速度(保持吸收器内液面升高30~40 mm)。当吸收器底部溶液之蓝色消失时,可滴入碘标准溶液,使溶液于燃烧期间蓝色不消失。当吸收器中溶液蓝色消失较慢时,应以较慢的速度滴入碘液,使溶液的浅蓝色保持与试样未燃烧前的蓝色浓度一致,然后再继续通氧10~30 s,如色泽不变即为终点。

3)计算

计算公式如下:

$$\omega(S)=\frac{T\cdot V}{m}\times 100\% \tag{4-21}$$

式中 $\omega(S)$——试样中硫的质量分数,%;

T——1 mL碘标准溶液相当于硫的克数(用标准钢样确定,即$\frac{\omega(S)\times G_0}{V_0}$);

V——试样消耗碘标准溶液的毫升数，mL；

m——试样的克数，g。

4.3.5 人造金刚石微粉中碳、硫的红外高速分析

实验原理、步骤同9.6.7。

4.4 磨料粒度分析

4.4.1 筛分法测定粗磨料粒度组成

4.4.1.1 实验原理

为了适应研磨和磨具生产的需要，电冶制得的块状磨料必须经过加工破碎，制成各种不同几何尺寸的颗粒，然后通过筛网分选（微粉用水选法）得到各种粒度的磨料成品。

事实上筛分（或水选）得到的颗粒不可能尺寸大小颗颗一致。因此才有粒度组成的规定。粒度组成通常将每一种粒度号的磨料颗粒分为最粗粒、粗粒、基本粒、混合粒、细粒等五种粒群，并分别规定其质量的百分含量。

磨料粒度对于加工工件表面光洁度和磨削效率有着直接的影响。粒度组成是磨料的重要质量标准之一。

筛分法是磨料在一定的筛分条件下，通过检查筛网以确定其粒度的尺寸是否符合标准，即各粒群质量的百分含量是否符合国家标准的粒度组成规定。为了保证测定结果的准确性，检查筛网尺寸务必检验校正。筛网号与网孔尺寸对照表见表4-1。粗磨料粒度组成及允许偏差分别见表4-2、表4-3。

表4-1　筛网号与网孔尺寸　（单位：μm）

筛号	网孔基本尺寸	筛号	网孔基本尺寸	筛号	网孔基本尺寸
5/16	8 000	16	1 180	80	180
0.265	6 700	18	1 000	100	150
3.5	5 600	20	850	120	125
4	4 750	25	710	140	106
5	4 000	30	600	170	90
6	3 350	35	500	200	75
7	2 800	40	425	230	63
8	2 360	45	355	270	53
10	2 000	50	300	325	45
12	1 700	60	250		
14	1 400	70	212		

表 4-2　F4 ~ F220 粗磨粒粒度组成

粒度标记	最粗粒			粗粒			基本粒			混合粒			细粒		
	筛孔尺寸		筛上物≤	筛孔尺寸		筛上物	筛孔尺寸		筛上物≥	筛孔尺寸		筛上物≥	筛孔尺寸		筛下物≤
	mm	μm	质量比(%)	mm	μm	质量比(%)	mm	μm	质量比(%)	mm	μm	质量比(%)	mm	μm	质量比(%)
F4	8.00	—	0	5.6		20	4.75		40	4.75 4.00		70	3.35		3
F5	6.70	—	0	4.75		20	4.00		40	4.00 3.35		70	2.80		3
F6	5.60	—	0	4.00		20	3.35		40	3.35 2.80		70	2.36		3
F7	4.75	—	0	3.35		20	2.80		40	2.80 2.36		70	2.00		3
F8	4.00	—	0	2.80		20	2.36		45	2.36 2.00		70	1.70		3
F10	3.35	—	0	2.36		20	2.00		45	2.00 1.70		70	1.40		3
F12	2.80	—	0	2.00		20	1.70		45	1.70 1.40		70	1.18		3
F14	2.36	—	0	1.70		20	1.40		45	1.40 1.18		70	1.00		3
F16	2.00	—	0	1.40		20	1.18		45	1.18 1.00		70		850	3
F20	1.70	—	0	1.18		20	1.00		45	1.00 —	850	70		710	3
F22	1.40	—	0	1.00		20		850	45	—	850 710	70		600	3
F24	1.18	—	0		850	25		710	45	—	710 600	65		500	3
F30	1.00	—	0		710	25		600	45	—	600 500	65		425	3
F36	—	850	0		600	25		500	45	—	500 425	65		355	3
F40	—	710	0		500	30		425	40	—	425 355	65		300	3
F46	—	600	0		425	30		355	40	—	355 300	65		250	3
F54	—	500	0		355	30		300	40	—	300 250	65		212	3
F60	—	425	0		300	30		250	40	—	250 212	65		180	3
F70	—	355	0		250	25		212	40	—	212 180	65		150	3

续表 4-2

粒度标记	最粗粒			粗粒			基本粒			混合粒			细粒		
	筛孔尺寸		筛上物 ≤	筛孔尺寸		筛上物	筛孔尺寸		筛上物 ≥	筛孔尺寸		筛上物 ≥	筛孔尺寸		筛下物 ≤
	mm	μm	质量比（%）	mm	μm	质量比（%）	mm	μm	质量比（%）	mm	μm	质量比（%）	mm	μm	质量比（%）
F80	—	300	0		212	25		180	40	—	180 150	65		125	3
F90	—	250	0		180	20		150	40	—	150 125	65		106	3
F100	—	212	0		150	20		125	40	—	125 106	65		75	3
F120	—	180	0		125	20		106	40	—	106 90	65		63	3
F150	—	150	0		106	15		75	40	—	75 63	65		45	3
F180	—	125	0		90	15		7 563	40	—	75 63 53 65	65		—	3
F220	—	106	0		75	15		6 353	40	—	63 53 45 60	60		—	3

表 4-3　F4 ~ F220 粗磨粒粒度组成允许偏差　（%）

粒度标记	最粗粒	粗粒	基本粒	混合粒	细粒
F4	0	+4	−4	−4	
F5	0	+4	−4	−4	
F6	0	+4	−4	−4	
F7	0	+4	−4	−4	
F8	0	+4	−4	−4	
F10	0	+4	−4	−4	
F12	0	+4	−4	−4	
F14	0	+4	−4	−4	
F16	0	+4	−4	−4	
F20	0	+4	−4	−4	
F22	0	+4	−4	−4	
F24	0	+4	−4	−4	
F30	0	+4	−4	−4	

续表 4-3

粒度标记	最粗粒	粗粒	基本粒	混合粒	细粒
F36	0	+4	-4	-4	
F40	0	+4	-4	-4	
F46	0	+4	-4	-4	
F54	0	+4	-4	-4	
F60	0	+4	-4	-4	
F70	0	+3	-3	-3	
F80	0	+3	-3	-3	
F90	0	+3	-3	-3	
F100	0	+3	-3	-3	
F120	0	+3	-3	-3	
F150	0	+3	-3	-3	
F180	0	+3	-3	-3	
F220	0	+3	-3	-3	

注：所列百分数是相对试样初始质量而言。

4.4.1.2 设备仪器

(1)SPB-200 型拍击式标准振筛机。

(2)架盘药物天平：称量，最大 200 g；感量 0.2 g。

4.4.1.3 试样制备

筛分前试样须在(110±10) ℃的烘箱中烘干 1 h，备用。

4.4.1.4 试样质量与筛分时间

实验时称取试样 100 g，放入 SPB-200 型拍击式标准振筛机筛分 5 min。

4.4.1.5 实验步骤

(1)筛网按网孔大小重叠放置，网孔大的筛网放在上边。

(2)按筛分条件规定的质量称取试样，倒入最上层筛网中，用盖盖好，将其置于振筛机工作台上夹紧。

(3)开动振筛机至所需筛分时间为止。

(4)分别称量各层筛网上的磨粒质量。

4.4.1.6 计算

$$某粒群质量分数 = G_1/G \times 100\% \tag{4-22}$$

式中 G_1——某粒群的质量，g；

G——试样的质量，g。

4.4.1.7 注意事项

(1)每号的最粗粒以专用的检查筛用手筛检查。颗粒尺寸的长宽比超过 2∶1，其宽度等于或小于筛网孔径者，不作最粗粒计算。

(2)筛分及称量损失总量不应超过 1%，否则重测。

(3)筛网应定期校正。

4.4.2 沉降管法测定微粉粒度组成

4.4.2.1 实验原理

沉降管法测定微粉粒度以斯托克斯定律为基础,其基本原理为:

$$D = \sqrt{\frac{18\eta V}{g(\rho - \rho')}} \times 10^4 \tag{4-23}$$

式中 D——固体颗粒的有效直径,cm;

V——固体颗粒在沉降液中的沉降速度,cm/s;

g——重力加速度, 980 cm/s^2;

ρ——沉降颗粒的密度, g/cm^3;

ρ'——沉降液的密度, g/cm^3;

η——沉降液的动力黏度(泊), dyn·s/cm^2。

微粉颗粒在沉降液中的沉降速度,等于其沉降高度与沉降时间之比,而沉降时间以分(min)表示较方便,即

$$V(\mathrm{cm/s}) = \frac{L}{60T} \tag{4-24}$$

式中 L——试样沉降高度,cm;

T——沉降时间,min。

将式(4-24)代入式(4-23),得

$$D = 10^4 \times \sqrt{\frac{18\eta L}{60Tg(\rho - \rho')}} \tag{4-25}$$

如果测定设备地点室温(测定温度)试样材质沉降液等都已确定,那么式(4-25)中的 g、L、ρ、ρ'、η 依次都是确定的常数了,可用一个常数表示:

$$K = 10^4 \times \sqrt{\frac{18\eta L}{60g(\rho - \rho')}} \tag{4-26}$$

那么,式(4-25)可以简化,写成:

$$D = \frac{K}{\sqrt{T}} \tag{4-27}$$

4.4.2.2 实验仪器及试剂

(1)沉降管微粉粒度测定仪。

(2)计时秒表(精度为0.1 s)。

(3)3.8 W 以上日光台灯。

(4)放大镜、卷尺(1.5 m 以上)、试管、漏斗、滴管等。

(5)沉降液:含量为99.5%的分析纯甲醇。

(6)分散剂:1%浓度的乙二胺四乙酸二钠(EDTA-2Na)水溶液。

(7)校正砂。

4.4.2.3 仪器的校正

用校正砂进行校正。测得的粒度曲线与校正砂标定的粒度曲线在10、20、30、40、50各体积比处的粒度数值偏差不得超过±1.0 μm;偏差代数和的平均值不得超过±0.6 μm。

4.4.2.4 实验步骤

(1)按《普通磨料取样方法》(GB 4676—2003)进行取样。

(2)刚玉或碳化硅试样在600 ℃(±10 ℃)温度下加热10 min进行试样处理,然后冷却至室温备用。

(3)称取试样(刚玉约2.2 g,碳化硅1.6 g),置于试管中,加入15 mL甲醇沉降液,滴入3滴分散剂,摇动震荡试管,以消除结团现象,使试样充分分散。磨料在沉降介质中至少保留10 min,在此期间应充分摇动试管几次,试管中介质的温度与沉降管中介质的温度应达到一致。

(4)将漏斗放在沉降管上,充分摇动样品试管至少30 min,随之将试管中的混合物沿着漏斗斜面倒入沉降液内。倒入后,迅速拿离漏斗,避免任何残留物滴入沉降管而影响检测结果。

(5)倒入的同时开始测量计时,注意检查有无结团现象,沉降过程中若观察到颗粒结团现象,表明样品未充分分散,需重新测量,记下连续颗粒流到达收集管底部零点刻度线的时间,即粒度组成曲线的起始点。连续记下试样沉降柱的上表面与刻度线平齐的时刻,记下试料全部沉降(收集管中的试料沉降柱不再升高)时的沉降柱总高度。

(6)测定结果按表4-4的格式进行填写,并根据测定数据在坐标纸上画出试料沉降柱高度(%)—粒度(μm)曲线。

表4-4 沉降管法检测F微粉粒度的记录表格

测定条件		沉降柱高度(格)	体积比(%)	沉降时间 T(min)	粒度 D(μm)
样品名称		0			
粒度号		0.5			
样品产地		1			
送样单位		2			
送样时间		3			
送样编号		5			
分析编号		7			
试样重		10			
室温		13			
水温		16			
试样处理		19			
沉降液		20			
分散剂		21			
试样比重		22			
沉降液比重		23			
沉降液黏度		24			
计算公式 $D=\frac{K}{\sqrt{T}}$		25			
		26			
		27			
		28			
备注		29			
		30			

4.4.2.5 注意事项

(1)测定温度的控制一般不应超出 15 ~ 30 ℃的范围。在同一次测定过程中,温度波动不得超出 0.5 ℃。

(2)记录试料沉降柱高度及沉降时间之前,可用橡皮棒(或带有橡皮头的铅笔)轻轻地敲击收集管底部的橡皮塞,以使沉降柱的上表面平齐,便于准确读取沉降柱高度,但不得敲击收集管本身。

(3)甲醇的比重与温度的关系:$\rho = 0.807\ 14 - 0.000\ 804 \times t$, g/cm^3。

(4)甲醇的黏度与温度的关系:$\eta = (7.156 - 0.068\ 6 \times t)10^{-3}$,Pa · s。

(5)沉降液高度:$L = 100$ cm。

4.4.3 光学显微镜法测定微粉粒度组成

4.4.3.1 实验原理

显微镜法适于测定微粉级粒度组成。一般将微粉放在显微镜下借助显微镜将磨料微粉颗粒放大,再利用目镜测微尺量出一定数量的颗粒尺寸,统计算出其粒度分布情况。

4.4.3.2 设备仪器

(1)生物显微镜(1 600 倍)。

(2)计数器。

(3)目镜测微尺。

(4)物镜测微尺。

4.4.3.3 观测条件

根据粒度不同,原则上可采用下列目镜测微尺刻度值的范围进行,见表 4-5。但是,仍应以实际使用显微镜所达到的条件为准。

表 4-5 目镜测微尺的选择

粒度	目镜测微尺刻度(μm/格)
W63 W50 W40	9 左右
W28 W20	6 左右
W14 W10 W7	3 左右
W5	1.5 左右

4.4.3.4 试样片的制备

(1)将待测试样在(110 ± 10) ℃的烘箱中烘干 1 h 备用。

(2)配制 2:1 甘油。由 2 份甘油与 1 份蒸馏水混合而成,放置澄清后,取上部清夜使用。

(3)取少许试样置于器皿中,滴入适量(2:1)甘油拌均匀,并使其浓度适宜,取一滴置于清洁的载玻片上,盖上盖玻片,轻压使其均匀摊开。

4.4.3.5 实验步骤

(1)将待测的试样片放在显微镜工作台上。

(2)检查时,视域必须自试样的一端起沿着直线看到另一端为止(从左到右),同时用计数器分别记下各粒群的颗粒数,若被检颗粒数不足 500 粒时,需另起一行继续观测。

(3)颗粒不得重复测量。

(4)颗粒尺寸的计算方法为:以颗粒中最远两点间的距离称为长轴,垂直于长轴的最大短轴称为宽,颗粒尺寸以其宽度表示。宽度尺寸等于下限尺寸时应记入下一粒群。

4.4.3.6 计算

计算公式如下:

$$某粒群质量分数 = \frac{某粒群颗数 \times 计算系数}{各(某粒群颗数 \times 计算系数)之和} \times 100\% \tag{4-28}$$

4.4.3.7 注意事项

(1)计算系数是指相对于基本粒的体积比,详见表4-6。

表4-6 各粒群的计算系数

粒度号	计算系数			
	粗粒	基本粒	混合粒*	细粒
W63	2.03	1	0.505	0.044
W50	1.98	1	0.431	0.030
W40	2.32	1	0.352	0.025 4
W28	2.84	1	0.355	0.024 8
W20	2.81	1	0.352	0.025 4
W14	2.84	1	0.355	0.024 8
W10	2.81	1	0.352	0.025 4
W7	2.84	1	0.355	0.024 8
W5	2.81	1	0.325	0.025 4

注:*除基本粒部分。

(2)显微镜检查的允许相对误差:基本粒、混合粒各为5%,粗粒为7%,细粒为10%。

4.4.3.8 微粉磨料的粒度组成标准

微粉磨料的粒度组成标准见表4-7。

表4-7 微粉磨料的粒度组成(GB 2477—83) (单位:μm)

粒度	最粗粒		粗粒		基本粒		混合粒		细粒	
	尺寸范围	允许颗粒	尺寸范围	质量(%)≤	尺寸范围	质量(%)≥	尺寸范围	质量(%)≥	尺寸范围	质量(%)≤
W63	100~80	1	80~63	15	63~50	50	63~40	80	细于40	5
W50	80~63	1	63~50	15	50~40	50	50~28	80	细于28	5
W40	63~50	1	50~40	15	40~28	50	40~20	80	细于20	5
W28	50~40	1	40~28	18	28~20	45	28~14	74	细于14	8
W20	40~28	1	28~20	18	20~14	45	20~10	74	细于10	8
W14	28~20	2	20~14	20	14~10	45	14~7	72	细于7	8
W10	20~14	2	14~10	20	10~7	40	10~5	70	细于5	10
W7	14~10	2	10~7	20	7~5	40	7~3.5	70	细于3.5	10
W5	10~7	3	7~5	20	5~3.5	40	5~2.5	70	细于2.5	10

4.5 磨料物理性能测定

4.5.1 显微硬度的测定

4.5.1.1 实验原理

显微硬度计实际上是一台设有加负荷装置的显微镜。显微硬度是一种压入硬度,它利用一个四方锥的金刚石压头作为压入器,当压入器负载一定的质量 P(g)以后,在被测磨料试样的反光磨片的平面上就形成一个四边形凹陷的压痕,然后,用显微镜测定该压痕的对角线长度 d(μm),按指定公式即可算出显微硬度值 H(kg/mm^2)。

4.5.1.2 设备仪器

(1)显微硬度计。

(2)水平仪。

(3)手压机。

(4)标准样块(铝或锡)环境。

4.5.1.3 试样制备

调试仪器的标准样块,采用致密的软金属,如铝或锡,经磨平抛光,达到合格的反光磨片要求,放入干燥器内备用。

测试样品:按反光片制备工艺,切取样块,经粗磨、细磨、抛光后以达到反光片的要求,放入干燥器内备用。

测定前将制好的标准样块及试样块,垫上橡皮泥,用手压机分别压固于平板或"V"形铁上,使试样表面与硬度计的载物台面平行。

4.5.1.4 实验步骤

(1)以 0.1/1 000 水平仪调正硬度计载物台,使台面处于水平位置。

(2)安装物镜、目镜及金刚石压头,使压头上红点与杠上刻线对准。

(3)在负荷杆上加 5 ~ 10 g 砝码(不放试样),然后转动手柄检查负荷杆是否灵活。

(4)用标准样块(如铝或锡)作检查试样:将其表面抛光后,用手压机分别压固于平板或"V"形铁上(需以蜡泥或塑料粘结),使试样表面与硬度计的载物台面平行。

(5)检查负荷机构的灵敏性:以标准样块分别在空载和 0.5 g 负荷下打压印以调节负荷机构,使在空载时试样上没有压印,在 0.5 g 时,恰好出现极小的压痕,重复数次,稳定后,将调节螺母固紧,即可开始测定工作。

(6)制备好试样(试样表面必须抛光),选加适当的负荷。转工作台与左止挡,置试样于物镜下方;在 10 ~ 15 s 之间,连续而均匀地逆时针转动压杆操纵手柄(从一个止位到另一个止位),使压杆下降而压入试样。保荷 5 ~ 10 s,顺时针转动压杆手柄,使压头回复原位。

(7)转动工作台至左止挡,使试样仍回复至物镜下方。以载物台两个微动螺钉移动试样,使压印之两边与交叉线恰相吻合(见图 4-1 位置 1),然后固紧螺钉,记下测微器读数(包括测微器托架内分度线指示之数,以及测微器鼓轮指示之数)。转动测微鼓轮,使压印另外两边与交叉线重合(参阅图 4-1 位置 2),再记录测微器第二次读数。求两读数之差,乘以鼓轮刻度值(0.3 μm),即得压印对角线之长(单位 μm)。

根据负荷(P)、对角线长(d)即可按表算硬度。或由下式进行计算:

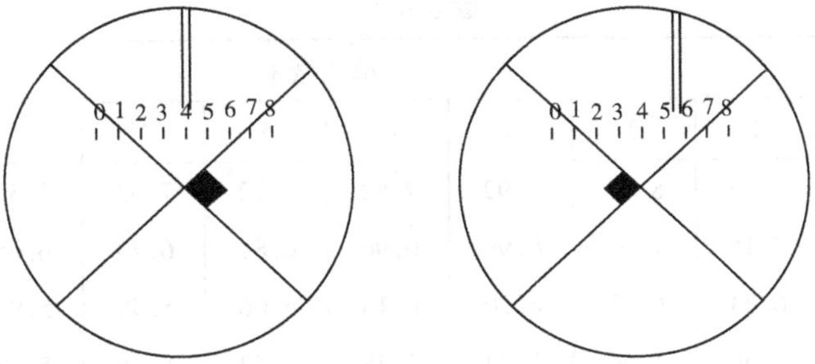

图 4-1　试样压印读数位置

$$H = 1\ 854P/d^2 \tag{4-29}$$

式中　H——硬度，kg/mm^2；

P——载荷，g；

d——对角线长度，μm。

4.5.1.5　注意事项

（1）压印中心到试样边缘的距离，或两相邻压印中心之间的距离，应不小于 2 倍压印对角线之长。

（2）实验矿物时，上述距离应不低于 5 倍对角线之长。

（3）试样厚度应不小于压印对角线长度之 1.5 倍。

（4）实验金属合金的单独结构部分时，同样采用上述规定，并以晶粒边界视为试样边界。

（5）硬度表见表 4-8。

表 4-8　硬度表（用于负载为 100 g）

十进微米	单位微米									
	0	1	2	3	4	5	6	7	8	9
0	—	—	—	—	—	7 420	5 150	3 780	2 900	2 290
10	1 850	1 530	1 290	1 100	946	824	724	642	572	514
20	464	420	397	383	350	322	274	254	236	221
30	206	193	181	170	160	151	143	135	128	122
40	116	110	105	100	95.8	91.6	87.6	84.0	80.5	77.2
50	74.2	71.3	68.6	66.0	63.6	61.3	59.1	57.1	55.1	53.3
60	51.5	49.8	48.8	46.7	45.3	43.9	42.6	41.3	40.1	39.0
70	37.8	36.8	35.8	34.8	33.9	33.0	32.1	31.3	30.5	29.7
80	29.0	28.3	27.6	26.9	26.3	25.7	25.1	24.5	24.0	23.4
90	22.9	22.4	21.9	21.4	21.0	20.5	20.1	19.7	19.3	18.9
100	18.5	18.2	17.8	17.5	17.1	16.8	16.5	16.2	15.9	15.6
110	15.3	15.1	14.8	14.5	14.3	14.0	13.8	13.5	13.3	13.1
120	12.9	12.7	12.5	12.3	12.1	11.9	11.7	11.5	11.3	11.1
130	11.0	10.8	10.6	10.5	10.3	10.2	10.0	9.88	9.74	9.60
140	9.46	9.33	9.20	9.07	8.94	8.82	8.70	8.58	8.47	8.35

续表 4-8

十进微米	单位微米									
	0	1	2	3	4	5	6	7	8	9
150	8.24	8.13	8.03	7.92	7.82	7.72	7.62	7.52	7.43	7.34
160	7.24	7.15	7.07	6.99	6.90	6.81	6.73	6.65	6.57	6.49
170	6.42	6.34	6.27	6.20	6.13	6.06	5.99	5.92	5.85	5.79
180	5.72	5.66	5.60	5.54	5.48	5.42	5.36	5.30	5.25	5.19
190	5.14	5.08	5.03	4.98	4.93	4.88	4.83	4.78	4.73	4.68
200	4.46	4.58	4.54	4.50	4.46	4.42	4.38	4.32	4.28	4.24
210	4.20	4.16	4.12	4.08	4.06	4.02	3.98	3.94	3.90	3.86
220	3.83	3.80	3.76	3.74	3.70	3.66	3.64	3.60	3.56	3.54
230	3.50	3.48	3.44	3.42	3.38	3.36	3.34	3.30	3.28	3.24
240	3.22	3.19	3.17	3.14	3.11	3.09	3.06	3.04	3.02	2.99
250	2.97	2.94	2.92	2.90	2.87	2.85	2.83	2.81	2.79	2.76
260	2.74	2.72	2.70	2.68	2.66	2.64	2.62	2.60	2.58	2.56
270	2.54	2.53	2.51	2.49	2.47	2.45	2.43	2.42	2.40	2.38
280	2.36	2.35	2.33	2.32	2.30	2.28	2.27	2.25	2.24	2.22
290	2.21	2.19	2.18	2.16	2.15	2.13	2.12	2.10	2.09	2.07
300	2.06	—	—	—	—	—	—	—	—	—

注:本表所列数值为 100 g 负荷时之硬度值,对于其他负荷,可取此表内相同压印对角线长度时的硬度值乘以所用负荷,除以 100 g,商数即所求之硬度。

例 1:负荷 500 g 时,测得压印对角线长 155 μm,求 H。

解:当负荷为 100 g 时,由表 4-8 可知与该压印对应之硬度值是 7.72,则在 500 g 时的硬度值应为:

$$H = 7.72 \times 500/100 = 38.6(\mathrm{kg/mm^2})$$

例 2:负荷 25 g 时,压印对角线长 15 μm,求 H。

解:由表 4-8 知 100 g 时,对应该压印长度之硬度为 824 $\mathrm{kg/mm^2}$,所以 25 g 时应为:$H = 824 \times 25/100 = 206(\mathrm{kg/mm^2})$。

4.5.2 亲水性的测定

4.5.2.1 实验原理

磨料具有亲水性。它主要取决于晶体结构,人造磨料晶体结构多属原子键或离子键。它们与某些晶体表面呈现分子键的疏水性物质不同,其与水分子之间的引力均大于水分子本身之间的引力,因而易被水所润湿,不同程度地适应了陶瓷和涂附磨具生产工艺的要求。

磨料的亲水性是磨料的基本物质之一,亲水性的大小,将是决定磨料与结合剂结合牢固程度的重要因素,从而直接影响着砂轮强度。对涂附磨具所用的磨料,亲水性更是一项重要的参数。在微粉生产过程中,亲水性的大小又可影响分级和沉淀。

磨料亲水性的测定常采用毛细现象的原理。在一定直径的玻璃管内,紧密堆积磨粒,使其相互间形成无数的毛细管，当玻璃管下端浸入水中时，由于磨料的亲水性，使水在一定的时间内上升达到一定的高度，以此来衡量亲水性的大小。

4.5.2.2 **仪器设备**

(1)亲水性测定仪，见图4-2。

(2)秒表。

(3)漏斗。

(4)橡皮头竹竿敲棒。

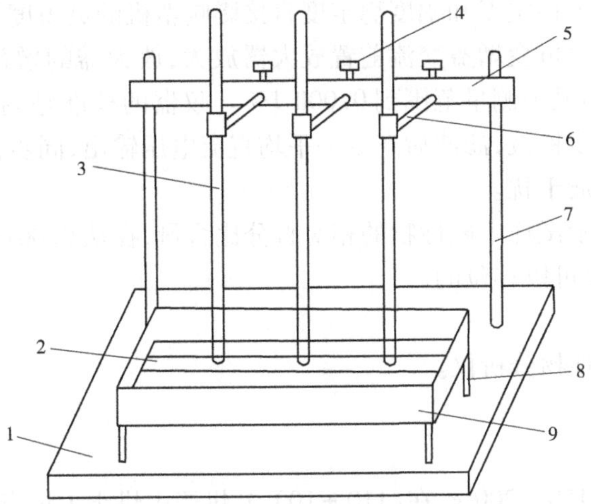

图4-2 亲水性测定仪示意图

1—底座；2—玻璃管座；3—玻璃管；4—紧固螺丝；
5—管架；6—管支杆；7—支杆；8—管座支撑腿；9—水槽

4.5.2.3 **试样制备**

在干净的白纸上，试样用四分法分至100 g，装入试样袋中，经(110±10) ℃烘干1 h，备用。

4.5.2.4 **测定步骤**

(1)将已洗净干燥好的玻璃管3支用管夹固定，使其垂直立于水盘中的滤纸上。

(2)将被测试样用小漏斗轻轻装入3只玻璃管中至满，在填装过程中，用带橡皮头的小竹棒轻敲玻璃管，使管内试样填充高度稳定不再下沉为止。

(3)将室温下的蒸馏水倒入水盘中，使水面与玻璃管"0"刻度相平，同时立即开动秒表计时。

(4)经过规定时间(F60及更粗试样：5 min；F70及更细试样：10 min)后将管同时取出，直接读出(或倒出上部干试样后读取)试管中水位上升的高度(mm)。

4.5.2.5 **计算**

取3根玻璃管实测水柱上升高度的平均值(mm)，表示该试样的亲水性。

4.5.3 磁性物的测定

4.5.3.1 **实验原理**

普通磨料在加工制粒过程中，虽经磁选工序处理，但仍难免混有磁性物，一般磨料中含有的磁性物质，成分和来源较为复杂，有冶炼中的硅铁，铁合金或包裹体引入的以及制粒加工过程中设备磨损的纯铁和铁合金等。磁性物的存在将使陶瓷磨具成品产生斑点，既影响磨具商品外观，也影响磨削加工。因此，要控制磨料的磁性物含量，并且要有相应的检测方法。

"JS11 - G1 型磁性物分析仪"为标准测量仪器，两个空心电感构成仪器的传感器，一个作为参考线圈，另一个作为待测试样接收器。

磁性物分析仪的线圈由高频电压(683 Hz)激励，目的在于减小工业环境下存在的电源杂波干扰，两线圈激励信号的相位相反，保证了平衡状态下流过两个线圈的电流之和为零。插入试样所引起的任何不平衡都将产生一差动电压信号，差动信号依次通过放大、同步检波、滤波等电路后被变换为直流电压，并由四位数字电压表显示出来。

线圈激励信号的频率稳定度和幅度稳定度直接影响整机的灵敏度与稳定性。

两线圈的差动电压由可变增益交流前置放大器放大，放大器的增益由一个十倍因子转换开关来控制，以适应最高灵敏测量范围到0.000 1%。仪器的校准是调整前置放大器的增益。放大后的差动信号经同步检波，滤波后产生一平均直流电压输出，同步检波可以有效地抑制除激励频率以外的任何杂波干扰。

数字电压表用来显示试样中磁性物的相对百分比含量，在从0.001%至1.0%的较高测量范围内，示值的小数点是可以移位的。

4.5.3.2 仪器设备

(1) JS11 - G1 型磁性物分析仪。

(2) 试管刷。

4.5.3.3 试样制备

试样用四分法缩至150 ~ 200 g，在(110 ± 10) ℃烘箱中烘干1 h，备用。

4.5.3.4 校对及测定方法

(1) 将仪器接通电源，预热15 min后即可使用。

(2) 将量程开关置于1.0%挡，注意0.1%挡仅用来测量含磁性物十分低的试样，当确信试样的磁性物含量接近万分之一时应使用0.1%挡。

(3) 调整试样"质量旋钮到"100 g。

(4) 用标准试样校对仪器，此时仪器的显示应和标样标称值相符。

(5) 将空试管放入接收器中，调零旋钮调到显示值为0.000 0。

(6) 称取100 g试样，倒入空试管中，插入接收器内。

(7) 读取数字显示器示值，即为磁性物百分比含量。

(8) 每一试样可重复测定三次，取其算术平均值，报出磁性物含量的测定结果。

采用JS11 - G1型磁性物分析仪测量时，磨料磁性物允许含量见表4-9。

表4-9 磨料磁性物允许含量(用JS11 - G1型磁性物分析仪)

磨料名称	粒度范围	磁性物含量不高于(%)
棕刚玉	F16 ~ F30	0.038 0
	F36 ~ F60	0.028 0
	F70 ~ F120	0.023 0
	F150 ~ F220	0.017 0
白刚玉	F16 ~ F24	0.002 3
	F30 ~ F120	0.002 1
	F150 ~ F220	0.001 5

续表 4-9

磨料名称	粒度范围	磁性物含量不高于(%)
黑碳化硅	F16 ~ F30	0.025 0
	F36 ~ F60	0.021 0
	F70 ~ F120	0.018 0
	F150 ~ F240	0.012 0
绿碳化硅	F16 ~ F30	0.018 0
	F36 ~ F60	0.015 0
	F70 ~ F120	0.012 0
	F150 ~ F220	0.010 0

采用 JS11 – Ⅱ型磁性物测定仪测量时,磨料磁性物允许含量见表 4-10。

表 4-10 磨料磁性物允许含量(用 JS11 – Ⅱ型磁性物测定仪)

磨料名称	粒度范围	磁性物含量不高于(%)
棕刚玉	F16 ~ F30	0.061
	F36 ~ F60	0.044
	F70 ~ F120	0.036
	F150 ~ F220	0.025
黑碳化硅	F16 ~ F30	0.039
	F36 ~ F60	0.032
	F70 ~ F120	0.027
	F150 ~ F220	0.017

4.5.4 颗粒形状的测定

4.5.4.1 实验原理

各种磨料有各种不同的颗粒形状特性,磨料颗粒形状不仅反映了磨料本身的晶体结构,而且与磨料磨粒被加工的方法和采用的加工设备有密切的关系。磨料颗粒形状的测定可提供磨料破碎加工质量情况的参考。

磨料颗粒形状的测定是在某粒度号磨料的基本粒中,除去厚度或宽度小于长度 1/3 的片状或条状颗粒后,其余均称为等积形颗粒;以其所占颗粒的百分数表示。

4.5.4.2 仪器设备

(1)实体显微镜。

(2)计数器。

4.5.4.3 试样制备

称取试样 100 g,按筛分方法,取其基本粒备用。

4.5.4.4 实验步骤

(1)调整好实体显微镜。

(2)取试样基本粒少量于载玻片摊匀,放于实体显微镜的载物台上。

(3)根据粒度号选择适当放大倍数,在显微镜下依次目视不少于 1 000 颗粒,记录等积形的数量。

4.5.4.5 计算

计算公式如下：

$$等积形(颗粒百分含量)=\frac{等积形颗粒数}{总测定的颗粒数}\times 100\% \tag{4-30}$$

4.5.4.6 注意事项

微粉颗粒形状检查以摄影法进行。

4.5.5 单颗粒强度的测定

4.5.5.1 实验原理

磨料晶体的抗压强度性能与磨料的使用价值有很大的关系。作为磨削和研磨用途的磨料颗粒,如果在使用过程中容易被破碎,就大大地降低了它的使用价值。因此，单颗粒抗压强度是衡量磨料在磨削时重要的机械强度指标之一。

以40颗粗于F36(包括F36)磨料的基本粒,所承受的最大垂直压力(即破碎压力)的算术平均值,作为其抗压强度值。

4.5.5.2 仪器设备

(1)单颗粒抗压强度测定仪。

(2)计数器。

4.5.5.3 试样制备

选用粗于F36(包括F36)粒度的磨料基本粒约10 g,用四分法取样,排列在玻璃片上备用。

4.5.5.4 实验步骤

(1)调整好仪器的零点。

(2)从载玻片的一端开始,一次一颗摄取试样,置于工作台面上,先量出颗粒尺寸,凡公称尺寸不合格者弃去,然后缓慢增加负荷,到3 kg处稍停一下,再继续加荷至破碎为止,记下负荷值。

(3)先算出40颗负荷值的算术平均值,再核对所有的负荷值。凡超过平均值1倍者舍去,舍后余值再取算术平均值,即为其单颗粒强度值。

4.5.5.5 注意事项

粒度尺寸以国家标准公称尺寸来确定,大于或小于公称尺寸者均不予以测定。

4.5.6 堆积密度的测定

4.5.6.1 实验原理

磨料的堆积密度是磨料的重要物理性质之一,它也是磨具制造的工艺参数之一，磨料的堆积密度是磨料的颗粒密度、颗粒形状和粒度组成等物理性质的综合反映。磨料的堆积密度在制造磨具时尤其重要,它与成型、制品强度及气孔率等有关系,也能影响磨具的磨削性能。

磨料的堆积密度是粒状磨料在自然堆积的情况下,单位体积内所含质量(g/cm^3),其测定方法一般是使磨料从规定的高度自由下落充满一定体积的容器,然后称量给定体积磨料的质量。

4.5.6.2 仪器设备

(1)PDM－I型普通磨料堆积密度测定仪,见图4-3。

主要技术数据：

漏斗：锥部角度　60°
　　　锥部高度　82 mm
　　　落料口内径　12.7 mm ±0.05 mm
　　　漏斗颈长度　12.7 mm

测量筒：内　径　39 mm ±0.1 mm
　　　　内部高度　83.7 mm ±0.1 mm
　　　　容　积　接近 100 mL
　　　　材　质　黄铜

落料口到测量筒上部距离　115 mm ±2 mm

(2)天平，称量 500 ~ 1 000 g，感量 0.1 g。

4.5.6.3　试样制备

试样在(110 ± 10) ℃的烘箱内，烘干 1 h，放入干燥器内，冷却至室温备用。

4.5.6.4　实验步骤

(1)用毛刷把测定仪的漏斗清扫干净，关闭出口的橡皮球，将测量筒放于定位销上。

(2)量取 150 mL 试样，放入加料器中，先沿漏斗壁倒入，逐渐移至中心部位，不离开料堆，缓慢向上提，使试样从中心向四周均匀散，自然堆积成锥形。

(3)打开堵口橡皮球，使试样自由下落，充满测量筒，立即用刮料板使刀刃紧贴测量筒口边缘，将筒上面多余试样沿着前刃方向刮去，刮时切勿使测量筒振动。

(4)称量测量筒中试样的质量，同一试样重复测定 3 次，其最大值与最小值之差不得大于 2 g。

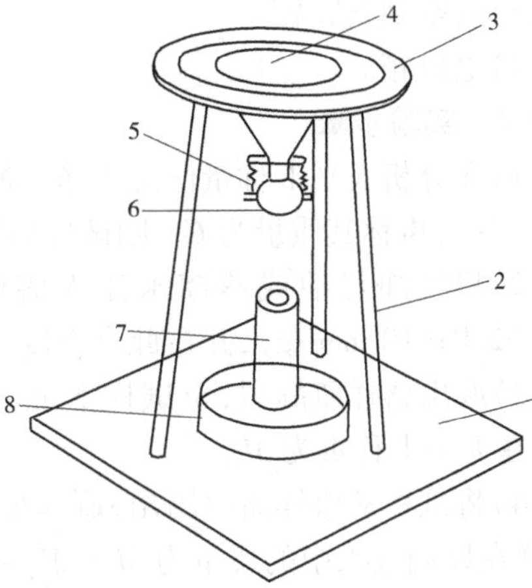

图 4-3　PDM - Ⅰ型堆积密度测定仪

1—底座；2—漏斗支杆；3—漏斗架；4—漏斗；5—弹簧；6—橡皮球；7—测量筒；8—集料盘

如 3 次重复测定结果不能达到以上要求，必须重新测定，将误差在允许范围以内的三次测定结果取平均值，作为测量筒内试样的净重。

4.5.6.5　计算

计算公式如下：

$$D = M/V \tag{4-31}$$

式中　D——磨料堆积密度，g/cm^3；

M——测定筒内磨料试样净重，g；

V——测量筒的容积，cm^3。

4.5.6.6　注意事项

(1)每次测定前，漏斗内表面要仔细清扫干净。

(2)漏斗中的试样不要刮平，中间堆高一些，有利于试料下落。

(3)试料充满测量筒后，应立即轻轻刮去多余试料，以免振动或其他原因影响测定结果。

4.5.7　磨料颗粒密度的测定

4.5.7.1　实验原理

磨料颗粒密度是指某一粒度号磨料的单位体积(不包括开口气孔，包括闭口气孔的体积)内所含质量，单位为 g/cm^3。测定粗磨粒时以水或煤油为介质，测定微粉时以煤油为介质，还必须经过真空抽气。最后按“阿基米德”原理进行测定。

4.5.7.2 **试样制备**

粒状试样用四分法缩分至15～25 g。块状试样经粉碎至全部通过100#筛网，吸除铁质后，在(110±10)℃的烘箱中烘干1 h，取出放在干燥器内冷却至室温备用。

4.5.7.3 **仪器设备**

(1)分析天平(感量为0.000 1 g)。

(2)精密液体比重计，精度为0.001 g/cm³。

(3)真空抽气装置。

(4)电烘箱。

4.5.7.4 **实验步骤**

(1)在分析天平上称量已洗干净干燥的试样瓶质量G，然后在瓶中放入约1/3容积的试样(5 g左右)，再称其质量为G_1，则试样质量$G = G_1 - G$。(精确至0.1 mg)。

(2)将纯净煤油或蒸馏水注入盛样瓶内，放入真空抽气装置内，抽至剩余压力小于1 333.22 Pa(10 mmHg)，并在此真空度下保持30 min。

(3)取出盛样瓶静置，至试样下沉，煤油或水清亮后将盛样瓶浸入盛有煤油或水的容器中，并在天平上称重为M_1。

(4)将试样从盛样瓶中倒出，刷净盛样瓶。称量盛样空瓶浸在煤油或水中的质量为M_0，则试样在煤油或水中的质量为$M = M_1 - M_0$。

(5)用精密液体比重计测出煤油的密度，如介质为水时，可从资料中查$\rho_{水}$。

4.5.7.5 **计算**

计算公式如下：

$$D = \frac{G}{G - M} \times \rho \tag{4-32}$$

式中 D——颗粒磨料的颗粒密度，g/cm³；

ρ——煤油或水的密度，g/cm³。

4.5.7.6 **注意事项**

(1)在液体中称重与测密度时，应尽量使液体温度保持恒定。

(2)试样测定3次，取某平均值，允许误差为1%，如超过此值，需重新测定。

第5章　磨具物理性能分析

5.1　外形尺寸和形位公差的测定

5.1.1　外形尺寸的测定

5.1.1.1　实验仪器

平板尺、卷尺、游标卡尺、相对测量仪、极限量规、平板、塞尺、塞规、放大镜、砂轮及油石等。

5.1.1.2　实验项目

外径、厚度、内径、油石尺寸等测定。

5.1.1.3　实验步骤

1)外径测量

用平板尺或相对测量仪测量砂轮上相互垂直两直径,取其偏离基本尺寸最大值为外径 D 值,精确到个位数。外径 D 不超过 90 mm 的砂轮和磨头,测量结果精确到小数点后一位。如在偏差极限尺寸时,可用高一级精度的检具判定。

外径 $D \geqslant 1\ 000$ mm 的砂轮用钢卷尺测量。

凹槽直径 d 的测量方法与外径相同。

2)厚度测量

(1)对于公差精确到小数点后一位者用精度为 0.05 mm 的游标卡尺或相对测量仪测量,对于公差精确到个位数者用钢直尺测量。

(2)测量时取砂轮上任意相互垂直的 4 点,用游标卡尺或相对测量仪测量,取其偏离基本尺寸最大值为 H 值,按公差要求精确到小数点后一位或个位。

3)孔径测量

(1)孔径为 10 mm 及更大时用极限量规或相对检测仪。

(2)用极限量规(注:极限量规通端及止端磨损超过公差 1/10 时则应予以报废)测量时,量规应垂直于砂轮端面,自由推入孔内,不得用力敲击,通端必须完全通过,止端最多只允许进入内孔高度的 1/3,但最多不得超过 5 mm。

(3)用相对测量仪检测时,测取砂轮两端面处 d 值(测量点为距砂轮端面 5 mm 左右),取其偏离基本尺寸最大值为 d 值。

(4)孔径 $d > 305$ mm 者也可用游标卡尺测量相互垂直之两孔径,取偏离基本尺寸最大值为 d 值,精确到小数点后两位。

4)油石尺寸测量

用游标卡尺或相对测量仪测量,对于宽度 B、高度 H 对称测取两处,取偏离基本尺寸最大值为 B、H 值;测长度 L 时,可测取一处,按公差要求精确到小数点后一位。

5)其他各部位尺寸测量

除上述范围之外的其他尺寸测量,应视其公差值来确定检具;公差值精确到个位数者用钢直尺，公差值精确到小数点后一位者用0.05 mm精度的游标卡尺或相对测量仪。

5.1.2 形位公差的测定

5.1.2.1 实验仪器

平板尺、塞尺、游标卡尺、相对测量仪、平面度检具、金属平台、钢直尺、百分表、端面偏摆测量仪、砂轮及油石等。

5.1.2.2 实验项目

平面度(包括弯曲变形)、平行度、同轴度、圆度、圆柱度、端面圆跳动等的检测。

5.1.2.3 实验步骤

1)平面度(包括弯曲变形)的检测

(1)对于厚度≤1 mm的砂轮，其弯曲变形的检测可将其置于厚度>5 mm的玻璃板或金属平台上，用塞尺测量，塞尺塞入深度超过10 mm则为不合格。

(2)一般磨具的平面度的检测，可将专用平板尺置于磨具表面，目视找出最大缝隙处，测量该处的数值，精确到小数点后一位。

2)平行度的检测

(1)按厚度H的检测方法，测出任意垂直四处的厚度值，取180°对应两点的厚度差中的最大值为其平行度误差，精确到小数点后一位。

(2)对于油石则按油石尺寸的检测方法，测出厚度H及宽度B的对应两点厚度差，作为其平行度误差，精确到小数点后一位。

3)同轴度的检测

(1)方法一：将砂轮挂在轴上，用百分表测头压在砂轮$H/2$处的圆周上，使百分表对零，然后转动砂轮测取180°对应点上偏差值即为同轴度，精确到小数点后两位。

(2)方法二：测量对应180°的砂轮表面环宽a、b值，取a、b值之差为同轴度，测出任意两个同轴度，取偏差最大值为最终结果，精确到小数点后两位。

4)圆度检测

按砂轮D的检测方法，测量磨具上任意垂直两外径D差值的1/2，即为圆度，精确到小数点后一位。

5)圆柱度的检测

按磨具D的检测方法，测量上、中、下不少于三个截面处外径，取最大、最小外径差值的1/2为圆度，精确到小数点后一位。

6)端面圆跳动的检测

用端面偏摆测量仪检测，对于杯、碗、碟形砂轮，将测头置于杯端面宽度1/2处，对于普通砂轮，将测头置于外圆向内5~10 mm处，轻轻转动砂轮，读出百分表上最大值与最小值之差为其偏差值，精确到小数点后两位。

5.2 磨具外观缺陷的检测

5.2.1 实验仪器

钢直尺、角尺、游标卡尺、放大镜、显微镜、小木槌、砂轮及油石等。

5.2.2 实验项目

裂纹、黑心、夹杂、发泡、铁斑、边棱缺损、哑声等的检测。

5.2.3 实验步骤

(1)裂纹、黑心、夹杂、发泡等用视力观测。

(2)铁斑。

铁斑尺寸测量:铁斑尺寸≥1 mm 者用 10 倍刻度放大镜测量,铁斑尺寸<1 mm 者用 JC-10读数显微镜测量。

铁斑数量测定:外径 $D>150$ mm 的砂轮用 100 mm 正方框套在砂轮上任意一个平面上,计算铁斑数量,面积不足 10 000 mm^2 者,可翻转一次测量,外径为 100~150 mm 的砂轮,其一个平面即作 10 000 mm^2 计算。

(3)边棱缺损。边棱缺损尺寸可用角尺配合钢直尺测量,当在极限尺寸时,用精度为 0.05 mm 的游标卡尺测量。

(4)哑声。将砂轮通过中心孔悬挂(质量较小的)或竖放于平整的硬地面上,用 200~300 g 重的小木槌轻轻敲击。敲击点在砂轮任一侧面上垂直中心线两旁 45°;距砂轮外圆表面 20~50 mm处,敲击后将砂轮沿圆周方向旋转 45°,再重复敲击一次,若砂轮发出清脆声则为正常,若发生闷声或哑声则判为不合格(特殊工艺制造的磨具除外)。

5.3 磨具硬度的检测

磨具的硬度是磨具质量的重要指标,不同性能材质的工件加工,需要不同硬度的磨具。因此,磨具的硬度对加工效率及工件质量有很大的影响。所以,硬度是磨具质量的重要指标。磨具硬度的检测方法有 3 种,即喷砂法、洛氏法和动弹模量法。喷砂法适用于磨料粒度在 F36~F150 范围内的磨具硬度,洛氏法适用于磨料粒度在 F180~F1000 范围内的磨具硬度,动弹模量法适用于检测各种砂轮的硬度。

5.3.1 喷砂法

5.3.1.1 实验仪器

喷砂硬度计、空气压缩机、磨具等。

5.3.1.2 设备主要参数及所用材料的技术指标

(1)喷砂硬度计工作条件及主要部件技术要求见表 5-1。

(2)喷砂检验用石英砂和校正用玻璃的技术要求见表 5-2。

5.3.1.3 实验步骤

(1)打开空气压缩机,使表压达到 8 kg/cm^2,停机。

(2)接通喷砂硬度计电源,将旋钮放在“手动”挡,升起机头清扫工作台。

(3)用 5 mm 的玻璃板校正喷砂硬度计。

(4)将待测磨具放在工作台上,将旋钮放在“半自动”挡,按“起步”键,重复两次,在待测磨具上对称测量两点,并记录两组数据。

(5)根据记录的数据,即坑深值,参照表 5-3 确定磨具的硬度;对菱苦土砂轮和加工石材用菱苦土磨石参照表 5-4 确定其硬度。

表 5-1　喷砂硬度计工作条件及主要部件技术要求

项目名称		指标	
工作条件	砂室工作压力(Pa)	14.7×10^4	
	石英砂砂室容积(cm^3)	5 ±0.5	28 ±1
	测定硬度级范围	F ~ L	M ~ Y
	测定粒度范围	F36 ~ F150	
主要部件技术要求	喷嘴孔径(mm)	5.5	
	锥形喷嘴的锥底孔径(mm)	5.5 ±0.5	
	接口嘴孔径(mm)	4.5 ±0.5	
	测杆外径(mm)	4.2 ±0.5	

表 5-2　喷砂检验用石英砂和校正用玻璃的技术条件

石英砂						钠平板玻璃		
化学成分(%)				粒度要求		厚度(mm)	测不少于 5 点的各点玻璃坑深值(mm)	
SiO_2	烧失量	杂质	密度(g/cm^3)	24#筛上余量(%)	36#筛上余量(%)		砂室 28 cm^3	砂室 5 cm^3
>96	<0.30	<1	2.62 ~ 2.66	<3	<8	5 ~ 6	2.13 ±0.05	0.53 ±0.03

表 5-3　普通砂轮坑深值与磨具硬度等级对照

硬度等级	硬度值及允许范围	磨料粒度			
		36# ~ 40#	46# ~ 54#	60# ~ 90#	100# ~ 150#
F	硬度值	4.20 ~ 3.56	4.84 ~ 4.16	5.24 ~ 4.51	5.30 ~ 4.61
	允许范围	4.80 ~ 3.26	5.24 ~ 3.83	5.54 ~ 4.18	5.60 ~ 4.28
G	硬度值	3.55 ~ 2.96	4.15 ~ 3.50	4.50 ~ 3.85	4.60 ~ 3.96
	允许范围	3.88 ~ 2.68	4.50 ~ 3.20	4.88 ~ 3.54	4.96 ~ 3.66
H	硬度值	2.95 ~ 2.41	3.49 ~ 2.90	3.84 ~ 3.23	3.95 ~ 3.36
	允许范围	3.25 ~ 2.14	3.82 ~ 2.62	4.17 ~ 2.94	4.27 ~ 3.08
J	硬度值	2.40 ~ 1.87	2.89 ~ 2.36	3.22 ~ 2.66	3.35 ~ 2.80
	允许范围	2.67 ~ 1.61	3.19 ~ 2.07	3.53 ~ 2.41	3.65 ~ 2.55
K	硬度值	1.86 ~ 1.36	2.34 ~ 1.80	2.65 ~ 2.16	2.79 ~ 2.30
	允许范围	2.13 ~ 1.14	2.61 ~ 1.57	2.93 ~ 1.63	3.07 ~ 2.07
L	硬度值	1.35 ~ 0.92	1.79 ~ 1.35	2.15 ~ 1.70	2.29 ~ 1.85
	允许范围	1.60 ~ 0.73	2.06 ~ 1.14	2.40 ~ 1.50	2.54 ~ 1.66

续表 5-3

硬度等级	硬度值及允许范围	磨料粒度			
		36# ~40#	46# ~54#	60# ~90#	100# ~150#
M	硬度值	3.21 ~2.63	4.00 ~3.32	4.74 ~4.01	5.00 ~4.56
	允许范围	3.55 ~2.39	4.43 ~3.03	5.08 ~3.68	5.23 ~4.36
N	硬度值	2.62 ~2.15	3.31 ~2.74	4.00 ~3.36	4.55 ~4.16
	允许范围	2.92 ~1.95	3.66 ~2.50	4.38 ~3.10	4.78 ~3.96
P	硬度值	2.14 ~1.76	2.73 ~2.27	3.35 ~2.84	4.15 ~3.76
	允许范围	2.38 ~1.61	3.02 ~2.10	3.67 ~2.64	4.35 ~3.58
Q	硬度值	1.75 ~1.46	2.26 ~1.94	2.83 ~2.44	3.75 ~3.41
	允许范围	1.94 ~1.35	2.49 ~1.80	3.09 ~2.28	3.95 ~3.26
R	硬度值	1.45 ~1.24	1.93 ~1.66	2.43 ~2.13	3.40 ~3.11
	允许范围	1.60 ~1.14	2.09 ~1.54	2.63 ~2.00	3.57 ~3.00
S	硬度值	1.23 ~1.05	1.65 ~1.43	2.12 ~1.88	3.10 ~2.90
	允许范围	1.34 ~0.98	1.79 ~1.34	2.27 ~1.77	3.25 ~2.80
T	硬度值	1.04 ~0.92	1.42 ~1.26	1.87 ~1.67	2.89 ~2.70
	允许范围	1.13 ~0.86	1.53 ~1.20	1.99 ~1.61	2.99 ~2.62
Y	硬度值	0.91 ~0.82	1.25 ~1.16	1.66 ~1.56	2.69 ~2.55
	允许范围	≤0.97	≤1.33	≤1.76	≤2.79

表 5-4　菱苦土砂轮坑深值与磨具硬度等级对照

硬度等级	硬度值及允许范围	磨料粒度					
		36# ~40#	46# ~54#	60# ~90#	100# ~150#	180# ~220#	240# ~ W5
N	硬度值	2.62 ~2.15	3.31 ~2.74	4.00 ~3.36	4.55 ~4.16	4.45 ~4.00	4.16 ~3.74
	允许范围	2.92 ~1.95	3.66 ~2.50	4.38 ~3.10	4.78 ~3.96	4.70 ~3.80	4.39 ~3.56
P	硬度值	2.14 ~1.76	2.73 ~2.27	3.35 ~2.84	4.15 ~3.76	3.99 ~3.60	3.73 ~3.37
	允许范围	2.38 ~1.61	3.02 ~2.10	3.67 ~2.64	4.35 ~3.58	4.22 ~3.42	3.95 ~3.21
Q	硬度值	1.75 ~1.46	2.26 ~1.94	2.83 ~2.44	3.75 ~3.41	3.59 ~3.23	3.36 ~3.05
	允许范围	1.94 ~1.35	2.49 ~1.80	3.09 ~2.28	3.95 ~3.26	3.79 ~3.06	3.55 ~2.90
R	硬度值	1.45 ~1.24	1.93 ~1.66	2.43 ~2.13	3.40 ~3.11	3.22 ~2.89	3.04 ~2.75
	允许范围	1.60 ~1.14	2.09 ~1.54	2.63 ~2.00	3.57 ~3.00	3.41 ~2.75	3.20 ~2.62
S	硬度值	1.23 ~1.05	1.65 ~1.43	2.12 ~1.88	3.10 ~2.90	2.88 ~2.60	2.74 ~2.49
	允许范围	1.34 ~0.98	1.79 ~1.34	2.27 ~1.77	3.25 ~2.80	3.05 ~2.47	2.89 ~2.37
T	硬度值	1.04 ~0.92	1.42 ~1.26	1.87 ~1.67	2.89 ~2.70	2.59 ~2.34	2.48 ~2.24
	允许范围	1.13 ~0.86	1.53 ~1.20	1.99 ~1.61	2.99 ~2.62	2.74 ~2.22	2.61 ~2.14

5.3.1.4 注意事项

（1）检测时三角架的端面应完全与磨具端面接触。

（2）在操作过程中，应经常用玻璃校正喷砂硬度计，用玻璃校正时，必须对准刻度“零”位。

（3）石英砂完全从砂室喷出后，机头应保持压在磨具表面，转动手轮，测定坑深值。

5.3.2 洛氏法

5.3.2.1 实验仪器

洛氏硬度计、磨具等。

5.3.2.2 洛氏硬度计的工作条件

（1）洛氏硬度计检测磨具硬度的一般工作条件见表5-5。

表5-5 洛氏硬度计检测磨具硬度的一般工作条件

<table>
<tr><td rowspan="4">磨具硬度</td><td colspan="4">粒度</td></tr>
<tr><td colspan="2">180# ~ W14</td><td colspan="2">W10 ~ W5</td></tr>
<tr><td colspan="4">工作条件</td></tr>
<tr><td>钢球直径（mm）</td><td>负荷（N）</td><td>钢球直径（mm）</td><td>负荷（N）</td></tr>
<tr><td>F ~ J</td><td rowspan="2">588</td><td rowspan="2">3.175</td><td>588</td><td rowspan="2">3.175</td></tr>
<tr><td>K ~ Y</td><td>980</td></tr>
</table>

（2）洛氏硬度计检测超精油石硬度的工作条件见表5-6。

表5-6 洛氏硬度计检测超精油石硬度的工作条件

<table>
<tr><td rowspan="2">硬度等级</td><td rowspan="2">磨料粒度</td><td colspan="2">工 作 条 件</td><td rowspan="2">硬度等级</td><td rowspan="2">磨料粒度</td><td colspan="2">工 作 条 件</td></tr>
<tr><td>负荷（N）</td><td>钢球直径（mm）</td><td>负荷（N）</td><td>钢球直径（mm）</td></tr>
<tr><td>A ~ E</td><td>W40 ~ W2.5</td><td>306.25</td><td rowspan="2">3.175</td><td rowspan="2">K ~ N</td><td>W40 ~ W14</td><td>588</td><td rowspan="2">3.175</td></tr>
<tr><td>F ~ J</td><td>W40 ~ W2.5</td><td>588</td><td>W10 ~ W2.5</td><td>980</td></tr>
</table>

（3）洛氏硬度计检测陶瓷结合剂强力珩磨油石硬度的工作条件见表5-7。

表5-7 洛氏硬度计检测陶瓷结合剂强力珩磨油石硬度的工作条件

<table>
<tr><td rowspan="4">磨具硬度</td><td colspan="6">磨料粒度</td></tr>
<tr><td colspan="2">100# ~ 150#</td><td colspan="2">180# ~ W14</td><td colspan="2">W10 ~ W5</td></tr>
<tr><td colspan="6">工作条件</td></tr>
<tr><td>负荷（N）</td><td>钢球直径（mm）</td><td>负荷（N）</td><td>钢球直径（mm）</td><td>负荷（N）</td><td>钢球直径（mm）</td></tr>
<tr><td>F ~ J</td><td>980</td><td rowspan="2">10</td><td rowspan="2">588</td><td rowspan="2">3.175</td><td>588</td><td rowspan="2">3.175</td></tr>
<tr><td>K ~ Y</td><td>1 470</td><td>980</td></tr>
</table>

5.3.2.3 实验步骤

（1）按待测磨具的类型，选定洛氏硬度计的负荷及钢球直径。

(2)调整缓冲器空载下降速度,使缓冲器下降时间保持在 5 ~6 s 以内。

(3)将待测磨具放在洛氏硬度计的工作台上,上升工作台,缓缓地加上 98 N 的预负荷,调整好零点和指示仪的指针重合,然后加上主负荷,待总负荷完全加上后,不维持时间,卸去主负荷进行读数。

(4)每处测 3 点,按刻度表上的 B 标尺读数,取相近两点的算术平均值作为测定值。

(5)根据上述测定值,参照表 5-8 确定磨具的硬度,超精油石的硬度参照表 5-9 和表 5-10 确定,陶瓷结合剂强力珩磨油石根据生产工艺的不同,粒度大于 150# 的油石硬度参照表 5-3、粒度为 180# 至 W5 的油石参照表 5-8、粒度为 100# ~150# 的油石参照表 5-11 确定。

表 5-8 洛氏硬度计读数与普通磨具硬度等级对照

硬度等级	磨料粒度					
	180# ~240#(W63)		W50 ~ W14		W10 ~ W5	
	硬度值	允许范围	硬度值	允许范围	硬度值	允许范围
F	-11 ~3	-25 ~17	18 ~29	7 ~38	33 ~45	23 ~53
G	4 ~17	0 ~29	30 ~40	20 ~48	46 ~55	36 ~62
H	18 ~29	4 ~40	41 ~50	32 ~58	56 ~64	48 ~71
J	30 ~40	18 ~50	51 ~60	43 ~67	65 ~73	58 ~80
K	41 ~50	30 ~59	61 ~68	53 ~74	39 ~51	29 ~59
L	51 ~59	41 ~68	69 ~76	63 ~82	52 ~62	42 ~68
M	60 ~68	51 ~76	77 ~83	71 ~87	63 ~70	55 ~76
N	69 ~76	60 ~83	84 ~88	78 ~92	71 ~78	65 ~83
P	77 ~83	69 ~89	89 ~93	85 ~97	79 ~85	73 ~90
Q	84 ~89	77 ~84	94 ~98	90 ~102	86 ~92	80 ~97
R	90 ~94	84 ~99	99 ~103	95 ~106	93 ~98	88 ~102
S	95 ~99	90 ~104	104 ~106	100 ~109	99 ~103	95 ~107
T	100 ~104	95 ~108	107 ~109	104 ~112	104 ~107	100 ~111
Y	105 ~108	≥100	110 ~112	≥107	108 ~110	≥104

表 5-9 洛氏硬度计读数与超精油石 A ~ E 级硬度值、允差范围对照

硬度等级	硬度值	允许范围	均匀性匀差
A	—	—	14
B	43 ~55	37 ~61	12
C	56 ~67	51 ~72	10
D	68 ~78	63 ~83	10
E	79 ~88	76 ~92	8

表 5-10 洛氏硬度计读数与超精油石 F ~ N 级硬度值、允差范围对照

硬度等级	磨料粒度				均匀性匀差
	W40 ~ W14		W10 ~ W2.5		
	硬度值	允许范围	硬度值	允许范围	
F	18 ~ 29	7 ~ 38	33 ~ 45	23 ~ 53	14
G	30 ~ 40	20 ~ 48	46 ~ 55	36 ~ 62	14
H	41 ~ 50	32 ~ 58	56 ~ 64	48 ~ 71	12
J	51 ~ 60	43 ~ 67	65 ~ 73	58 ~ 80	12
K	61 ~ 68	53 ~ 74	39 ~ 51	29 ~ 59	10
L	69 ~ 76	63 ~ 82	52 ~ 62	42 ~ 68	10
M	77 ~ 83	71 ~ 87	63 ~ 70	55 ~ 76	8
N	84 ~ 88	78 ~ 92	71 ~ 78	65 ~ 83	8

表 5-11 洛氏硬度计读数与陶瓷结合剂强力珩磨油石(粒度 100# ~ 150#)硬度等级对照

硬度等级	硬度值	允许范围	硬度等级	硬度值	允许范围
F	-18 ~ -4	-23 ~ 8	N	57 ~ 65	52 ~ 69
G	-5 ~ 21	-18 ~ 33	P	66 ~ 72	61 ~ 76
H	22 ~ 43	8 ~ 52	Q	73 ~ 79	69 ~ 83
J	44 ~ 60	33 ~ 66	R	80 ~ 85	76 ~ 88
K	22 ~ 34	16 ~ 41	S	86 ~ 90	83 ~ 93
L	35 ~ 46	28 ~ 52	T	91 ~ 95	88 ~ 98
M	47 ~ 56	41 ~ 61	Y	96 ~ 99	93 ~ 101

5.3.3 动弹模量法

5.3.3.1 实验仪器

动弹模量测定仪、小锤(材质为硬橡胶、木材或硬塑料)、钢板尺、游标卡尺、10 kg 案秤、50 kg 台秤、砂轮等。

5.3.3.2 动弹模量测定仪的主要技术指标及操作要求

(1)动弹模量测定仪的主要技术指标见表 5-12。

表 5-12 动弹模量测定仪的主要技术指标

项目名称		指标
技术要求	测量范围 E(N/mm^2)	$(4 \sim 110) \times 10^3$
	固有频率响应	30 Hz ~ 25 kHz
	固有重复性相对误差(%)	0.2
工作条件	环境温度(℃)	-10 ~ 40
	交流电压及频率	220 V ± 22 V, 50 Hz ± 2 Hz
	相对湿度(%)	< 80(40 ℃)

（2）砂轮的支撑方式和支撑工具见表 5-13。

表 5-13　砂轮的支撑方式和支撑工具

砂轮孔径 D(mm)	支撑方式	支撑工具
<127	平卧式	承受机带的锥形弹性支座
>127	悬挂式	套有橡皮的挂钩

5.3.3.3　实验步骤

（1）根据砂轮孔径，按表 5-13 的规定确定支撑方式，平卧式支撑按图 5-1 取信号点和敲击点，悬挂式支撑按图 5-2 取信号点和敲击点。

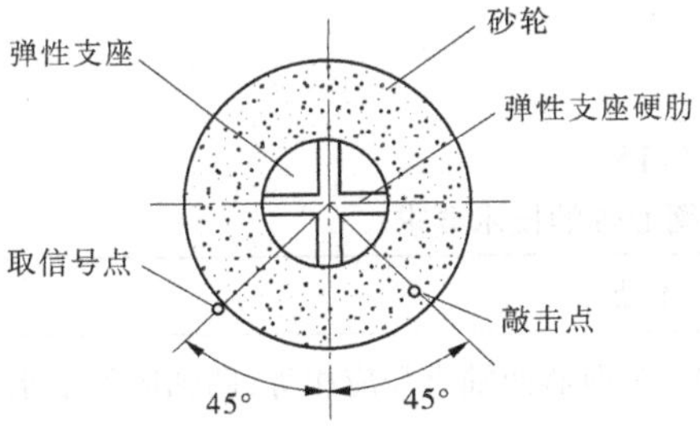

图 5-1　平卧式支撑取信号点和敲击点

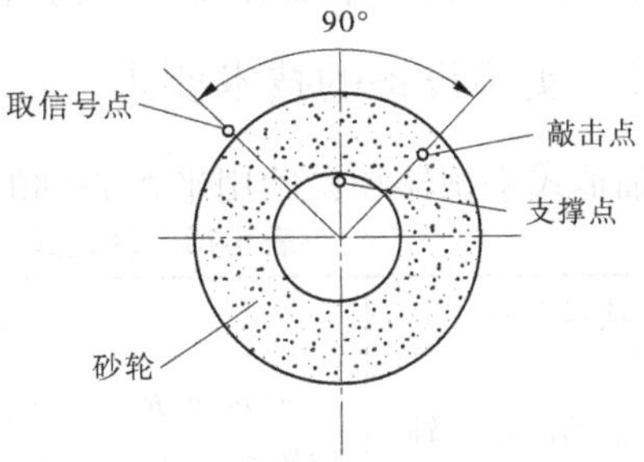

图 5-2　悬挂式支撑取信号点和敲击点

（2）以相对固定的敲击力度，反复击打敲击点，记录测定仪读数，选取重复出现三次的读数为动弹模量测定仪的读数，记为 R。

（3）按外形尺寸的检测方法，分别测定砂轮的尺寸，称取砂轮的质量。

5.3.3.4　计算砂轮的弹性模量

（1）平行砂轮（$3.30 < D/T \leqslant 25$）按下式计算 E：

$$E = \frac{mM}{TR^2} \times 10^3 \text{（保留两位小数）} \tag{5-1}$$

（2）单面凹砂轮、碗形砂轮和碟形二号砂轮按下式计算 E：

$$E = \frac{M\rho D^2}{R^2} \text{（保留两位小数）} \tag{5-2}$$

上两式中　E——弹性模量，$10^3\ \text{N/mm}^2$；

ρ——砂轮的密度，g/cm^3；

m——砂轮的质量，g；

D——砂轮外径，mm；

R——动弹模量测定仪读数，s；

T——砂轮厚度，mm；

M——形状因数（对式（5-1）可从 JB/T 10039—1999 中附录 B 的表 B2 中查取）。

（3）根据式（5-1）、式（5-2）计算的弹性模量 E 的数值，按表 5-14 的规定确定砂轮的硬度。

表 5-14　弹性模量 E 的数值与磨具硬度等级对照

硬度等级	C	D	E	F	G	H	J	K	L
弹性模量（E）值（$10^3\ \text{N/mm}^2$）	4.75～9.25	9.26～13.75	13.76～18.25	18.26～22.75	22.76～27.25	27.26～31.75	31.76～36.25	36.26～40.75	40.76～45.25

5.4 砂轮静平衡的检测

砂轮在制造过程中,由于形状、形位公差的不同,以及组织不均匀,造成砂轮的静不平衡,使得砂轮在工作状态下,产生振动、局部离心力过大等现象,影响砂轮的正常使用,甚至造成人身或设备事故。因此,砂轮的静平衡是不可忽视的质量指标。

5.4.1 实验仪器

轴辊式平衡器、平衡心轴、框式水平仪、砂轮。

5.4.2 实验设备的技术要求

轴辊式平衡器和检验用平衡心轴的技术要求见表 5-15。

表 5-15 轴辊式平衡器和检验用平衡心轴的技术要求

项目名称	技术要求
平衡器的两根钢轴	粗糙度 $Ra \leqslant 0.2$ μm,硬度 $HRC \geqslant 50$。平衡器两轴直径应相等,两轴应处于水平位置并在同一水平上
检验用平衡心轴	粗糙度 $Ra \leqslant 0.40$ μm,硬度 $HRC \geqslant 50$,并预先经过平衡

5.4.3 实验步骤

(1)校正平衡器的两根轴的水平,使其在同一水平面上。

(2)校正平衡轴的平衡。

(3)将装有平衡轴的砂轮对称地置于钢轴之间,并使平衡轴中心线与水平钢轴垂直。

(4)缓慢地转动砂轮,当砂轮自己停止时,在砂轮圆周的顶端装上夹子,其重心靠近圆周(夹进深度为夹子长度的 1/2 ~2/3),然后使砂轮转动 90°。在夹子上加上荷重,如果砂轮在这个荷重作用下,可停于任意位置,则该荷重(包括夹子的质量)即为该砂轮的不平衡数值。

(5)静不平衡的方位标志,外径为 500 mm 及更大的砂轮,应以箭头标志其不平衡位置,箭头指向方向为砂轮的轻侧。

5.5 砂轮回转强度的检测

砂轮是在高速旋转的条件下工作的,没有足够的强度保证,在使用过程中,必然造成设备或人身事故。因此,凡是 $D > 150$ mm 的陶瓷、树脂和橡胶结合剂砂轮,出厂前必须进行回转强度检测。

5.5.1 实验仪器

回转强度试验机、转速表、砂轮等。

5.5.2 实验设备的主要技术指标

回转强度试验机的主要技术指标见表 5-16。

表 5-16　回转强度试验机的主要技术指标(GB/T 2493—2003)

项目名称	使用要求	项目名称	使用要求
主轴转速误差	≤3%	空载时噪声声压级	≤85 Db(A)
主轴径向跳动	≤0.07 mm	防护罩	应牢固、安全

5.5.3　实验步骤

(1)使回转机空转,视其运转声音是否正常,如无异常方可进行回转试验。

(2)用转速表校对回转机转速表显示数据进行对比,如有差异应进行调整。

(3)根据回转砂轮的规格,选择相应的法兰盘。

(4)将砂轮装在主轴上,并在砂轮两端面装上法兰盘,用螺母紧固,关好防护罩。

(5)对最高工作速度≤50 m/s 的砂轮,按最高工作速度的 1.6 倍进行回转试验,达到最高速度时维持 30 s。

(6)对最高工作速度 >50 m/s 的砂轮,按最高工作速度的 1.5 倍进行回转试验,达到最高速度时维持 30 s。

(7)记录检测数据。

5.6　磨具体积密度、总气孔率和吸水率的检测

磨具的气孔率与磨具的稳定性、磨削效率、强度、硬度等因素密切相关。加工不同材质的工件,需选用不同气孔率的磨具。因此,磨具的气孔率是衡量磨具使用性能的一个重要指标。

5.6.1　实验仪器及试剂

真空泵、工业天平、韦氏天平、分析天平、电烘箱、烧杯、试验筛、盛样容器(见图 5-3)、温度计、干燥器、蒸馏水、钢刷、煤油、精密液体密度计等。

5.6.2　实验仪器的技术要求

(1)真空泵要求能达到剩余压力 <2.67 kPa,并能在真空状态下向真空室注入液体。

(2)工业天平的规格为 200 g,其感量为 0.01 g。

(3)分析天平的精度为 0.000 1 g。

(4)精密液体密度计的精度为 0.001 g/cm^3。

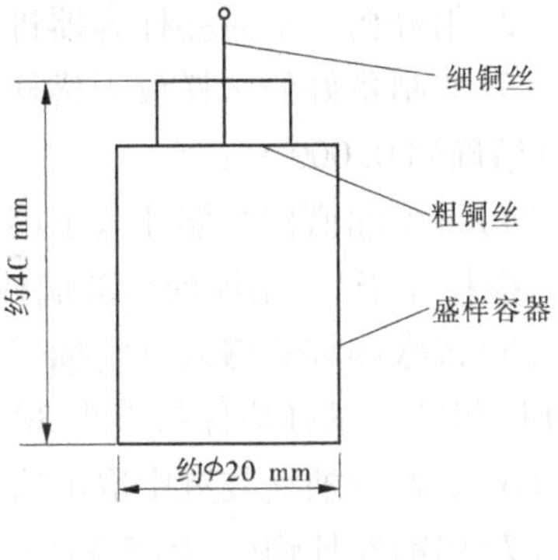

图 5-3　盛样容器示意图

5.6.3　实验步骤

5.6.3.1　试样制备

制备为 30 ~ 50 mm 无裂纹的样块,试样应不掉边,每种试样不少于 3 块,用毛刷把试样表面清理干净,并做好标记,在(110 ±5) ℃的烘箱中烘干 2 h,取出,放入干燥器内冷却至室温,备用。

5.6.3.2　**数据测量**

(1)称量试样的质量 m_0，精确到 0.01 g。

(2)将试样放入底部带有金属丝网的烧杯内，置于真空抽气装置中，抽真空至剩余压力 <2.67 kPa，继续抽气 10 min，关闭抽气泵，向真空室的烧杯内缓慢注入液体(蒸馏水或煤油)，直至试样完全淹没，继续抽气 40 min 以上至试样中基本无气泡排出时停泵，将装有试样的烧杯取出静置 1 h，使其温度接近室温。

(3)称量饱和试样在液体中的质量 m_1：将抽过气的液体倒入烧杯，置于天平左边，将饱和试样悬挂在天平挂钩上，并使其完全淹没在液体中，称取试样悬挂在液体中的质量 m_1，精确到 0.01 g，每次称量时应保持液面高度不变。

(4)称量饱和试样在空气中的质量 m_2：从液体中取出试样，用浸透液体的绸布轻轻擦去试样表面多余的液体(注意不要把试样气孔中的液体吸出)，迅速放入称量瓶中，称量饱和试样在空气中的质量 m_2，精确到 0.01 g。

5.6.3.3　**液体密度 ρ 液体的测定**

(1)采用蒸馏水时，测定蒸馏水的温度，查表 5-17 得出蒸馏水的真密度。

表 5-17　蒸馏水的密度

蒸馏水温度(℃)	12～18	19～23	24～27	28～30	31～33
蒸馏水密度(g/cm³)	0.999	0.998	0.997	0.996	0.995

(2)采用煤油时，用韦氏天平或精密液体密度计测出煤油的密度，精确到 0.001 g/cm³。

5.6.3.4　**试样密度 ρ 的测定**

1)试样制备

将试样粉碎并在研钵中磨细，使其通过孔径为 0.063 mm 的筛网，用磁铁吸净铁质，用四分法缩分至 40～50 g，装入试样袋，置于(110±5)℃的烘箱中烘干后，取出，放入干燥器内冷却至室温，备用。

2)数据测定

(1)将盛样容器在清洗液中清洗，然后用蒸馏水漂洗干净，烘干并冷却至室温。

(2)用分析天平对盛样容器进行称量。

(3)取制备好的试样放入盛样容器中，试样量约占盛样容器容积的 1/3，然后称量，称量值(m_2)精确到 0.000 1 g。

(4)将煤油盛样容器注入中(约占其容积的 1/2)，用玻璃棒充分搅拌试样，使大部分空气排出，搅拌完毕后，用煤油将玻璃棒上粘附的试样全部冲回至盛样容器中。

(5)将盛样容器移入真空抽气装置中，缓慢抽气至压力约为 1.3 kPa，在此压力下，F100 和 P100 以粗粒度试样应保持至少 30 min，F100 和 P100 以细粒度试样应保持至少 1 h。

(6)从真空抽气装置中取出盛样容器，静置至室温，注满煤油。

(7)用铜丝挂钩(见图 5-3)将盛样容器悬于装有煤油的烧杯中(注意应使盛样容器全部浸入煤油中)，并挂在天平挂钩上称量，称量值(m_3)精确到 0.000 1 g。

(8)取出盛样容器，倒出试样，并用煤油冲干净其中试样，而后重新注满煤油，按(7)的方法称量，称量值(m_4)精确到 0.000 1 g，此时，盛样容器浸入煤油中的深度应与(7)称量时的深度保持一致。

(9)用韦氏天平或精密液体密度计测出此时煤油的密度($\rho_{煤油}$)。

3)数据处理

根据以上测定数据,按式(5-3)计算磨料密度ρ,单位为g/cm^3,一个试样应重复测量3次,取3次测量结果的算术平均值作为测定结果。

$$\rho = \frac{m_2 - m_1}{(m_2 - m_1) - (m_3 - m_4)} \times \rho_{煤油} \tag{5-3}$$

5.6.4 数据处理

(1)体积密度D:干燥试样的质量与其总体积之比值。单位:g/cm^3,试样总体积为开口气孔、闭口气孔和固体材料三者的体积之和。由上述测定数据,根据式(5-4)计算D值。

$$D(g/cm^3) = \frac{m_0\rho_{液体}}{m_2 - m_1}(精确到小数点后两位) \tag{5-4}$$

(2)开口气孔率$P_{开}$:试样中与大气相通的气孔体积与其总体积之比值,以百分数表示。根据以上测定数据按式(5-5)计算$P_{开}$。

$$P_{开} = \frac{m_2 - m_0}{m_2 - m_1} \times 100\%(精确到整数) \tag{5-5}$$

(3)总气孔率$P_{总}$:试样中全部气孔(包括开口气孔与闭口气孔)体积与其总体积之比值,以百分数表示。根据以上测定数据按式(5-6)计算$P_{总}$。

$$P_{总} = \frac{\rho - D}{\rho} \times 100\%(精确到整数) \tag{5-6}$$

(4)闭口气孔率$P_{闭}$:试样中与大气不相通的气孔体积与其总体积之比值,以百分数表示。根据以上测定数据按式(5-7)计算$P_{闭}$。

$$P_{闭} = P_{总} - P_{开}(精确到整数) \tag{5-7}$$

(5)吸水率ω:试样所吸收的水的质量与干燥试样的质量之比值,以百分数表示,根据上述测定数据,按式(5-8)计算ω。

$$\omega = \frac{m_2 - m_0}{m_0} \times 100\%(精确到小数点后两位) \tag{5-8}$$

5.7 磨具组织号的检测

磨具的组织号是按磨粒率来划分的,通过测定磨具的磨粒率来确定磨具的组织号。

5.7.1 实验仪器及试剂

真空泵、工业天平、电烘箱、烧杯、试验筛、温度计、干燥器、蒸馏水、钢刷、煤油、研钵、高温电炉、铂皿、盐酸(10+90)(注:括号中的数字系浓盐酸的体积与水的体积比)、盐酸(5+95)、盐酸(1+1)、氢氟酸(40%)、硫酸(5+95)、硝酸(密度为1.42)等。

5.7.2 实验仪器的技术要求

(1)真空泵要求能达到剩余压力<2.67 kPa,并能在真空状态下向真空室注入液体。

(2)工业天平的规格为200 g,其感量为0.01 g。

(3)精密液体密度计的精度为0.001 g/cm^3。

5.7.3 实验步骤

5.7.3.1 陶瓷、树脂结合剂磨具试样体积密度 D 的测定

浸渍液用蒸馏水,方法步骤同5.6.3。

5.7.3.2 菱苦土结合剂磨具试样体积密度 D 的测定

浸渍液用煤油,方法步骤同5.6.3。

5.7.3.3 磨料颗粒密度 ρ 的测定

参照5.6方法。

5.7.3.4 磨料质量分数的测定

1)陶瓷结合剂磨具有关数据的测定

(1)试样制备。制备试样尺寸为2~3 mm 的小块,用四分法缩分至40 g 左右,粒度细于240$^{\#}$的试样,应再放在锰钢研钵中继续粉碎至全部通过100$^{\#}$筛,用磁铁吸除铁屑后,装入试样袋中,在105~110 ℃下烘干1 h,取出放入干燥器中冷却至室温。

(2)有关数据的测定。称取试样5~10 g(记为 m)放入铂皿中,用少量蒸馏水润湿,加40%氢氟酸15 mL、硝酸2 mL,置于砂浴或低温电热板上加热分解,蒸干;在氢氟酸处理过程中,用铂丝轻压试样使其分散,取下,再加氢氟酸和硝酸处理,反复操作至小块试样完全分散为止,用蒸馏水洗净铂皿外壁,放入已盛有热硫酸(5+95)100 mL 的400 mL 烧杯中,在砂浴中加热抽取,待试样全部脱离铂皿后,水洗铂皿,取出,继续煮沸10~15 min,取下,稍冷,过滤,滤纸和磨料用热盐酸(5+95)洗涤5~8次,热水洗5次,弃去滤液,将滤纸及磨料移入已灼烧至恒量质量 m_2 的瓷坩埚中,低温灰化,然后放入750 ℃高温炉中灼烧30 min,取出,放入干燥器中冷却至室温,称量质量 m_1。

2)树脂结合剂磨具有关数据的测定

(1)试样制备。制备试样尺寸为3~5 mm 的小块,用四分法缩分至40 g 左右,装入试样袋中,在105~110 ℃下烘干1 h,取出放入干燥器中冷却至室温。

(2)有关数据的测定。称取试样10 g 左右(记为 m),放入瓷皿(或瓷坩埚)中,置于低温电炉上,在不着火的情况下使试样炭化完全,再移入750 ℃高温炉中灼烧至恒量为止,取出冷却至室温,将残留物移入250 mL 的烧杯内,加入盐酸(10+90)50 mL,微沸15 min,取下,稍冷,过滤,滤纸和磨料用热盐酸弃去滤液,将滤纸及磨料移入已灼烧至恒量质量 m_2 的瓷坩埚中,低温灰化,然后放入750 ℃高温炉中灼烧30 min,取出,放入干燥器中冷却至室温,称量质量 m_1。

3)菱苦土结合剂磨具有关数据的测定

(1)试样制备。制备试样尺寸为3~5 mm 的小块,用四分法缩分至40 g 左右,备用。

(2)有关数据的测定。称取试样5 g 左右(记为 m)放入250 mL 的烧杯中,加入盐酸(1+1)100 mL,在明丝电炉上加热使块状物溶解,煮沸约15 min,取下,冷却,用中性滤纸过滤,不溶物以热盐酸(5+95)洗涤5~8次,热水洗5次,将不溶物移入铂皿中,先低温灰化,然后700 ℃灼烧20 min,取出,冷却,加入40%氢氟酸(40%)15 mL,蒸干,加入盐酸(5+95)15 mL,在砂浴上加热10 min,过滤后用热盐酸(5+95)洗涤5次,热水洗3次,弃去滤液,将滤纸及磨料移入已灼烧至恒量质量 m_2 的瓷坩埚中,低温灰化,然后放入700 ℃高温炉中灼烧至恒量,取出,放入干燥器中冷却至室温,称量质量 m_1。

5.7.4 数据处理

(1)根据测定数据，按下式计算磨料质量百分数 A：

$$A = \frac{m_1 - m_2}{m} \times 100\% \tag{5-9}$$

(2)根据计算的 A 值及测定的数据，按式(5-10)计算磨粒率 V_g：

$$V_g = A \times \frac{D}{\rho} \tag{5-10}$$

5.7.5 磨具组织号的确定

根据计算的磨粒率，按式(5-11)确定树脂和陶瓷结合剂磨具的组织号，按表 5-18 确定菱苦土结合剂磨具的组织号。

$$N = 31 - \frac{V_g}{2} \tag{5-11}$$

式中 N——组织号(从 0 ~ 14 或更大)；

V_g——磨粒率，%。

表 5-18 菱苦土结合剂磨具的磨粒率与组织号对应关系(JB/T 8339—96)

组织号	1S	2S	3S	4S	5S
磨粒率(%)	50 ~ 60	40 ~ 49	30 ~ 39	20 ~ 29	10 ~ 19

5.8 涂附磨具抗拉强度和伸长率的检测方法

5.8.1 实验原理

(1)抗拉强度是产品所能承受的最大拉力，单位为 kN/m。

(2)伸长率是拉伸试验中试样长度的增加值，以对原试样长度的百分率表示。

(3)抗拉强度和伸长率是涂附磨具产品重要的质量指标，在机械化生产中，这两项指标尤为重要，抗拉强度过低会导致产品在使用过程中断裂，伸长率过大在生产过程中会导致磨粒脱落或造成砂带产品的打滑现象，严重影响生产效率。

5.8.2 实验仪器

拉力试验机、裁纸刀、游标卡尺等。

5.8.3 拉力试验机的主要性能指标

(1)拉力量程 M_S 应满足：$0.1M_S < A$(所测试样的拉力)$< 0.9M_S$。

(2)分辨力应满足：在 0 ~ 500 N 时为 1 N，在 0 ~ 1 000 N 时为 2N，在 0 ~ 2 500 N 时为 5 N。

(3)精确度应满足：测力误差在使用范围内 $\leqslant \pm 1\%$、伸长率误差 $\leqslant \pm 0.5\%$。

(4)拉伸速度稳定，在起始拉伸 2 s 后，速率变化 $\leqslant \pm 10\%$。

(5)拉力机上下钳夹持距离为 200 mm ± 1 mm。

(6)拉力机上下钳的中心点应在拉力轴线内，夹钳的钳口线应与拉力线垂直，其夹持面与试样在同一平面内。

5.8.4 测试试样

5.8.4.1 取样条件

样品在(20 ±2)℃、相对湿度(65 ±5)%的环境中放置24 h。

5.8.4.2 取样方法

(1)页状砂布、砂纸按图5-4、图5-5取样。

(2)无接头砂带按图5-6取样。

(3)砂带按图5-7取样。

(4)卷状砂布、砂纸按图5-8取样。

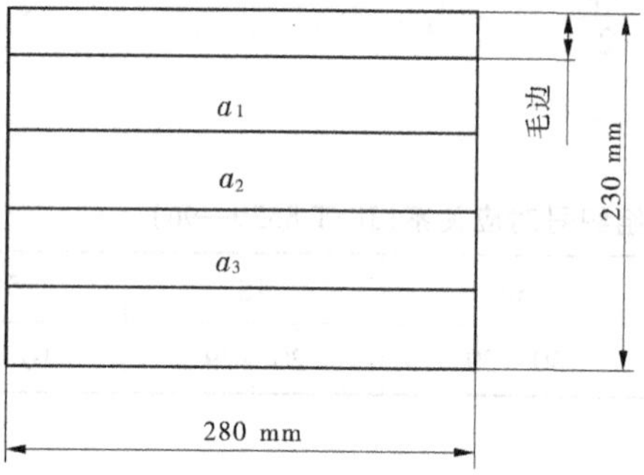

图5-4 页状砂布、砂纸取样示意图(一)

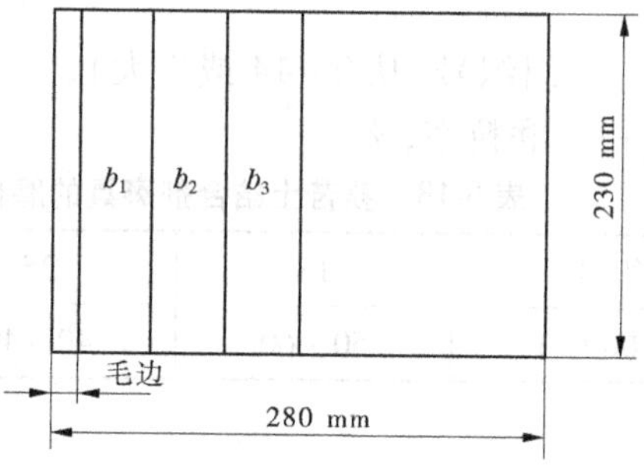

图5-5 页状砂布、砂纸取样示意图(二)

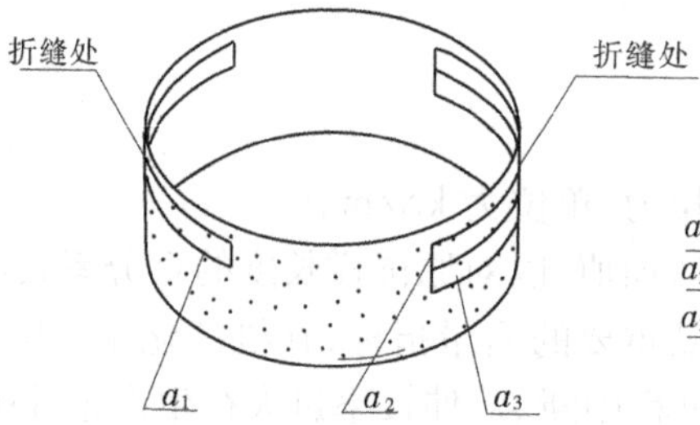

图5-6 无接头砂带取样示意图

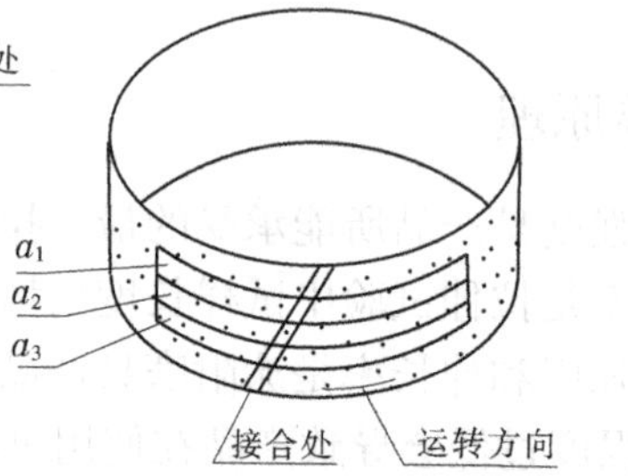

图5-7 接头砂带取样示意图

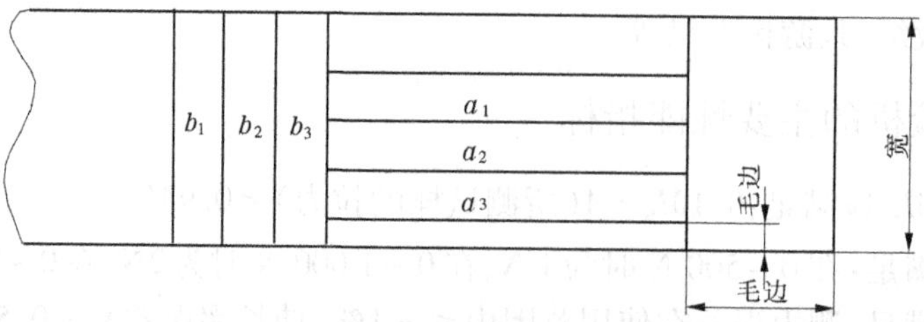

图5-8 卷状砂布、砂纸取样示意图

5.8.4.3 **试样尺寸**

参考图 5-9 确定。

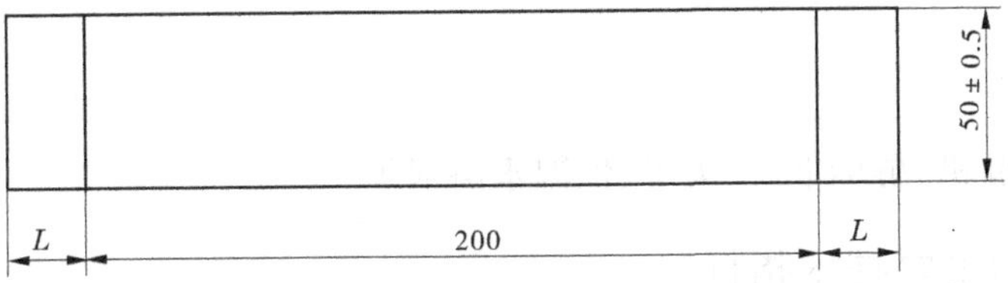

图 5-9 试样尺寸参考 （单位:mm）

5.8.5 测试条件

(1)温度:(20 ±2)℃;相对湿度:(65 ±5)%。

(2)拉伸速度:布基为(200 ±10)mm/min,纸基为(50 ±10)mm/min。

5.8.6 测试方法及步骤

(1)根据测试的试样调整拉力机的量程及零位,按规定调整夹具。

(2)试样安装:夹持试样时,试样长度方向中心点应位于夹具中心。

(3)试样拉伸,在拉伸过程中,若试样在夹具中打滑或试样断在钳口处以及断裂在离夹具边 5 mm 以内,有理由认为是设备运行或操作有问题,这些值应予舍弃;如无法判断,则当抗拉力不低于同一样品在正常情况下测得的抗拉力最低值或伸长率不高于测得的伸长率最大值时,则试验结果可以接受。

5.8.7 数据处理

(1)抗拉强度 S 按式(5-12)计算:

$$S = F/L_w = (\sum F_i/n)/L_w \text{(精确到小数点后二位)} \tag{5-12}$$

式中 S——抗拉强度,kN/m;

F——平均最大拉力,N;

F_i——各试样最大拉力,N;

n——测定次数;

L_w——试样宽度,mm。

(2)伸长率或断裂伸长率 E 按式(5-13)计算:

$$E = \sum E_i/n = \sum (\Delta L_i/200)/n \times 100\% \text{(精确到小数点后一位)} \tag{5-13}$$

式中 E——伸长率或断裂伸长率,%;

E_i——各试样伸长率或断裂伸长率,%;

ΔL_i——各试样伸长量,mm;

n——测定次数。

5.9 砂布(砂纸)磨削性能的检测

磨削性能是考核涂附磨具产品使用性能的重要指标,即考核产品的耐用度,磨削性能的检测指标包括金属磨除量和试样脱砂量。高质量的产品具有金属磨除量大和试样脱砂量小的特点，如果试样脱砂量小，而金属磨除量也不大说明产品的自锐性差；如果金属磨除量大，脱砂量亦大，则说明磨粒黏结的不牢固。

5.9.1 实验仪器

砂布磨削性能试验机、游标卡尺、天平、恒温水浴锅等。

5.9.2 实验设备的主要技术指标

(1)砂布磨削性能试验机的磨盘跳动≤0.05 mm。

(2)砂布磨削性能试验机的磨盘转速为(320 ±5) r/min。

(3)磨削轨迹：轨迹的环内径为(87 ±0.2) mm，环宽度为(16.5 ±0.4) mm。

(4)天平的分度值为0.01 g。

(5)恒温水浴锅的水温波动为 ±2 ℃。

5.9.3 测试条件

砂布、砂纸磨削性能试验条件见表5-19。

表5-19 砂布、砂纸磨削性能试验条件(JB/T 10155—1999)

项目		砂布		砂纸		耐水砂纸
		动物胶砂布 酚醛半树脂砂布	全树脂砂布 酚醛半树脂砂布	动物胶砂纸	树脂砂纸	
试样	材质	45		LY12CZ	45	LY12CZ
	直径(mm)	$12_{0}^{+0.15}$				
	硬度(HRB)	79 ~ 85			79 ~ 85	
磨削压力(N)		15	20	10	15	10
磨削时间(min)		20	4 ×30	20	2 ×30	20
磨削轨迹(mm)		环内径为87 ±0.2，环宽度为16.5 ±0.4				
试验大气条件		温度：20 ℃ ±2 ℃，相对湿度：60% ~70%				

5.9.4 试样制备

将待检测的产品制成外径为(165 ±2) mm、内径为10 ~20 mm的圆片状试样。

5.9.5 检测步骤

5.9.5.1 干磨试验

(1)取一试样，在大气条件下放置24 h，称其质量为 W_1，将其放在磨削性能试验机的磨盘上，用磨盖圈卡紧。

(2)取一试棒，称其质量为 G_1，将其夹紧在磨削性能试验机上。

(3)启动电动机，然后加上规定质量的砝码，使试棒与试样充分接触，同时计时。

(4)保持匀速运转,达到规定时间后停机,分别取下试棒与试样,称其质量为 G_2 和 W_2。

5.9.5.2 **湿磨试验**

(1)取一试样,在温度为 40 ℃的水中浸泡 4 h 后取出,将其放在磨削性能试验机的磨盘上,用磨盖圈卡紧。

(2)取一试棒,称其质量为 G_1,将其夹紧在磨削性能试验机上。

(3)打开喷水管阀门,使水冲在试棒与试样接触处。

(4)启动电动机,然后加上规定质量的砝码,使试棒与试样充分接触,同时计时并调整好水与试样的接触点。

(5)保持匀速运转,达到规定时间后停机,分别取下试棒与试样,擦干试棒上的水,称其质量为 G_2。

5.9.6 检测结果计算

(1)磨除金属量 G 按下式计算:

$$G = G_1 - G_2 \text{(精确到小数点后一位)} \tag{5-14}$$

式中 G——金属磨除量,g;

G_1——磨削前试棒的质量,g;

G_2——磨削后试棒的质量,g。

(2)试样的脱砂量 W 按下式计算:

$$W = W_1 - W_2 \text{(精确到小数点后一位)} \tag{5-15}$$

式中 W——试样脱砂量,g;

W_1——磨削前试样的质量,g;

W_2——磨削后试样的质量,g。

5.10 砂轮磨削性能的检测

5.10.1 实验原理

砂轮的磨削性能主要体现在磨削效率、砂轮的耐用度以及工件表面的完整性(振痕、烧伤、裂纹和表面残留应力)等。影响砂轮磨削性能的因素主要是砂轮的选择(磨料的选择、结合剂的选择、砂轮的硬度、组织号等);磨削参数的选择(砂轮线速度、工件转速、切入深度等);砂轮修整用量以及磨削液的选择等。本实验是在砂轮确定的情况下变化磨削参数检测砂轮的磨削性能的。

(1)在外圆磨床上以测力顶尖为弹性元件,以电阻应变片为转换器,利用电阻应变的应变效应将力转换成电量来测量,然后对测力顶尖定标求出磨削力。

测力顶尖是用普通磨床尾架顶尖制成的。磨削时在磨削力的作用下,顶尖弹性变形,应变片也随之变形,由于电阻应变片的应变效应,电桥的输出端即有电讯号输出,讯号经 Y6D－3A 应变仪放大后,由 Sc16 示波器记录下来。对测力顶尖定标后,就可以求出磨削力。

对测力顶尖定标就是要找出磨削力与电量之间的换算关系,在机床工作台上安放一个定标装置,在定标装置上沿砂轮进给的法向力作用线上放置一个叉形测力计,转动机床的进给手轮,砂轮架对工件的挤压力(Fn),通过测力计可直接读出。在定标装置的杠杆上有一个螺钉,垂直向下对工件加力，在杠杆的另一端加砝码，可知对工件加力的大小。对工件两个方向（Fn、Ft）每加一次力（每次加力大小一样），通过仪器把力转换的电讯号记录下来，经过回归计算就可以找出力与电量之间的换算关系。

（2）把康铜丝与工件组成半人工热电偶，磨削时回路中产生热电势。磨削温度的测量就是利用这个原理和借助专门设计的测温装置进行的。

测温装置的构造：热电偶的构成是将康铜丝夹在试件与试块之间，康铜丝的其他部分用塑料薄膜裹住，使之与工件及试块绝缘，在磨削过程中康铜丝搭在试件上形成铁－康铜热电偶，将康铜丝和试块分别用导线接到集流盘上，将产生的热电势通过电刷输送到放大器，经放大后再传到示波器。由示波器记录波形高度的大小显示磨削温度的高低（通过定标可以确定磨削温度，在本试验中不进行定标）。变换切入深度进行磨削，测量各次的波形高度值，进行比较，则可得出不同磨削条件下的磨削温度变化规律。

（3）磨削比的定义是单位时间磨除工件的体积与单位时间砂轮损耗的体积之比，它既表示砂轮对被磨材料的磨削性能，又表示被磨材料的可磨性。

5.10.2 实验设备

Y7520W 万能螺纹磨床；MMB1312 精密半自动外圆磨床；Y6D3－A 动态电阻应变仪；Sc16 光线记录示波器；Gz2 六线测振仪；外圆磨削测力装置（测力顶尖）；测力定标装置；外圆磨削测温装置；间接量具。

5.10.3 实验步骤

5.10.3.1 磨削力的测试

（1）选择磨削参数，制定试验计划。

（2）对测力顶尖进行定标，测取定标数据。

（3）修整砂轮，安装试件，进行磨削，此时仪器应与定标时所处状态相同。

（4）按 $L_3(3^4)$ 正交表进行实验，测取试验数据。

（5）数据处理。

5.10.3.2 磨削温度的测试

（1）了解测温装置的构造及热电偶的安装方法。

（2）记录实验条件。

（3）修整砂轮，安装试件，检查调整好测试仪器。

（4）进行磨削。

（5）记录实验所得的数据。整理实验报告。

5.10.3.3 磨削比的测试

（1）将砂轮修整。

（2）用间接量具复制砂轮外圆表面台阶的高度情况，并用千分尺测出砂轮台阶的高度。

（3）装夹工件，量取工件外径尺寸及长度。

（4）进行往复磨削。

（5）再次用间接量具复制砂轮外圆表面台阶的高度情况，并用千分尺测量出砂轮台阶的高度（磨削前后砂轮台阶高度的差值 Δ 即为砂轮半径方向上的磨耗量）。

（6）再次量取工件外径尺寸。

5.10.4 计算

计算公式如下：

$$G = \frac{L(D_1^2 - D_2^2)}{B(d_1^2 - d_2^2)} \tag{5-16}$$

式中 G——磨削比,%；

L——工件长度,mm；

D_1——工件磨削前直径,mm；

D_2——工件磨削后直径,mm；

B——砂轮工作宽度,mm；

d_1——砂轮磨削前直径,mm；

d_2——砂轮磨削后直径 ,mm。

5.11 砂轮的静态平衡

5.11.1 实验原理

磨削过程中的振动直接影响磨削的精度,而砂轮的不平衡是磨削过程中输入的一个直接振源。造成砂轮不平衡的主要原因是:砂轮制造过程中的密度不均匀;砂轮精加工后的形状不良;安装时砂轮孔与轴线不同心;砂轮孔和安装轴的间隙过大。因此,当砂轮装入法兰盘后,还必须进行静平衡,消降和降低砂轮不平衡状态。

5.11.2 实验仪器

砂轮平衡支架;砂轮;法兰盘;平衡心轴。

5.11.3 实验步骤

(1)将砂轮正确地装夹在法兰盘上。

(2)把平衡心轴穿在法兰盘锥孔内,轻轻放在平衡支架的导轨上。

(3)让砂轮自然静止。这时砂轮的上方比下方轻,可在砂轮的轻点作一标记 M。

(4)在轻点 M 处装上一个平衡块,并在左右两侧水平位置各装一平衡块。

(5)将砂轮转动 90°,再让其自然静止。这时如果点 M 仍在上方,可把左右平衡块同时向轻点移动相同距离。

(6)再将砂轮转动 90°,如果点 M 仍在上方,可将平衡块继续向轻点移动;如果 M 停留在下方,则说明调整量过大,应将平衡块向背离 M 点方向移动较小距离。如此反复调整直至砂轮旋转到任何位置都保持静止不动,说明砂轮已校正平衡。

第 6 章　超硬磨具化学成分分析

6.1　超硬材料镍钴电镀液的全分析

我国目前生产超硬磨具常用的结合剂，具体上分 4 类，即树脂结合剂、陶瓷结合剂、电镀金属结合剂及金属结合剂。树脂结合剂超硬磨具、陶瓷结合剂超硬磨具的生产过程与普通磨具相似，只是原材料不尽相同而已。

金属结合剂根据近年来的发展，大致可分为钴基、铁基、铜基，再加上其他金属粉与磨料充分混匀，润湿，在加热的条件下压制成型后烧结而成磨具。

超硬材料电镀制品最常用的是镍钴镀层，将 F40 ~ F60 粒度的磨料单层或多层地用电镀的方法镀在基体上而制成磨具。镍钴合金镀层比纯镍镀层光亮，光泽美观（外观呈青白色），耐磨性和耐蚀性也都高于纯镍镀层，且比真空镀钛易于掌握，所以镍钴合金电镀应用比较广泛。

镍钴镀层质量的好坏，都与其电镀液的成分变化有关。如当合金中钴含量大于 30% 时，镀层的内应力很大，在添加光亮剂的条件下内应力更大，容易引起龟裂和起皮脱落现象，对于薄片基体，这种现象尤为明显。钴盐浓度低时，镀层硬度低，耐磨性差，制品使用寿命短。目前采用的镍钴镀液一般控制钴含量占镍钴总量的 8% ~ 10%。电镀液的酸度控制不当也不能得到好的制品。电镀液中 Cl^- 离子含量控制不当会造成针孔等。因此电镀过程中电镀液的配制及其各主要成分含量的测定就变得尤为重要。本节仅介绍镍钴电镀液的化学分析方法。

6.1.1　镍钴电镀液中硫酸镍含量的测定

6.1.1.1　实验原理（H_2O_2 氧化法）

在氨性溶液中，以紫脲酸铵为指示剂。用 EDTA 标准溶液滴定镍，溶液由棕黄色变紫红色为终点。钴以二价态存在时，也可与 EDTA 生成配合物，但在氨性溶液中，经过氧化氢氧化，生成较稳定的三价钴及氨的配合物，使钴不能再与 EDTA 配合，从而不影响镍的测定。但钴含量高时将影响终点颜色的观察。

实验中发生的主要反应有（以 M^{2+} 表示 Ni^{2+}、Co^{2+}）：

氨合反应　$M^{2+} + 6NH_3 \longrightarrow [M(NH_3)_6]^{2+}$

氧化反应　$[Co(NH_3)_6]^{2+} + (1/2)H_2O_2 \longrightarrow [Co(NH_3)_6]^{3+} + OH^-$

滴定反应　$M^{2+} + H_2Y^{2-} \longrightarrow 2H^+ + MY^{2-}$

6.1.1.2　试剂及仪器

（1）仪器：5 mL 刻度吸管，酸、碱式滴定管，250 mL 锥形瓶，10 mL、50 mL 量筒。

（2）试剂：10% NaOH，氨水，紫脲酸铵指示剂，过氧化氢，标准镍钴电镀液，碳酸钙基准试剂，6 mol/L HCl。

6.1.1.3　实验步骤

1）EDTA 标准溶液的配制

在托盘天平上称取 1.6 g EDTA 于小烧杯中，加水 50 mL，搅拌低温加热溶解，冷却后转移到试剂瓶中，洗涤烧杯2次，洗液并入试剂瓶，加水稀释到200 mL，摇匀备用。

2）EDTA标准溶液的标定

准确称取碳酸钙基准试剂0.1～0.12 g于小烧杯中，滴加6 mol/L HCl至完全溶解，转移到100 mL容量瓶中，洗小烧杯2～3次，洗液移入容量瓶中，加水稀释至刻度，摇匀。移取25 mL溶液于锥形瓶中，加25 mL水，再加10% NaOH 4 mL和少许钙指示剂，摇匀，用EDTA标准溶液滴至溶液由紫红色→蓝色即为终点，平行测定两次。

3）分析试液中$NiSO_4$含量的测定

准确移取5 mL镀液于250 mL锥形瓶中，加氨水15 mL、过氧化氢0.5 mL，加热煮沸并摇动，当有大气泡出现时，停止加热，冷却后加蒸馏水20 mL，紫脲酸铵少许，用EDTA滴定至溶液由棕黄色到紫红色，记下消耗的EDTA体积V_1(mL)。

6.1.1.4 计算

计算公式如下：

$$c(\mathrm{EDTA}) = \frac{m}{M(\mathrm{CaCO_3})V} \times 1\,000 \tag{6-1}$$

式中 $c(\mathrm{EDTA})$——EDTA标准溶液浓度，mol/L；

m——称取的$CaCO_3$的质量，g；

$M(\mathrm{CaCO_3})$——$CaCO_3$摩尔质量，100.09 g/mol；

V——滴定时消耗EDTA溶液的体积，mL。

$$\rho(\mathrm{NiSO_4 \cdot 7H_2O}) = \frac{280.87c(\mathrm{EDTA})V_1}{5} \tag{6-2}$$

式中 $\rho(\mathrm{NiSO_4 \cdot 7H_2O})$——$NiSO_4 \cdot 7H_2O$含量，g/L；

$c(\mathrm{EDTA})$——EDTA标准溶液的浓度，mol/L；

V_1——测镍消耗EDTA体积，mL。

6.1.2 镍钴电镀液中硫酸钴含量的测定

6.1.2.1 实验原理

在氨性溶液中，以紫脲酸铵为指示剂，用EDTA标准溶液滴定，Ni^{2+}、Co^{2+}同时被测定，终点由棕黄→紫红色，测得镍钴合量。由6.1.1中已测出Ni^{2+}的含量。由Ni^{2+}、Co^{2+}合量减去Ni^{2+}量即得Co^{2+}的含量。

反应式如下：

氨合 $Ni^{2+} + 6NH_3 \longrightarrow [Ni(NH_3)_6]^{2+}$ $Co^{2+} + 6NH_3 \longrightarrow [Co(NH_3)_6]^{2+}$

滴定 $Ni^{2+} + H_2Y^{2-} \longrightarrow 2H^+ + NiY^{2-}$ $Co^{2+} + H_2Y^{2-} \longrightarrow 2H^+ + CoY^{2-}$

6.1.2.2 仪器及试剂

(1)仪器：5 mL刻度吸管，酸式滴定管，250 mL锥形瓶，10 mL、50 mL量筒。

(2)试剂：$NH_3 \cdot H_2O$，紫脲酸铵指示剂，EDTA标准溶液，镍钴电镀液。

6.1.2.3 实验步骤

镍钴总量的测定：准确移取5 mL镀液于250 mL锥形瓶中，加氨水10 mL，蒸馏水20 mL，紫脲酸铵少许，用EDTA滴定至溶液由棕黄色到紫红色，记下消耗的EDTA体积V_2(mL)。

6.1.2.4 实验数据的处理

ρ的计算公式为：

$$\rho(CoSO_4 \cdot 7H_2O) = \frac{281.0c(EDTA)(V_2 - V_1)}{5} \tag{6-3}$$

式中 $\rho(CoSO_4 \cdot 7H_2O)$——$CoSO_4 \cdot 7H_2O$ 含量，g/L；

$c(EDTA)$——EDTA 标准溶液的浓度，mol/L；

V_2——测镍钴总量消耗 EDAT 体积，mL；

V_1——测镍消耗 EDTA 体积，mL。

6.1.3 镍钴电镀液中硼酸含量的测定

6.1.3.1 实验原理

硼酸是一元酸，但酸性极弱，不能直接用碱滴定，甘油或甘露醇等多羟基有机物能和硼酸生成酸性较强的配合物，可被碱直接滴定。

6.1.3.2 试剂与仪器

(1)试剂：甘油混合液，氢氧化钠标准溶液 0.1 mol/L。

(2)仪器：碱式滴定管，250 mL 锥形瓶，50 mL 量筒，100 mL 烧杯，10 mL 刻度吸管。

6.1.3.3 实验步骤

1)氢氧化钠标准溶液的配制

称取 0.6 g 的 NaOH 于 100 mL 烧杯中，加蒸馏水溶解后，转移到试剂瓶中，洗涤烧杯 2 次，洗液并入试剂瓶中，然后加水稀释至约 100 mL，用橡皮塞塞好瓶口，充分摇匀。用所配制的 0.1 mol/L 的 NaOH 洗碱式滴定管 2 次，每次 5 ~ 10 mL，然后将溶液倒入碱式滴定管，除去气泡，调好零点。

2)0.1 mol/L NaOH 溶液的标定

在分析天平上准确称取已在 105 ℃烘干 2 h 的邻苯二甲酸氢钾 0.3 ~ 0.5 g，放入 250 mL 锥形瓶中，加 20 ~ 30 mL 水溶解后，加入 1 ~ 2 滴 0.2% 酚酞指示剂，用 NaOH 溶液滴定至溶液呈浅红色，30 s 不褪色即为终点，记下消耗 NaOH 体积(mL)。

3)分析试样的测定

用刻度吸管吸取 10.00 mL 镍钴电镀液于 250 mL 锥形瓶中，加入甘油混合液 25 mL，以氢氧化钠标准溶液滴定至溶液由淡绿转变为灰蓝色为终点。记下 NaOH 体积 V(mL)。

6.1.3.4 计算

邻苯二甲酸氢钾是一元酸，与 NaOH 按 1∶1物质的量进行，所以：

$$c(NaOH) = \frac{m}{MV} \times 1\ 000 \tag{6-4}$$

式中 $c(NaOH)$——NaOH 标准溶液，mol/L；

m——邻苯二甲酸氢钾质量，g；

M——邻苯二甲酸氢钾的摩尔质量，204.2 g/mol；

V——标定时消耗 NaOH 体积，mL。

$$\rho(H_3BO_3) = \frac{61.84c(NaOH)V}{10} \tag{6-5}$$

式中 $\rho(H_3BO_3)$——H_3BO_3 含量，g/L；

$c(NaOH)$——NaOH 标准溶液，mol/L；

V——滴定时消耗氢氧化钠的体积，mL。

6.1.3.5 **注意事项**

(1)终点变化明显,若灰蓝色终点不易控制,可由淡绿—灰蓝—紫红再减去过量的毫升数(0.2 mL)。

(2)pH 值应在 5.0 ~5.5 之间,若超过可用 NH_4HCO_3 调整后取样。

(3)铵盐对强碱起缓冲作用,大量铵盐存在时可使结果偏高。

6.1.4 镍钴电镀液中氯化钠的测定

6.1.4.1 实验原理

在近中性溶液中,NaCl 中的 Cl^- 与 $AgNO_3$ 中的 Ag^+ 进行定量反应。以铬酸钾为指示剂,过量的银离子与铬酸根生成红棕色铬酸银沉淀以此指示终点。

反应式如下:

$$Ag^+ + Cl^- \longrightarrow AgCl\downarrow$$

$$2Ag^+ + CrO_4^{2-} \longrightarrow Ag_2Cr_2O_4\downarrow$$

6.1.4.2 试剂与仪器

(1)仪器:5 mL 刻度吸管,酸式滴定管,250 mL 锥形瓶,10 mL、50 mL 量筒。

(2)试剂:铬酸钾指示剂,硝酸银标准溶液,镍钴电镀液,氯化钠基准试剂。

6.1.4.3 实验步骤

1)$AgNO_3$ 标准溶液的标定

准确称取 0.05 ~0.08 g 已经 105 ℃烘干 2 h 的基准 NaCl 置于小烧杯中,用蒸馏水溶解后转入 100 mL 容量瓶中,用水洗涤烧杯 3 次,洗液转入容量瓶中,加水稀释至刻度,摇匀,此为 NaCl 标准溶液。

用移液管移取 NaCl 标液 10 mL 于 250 mL 锥形瓶中,加水 20 mL、铬酸钾指示剂 5 滴,用 $AgNO_3$ 标液滴至溶液由白色沉淀→浅红色即为终点,记下消耗 $AgNO_3$ 的体积。

$AgNO_3$ 标准溶液的浓度为:

$$c(AgNO_3) = \frac{m(NaCl)}{M(NaCl)V} \times 1\,000 \tag{6-6}$$

式中 $c(AgNO_3)$——$AgNO_3$ 标准溶液的浓度,mol/L;

$m(NaCl)$——称取的 NaCl 质量,g;

$M(NaCl)$——NaCl 的摩尔质量,58.44 g/mol;

V——滴定时消耗 $AgNO_3$ 体积,mL。

2)镍钴电镀液中 NaCl 的测定

用移液管准确移取 5 mL 镀液于 250 mL 锥形瓶中,加水 20 mL,铬酸钾指示剂 5 滴,用力摇匀,以 $AgNO_3$ 标准溶液滴定溶液至白色沉淀→淡红色为终点,计下消耗 $AgNO_3$ 标液体积。

6.1.4.4 计算

$\rho(NaCl)$的计算公式为:

$$\rho(NaCl) = \frac{58.5c(AgNO_3)V}{5} \tag{6-7}$$

式中 $\rho(NaCl)$——镀液中 NaCl 的含量,g/L;

$c(AgNO_3)$——$AgNO_3$ 标液的浓度,mol/L;

V——滴定时消耗 $AgNO_3$ 标液体积,mL。

6.1.5 镍钴电镀液中1,4－丁炔二醇的测定

6.1.5.1 实验原理

1,4－丁炔二醇中的三键容易被氧化,为了测定光亮镀镍溶液中1,4－丁炔二醇的含量,在酸性试液中加入定量的重铬酸钾,加热使丁炔二醇氧化,然后以亚铁标准溶液回滴过量的重铬酸钾。

6.1.5.2 实验试剂

(1)0.02 mol/L重铬酸钾标准溶液。

(2)0.2%苯代邻氨基苯甲酸。

(3)0.1 mol/L亚铁标液:称取硫酸亚铁铵39.22 g溶于1 000 mL(5+95)硫酸中,加少量纯铝丝作稳定剂,可保存较长时间。

(4)硫酸,1+4。

(5)1,4－丁炔二醇标准溶液:称取1.000 0 g溶于水,稀释至1 L,此溶液含1,4－丁炔二醇1 g/L。

(6)底液,每升含硫酸镍300 g,氯化钠30 g,硼酸40 g。

6.1.5.3 实验步骤

(1)用移液管吸取镀液5 mL于锥形瓶中,加入(1+4)硫酸10 mL,准确加入重铬酸钾标液25 mL,置沸水浴中加热30 min,取下冷却,加入苯代邻氨基苯甲酸指示剂2滴,用亚铁标液滴定至近终点时,补加1滴指示剂,继续滴至溶液由紫红色到亮绿色为终点。记录消耗亚铁标液体积V(mL)。

(2)用移液管另取重铬酸钾标液25 mL于锥形瓶中,加(1+4)硫酸10 mL,苯代邻氨基苯甲酸指示剂2滴,按上述方法滴定,置沸水浴中加热30 min,取下冷却,加入苯代邻氨基苯甲酸指示剂2滴,用亚铁标液滴定至近终点时,补加1滴指示剂,继续滴至溶液由紫红色到亮绿色为终点。记录消耗亚铁标液体积V_1(mL)。

$$K = 25 / V_1 \tag{6-8}$$

(3)滴定度T:吸取镀液5 mL,丁炔二醇标液5 mL于锥形瓶中,加(1+4)硫酸10 mL,苯代邻氨基苯甲酸指示剂2滴,按上述方法滴定,置沸水浴中加热30 min,取下冷却,加入苯代邻氨基苯甲酸指示剂2滴,用亚铁标液滴定至近终点时,补加1滴指示剂,继续滴至溶液由紫红色到亮绿色为终点。记录消耗亚铁标液体积V_2(mL)。

$$T = \frac{0.005}{25 - KV_2} \tag{6-9}$$

6.1.5.4 计算

计算公式为:

$$\rho = \frac{(25 - KV)T}{5} \times 1\,000 \tag{6-10}$$

式中 ρ——1,4－丁炔二醇含量,g/L;

K——1 mL重铬酸钾标液相当于多少mL亚铁标液;

T——1 mL丁炔二醇相当于多少mL亚铁标液。

6.1.6 镍钴电镀液中糖精钠的测定

6.1.6.1 实验原理

在强酸性水溶液中，用氯仿萃取以分离糖精，然后蒸发除去，在将分离出的糖精溶解于热水中，加入氯化钡与糖精作用，能定量分析出酸，用碱标准溶液滴定，以酚酞作指示剂（本法因其他有机物亦有干扰，仅供生产上控制糖精含量时参考）。

6.1.6.2 实验试剂

（1）酚酞指示剂。

（2）氯仿混合液：90 mL 氯仿和 10 mL 乙醇混合。

（3）10% 氯化钡溶液。

（4）0.1 mol/L 氢氧化钠标准溶液。

6.1.6.3 实验步骤

（1）用移液管吸取镀液 50 mL 于 150 mL 分液漏斗中，加入盐酸 5 mL，加氯仿混合液 30 mL，摇匀，静置至分成两层，开启活塞，将下层溶液放入 250 mL 锥形瓶中，以后每次加入氯仿混合液 20 mL，如法萃取 4 次。合并下层混合液，置于水浴上（或在低温处）蒸发至留 5 mL 左右，加沸水 100 mL，10% 氯化钡 5 mL，冷却，加酚酞指示剂 2 ~ 3 滴，用 0.1 mol/L 氢氧化钠标准溶液滴定至由无色变为淡红色为终点。

（2）另外需配一已知糖精钠含量的镍镀液作为标准溶液，按上法同时平行测定，求出滴定度。

6.1.6.4 计算

计算公式为：

$$\rho = \frac{TV}{V_{试}} \times 1\ 000 \qquad (6\text{-}11)$$

式中 ρ——糖精钠含量，g/L；

T——滴定度；

V——耗用氢氧化钠标准溶液体积，mL；

$V_{试}$——镀液体积，mL。

6.1.6.5 注意事项

T 的求法：准确称取糖精钠 2 g，加水溶解后，加入无糖精镍镀液 200 mL，移入 1 000 mL 容量瓶中，加水至刻度，摇匀。吸取 50 mL，按上法操作，求出滴定度 T（即 1 mL 氢氧化钠标准溶液相当于糖精的克数）。

6.2 超硬磨具金属结合剂分析方法

磨料磨具，超硬材料行业发展很快，超硬磨具以其独特的磨削性能一直保持着强劲的发展势头，磨具的结合剂配方决定磨具的性能，所以，金属结合剂的分析对超硬磨具的配方调整、制备高性能的超硬磨具具有很好的指导意义。

6.2.1 分析试液的制备

6.2.1.1 方法一

称 0.2 g 样，加（1 +1）硫酸 30 mL，硝酸 10 mL，低温加热至清亮，加 10% KCl 20 mL（防止

生成偏锡酸沉淀）（或逐步加入 2 g 左右 KCl）加热至清亮，冷却，于 250mL 容量瓶稀释至刻度。本溶液适合于测定 Cu、Co、Ti、Sn、Fe、Mn，不适合于测 Ni。

6.2.1.2 方法二

称 0.2 g 样，加（1 +1）HCl 30 mL，H_2O_2 3 mL 溶解试样，冷却，于 250 mL 容量瓶稀释至刻度。适合于测 Ni、Zn，而不适合于测 Mn。

6.2.1.3 方法三

称 0.2 g 样，加（1 +1）HCl 40 mL，HNO_3 5 mL，逐步加入 2 g 左右 KCl，微热至完全溶解，冷却，于 250 mL 容量瓶稀释至刻度。Co 基结合剂适合于此法溶样，好溶。

6.2.1.4 方法四

称 0.2 g 样，加焦硫酸钾（加入量为试样的 20 倍）于瓷坩埚中，加盖，500 ~ 700 ℃（看熔的程度）熔融 15 min，取出坩埚，看熔融的情况是否均一，均一后（不均一继续加热）加入（1 +1）硫酸 30 mL、50 mL 水，加热浸取，于 250 mL 容量瓶定容。难熔的刀头及金刚石金属结合剂制品可用此法熔解。

6.2.2 金刚石含量的测定

按分析试液的制备方法溶解试样，将金刚石洗出，干燥，称量，计算金刚石含量。

6.2.3 金属结合剂中铜的测定

6.2.3.1 实验原理（碘量法）

在弱酸介质中，以碘化钾将铜还原为一价，生成碘化亚铜沉淀，同时游离出定量的碘，析出的碘在 pH =3 ~4 时，以淀粉作指示剂，用硫代硫酸钠标准溶液滴定，从而计算出铜的含量。

沉淀反应　　$2Cu^{2+} + 4I^- = 2CuI\downarrow + I_2$

滴定反应　　$I_2 + 2S_2O_3^{2-} = 2I^- + S_4O_6^{2-}$

可知：$n_{Cu^{2+}} = n_{Na_2S_2O_3}$

6.2.3.2 试剂

（1）硫酸，1 +1。

（2）冰醋酸，分析纯。

（3）氨水，分析纯。

（4）碘化钾，分析纯。

（5）硫氰酸铵溶液，25%。

（6）淀粉溶液，0.5%。

（7）硫代硫酸钠标准溶液，0.05 mol/L。

（8）铜标准溶液，含铜 1 mg/mL。

6.2.3.3 硫代硫酸钠标准溶液对铜的滴定度的标定

吸取铜标准溶液（1 mg/mL）25 mL 于 250 mL 锥形瓶中，用氨水中和至蓝色，再用乙酸中和至蓝色消失（浅绿色），再过量 2 ~3 mL，加 3 ~5 g 碘化钾，放置 3 ~5 min。用硫代硫酸钠滴定至微黄色，然后加入 5 mL 淀粉溶液，再滴定至微蓝色，加入 10 mL25% 硫氰酸铵溶液，继续滴定至蓝色消失为止。

$$T_{Cu} = \frac{m}{V} \tag{6-12}$$

式中　T_{Cu}——硫代硫酸钠对铜的滴定度,g/mL;

m——取铜的量,g;

V——滴定消耗硫代硫酸钠标准溶液的体积,mL。

6.2.3.4　实验步骤

吸取上述分析试液 50 mL 于 250 mL 锥形瓶中,加入(1+1)硫酸 10 mL,小心蒸发至冒硫酸白烟,取下,冷却(除 HNO_3,HCl)。小心!用水吹洗瓶壁,以氨水中和至生成蓝色,再用 HAc 中和至蓝色消失呈浅绿色 再过量 2~3 mL,加 15 mL 25% 氟化氢铵(掩蔽 Fe^{3+})(或 3~4 g),此时溶液清亮。冷却,加入碘化钾 3~5 g,于暗处放置 3~5 min。用硫代硫酸钠标准溶液滴定至浅黄色,加入 5 mL 淀粉溶液,再滴定至微蓝色,加入 10 mL 25% 硫氰酸铵溶液,继续滴定至蓝色消失为终点。

6.2.3.5　计算

铜的质量分数 ω(Cu)的计算公式为:

$$\omega(\text{Cu}) = \frac{T_{Cu} \times V}{m \times d} \times 100\% \tag{6-13}$$

式中　T_{Cu}——硫代硫酸钠对铜的滴定度, g/mL;

V——滴定时消耗硫代硫酸钠标准溶液的体积,mL;

m——所取试样的量,g;

d——试样中金属结合剂含量的百分数。

6.2.3.6　注意事项

(1)在碘化亚铜沉淀时,可能会吸附碘,使测定结果偏低。加入硫氰酸铵和碘化亚铜作用,生成硫氰化亚铜 Cu(SCN)即可消除对碘的吸附。

(2)HAc 调至 pH=5~6, NH_4F 即起消除 Fe^{3+} 的作用和缓冲溶液的作用。

(3)硫代硫酸钠标准可用重铬酸钾标准溶液标定:

$$c(Na_2S_2O_3) = \frac{6m(K_2Cr_2O_7)}{M(K_2Cr_2O_7)V(Na_2S_2O_3)} \times 1\ 000 \tag{6-14}$$

式中　$c(Na_2S_2O_3)$——$Na_2S_2O_3$ 的浓度,mol/L;

$m(K_2Cr_2O_7)$——$K_2Cr_2O_7$ 质量,g;

$M(K_2Cr_2O_7)$——$K_2Cr_2O_7$ 摩尔质量 ,294.18 g/mol;

$V(Na_2S_2O_3)$——$Na_2S_2O_3$ 溶液的体积,mL。

或

$$c(Na_2S_2O_3) = \frac{6c(K_2Cr_2O_7) \times V(K_2Cr_2O_7)}{V(Na_2S_2O_3)} \tag{6-15}$$

式中　$c(Na_2S_2O_3)$——$Na_2S_2O_3$ 的浓度,mol/L;

$c(K_2Cr_2O_7)$——$K_2Cr_2O_7$ 的浓度,mol/L;

$V(K_2Cr_2O_7)$——$K_2Cr_2O_7$ 溶液的体积,mL;

$V(Na_2S_2O_3)$——$Na_2S_2O_3$ 溶液的体积,mL。

$$\omega(\text{Cu}) = \frac{c(Na_2S_2O_3) \times V(Na_2S_2O_3) \times 0.063\ 5}{m \times d} \times 100\% \tag{6-16}$$

式中　ω(Cu)——Cu 的质量分数,%;

$c(Na_2S_2O_3)$——$Na_2S_2O_3$ 的浓度,mol/L;

$V(Na_2S_2O_3)$——$Na_2S_2O_3$ 溶液的体积,mL;

m——所取试样的量,g;

d——试样中金属结合剂含量的百分数。

6.2.4 金属结合剂中钴的测定

6.2.4.1 方法一

1)实验原理(亚硝基R盐光度法)

在pH=5~5.5时,三价钴与亚硝基R盐形成溶于水而不溶于非极性溶剂的配合物,镍、铜、铁等虽与试剂形成有色配合物,但在加硝酸煮沸,提高酸度下,即分解,不形成干扰。

2)试剂

(1)硝酸,1+1。

(2)亚硝基R盐溶液,0.5%。

(3)乙酸钠溶液,40%。

(4)EDTA溶液,0.05 mol/L。

(5)钴标准溶液,含钴0.01 mg/mL。

(6)锌盐溶液,0.02 mol/L。

3)实验步骤

吸取上述的分析试液5~10 mL(视含钴量的多寡而定),置于250 mL容量瓶中,稀释定容。分取5 mL,按工作曲线方法操作。

工作曲线:取8只容量瓶,其中依次分别置入钴标准溶液(含钴0.01 mg/mL)0 mL,1.0 mL,2.0 mL,4.0 mL,5.0 mL,6.0 mL,8.0 mL,10.0 mL,加入40%乙酸钠溶液5 mL,用移液管准确加入0.5%亚硝基R盐溶液5.00 mL,摇匀,沸水浴5 min,取下冷却定容于50 mL容量瓶,520 nm处以试剂空白作参比测定吸光度A。

6.2.4.2 方法二

1)实验原理

同方法一。

2)试剂

同方法一。

3)实验步骤

称取0.5 g试样,置于250 mL烧杯中,加硝酸(1+1)5 mL。低温加热溶解,蒸发至黏稠,加水溶解盐类,冷却后移入100 mL容量瓶中,以水稀释至刻度,摇匀,吸取10 mL,置入100 mL容量瓶中。再稀释至刻度,分取10 mL两份,分别置100 mL两用瓶中,1份作显色液,1份作参比液。

显色液:加水至40 mL,加乙酸钠溶液(40%)7 mL,以移液管准确加入0.5%亚硝基R盐溶液10 mL,加热煮沸3 min,加硝酸(1+1)10 mL。再煮沸2 min,冷却至室温,用水稀释至刻度,摇匀。

参比液:加硝酸(1+1)10 mL,亚硝基盐溶液10 mL,加乙酸钠溶液7 mL,加水稀释至刻度,摇匀。用3 cm比色皿在520 nm波长处以参比液为参比,测吸光度。

标准曲线的绘制:取8只两用瓶,其中依次分别置入钴标准溶液(含钴0.01 mg/mL)0 mL,1.0 mL,2.0 mL,4.0 mL,6.0 mL,8.0 mL,10.0 mL,14.0 mL,加水稀释至40 mL,加入40%乙酸钠溶液7 mL,以下按显色液步骤进行显色,以不加钴标准溶液的试剂空白为参比液读测吸光度,并绘制曲线。

6.2.4.3 **注意事项**

如果试样中含钴量低于0.1%,则分取试液10 mL两份于两用瓶中(100 mL)。

显色液:加溶液EDTA36 mL,乙酸钠溶液7 mL,亚硝基R盐溶液10 mL,及锌盐溶液8 mL,煮沸1~2 min,冷却至室温,加硝酸(1+1)20 mL,放置5 min后(不加热),加水稀释至刻度。

参比液:步骤同显色液,但不加锌盐溶液。

若含镍高的试样用方法二。

Co的质量分数计算公式为:

$$\omega(\mathrm{Co})=\frac{m_1}{m\times 1\,000\times d}\times 100\% \tag{6-17}$$

式中 $\omega(\mathrm{Co})$——Co的质量分数,%;

m_1——由试样测得的吸光度,自标准曲线上查得的钴量,mg;

m——取试样量,g;

d——试样中金属结合剂的含量。

注意:此光度分析方法测定范围仅在5.5%以下,含量再高须用质量法测定。

6.2.4.4 **方法三**

1)实验原理(1-亚硝基-2-萘酚质量法)

1-亚硝基-2-萘酚是最早使用的试剂之一,该方法长期以后一直作为标准方法使用,方法的准确度较高。铜、铁、锡、银、铬等元素随沉淀剂沉淀。分析时必须预先分离,以氧化锌悬浊液分离后,再以1-亚硝基-2-萘酚沉淀钴,过滤后于750~800 ℃灼烧为Co_3O_4,称量。

2)试剂

(1)盐酸,1+1,1+4。

(2)1-亚硝基-2-萘酚溶液,2%,取2 g试剂以50 mL冷乙酸溶解后,加热水50 mL混匀(当天配制)。

(3)氧化锌悬浊液,取研细的氧化锌25~30 g,加水100 mL调成浆状。

3)实验步骤

称取试样0.2 g,置于250 mL烧杯中,加盐酸(1+1)30 mL,加热溶解,滴加硝酸氧化,煮沸1~2 min,驱尽氮氧化物,冷却。以氨水中和至微酸性,加热近沸,移入500 mL容量瓶中。加水至200 mL,在不断振荡下分次缓慢加入氧化锌悬浊液,直至瓶底剩有0.1~0.5 g氧化锌白色沉淀为止。冷至室温,以水稀释至刻度,摇匀干燥过滤。

取滤液250 mL于500 mL烧杯中,加盐酸15 mL,加热至70~80 ℃,缓慢加入1-亚硝基-2-萘酚溶液(每10 mg钴加20 mL),并不断搅拌,微沸1~2 min,静置15~20 min。过滤,以盐酸(1+4)洗涤5~6次,再以热水洗涤8~10次。

将沉淀以及滤纸移入预先恒重过的瓷坩埚中,表面以草酸铵覆盖,小心烘干灰化(勿使起火),于750~800 ℃灼烧至恒量(30 min)。

4)计算

Co的质量分数计算公式为:

$$\omega(\mathrm{Co})=\frac{m_1\times 0.734\,2}{m}\times 100\% \tag{6-18}$$

式中　ω(Co)——Co 的质量分数,%;

m_1——沉淀称量,g;

m——取试样量,g。

5)注意事项

(1)氧化锌用量不可过多,否则结果偏低。

(2)灼烧温度不可超过 800 ℃,否则四氧化三钴将部分转变为氧化钴,影响计算结果。

6.2.5　金属结合剂中锡的测定

6.2.5.1　方法一

1)实验原理(EDTA-氟化铵解蔽滴定法)

在酸性溶液中,加入 EDTA 溶液,配合所有的金属离子,用硫脲掩蔽铜离子,用六次甲基四胺调节 pH=5~6,以二甲酚橙为指示剂,用硫酸锌滴定过量的 EDTA,然后加入氟化铵,将 Sn-EDTA配合物中的 EDTA 释放出来,再以硫酸锌标准溶液滴定,用消耗的硫酸锌标准溶液的体积计算锡的含量。

2)试剂

(1)硫脲饱和溶液。

(2)六次甲基四胺溶液,30%。

(3)二甲酚橙指示剂,0.2%(新制一周)。

(4)氟化铵,分析纯。

(5)硫酸锌标准溶液,0.025 mol/L。

(6)EDTA 标准溶液,0.05 mol/L。

3)实验步骤

吸取上述分析液 25 mL,置于 250 mL 的锥形瓶中,加入 EDTA 标准溶液 20 mL,滴加饱和硫脲溶液至蓝色消失(有明显颜色变化),再过量 0.5 mL(不可太多,否则加指示剂后无法滴定)(注意:此时,测定一下 pH 看是否为 5~6,否则应加氨水调至 5~6,但不可大于 6),加入 30%六次甲基四胺溶液 15 mL 及水 70 mL,滴加二甲酚橙指示剂数滴,用硫酸锌标准溶液滴定至溶液呈红色(不计量),加入 NH_4F 2 g,摇匀,继续用硫酸锌标准溶液滴定至溶液呈红色为终点。

4)计算

计算公式为:

$$\omega(\text{Sn}) = \frac{c \times V \times 0.118\,7}{m \times d} \times 100\% \qquad (6\text{-}19)$$

式中　ω(Sn)——Sn 的质量分数,%;

V——加入氟化钠后滴定时消耗的硫酸锌标准溶液的体积,mL;

c——硫酸锌标准溶液的浓度,mol/L;

m——所取试样的量,g;

d——试样中金属结合剂含量的百分数。

5)注意事项

(1)本方法只适用于不以铁铝为主要合金元素的锡的测定。钛的存在也将影响测定。

(2)在滴定过程中硫脲会逐渐分解析出硫磺,对结果不产生影响,相反起到衬托底色作用,使终点更易于辨认。

(3)两次滴定终点颜色要力求一致,否则对测定结果有影响。

(4)本法适合于硫酸+硝酸+KCl溶样,若以 $HCl + H_2O_2$ 滴加硫脲至蓝色不再加深,加热,蓝色消失。

(5)加硫脲后,加氨水调 pH=4,加30%六次甲基四胺溶液20 mL,有黄白色浑浊,估计是S。EDTA过量,若pH大于7时加二甲酚橙后为红色,加酸后显黄色。

6.2.5.2 方法二

1)实验原理(邻苯二酚紫-CTMAB光度法)

试样分解后,在硝酸-酒石酸介质中,加入邻苯二酚紫和溴化十六烷基三甲基铵(CTMAB)形成三元配合物。主要干扰元素为钼、钨、锑。铁以抗坏血酸还原,铝以酒石酸掩蔽,其他共存元素对测定无影响。

2)试剂

(1)硝酸1+1,1+9。

(2)抗坏血酸溶液,1%。

(3)酒石酸溶液,20%。

(4)氟化铵溶液,30%。

(5)邻苯二酚紫溶液,0.04%。

(6)溴化十六烷基三甲基铵溶液,0.10%。

(7)PV-CTMAB混合溶液,取邻苯二酚紫溶液(0.04%)100 mL及溴化十六烷基三甲基铵溶液(0.1%)40 mL混合后加水稀释至200 mL。

(8)锡标准溶液,含锡量0.01 mg/mL。

3)实验步骤

称取试样0.1 g于100 mL容量瓶中,加盐酸1 mL,过氧化氢1 mL,试样溶完后加水煮沸30 min,冷却。加20%酒石酸50 mL,(1+1)硝酸40 mL,以水稀释至刻度 。

吸取试液5 mL,于100 mL容量瓶中,加1%抗坏血酸溶液1 mL,加水至80 mL,加热近沸。准确加入PV-CTMAB混合溶液10 mL,流水冷却至室温,以水稀释至刻度。用1 cm比色皿于波长660 nm处,以滴加3~5滴氟化铵使锡褪色的空白溶液为参比,测定吸光度。

4)标准曲线的绘制

于100 mL容量瓶中加入20%酒石酸50 mL,(1+1)硝酸40 mL,以水稀释至刻度。于6只100 mL容量瓶中依次加入锡标准溶液(0.01 mg/mL)1.00 mL,2.00 mL,4.00 mL,6.00 mL,8.00 mL,10.00 mL,吸取上述酒石酸硝酸溶液5 mL 6份各置于容量瓶中,摇匀,加抗坏血酸溶液1 mL,加水至80 mL,按分析操作显色,测定吸光度,绘制标准曲线。

5)计算

计算公式为:

$$\omega(\mathrm{Sn}) = \frac{m_1}{m \times 1\ 000 \times d} \times 100\% \tag{6-20}$$

式中 $\omega(\mathrm{Sn})$——Sn的质量分数,%;

m_1——由试样测得的吸光度,自标准曲线上查得的锡量,mg;

m——取试样量,g;

d——试样中金属结合剂的含量。

6)注意事项

邻苯二酚紫试剂的纯度及质量对吸光度的灵敏度影响很大,应用质量较好的作为显色剂。

6.2.6 金属结合剂中镍的测定

6.2.6.1 方法一

1)实验原理(盐酸-过氧化氢溶样,碘氧化,丁二酮肟光度法)

在碘存在下的氨性溶液中 pH = 9 ~ 10 丁二肟与镍生成酒红色配合物,借此进行光度分析。用柠檬酸铵配合易水解及在酸性溶液中易析出含氧酸沉淀的元素如铁、铝、锡、锑、铋、钛、铅、钨、钼等元素。大量 Fe(Ⅲ)的柠檬酸盐呈黄色,在 470 nm 有吸收,可改在 530 nm 处测定;Cu、Co、Mn 对 Ni 的测定有干扰,可在氨性溶液中加入 EDTA 消除其干扰。强氧化剂的存在下,于碱性溶液中,丁二肟与镍生成酒红色配合物,这里以碘作氧化剂。

2)试剂

(1)碘化钾溶液,30%。

(2)柠檬酸铵溶液,30%。

(3)碘溶液,0.025 mol/L:1.6 g I_2,加 6 g KI,加少量水溶解后稀释至 500 mL,储存于棕色瓶中。

(4)氨性丁二肟溶液,0.2%:溶解丁二肟 1 g 于 500 mL 氨水中,以水稀释至 1 000 mL。

(5)镍标准溶液,含镍 0.5 mg/mL。

(6)EDTA,0.05 mol/L。

3)实验步骤

(1)溶样。称 0.2 g 样,加(1+1)HCl 6 ~ 10 mL,滴加 H_2O_2 3 ~ 5 mL,加盖,低温溶解,煮沸至清亮,定容至 250 mL。

(2)显色。取 10 mL,加柠檬酸铵溶液 10 mL,加 I_2标液 10 mL,加氨性丁二肟溶液 5 mL,摇匀放 2 min,加 EDTA 5 mL,摇匀,放置 3 min 定容至 100 mL。

(3)参比。同样取 10 mL 样,以(1+1)氨水 5 mL 代替丁二酮肟,其他不变。参比只做一份即可。

(4)比色。以 1 cm 比色皿,在波长 530 nm 处测定吸光度。

6.2.6.2 方法二

1)实验原理(碘化钾分离-丁二肟光度法)

本法适用于含锡 0.1% ~5% 的青铜金属结合剂的分析。

在碘存在下的氨性溶液中 pH = 9 ~ 10 丁二肟与镍生成酒红色配合物,借此进行光度分析。大量铜对镍的丁二肟光度法有干扰,所以必须分离去,加碘化钾使铜生成白色碘化亚铜沉淀与镍分离,在强氧化剂的存在下,于碱性溶液中,丁二肟与镍生成酒红色配合物,加入柠檬酸铵配合易水解及在酸性溶液中易析出含氧酸沉淀的元素铁、铝、锡、锑、铋、钛、铅、钨、钼等元素。这里以碘作氧化剂。

2)试剂

(1)碘化钾溶液,30%。

(2)柠檬酸铵溶液,50%。

(3)碘溶液,0.05 mol/L。

(4)氨性丁二肟溶液,0.1%,溶解丁二肟 1 g 于 500 mL 氨水中,以水稀释至 1 000 mL;

(5)镍标准溶液,含镍 0.5 mg/mL。

3)实验步骤

(1)吸取上述试液 25 mL 于 100 mL 容量瓶中,加水至约 60 mL,30% 碘化钾溶液 10 mL,以水稀释至刻度,充分摇匀,过滤于干烧杯中。吸取滤液 5 mL 置于 50 mL 容量瓶中,加 50% 柠檬酸铵溶液 5 mL,0.05 mg/mL 碘溶液 3 mL,水 15 mL,摇匀后,加氨性丁二肟溶液 10 mL,用水稀释至刻度,充分摇匀,以水空白,以 1 cm 比色皿在波长 530 nm 处测定吸光度。

(2)标准曲线的绘制:取纯铜 2 g,按试样溶液配制法制备。并吸取 25 mL 6 份,置于 100 mL 容量瓶中,分别加入镍标准溶液。0.00 mL,1.00 mL,3.00 mL,5.00 mL,7.00 mL,9.00 mL,按分析步骤进行显色,测定吸光度,绘制曲线。

4)计算

计算公式为:

$$\omega(\mathrm{Ni}) = \frac{m_1}{m \times 1\ 000 \times d} \times 100\% \tag{6-21}$$

式中 $\omega(\mathrm{Ni})$——Ni 的质量分数,%;

m_1——由试样测得的吸光度,自标准曲线上查得的镍量,mg;

m——取试样量,g;

d——试样中金属结合剂的含量。

6.2.6.3 方法三(丁二酮肟质量法)

1)实验原理

丁二酮肟质量法是测镍的经典方法,也是至今广泛应用的重要方法,由于该法具有很高的准确性和特效性,在国内外广泛地用作标准分析方法,丁二酮肟最突出的优点是具有很高的选择性,但是在沉淀镍的条件下很多易于水解的金属离子将生成氢氧化物或碱式盐类沉淀,加入酒石酸或柠檬酸即可掩蔽,并在 pH = 6 ~ 7 时生成丁二酮肟镍沉淀,由此与铁、钴、锰、铜、铬、钼、钨、钒等元素分离。由丁二酮肟镍的称量求得镍的含量;试样溶解后,在丁二酮肟沉淀剂加入时,二价钴对镍的干扰比较严重,它和丁二肟镍有部分配合成配合离子,而溶解到溶液中去,使滤液呈酒红色,使结果偏低。如果在加入沉淀剂之前加入 10 mL 过氧化氢,将干扰离子二价钴氧化成三价,对镍的干扰就消失了。另外扩大沉淀时的溶液体积,减少取样量,降低沉淀温度也是避免造成测定结果偏低的方法。

2)试剂

(1)酒石酸溶液:20%。

(2)乙酸铵溶液:20%。

(3)盐酸羟胺溶液:10%。

(4)丁二酮肟溶液:1% 乙醇溶液。

(5)硝酸溶液:1 + 1。

(6)高氯酸。

(7)氨水:1 + 1。

3)实验步骤

(1)称取试样 0.5 g,置于 150 mL 锥形瓶中,加入(1 + 1)硝酸 15 mL,加热溶解试样,然后加入高氯酸 10 mL,蒸发至冒烟,取下冷却。加水 50 mL,稍加热,溶解盐类,将溶液滤入 250 mL容量瓶中。用热水充分洗涤沉淀及滤纸,加水稀释至刻度,摇匀,备用。

分取试液 50 mL 置于 500 mL 烧杯中,加入 20% 酒石酸溶液 10 mL,滴加(1 + 1)氨水至 pH 值为 5.2,加 10% 盐酸羟胺溶液 10 mL, 20% 乙酸铵溶液 20 mL,加水至 400 mL(此时溶液的 pH 值为 6 ~ 7),加热至 60 ~ 70 ℃,加 1% 丁二酮肟乙醇溶液 50 mL,充分搅拌,置冷水中放置 1 h,抽滤于已知恒量的 3 号玻璃坩埚中,以冷水充分洗涤烧杯及沉淀,将坩埚置烘箱中,在 150 ℃温度下烘干 1 h,于干燥器中冷却至室温,称取丁二肟镍沉淀的量。

(2)称取试样 0.5 g,置于 250 mL 烧杯中,加入(1 + 1)硝酸 20 mL,上盖表面皿,低温加热溶解,冷却后用水洗涤表面皿和杯壁。将溶液移入 250 mL 容量瓶中,以水稀释至刻度,摇匀。

分取试样 10 mL,于 600 mL 烧杯中,加 25% 酒石酸溶液 20 mL,用水稀释至 350 mL 左右,用氨水中和至 pH 值为 8 ~ 9,加热至 50 ℃,加 30% 过氧化氢 10 mL,在不断搅拌下加入丁二酮肟乙醇溶液 30 mL,使镍生成丁二肟镍沉淀,继续搅拌 1 ~ 2 min,保温 1 ~ 30 min。趁热抽滤于已烘干至恒量的 3 号玻璃坩埚中,用水洗 3 ~ 4 次后,在 130 ~ 140 ℃温度的烘箱中烘干 1 h,置于干燥器内冷却至室温,称量。

4)计算

Ni 的质量分数 $\omega(\mathrm{Ni})$ 用下式计算:

$$\omega(\mathrm{Ni}) = \frac{m_1 \times 0.2032}{m} \times 100\% \tag{6-22}$$

式中 m_1——称取丁二酮肟镍沉淀的质量,g;

m——试样的称取质量,g。

6.2.7 金属结合剂中铁的测定

6.2.7.1 方法一

1)实验原理(重铬酸钾容量法)

在酸性溶液中,用氯化亚锡还原三价铁离子,用二氯化汞氧化过量的氯化亚锡,以二苯胺磺酸钠作指示剂,以重铬酸钾滴定之。

2)试剂

(1)盐酸,1 + 1。

(2)氯化亚锡溶液,10%:10 g $SnCl_2$ 加 10 mL HCl,加热溶解至清亮,加水至 100 mL。

(3)氯化汞饱和溶液。

(4)二苯胺磺酸钠指示剂,10 g/L。

(5)称取 1 g 二苯胺磺酸钠溶于 100 mL 水中,加入硫酸(1 + 1)2 mL。

(6)氟化钠溶液:50 g/L。

(7)混合酸,于 700 mL 水中注入硫酸 150 mL,冷却后,加磷酸 150 mL。

(8)重铬酸钾标准溶液,0.02 mol/L。

3)实验步骤

吸取上述试液 25 mL,用水稀释至 50 mL,滴加氨水沉淀铁,然后过量 10 mL,加热至沸,过滤,用热水洗涤 8 ~ 10 次,沉淀以(1 + 1)盐酸溶解于原烧杯,热水洗涤 8 ~ 10 次,将溶液蒸发至 20 mL,趁热滴加氯化亚锡至橙黄色恰好消失,过量 1 ~ 2 滴,流水冷却至室温,速加饱和二氯化汞溶液 20 mL,此时溶液中有白色丝状沉淀出现,静置 5 min。加水

50 mL,加混合酸 10 mL,二苯胺磺酸钠指示剂 2 ~ 3 滴,立即用重铬酸钾标准溶液滴定至紫色,保持半分钟不褪色为终点。

4)计算

Fe 的质量分数 ω(Fe)用下式计算:

$$\omega(\mathrm{Fe}) = \frac{c(1/6\mathrm{K_2Cr_2O_7}) \times V \times 0.055\ 85}{m \times d} \times 100\% \qquad (6\text{-}23)$$

式中 V——消耗重铬酸钾标准溶液的体积, mL;

$c(1/6K_2Cr_2O_7)$——反应单元 $1/6K_2Cr_2O_7$ 标准溶液的浓度,mol/L;

m——所取试样的量,g;

d——试样中金属结合剂含量的百分数。

5)注意事项

用氯化亚锡还原铁时,应保持小体积和较高的酸度,否则氯化亚锡易水解;加入氯化亚锡往往稍微过量即可。如果加入过多,则二氯化汞将被还原成金属汞,易被重铬酸钾氧化,使铁结果偏高。

6.2.7.2 方法二(无汞)

称取 0.2g 试样于 300 mL 锥形瓶中,加入 50 g/L 的氟化钠溶液 10 mL,盐酸 15 mL ,低温溶解完后蒸干,冷却后加水 10 mL,加(1 +1)HCl 20 mL,加热近沸,趁热滴加甲基橙 6 滴,边摇边慢慢滴加 200 g/L 氯化亚锡溶液至溶液由橙红至无色,流水冷却,加蒸馏水 20 mL,加硫 - 磷混酸 10 mL,二苯胺磺酸钠指示剂 3 滴,立即用 0.006 mol/L $K_2Cr_2O_7$ 标准溶液滴定至稳定的红紫色即达终点。

计算公式:同方法一。

6.2.7.3 方法三

1)实验原理(邻二氮菲光度法)

二价铁与邻二氮菲在一定的酸度下反应生成橙红色配合物,在 510 nm 波长处有最大吸收峰。只要有过量的邻二氮菲存在,共存元素都不干扰铁的测定。本法选择在 pH =4 左右显色。

2)试剂

(1)盐酸,1 +1。

(2)缓冲溶液:乙酸钠 272 g 溶于水,过滤之后加冰乙酸 240 mL,以水稀释至 1 000 mL。

(3)邻二氮菲溶液,0.2% 。

(4)盐酸羟胺溶液,10% 。

(5)铁标准溶液,0.01 mg/ mL。

3)实验步骤

(1)称取试样 0.5 g,置于 150 mL 三角烧瓶中,加(1 +1)盐酸 10 mL,待作用缓慢之后,加入过氧化氢数滴,煮沸,冷却。移入 100 mL 容量瓶中,以水稀释至刻度,摇匀。同时作空白一份。

(2)分别取试液以及空白溶液各 10 mL(按试样中铁量的多少取试液)分别置于 50 mL 容量瓶中。依照次序分别加入盐酸羟胺溶液 4 mL,缓冲溶液 5 mL,邻二氮菲溶液 5.0 mL,每加一种试剂后应摇匀(此时 pH 应为 4),在沸水浴中加热 5 min。冷却后,在 510 nm 波长处用 3 cm比色皿,以空白为参比读测吸光度。

(3)标准曲线的绘制：于6只50 mL容量瓶中依次加入铁标准溶液(0.01 mg/ mL)0 mL，1.0 mL，2.0 mL，3.0 mL，4.0 mL，5.0 mL，用水冲稀，按显色方法进行显色，读测吸光度并绘制曲线。

6.2.8 金属结合剂中锰的测定

6.2.8.1 方法一

1)实验原理(亚砷酸钠－亚硝酸容量法)

在硫酸，磷酸介质中，以硝酸银为催化剂，用过硫酸铵将二价锰氧化为七价，加氯化钠使银沉淀，用亚砷酸钠－亚硝酸钠标准溶液将七价锰的红色滴定消失为终点。磷酸的存在可稳定七价锰，扩大二价锰的氧化量，防止二氧化锰(四价锰)的产生，消除三价铁的颜色干扰。

2)试剂

(1)混合酸，于525 mL水中缓缓加入硫酸100 mL，冷却后，加磷酸125 mL，硝酸250 mL。

(2)硝酸银溶液，1.7%。

(3)过硫酸铵溶液，25%，当天配制。

(4)硫酸1+2，2+3。

(5)氯化钠溶液，1%。

(6)亚砷酸钠－亚硝酸钠标准溶液，0.05 mol/L：称取三氧化二砷1.25～1.30 g，置于600 mL烧杯中，加入16%氢氧化钠溶液25 mL，微热溶解，以水稀释至约200 mL，加入(1+2)硫酸至呈酸性(用石蕊试纸检验)，再加入2～3 mL，用15%碳酸钠将上述酸性溶液中和(用石蕊试纸检验)，加亚硝酸钠0.85 g，过滤，以水稀释至1 000 mL。或称取亚砷酸钠1.8 g，加水200 mL，搅拌均匀，用硫酸(1+1)调节至石蕊试纸变红，用10%碳酸钠调节至微碱性，加入1.7 g亚硝酸钠，溶解后移入1 000 mL容量瓶中，以水稀释至刻度，摇匀。

(7)亚砷酸钠－亚硝酸钠标准溶液对锰的滴定度的标定：吸取锰标准溶液(0.4 mg/mL) 25 mL 3份于250 mL锥形瓶中，加硫酸(2+3)10 mL，磷酸(1+1)5 mL、用水稀释至100 mL左右。加硝酸银溶液(1.7%)5 mL、过硫酸铵溶液(25%)15 mL，小心加热至沸，乃至冒大气泡，取下静置2～3 min。流水冷却至室温，再加硫酸(2+3)10 mL、氯化钠溶液(1%)5 mL，立即用亚砷酸钠－亚硝酸钠标准溶液滴定至粉红色消失为终点。

计算：

$$T = m/V \tag{6-24}$$

式中 T——亚砷酸钠－亚硝酸钠标准溶液对锰的滴定度，mg/mL；

m——取锰的量，g；

V——滴定消耗亚砷酸钠－亚硝酸钠标准溶液的体积，mL。

3)实验步骤

吸取上述试液25～50 mL(视含锰量的多寡而定)，置于250 mL锥形瓶中，加混合酸20 mL，于砂浴上蒸发至冒硫酸白烟1 min，取下，冷却。加冷水50 mL、硝酸银溶液(1.7%)5 mL、过硫酸铵溶液(25%)10 mL，加热至沸。取下，静置2 min，使锰氧化得更完全，流水冷却至室温，加入硫酸(2+3)10 mL，氯化钠溶液5 mL，立即用亚砷酸钠－亚硝酸钠标准溶液滴定之。

亚砷酸钠－亚硝酸钠标准溶液应以不变的速度滴入，每分钟不宜超过5～6 mL，被滴的溶液应不停地摇动，直到溶液颜色呈淡红色，继续滴定，但每滴之间相隔时间不得少于5 s，且最后2～3滴应彼此相隔10 s。于滴定完毕的溶液中加0.16%高锰酸钾溶液1滴，如系滴定正确,则溶液呈红色,且 1 ~2 min 内不褪色。

4)计算

Mn 的质量分数 ω(Mn)计算公式为:

$$\omega(\mathrm{Mn}) = \frac{T \times V}{m \times d} \times 100\% \tag{6-25}$$

式中 T——亚砷酸钠 - 亚硝酸钠标准溶液对锰的滴定度,mg/mL;

V——滴定时消耗亚砷酸钠 - 亚硝酸钠标准溶液的体积, mL;

m——所取试样的量,g;

d——试样中金属结合剂含量的百分数。

6.2.8.2 方法二

1)实验原理(光度法)

在银离子的催化作用下,二价锰在酸性溶液中被过硫酸铵定量氧化为高锰酸特有的紫红色进行光度测定。此法操作简便,是测锰的主要光度法。由于存在大量镍离子的干扰,必须在参比液中滴加几滴 EDTA,使七价锰还原后作底液空白,以测取吸光度。

2)试剂

(1)硝酸,1 +1,1 +5。

(2)定锰混合酸,在 500 mL 水中加入硫酸 25 mL,磷酸 30 mL,硝酸 60 mL,搅拌均匀后,加入硝酸银 0. 1 g,冷却,加水稀释至 1 000 mL。

(3)过硫酸铵溶液,10%,当天配制。

(4)硝酸银溶液,1%。

(5)EDTA,5%。

(6)锰标准溶液,含锰 0. 02 mg/mL,用纯锰配制。

3)实验步骤

(1)称取试样 0. 2 g ,加(1 +5)硝酸 5 mL,加热溶解,煮沸驱散除黄盐,稀释至 100 mL 容量瓶中。分取 25 mL 于 100 mL 烧杯中,蒸发至 10 mL,加入定锰混合酸 20 mL、10% 过硫酸铵溶液10 mL,煮沸 1 min,冷却,移入 50 mL 容量瓶中,加水稀释至刻度,摇匀。倒出部分显色液,于1 cm或 3 cm 比色皿中,在剩留的溶液中滴加 5% EDTA 数滴。静置 10 min,七价锰还原作为底液空白,以此为参比液在 530 nm 波长处测定显色液的吸光度,在相应的锰标准曲线上查得试样的含锰量。

(2)标准曲线的绘制:于 6 只锥形瓶中依次分别加入锰标准溶液(0. 02 mg/mL)0 mL,1. 0 mL,3. 0 mL,5. 0 mL,7. 0 mL,9. 0 mL,按上述方法加入定锰酸 20 mL,以下操作同上,显色后,于 1 cm 比色皿,以加 EDTA 后的溶液为参比液测得各溶液的吸光度,并绘制标准曲线。

6.2.9 金属结合剂中铅的测定

6.2.9.1 实验原理(EDTA 容量法)

铅以硫酸铅沉淀与其他干扰元素分离,然后用乙酸铵溶解,用二甲酚橙作指示剂,以EDTA标准溶液滴定。

6.2.9.2 试剂

(1)硫酸,1 +1。

(2)硫酸钾。

(3)乙酸铵溶液,25%。

(4)硫酸-硫酸钾洗涤液,1%硫酸和2%硫酸钾溶液混合。

(5)二甲酚橙指示剂,0.1%。

(6)EDTA标准溶液,0.01 mol/L。

6.2.9.3 实验步骤

吸取上述试液100 mL,置于300 mL锥形瓶中,蒸发至近干,加入(1+1)硫酸20 mL,继续加热蒸发至冒硫酸白烟,加水80 mL,煮沸溶解盐类。保温放置4 h,使硫酸铅沉淀完全,过滤。用硫酸-硫酸钾洗涤10次。用热的25%的乙酸铵溶液溶解沉淀于原锥形瓶中(用量约50 mL)。煮沸3~5 min,冷却。加入抗坏血酸0.1 g,溶解后,加水100 mL,搅匀。先滴加EDTA标准溶液3~4滴(要计算在滴定毫升数内),摇匀后,加二甲酚橙2~3滴,再继续用EDTA标准溶液滴定至红色褪尽,溶液呈橙黄色为终点。

6.2.9.4 计算

Pb的质量分数$\omega(\text{Pb})$如下式计算:

$$\omega(\text{Pb}) = \frac{c \times V \times 0.2072}{m \times d} \times 100\% \tag{6-26}$$

式中 V——消耗EDTA标准溶液的体积, mL;

c——EDTA标准溶液的浓度,mol/L;

m——所取试样的量,g;

d——试样中金属结合剂含量的百分数。

6.2.10 金属结合剂中银的测定

6.2.10.1 实验原理(硫氰酸盐容量法)

在硝酸溶液中,银与硫氰酸铵生成难溶的硫氰酸银沉淀,过量的硫氰酸铵与三价铁生成硫氰化铁红色配合物指示终点。

6.2.10.2 试剂

(1)硫酸高铁铵溶液,30%(含硫酸5%)。

(2)银标准溶液,含银量为1 mg/mL。

(3)硫氰酸铵标准溶液,0.04 mol/L。

6.2.10.3 标定硫氰酸铵标准溶液对银的滴定度

用移液管吸取银标准溶液10 mL,置于250 mL锥形瓶中,加硝酸3 mL,再加硫酸高铁铵溶液5 mL,用0.04 mol/L硫氰酸铵标准溶液滴定至稳定的红褐色。

计算:

$$T = \frac{m}{V} \tag{6-27}$$

式中 T——硫氰酸铵标准溶液对银的滴定度,g/mL;

m——取银标准溶液中银的量,g;

V——滴定时消耗硫氰酸铵标准溶液的体积, mL。

6.2.10.4 实验步骤

称取试样0.5 g,置于250 mL烧杯中,加硝酸15 mL,加热溶解,煮沸驱氧化氮,冷却。移入250 mL容量瓶中,用水稀释至刻度,摇匀。

吸取上述试液 50 mL，置 250 mL 锥形瓶中，加硝酸 3 mL，摇匀。加硫酸高铁溶液 5 mL，用 0.04 mol/L 硫氰酸铵标准溶液滴定至呈稳定的红褐色为终点。

6.2.10.5 计算

Ag 的质量分数 ω(Ag) 如下式计算：

$$\omega(\mathrm{Ag}) = \frac{T \times V}{m \times d} \times 100\% \qquad (6\text{-}28)$$

式中 T——硫氰酸铵标准溶液对银的滴定度，g/mL；

m——取试样的量，g；

V——滴定时消耗硫氰酸铵标准溶液的体积，mL；

d——试样中金属结合剂含量的百分数。

6.2.10.6 注意事项

（1）分析全过程中应避免氯离子混入。

（2）标定硫氰酸铵时所取银含量应与试样大致相同。

6.2.11 金属结合剂中钨的测定

6.2.11.1 实验原理（间接配合滴定法）

在 pH =4.6 的溶液中，有 1 ~ 1.5 g 乙醇胺存在下，加乙酸铅标准溶液，使钨成钨酸铅沉淀，过量的铅离子，以二甲酚橙作指示剂，用 EDTA 标准溶液反滴定，溶液由红变黄即为终点。在测定钨时，可在沉淀钨酸铅之前，预先用氢氧化钠沉淀分离大量的铁、锰、铜、铋、锡等干扰元素，残留于溶液中的微量铁铅，以乙酰丙酮掩蔽，微量铜加 1,10 - 二氮杂菲掩蔽，钛、锡用乳酸消除干扰。

6.2.11.2 试剂

（1）EDTA 标准溶液，0.01 mol/L，用纯铅溶液标定。

（2）乙酸铅标准溶液，0.01 mol/L，称取纯铅 2.072 g，溶于硝酸，蒸干，加 20% 乙酸铵溶液溶解，移至 1 000 mL 容量瓶中，用水稀释至刻度。

（3）乳酸溶液，1%，以 5% 氢氧化钠中和至中性。

（4）1,10 - 二氮杂菲溶液，称取 1,10 - 二氮杂菲 1 g，加 1 mL 冰醋酸和 20 mL 水，使之溶解。

（5）溴甲酚绿溶液，0.2 个溴甲酚绿溶解于 20 mL 乙醇和 80 mL 水中。

（6）间硝基酚溶液，0.2%。

（7）亚硝酸钠溶液，10%。

（8）乙酸铵溶液，20%。

（9）六次甲基四胺溶液，20%。

（10）乙酰丙酮，1%。

（11）二甲酚橙溶液，0.1%。

（12）硝酸 1 +1，1 +10。

（13）乙酸，3 mol/L。

6.2.11.3 实验步骤

称取试样 0.25 g，置于铂皿中，加入氢氟酸 5 mL，硝酸 2 mL，缓慢加热使试样溶解，洗出金刚石，加高氯酸 5 mL，加热至冒白烟 2 min，取下稍冷。将钨酸移入 250 mL 烧杯中，用水洗净铂皿，加亚硝酸钠溶液 5 mL，加热可使可溶性盐溶解，冷却，加固体氢氧化钠 5 g，加热煮沸 2 min，冷却，移入 250 mL 容量瓶中，以水稀释至刻度。

干过滤，弃去开始的滤液，然后吸取 50 mL 滤液于 250 mL 的锥形瓶中，加间硝基酚溶液 5 滴，用(1 +1)硝酸中和至弱碱性，再用(1 +10)硝酸仔细中和至溶液由黄变为无色，立即加入乙酸铵溶液 5 mL，加热至沸。准确加入乙酸铅标准溶液(0.01 mol/L)25 mL，煮沸 2 min。加乙酸(3 mol/L)2 mL，再煮沸 2 min，并保温 5 ~ 10 min，冷却。

依次加入溴甲酚绿溶液 3 滴，乙酰丙酮溶液 5 mL，六次甲基四胺溶液 15 mL，1，10 - 二氮杂菲溶液 0.5 mL，乳酸溶液 5 mL，二甲酚橙溶液 4 ~ 6 滴，充分摇匀后，用 0.01 mol/L EDTA 标准溶液滴定至溶液由紫变为灰绿色为终点。

6.2.11.4　计算

W 的质量分数 ω(W) 如下式计算：

$$\omega(\mathrm{W}) = \frac{(V_1c_1 - V_2c_2) \times 0.183\ 9}{m \times d} \times 100\% \quad (6\text{-}29)$$

式中　V_1——加入乙酸铅标准溶液的体积，mL；

V_2——滴定时消耗 EDTA 标准溶液的体积，mL；

c_1——乙酸铅标准溶液的浓度，mol/L；

c_2——EDTA 标准溶液的浓度，mol/L；

m——取试样的量，g；

d——试样中金属结合剂含量的百分数。

6.2.12　金属结合剂中铬的测定

6.2.12.1　方法一

1)实验原理(容量法)

过硫酸铵 - 银盐氧化，Fe^{2+} 标准溶液滴定。本方法适合范围：铬的质量分数为 0.10% ~ 30.00%。

2)试剂

(1)定锰混合酸，于 525 mL 水中缓缓加入硫酸 100 mL，冷却后，加磷酸 125 mL，硝酸 250 mL。

(2)硝酸银溶液，1.7%。

(3)过硫酸铵溶液，25%，当天配制。

(4)氯化钠溶液，1%。

(5)苯代邻氨基苯甲酸溶液：2 g/L，称取苯代邻氨基苯甲酸 0.2 g，加 0.2 g 无水碳酸钠，加 20 mL 水加热溶解，用水稀释至 100 mL，混匀。

(6)铬标准溶液：称取 5.657 8 g 预先经 150 ℃烘干 1 h 的重铬酸钾(基准)，定容于 1 000 mL量瓶。ρ_{Cr} = 2.00 mg/mL，可逐步稀释至 ρ_{Cr} = 0.002 mg/mL。

(7)硫酸亚铁铵[$(NH_4)_2Fe(SO_4)_2 \cdot 6H_2O$]标准溶液的配制与标定：称取硫酸亚铁铵 6 g、12 g、24 g，分别溶解于(5 +95)的硫酸中，并用 (5 +95)的硫酸稀释至 1 000 mL。

于 3 个 500 mL 锥形瓶中，各加 50 mL 硫磷混酸，加热至冒硫酸烟，稍冷，加水 50 mL，冷至室温，分别加入铬标准溶液(其量应与试样中含铬量相近)，加水至 200 mL。用硫酸亚铁铵滴定至呈淡黄色，加 3 滴苯代邻氨基苯甲酸溶液 ，继续滴定至由玫瑰红变为亮绿色为终点。

计算：

$$T_{Cr/Fe}=\frac{V\times\rho_{Cr}}{V_1} \tag{6-30}$$

式中　$T_{Cr/Fe}$——硫酸亚铁铵对铬的滴定度，g/mL；

V——移取铬标准溶液的体积，mL；

V_1——滴定所消耗的硫酸亚铁铵标准溶液的体积，mL；

ρ_{Cr}——铬标准溶液的质量浓度，g/mL。

3）实验步骤

吸取上述的试液25～50 mL（视含铬量的多寡而定），置于250 mL锥形瓶中，加混合酸20 mL，于砂浴上蒸发至冒硫酸白烟1 min，取下，冷却。加冷水50 mL，1.7%硝酸银溶液5 mL，25%过硫酸铵溶液10 mL，加热至沸，至溶液有稳定的紫红色出现，铬已氧化完全，若不含锰，可滴加2滴2%硫酸锰，继续煮沸5 min，取下，加（1+3）盐酸5 mL，煮沸至红色消失。

取下，冷却后用硫酸亚铁铵滴定至呈淡黄色，加3滴苯代邻氨基苯甲酸溶液，继续滴定至由玫瑰红变为亮绿色为终点。

4）计算

Cr的质量分数ω（Cr）如下式计算：

$$\omega(\mathrm{Cr})=\frac{T_{Cr/Fe^{2+}}\times V}{m\times d}\times 100\% \tag{6-31}$$

式中　$T_{Cr/Fe^{2+}}$——硫酸亚铁铵对铬的滴定度，g/mL；

V——滴定时消耗硫酸亚铁铵标准溶液的体积，mL；

m——所取试样的量，g；

d——试样中金属结合剂含量的百分数。

6.2.12.2　方法二

1）实验原理（碳酸钠分离二苯基碳酰二肼光度法）

本法加入高锰酸钾：①使低价铬氧化至六价，使六价铬在酸性溶液中与二苯基碳酰二肼生成紫红色配合物。②沉淀大量锰离子，使其从溶液中分离，减去锰的干扰。预先加入碳酸钠溶液将大量镍铁等沉淀分离出去。本方法当共存400 mg铁，60 mg镍，40 mg钴，1 mg铜，2 mg钼、铝，12 mg钨时，经分离对测定10 mg铬无干扰。本方法适合于铬含量0.005%～0.500 0%的测定。

2）试剂

（1）硝酸，1+3。

（2）硫酸，1+1，1+6。

（3）亚硝酸钠溶液，1%。

（4）高锰酸钾溶液，1%。

（5）碳酸钠溶液，20%。

（6）尿素溶液，20%。

（7）铬标准溶液，含铬0.005 mg/mL。

（8）二苯基碳酰二肼：0.25%，称取0.25 g二苯基碳酰二肼，溶于94 mL无水乙醇及6 mL冰乙酸中，贮存于棕色瓶中。

3）实验步骤

称取试样1 g，置于250 mL烧杯中，（随同试剂作试剂空白），加（1+3）硝酸10 mL，加热溶解，加(1+1)硫酸16 mL，蒸发至冒烟，稍冷，加50 mL水，加热溶解盐类，移入100 mL容量瓶中，稀释至刻度，摇匀。

吸取试液10 mL加20 mL硫酸(含(1+1)硫酸16 mL的100 mL溶液)，加2 mL高锰酸钾溶液，煮沸至二氧化锰全部沉淀。用水稀释至70～90 mL，边搅拌，边分次缓缓加入20%的碳酸钠30 mL溶液(加至出现沉淀后再过量5 mL，若不够可多加)。加热煮沸2～3 min(注意从低温开始加热，减少崩跳)。流水冷却至室温，移入250 mL容量瓶中，用水稀至刻度，摇匀。

用双层中速滤纸干过滤，弃去最初滤液，吸取25 mL滤液置于100 mL容量瓶中，加(1+6)硫酸4.0 mL，溶液如呈粉红色，即尚有部分高锰酸钾未分解，可加20%尿素5 mL溶液，仔细滴加1%亚硝酸钠溶液至溶液刚好无色再过量1滴。用水稀释至90 mL，加3.0 mL。

0.25%二苯基碳酰二肼溶液，以水稀释至刻度，摇匀，静置5 min。以试剂空白为参比，用2 cm比色皿于波长545 nm处测取吸光度并减去试剂空白吸光度。

4)标准曲线的绘制

依次将铬标准溶液(0.005 mg/mL)0 mL，0.5 mL，1.0 mL，1.5 mL，2.0 mL，2.5 mL，注入100 mL容量瓶中，加(1+6)硫酸6.0 mL，用水稀释至90 mL，加二苯基碳酰二肼溶液3.0 mL，摇匀。以下按操作方法进行，并绘制曲线。

5)注意事项

(1)在用碳酸钠沉淀后，一定要煮沸2～3 min，否则，测定结果偏低。

(2)一般加30 mL碳酸钠已足够。但要注意加碳酸钠溶液至出现沉淀后再过量5 mL，若30 mL不够，可多加几毫升。

(3)显色酸度。在0.025～1 mol/L的硫酸溶液中，六价铬与二苯基碳酰二肼反应，生成紫红色配合物。硝酸介质不宜采用，因此在试样溶解后用硫酸赶去硝酸。显色时酸度过低反应速度慢，酸度过高色泽不稳定。

(4)二苯基碳酰二肼必须过量，如果量不足时六价配离子将进一步氧化成螯合物而生成无色化合物。

(5)分取试液时镍含量必须在60 mg左右，否则，测定结果不准确。

6.2.12.3　方法三

1)实验原理(二苯基羰酰二肼－对甲基磺酸钠法)

在氧化－还原反应中，利用铬的氧化性，将二苯基羰酰二肼氧化成二苯偶氮羰酰肼，自身还原为二价或三价。此二价或三价铬与二苯偶氮羰酰肼作用生成紫红色螯合物。此反应在0.1 mol/L硫酸介质中完成，此方法的主要干扰元素为铁、钼、钒，其次为钨、铜、镍、钴。为了避免镍的干扰，采取二苯基羰酰二肼－对甲基磺酸钠法，在酸性溶液中铬二价与二苯基羰酰二肼及对磺甲苯磺酸钠组成2∶3∶2三元配合物。在适宜的硫酸溶液浓度下，被异戊醇萃取。有色配合物在异戊醇中可稳定16 h以上。此法有很高的选择性，金属中常见离子均不干扰。

2)试剂

(1)硝酸，1+1。

(2)高锰酸钾，3%。

(3)硫酸，2.5 mol/L。

(4)过氧化氢，30%。

(5)二苯基羰酰二肼溶液，0.1%。

(6)对甲苯磺酸钠溶液，1 mol/L。

3)实验步骤

称取试样 1 g,置于 50 mL 烧杯中,加(1 +1)硝酸 15 mL,加热溶解至完全蒸发近干,冷却。加硫酸(0.25 mol/L),用水稀释至 10 mL 左右,溶解盐类,滴加 3% 高锰酸钾溶液至紫色明显出现。煮沸 2 min,取下稍冷,滴加 30% 过氧化氢至紫色褪去。煮沸至无气泡产生,冷却,移入容量瓶中,稀释至刻度,摇匀。

吸取 10 mL 溶液,置 125 mL 分液漏斗中,加 10 mol/L 硫酸 4 mL,加二苯基羰酰二肼2 mL,摇匀静置 5 ~10 min,加对甲苯磺酸钠 4 mL,以水稀至 20 mL,摇匀,准确加入异戊醇 10 mL,振荡 1 min,静置分层,弃去水相,有机相用脱脂棉滤入 1 cm 比色皿中。于 545 nm 波长处,以异戊醇为参比液,读测吸光度。

4)标准曲线的绘制

取 125 mL 分液漏斗 5 只,依次加入铬标准溶液(0.005 mg/mL)0.5 mL,1.0 mL,1.5 mL,2.0 mL,2.5 mL,加 2.5 mol/L 硫酸 4 mL,二苯基羰酰二肼 2 mL,摇匀,静置 5 ~10 min。以下按分析方法操作,读测吸光度,并绘制曲线。

5)注意事项

此方法要求酸度极严,酸度不足,不显色;酸度过高,色泽不稳定。

6.2.13 金属结合剂中钛的测定

6.2.13.1 实验原理(二胺替比林甲烷光度法)

二胺替比林甲烷与钛在酸性溶液中形成黄色配合物,适宜的酸度为 0.5 ~4 mol/L 盐酸溶液。此方法有很高的选择性、高的灵敏度以及高的稳定性。多数元素不干扰,但铁的干扰较严重,可用抗坏血酸还原至二价,在加热的条件下只需 2 min 即完成显色。在波长 380 ~400 nm 有最高吸收峰。

6.2.13.2 试剂

(1)盐酸,1 +1。

(2)抗坏血酸溶液,2%。

(3)二胺替比林甲烷盐酸溶液:5%,称 5 g 试剂溶于 1 mol/L 适量盐酸中,并以 1 mol/L 盐酸稀至 100 mL。

(4)硫酸,1 +4。

(5)钛标准溶液,含钛 0.02 mg/mL。

6.2.13.3 实验步骤

(1)称取试样 0.5 g,置于 150 mL、锥形瓶中,加(1 +4)硫酸 25 mL,加热溶解,加滴硝酸氧化,煮沸 5 min,驱尽氮氧化物,取下,冷却,移入 100 mL 容量瓶中,以水稀释至刻度,摇匀。

(2)分取试样两份 10 mL,分别置于 100 mL 容量瓶中。

(3)显色溶液:加入(1 +1)盐酸 10 mL、抗坏血酸 5 mL,5 ~10 min 后,加二胺替比林甲烷溶液 10 mL 在沸水中加热 2 min,冷却后以水稀释至刻度,摇匀。

(4)参比溶液:不加二胺替比林甲烷溶液,其余同显色液。

(5)用 2 ~5 cm 比色皿,对照空白参比溶液,在波长 380 nm 处读测吸光度。

6.2.13.4 标准曲线的绘制

于 6 只 100 mL 容量瓶中,依次加入钛标准溶液 0 mL,1.0 mL,2.0 mL,3.0 mL,4.0 mL,5.0 mL,按上述方法显色之后比色并绘制标准曲线。

6.2.14 超硬磨具中金刚石的高速分析

实验原理、步骤同 9.6.7。

第7章 磨料磨具主要原材料分析

7.1 酚醛树脂液的分析

7.1.1 黏度的测定

7.1.1.1 旋转黏度计结构原理

(1)如图7-1所示,同步电动机以稳定的速度旋转带动电动机传感器片,再通过游丝带动与之连接的游丝传感器片、转轴及转子旋转。如果转子未受到液体阻力,上下两传感器片同速旋转,保持在仪器"零"的位置上。反之,如果转子受到液体的黏滞阻力,则游丝产生扭矩与黏滞阻力抗衡,最后达到平衡。光电转换装置将上下传感器片相对平衡位置转换成计算机能识别的信息,经过计算机处理,最后输出显示被测液体的黏度值。

(2)利用齿轮系统及离合器进行变速。由专用旋钮(见图7-2)操作,分4挡转速。根据测定需要选择转速配合选用。

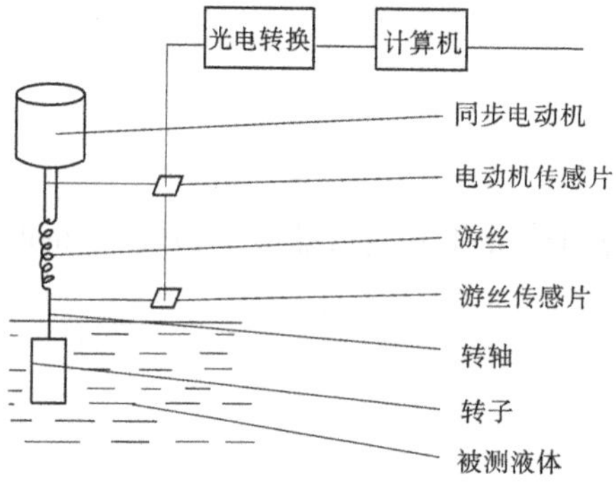

图7-1 原理图

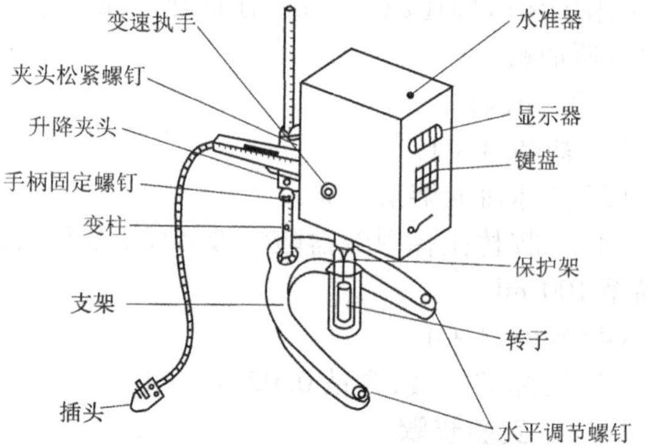

图7-2 仪器外观图

(3)仪器配有1~4号四种转子,可根据被测液体黏度的高低连同保护架是为稳定测量和保护转子用。使用保护架进行测定能取得较稳定的测量结果。

(4)仪器配有固定支架及升降机构,仪器必须固定在支架上方可测量。

7.1.1.2 实验准备

(1)准备被测液体。将置于直径不小于70 mm的烧杯或直筒形容器中,准确地控制被测液体的温度。

(2)将保护架安装在仪器上(向右旋入装上,向左旋出卸下)。

(3)安装转子。将选配好的转子旋入连接螺杆(向左旋入装上,向右旋出卸下)。旋转升降旋钮,使仪器缓慢地下降,转子逐渐侵入被测液体中,直至液体的表面与转子的液面线相平为止(尽量居中)。再次调整仪器的水平。

(4)本仪器有四挡不同的转速,分别为 60 r/min、30 r/min、12 r/min 和 6 r/min。在仪器的左侧装有一个变速执手,上面刻有各挡转速的数字。旋转变速执手,使表示各挡转速的数字向上,可切换 60 r/min、30 r/min、12 r/min、6 r/min 四挡不同的转速。

上述工作完毕,请依次接通电源,打开电动机电源开关,如图 7-2 所示,显示屏即显示本仪器的型号 nd - 9。

7.1.1.3 实验步骤

(1)键盘说明,见图 7-3。

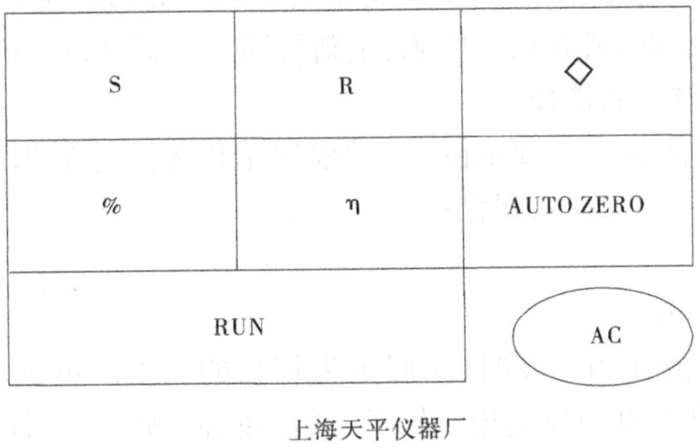

图 7-3　NDJ-9S 面板示意图

S—转子键代号;R—转速键代号;◇—搜索键;%—百分比键;η—黏度键;
RUN—运行键;AC—复位键 ; AUTO ZERO—用户不作使用

(2)将有关参数键入计算机。

首先,输入当前仪器使用的转子代号。请先按面板上 S 键,释放后,显示器即显示 S。然后按搜索键◇,如果按住不放,显示器将循环显示:

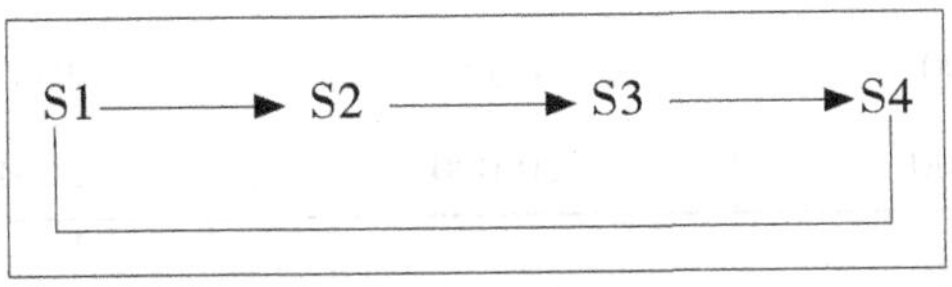

(S1、S2、S3、S4 分别为 1# ~4#转子的代号),如果您现在选用 1#转子进行测量,只要在显示 S1 时松手即可。其他类推。

然后,将目前电动机运转的速度输入计算机。请先按面板上 R 键,放手后,显示 R。然后按搜索键◇,如果按住不放,显示器则循环显示:

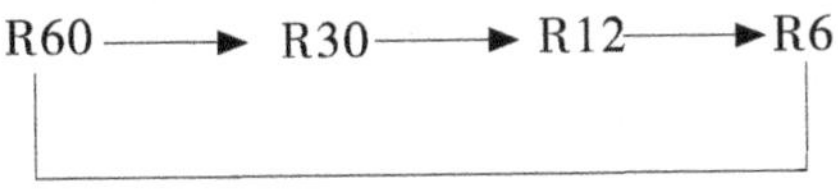

R60、R30、R12、R6 分别表示电动机为 60 r/min、30 r/min、12 r/min、6 r/min 时的转速。假如仪器当前运转在 60 r/min,只要显示器循环显示在 R60 时放手即可,其他类推。

若输入有错,应按上述操作方法给予更正。

(3)在确定转子号及转速已经键入计算机后,按 RUN 键,仪器进行测量工作。在整个测量过程中,显示器一直显示 0000。测量结束,显示器即显示被测液体的黏度值(单位:Pa・s),

同时亮黏度指示器。显示时间持续3 s,然后仪器进入等待测量状态,显示nd－9。在此期间,如果按下%键,仪器立刻将本次被测液体的百分比读数告诉您。如果按下η键,则再次显示本次被测液体的黏度值,显示时间均为3 s。如果按下RUN键,仪器将进入下一次的测量工作,重复前次测量过程。这里需说明一点,当在操作上述键(%、η、RUN)时,务必等到显示ηnd－9后进行。另外,若按RUN键后,显示器显示S—00,说明未输入转子号;若显示R－00,则表示转速未键入,只要即时将上述二参数补上,仪器就可进行测量。

(4)符号"H"为超量显示。当在测量中看见显示屏显示此符号时,请变换转子或转速重新测量。

(5)在测量中,如遇停电、操作错误及其他原因引起计算机不能正常运行,或者想中途终止某次测量,可以使用AC键,或者切断电源,重新接通。重新开机后操作即可。

7.1.1.4 量程、转子和转速的选择

(1)请您先估计被测液体的黏度范围,然后根据量程表选择适当的转子和转速。如测定约3 000 mPa·s的液体可选用下列配合:

2号转子　6 r/min

或3号转子　30 r/min

(2)当估计不出被测液体的黏度时,应假定为较高的黏度。可试用由小到大的转子和由低到高的转速。原则是高黏度液体选用小转子、低转速,低黏度的液体选用大转子和高转速。

(3)测量上限值,见表7-1。

表7-1　转速与转子对应值　　(单位:mPa·s)

转子	转速(r/min)			
	60	30	12	6
1	100	200	500	1 000
2	500	1 000	2 500	5 000
3	2 000	4 000	10 000	20 000
4	10 000	20 000	50 000	100 000

(4)推荐测量范围20%～90%。此为游丝最佳工作范围。

7.1.2 游离酚的测定

方法同酚醛树脂粉的分析。

7.1.3 固体含量的测定

7.1.3.1 实验原理

试样在135 ℃温度下聚合时,有部分物质被挥发,其残余物即为固体含量。

7.1.3.2 实验步骤

准确称取1 g试样于已知质量的瓷坩锅中,放入烘箱中从低温开始升温,至135 ℃温度时,保温半小时,取出冷却,称重。

7.1.3.3 计算

固体含量计算公式如下:

$$\text{固体含量} = \frac{m_1}{m_2} \times 100\% \tag{7-1}$$

式中　m_1——烘干后试样的质量,g;

　　　m_2——烘干前试样的质量,g。

7.1.3.4　注意事项

测定时温度必须从室温开始,以免试样起泡、飞溅。

7.1.4　水倍率的测定

7.1.4.1　实验原理

单位质量树脂液能溶解水的量即为水倍率。

7.1.4.2　实验步骤

用托盘天平称取10 g试样于50 mL烧杯中,插入搅拌棒,用蒸馏水滴定(边滴定边搅拌),直到试样呈乳白色为止,记下蒸馏水的毫升数。

7.1.4.3　计算

水倍率的计算公式如下:

$$\text{水倍率} = \frac{m_1}{m} \times 100\% \tag{7-2}$$

式中　m_1——滴加消耗的蒸馏水质量,g;

　　　m——试样质量,g。

7.2　酚醛树脂粉的全分析

7.2.1　游离酚的测定

7.2.1.1　实验原理

苯酚是合成酚醛树脂的原材料,在酸性溶液中,溴酸钾与溴化钾混合溶液析出的溴取代了苯酚邻位和对位的活泼氢原子,生成三溴苯酚的白色沉淀。其反应式为:

$$KBrO_3+5KBr+6HCl = 3Br_2+6KCl+3H_2O$$

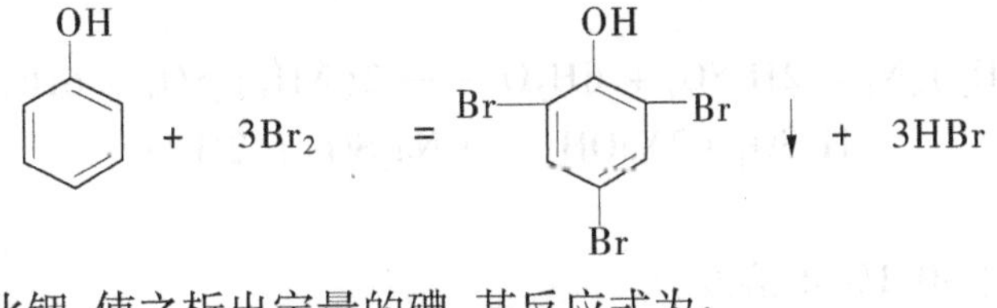

过量的溴,加碘化钾,使之析出定量的碘,其反应式为:

$$Br_2 + 2KI = 2KBr + I_2$$

用硫代硫酸钠标准溶液滴定,从而计算出苯酚的含量。

其反应式为:

$$I_2 + 2Na_2S_2O_3 = Na_2S_4O_6 + 2NaI$$

7.2.1.2　实验步骤

称取试样1 ~2 g于250 mL干燥的支管蒸馏烧瓶中,加入95%的乙醇20 mL,摇动溶解后，再加水 20 mL。装好仪器，用水蒸气蒸馏 1.5～2 h，直至蒸出液中无酚为止（用饱和溴水检查无白色沉淀出现为止）。停止蒸馏。取下接收瓶，并用水冲冷凝管 2 次。待冷却至室温后，用水稀释至刻度，摇匀。

移取试液 50 mL 于 250 mL 碘量瓶中，用滴定管准确加入溴酸钾－溴化钾标准溶液 25 mL，加 6 mol/L 盐酸 10 mL，立即盖好瓶塞，摇动后，置于冷水（低于 15 ℃为宜）中冷却 15 min，加碘化钾 2 g，摇动溶解，放置片刻，取下瓶塞，用少量水吹洗瓶塞及瓶壁，立即用 0.1 mol/L硫代硫酸钠标准溶液进行滴定至淡黄色时，加入淀粉溶液 2 mL，继续滴定至蓝色消失为终点。同时作空白试验。

7.2.1.3 计算

计算公式如下：

$$\omega(C_6H_5OH)=\frac{\left[c(KBrO_3)-\frac{1}{6}c(Na_2S_2O_3)V(Na_2S_2O_3)\times M(C_6H_5OH)\right]}{1\,000m}\times 100\% \qquad (7\text{-}3)$$

式中 $\omega(C_6H_5OH)$——C_6H_5OH 的含量，%；

$c(Na_2S_2O_3)$——$Na_2S_2O_3$ 的摩尔浓度，mol/L；

$c(KBrO_3)$——$KBrO_3$ 的摩尔浓度，mol/L；

$V(KBrO_3)$——$KBrO_3$ 的体积，mL；

$V(Na_2S_2O_3)$——$Na_2S_2O_3$ 的体积，mL；

$M(C_6H_5OH)$ —— C_6H_5OH 的摩尔质量，94.11 g/mol；

m—— 试样的质量，g。

7.2.1.4 注意事项

（1）蒸馏时间一般为 1.5～2 h，接收瓶中液体的体积约达到 800 mL 为止。

（2）整套装置相接之处要密闭，不得漏气，否则结果会偏低。

（3）蒸馏后可以用气相色谱分析。

7.2.2 乌洛托品的测定

7.2.2.1 实验原理

乌洛托品与硫酸共热而分解，蒸出甲醛后，过量的酸以氢氧化钠标准溶液滴定，从而求得乌洛托品的含量。

$$(CH_2)_6N_4 + 2H_2SO_4 + 6H_2O \longrightarrow 2(NH_4)_2SO_4 + 6HCHO$$

$$H_2SO_4 + 2NaOH \longrightarrow Na_2SO_4 + 2H_2O$$

7.2.2.2 试剂

（1）甲基橙指示剂：0.1% 水溶液。

（2）硫酸：（0.5 mol/L ）量取浓硫酸（比重 1.84）30 mL，慢慢加入已盛有 250 mL 水的 500 mL烧杯中，搅拌冷却后，移入 1 000 mL 容量瓶中，稀释至刻度，摇匀备用。

（3）氢氧化钠标准溶液：1 mol/L。

7.2.2.3 实验步骤

称取试样 3 g 于 100 mL 烧杯中，加水 50 mL，使乌洛托品溶于水中，放置 2～3 min 后，用倾泻法将溶液过滤到 250 mL 烧杯中，再加水 30 mL 于烧杯中，倾泻过滤加水 3～4 次，并将烧杯中的试样全部洗入漏斗内，再用水洗涤 4～5 次，用滴定管准确加入 0.5 mol/L 硫酸溶液 30

mL 于烧杯中，将烧杯置于沸水浴上蒸至 3 ~ 5 mL，如仍有甲醛刺鼻气味时再加水 20 mL，反复蒸发，直至无甲醛气味为止，取下冷却，加水 100 mL，使结晶全部溶解，加入甲基橙指示剂 2 滴，用 1 mol/L 氢氧化钠标准溶液滴定至黄色为终点。同时作空白试验。

7.2.2.4 **计算**

计算公式如下：

$$\omega((CH_2)_6N_4)=\frac{(V_1-V_2)\times c(NaOH)\times 0.035\,0}{m}\times 100\% \tag{7-4}$$

式中 $\omega((CH_2)_6N_4)$——$(CH_2)_6N_4$ 的含量，%；

V_1——滴定空白消耗氢氧化钠标准溶液的毫升数，mL；

V_2——滴定试样消耗氢氧化钠标准溶液的毫升数，mL；

$c(NaOH)$——氢氧化钠标准溶液之摩尔浓度，mol/L；

m——试样质量，g。

7.2.2.5 **注意事项**

未加乌洛托品样品不作此项测定。

7.2.3 树脂硬化时间（聚合速率）的测定

7.2.3.1 **实验原理**

树脂聚合是树脂的内部结构由线型向体型转化的过程。由线型向体型转化所需的时间即为树脂的聚合速率。它决定了树脂磨具硬化的快慢程度。

7.2.3.2 **仪器及药品**

天平、电炉、秒表、加热板、温度计、玻璃棒及树脂粉。

7.2.3.3 **实验步骤**

把加热板升温至 150 ~ 180 ℃，将 0.1 ~ 0.2 g 树脂粉摊放于加热板上，用尖玻璃棒不断拉丝，当丝拉不出的瞬间，称为树脂的硬化终止。从树脂倒入加热板上开始，到拉丝拉不出为止，所需的时间称为硬化时间（聚合速率）。一般 1 ~ 3 min。

7.2.3.4 **数据记录**

一般要求一个温度点平行做 5 次以上，进行统计处理。

7.2.4 树脂粉熔点的测定

7.2.4.1 **实验原理**

固体物质在大气压力下加热熔化时的温度，称为熔点。严格地说，熔点是物质固液两相在大气压力下平衡共存时的温度，在此温度下固体的分子（或离子、原子）获得足够的动能得以克服分子（或离子、原子）间的结合力而液化。物质从开始熔化至完全熔化的温度范围称为熔点范围（又称熔程）。实验室测得的熔点，实际上就是该物质的熔点范围。

固体有机化合物的熔点是极重要的物理常数，每一纯粹的有机化合物有其固定的熔点，所以熔点往往可以用来鉴定有机化合物。

熔点的测定又可大致看出某化合物的纯度。纯粹化合物的熔点距很小，在 0.5 ~ 1 ℃，如其中含有杂质，则熔点距显著增大，而熔点也常较纯净化合物者为低。

熔点测定器的式样很多，较常用的为 Thiele 熔点测定管。其优点是仪器简单，方法简便，管内传热载体（浴液）因温度差发生对流，不需人工搅拌；升温快，冷却也快，因而节省时间。

缺点是管内温度分布不均匀,测得熔点不很准确,通常略高于真实的熔点。可以与数字熔点仪所测数据相互校正。

7.2.4.2　**实验药品**

树脂粉,甘油。

7.2.4.3　**实验步骤**

1)样品的装入

取0.1 ~0.2 g样品,置于干净的表面皿或玻片上,将毛细管开口一端倒插入样品堆中,样品即被压入管内。再取一根长约50 cm的玻璃管,直立在桌面上(见图7-4),将毛细管正放,自玻璃管上端自由落下,毛细管碰到桌面后,因弹性而在玻璃管内上下跳动,此时样品被紧紧地压入管底。重复上述操作几次,至毛细管底的样品高2 ~3 mm为止。装入的样品要求细而实,目的是使传热迅速均匀。样品中如有空隙,则不易传热。同一样品,要装好三管,供测定用。

2)仪器装置

将Thiele熔点测定管(又称b形管)夹在铁架台上,倒入甘油,甘油液面高出上侧管0.5 cm左右,熔点测定管口配一缺口单孔软木塞(见图7-5),用于固定温度计。把装好样品的毛细管固定在温度计旁,使毛细管中样品处于温度计水银球的中间。温度计插入熔点测定管内的深度以水银球的中点恰在熔点测定管的两侧管口连线的中点为准。装置如图7-5所示。

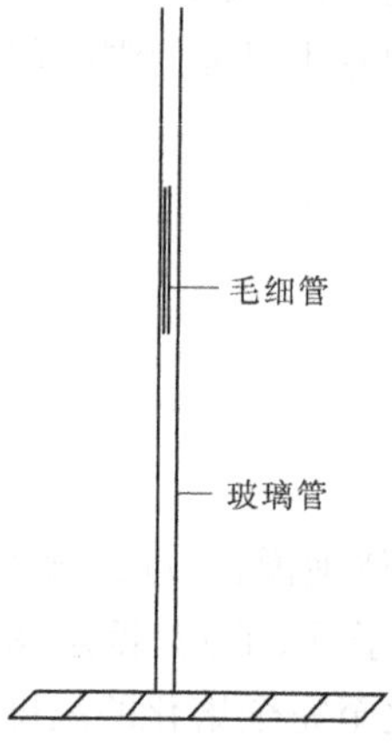

图7-4　样品的装入

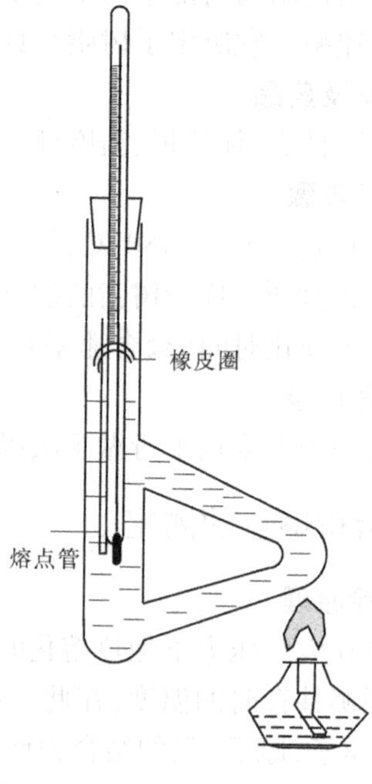

图7-5　熔点测定装置

3)熔点的测定

一切准备工作就绪以后,用酒精灯在熔点测定管的弯曲支管的底部加热进行试测。每分钟升温4 ~5 ℃,直至样品熔化,记下此时温度计的读数。这是一个粗略的熔点,虽不精确,但可供我们测定精确熔点参考。

粗略的熔点测得后，移开火焰，让浴液冷却至样品的熔点以下 20 ℃左右，取出样品管，弃去，换入一支新的样品管，缓缓加热，每分钟升温 2～3 ℃，至接近熔点约 5 ℃时，再调节火焰，使温度每分钟约升高 1 ℃。此时应特别注意温度的上升和样品的软化收缩与熔化的情况。当样品明显塌陷和开始液化变色时，可将灯焰移开一点。毛细管中出现变色时，表明样品开始熔化，这叫初熔，当样品完全变色，表明熔化结束，这叫全熔。记下初熔和全熔时的温度，即为样品在实际测定中的熔点范围。例如对苯二酚的初熔温度为 173 ℃，全熔温度是 174 ℃，则对苯二酚的熔点记作 173～174 ℃。平行测定 3～5 次，取平均值。

7.2.4.4 注意事项

(1)酚醛树脂的熔点是由树脂的聚合度决定的，并受粉体吸潮程度所影响。聚合度大，熔点高，吸潮会降低熔点。

(2)熔点太高、太低都会降低磨具的强度，以 85～105 ℃较好。聚合度太低，在粉碎时容易发黏，粉碎后放置过程中容易结块，对混料不利。

(3)熔点低的树脂粉对摩擦热敏感，容易造成混料结块。这种现象随气温升高而加剧。因此，采用熔点较高的树脂有利混料的松散性。但是，太高，混出的料过分松散，压合性差，造成出模困难，掉边等。根据季节不同可作变动，夏季高些，冬季低些。

7.2.5 树脂粉流动性的测定

7.2.5.1 实验原理

直径 10 mm、厚度 10 mm 的圆柱样品，于 135 ℃下在倾斜 45°的玻璃板上保温 10 min 后的长度即为流长。

7.2.5.2 实验步骤

(1)样品制备：将树脂粉压成直径 10 mm、厚度 10 mm 的圆柱样品。

(2)烘箱准备：将倾斜角为 45°的玻璃板放入烘箱，将烘箱升温至 135 ℃，保温 10 min。

(3)打开烘箱，将样品放在玻璃板上，保温 30 min，取出，测量其长度即为流长。

7.2.6 树脂粉纯度的测定

7.2.6.1 实验原理

800 ℃下，1 g 树脂烧掉的比例即为该树脂的纯度。

7.2.6.2 实验步骤

称量 1 g 待检树脂粉于坩埚中，放在高温炉中，低温缓慢升温至 800 ℃，冷却后称量。

7.2.6.3 计算

计算公式如下：

$$\text{树脂粉纯度} = \frac{m_1 - m_2}{m_1} \times 100\% \tag{7-5}$$

式中 m_1——试样质量，g；

m_2——灼烧后剩余质量，g。

7.2.7 粒度分析

用筛分的方法，步骤略。

7.3 网布含胶量分析

7.3.1 挥发分的测定

7.3.1.1 实验原理

试样放入(180±2)℃烘箱内5 min挥发的量占试样的质量百分比即为网布的挥发分。

7.3.1.2 实验步骤

取砂轮网布不同部位的试样三块,称量为m_1(精确到0.01 g),将试样放入(180±2)℃烘箱内5 min取出后,称量为m_2。

7.3.1.3 计算

计算公式如下:

$$\omega(V)=\frac{m_1-m_2}{m_1}\times 100\% \tag{7-6}$$

式中 $\omega(V)$——挥发分,%;

m_1——烘前样品质量,g;

m_2——烘后样品质量,g。

7.3.2 不溶性树脂含量的测定

7.3.2.1 实验原理

试样经丙酮溶解三次(依次为3、3、4 min),经500~600 ℃灼烧5~10 min,网布上残留物占树脂的质量分数(扣除挥发分)。

7.3.2.2 实验步骤

(1)取测定挥发分相同的方法取样,称量为m(g),将试样放入盛有丙酮溶剂的烧杯内溶解三次(依次为3、3、4 min),取出后送入(180±2)℃烘箱内5 min,冷却称重为m_1。

(2)将烘后的试样送入500~600 ℃的马弗炉内灼烧5~10 min,取出后冷却至室温,称重为m_2。

7.3.2.3 计算

计算公式如下:

$$\omega(C)=\frac{m_1-m_2}{m\times[1-\omega(V)]-m_2}\times 100\% \tag{7-7}$$

式中 $\omega(C)$——不溶性树脂含量,%;

$\omega(V)$——挥发分含量,%;

m_1——试样经丙酮溶解烘干后质量,g;

m_2——试样经灼烧后质量,g;

m——试样质量。

7.3.3 树脂含量(含胶量)的测定

利用测定挥发分和不溶性树脂含量的数据按照下式计算含胶量:

$$\omega(R)=\frac{m\times[1-\omega(V)]-m_2}{m\times[1-\omega(V)]}\times100\% \qquad (7\text{-}8)$$

式中 $\omega(R)$——树脂含胶量,%;

$\omega(V)$——挥发分含量,%;

m_2——试样经灼烧后质量,g;

m——试样质量。

7.3.4 网布有效性的测定

为了使网格布与成型料紧密结合,通常在网格布上涂附酚醛树脂,若涂的是热塑性树脂块和热塑性树脂液的混合物,能保存半年以上;若涂的是热塑性树脂块和热固性树脂液的混合物,则只能保存一个月即失效。将待检网格布加热至70 ℃左右,观察网格布是否变软、发黏,能变软、发黏的网格布为有效,否则为无效,不可使用。

7.4 菱苦土的全分析

7.4.1 灼减的测定

方法同4.1.3。

7.4.2 二氧化硅的测定

7.4.2.1 实验原理

试样经氢氧化钠熔融和盐酸分解,使二氧化硅成硅酸,再经蒸发脱水,并以动物胶凝聚,使硅酸迅速沉淀滤出,然后灼烧称量,其主要反应如下:

$$Al_2O_3\cdot2SiO_2+6NaOH\xrightarrow[\Delta]{600\to700\ ℃}2Na_2SiO_3+2NaAlO_2+3H_2O$$

$$Na_2SiO_3+2HCl\longrightarrow H_2SiO_3+2NaCl$$

$$H_2SiO_3\xrightarrow[\Delta]{950\to1\,000\ ℃}SiO_2+H_2O$$

7.4.2.2 试剂

(1)氢氧化钠。

(2)盐酸,1+3及5+95。

(3)动物胶粉。

7.4.2.3 实验步骤

准确称取0.5 g烘干的试样,置于盛有5 g氢氧化钠的银坩埚中,然后盖上坩埚盖(口上留一缝隙),在电炉低温加热至试样完全润湿,置于高温炉内从低温升起至650 ℃左右,保温7~10 min,取下冷却时,转动坩埚,使熔融物固着在坩埚壁上,冷却后,将坩埚及盖放入盛有热水约60 mL的250 mL烧杯中,待熔块全部浸出后,以水洗净坩埚及盖,加盐酸20 mL,在砂浴上蒸发浓缩至润湿状态,再加盐酸20 mL,动物胶粉0.1 g,用玻璃棒搅匀,放在不沸的水浴上保温15 min,取下加入热的(5+95)盐酸40 mL,搅拌使其盐类溶解,然后用中速定量滤纸过滤于250 mL烧杯中,用热的(1+3)盐酸吹洗烧杯及沉淀2~3次后,再用热水吹洗烧杯及沉淀2~3次,滤液加硝酸5 mL,煮沸后冷却至室温,移入250 mL容量瓶中,用水稀释到刻度线,摇匀，留待测定 Al_2O_3、Fe_2O_3、CaO、MgO 之用。

将滤纸及沉淀放入已烧至恒重的瓷坩埚中，先在电炉上加热炭化滤纸，然后放入已升温至600 ℃左右的高温炉中，使滤纸炭化完全，再逐渐升温至950～1 000 ℃的温度下灼烧1 h，取出，稍冷，置于干燥器内冷却至室温后，称量。

二氧化硅百分含量 $\omega(SiO_2)$ 按下式计算：

$$\omega(SiO_2)=\frac{(m_1-m_2)}{m}\times 100\% \tag{7-9}$$

式中 m——试样质量，g；

m_1——沉淀加坩埚质量，g；

m_2——坩埚质量，g。

7.4.3 氧化钙、氧化镁的测定

方法、原理同4.1.8和7.4.9（分析试液同7.4.2）。

7.4.4 三氧化二铁的测定

7.4.4.1 实验原理、试剂

同4.1.5。

7.4.4.2 分析试液的制备

准确称取试样（黏土、长石或菱苦土）0.25 g于铂皿中，以少量水湿润，加高氯酸4～5 mL，氢氟酸10 mL，用铂丝搅匀，于砂浴上加热分解，蒸干，重复1次后，以少量水吹洗皿壁，加高氯酸4～5 mL，继续蒸发至干，在电炉上烘烤5～10 min，取下，以水吹洗皿壁，加盐酸10 mL溶解干枯物，并加热3～5 min，取下，冷却后移入250 mL容量瓶中，以水稀释至刻度，摇匀，备用。此为测定 Fe_2O_3、Al_2O_3、TiO_2、K_2O、Na_2O 的试液。

7.4.4.3 实验步骤

吸取分析液25 mL于50 mL容量瓶中，加15%磺基水杨酸溶液5 mL，滴加（1+1）的氨水至稳定黄色后，以水稀释至刻度，摇匀，以空白作参比，用1 cm的比色皿，在波长430 nm处测其吸光度值，在标准曲线上查出三氧化二铁的百分含量。

7.4.5 三氧化二铝的测定

方法、原理同4.1.7（分析试液同7.4.2）。

7.4.6 MgO活性的测定

7.4.6.1 实验原理

在氯氧镁胶凝材料中，轻烧镁粉中MgO的活性是指导生产和科研的一项重要指标，它直接关系到制品的强度、耐水性及返卤等各项重要性能。国内外学者对MgO活性的认识归纳起来有如下几种：

（1）Txacow认为，MgO的活性是指促进化学的或物理化学的反应能力。

（2）Baker认为，活性MgO粒子是由很小的微晶集合组成。

（3）活性MgO为等轴晶系方镁石，由于晶格存在着点阵缺陷和位错而形成具有较高表面能的α-MgO。

(4)活性 MgO 表面具有某种吸附基。

总之,我们认为活性 MgO 是指能参与水热反应的这部分 MgO。表 7-2 给出辽宁大石桥产轻烧镁粉的主要化学成分。

表 7-2　辽宁大石桥产轻烧镁粉的主要化学成分

样品	MgO(%)	CaO(%)	烧失量(%)
1	80.8	1.98	6.45
2	83.2	1.00	4.53
3	81.5	0.80	5.67
4	83.5	1.00	7.21

在轻烧镁粉中加入水后,CaO 和活性 MgO 遇水后要进行消解,发生下列化学反应:

$$CaO + H_2O = Ca(OH)_2$$

$$MgO + H_2O = Mg(OH)_2$$

据此,我们用水热反应法来测定活性 MgO 的质量分数,对生产具有较好的指导意义。

7.4.6.2　实验仪器、试剂

恒温箱一台,分析天平一台,坩埚若干,蒸馏水,EDTA 标准溶液,盐酸,钙指示剂等。

7.4.6.3　实验步骤

(1)取样后将试样分为两份,其中一份经研磨、盐酸分解后,用 EDTA 滴定 CaO。

(2)将另一份试样放入坩埚中,用分析天平称得试样的质量 m,然后往坩锅中加入适量的蒸馏水,并盖上坩锅盖。

(3)将试样放入恒温箱中,并保持温度在 50 ℃左右,待 24 h 后拿下坩锅盖,并调节温度至 80 ℃左右,将未能参加水化反应的水分全部蒸发,这个过程大约需要 3 h。

(4)取出坩锅,冷却至室温后称得试样的质量为 m_1,由此得到参加水化反应的水分的质量为 $m_1 - m$。

7.4.6.4　计算

(1)样品中 CaO 消解所需要水分的质量 m_{CaO-H_2O}

$$m_{CaO-H_2O} = \frac{18 \times m \times \omega(CaO)}{56} \tag{7-10}$$

式中　m_{CaO-H_2O}——试样中 CaO 消解所需要水分的质量,g;

$\omega(CaO)$——试样中 CaO 的质量分数,%;

m——试样质量,g。

(2)MgO 消解所需水分的质量 m_{MgO-H_2O}

$$m_{MgO-H_2O} = m_1 - m - m_{CaO-H_2O} \tag{7-11}$$

(3)参加水化反应的 MgO 质量 m_{MgO}

$$m_{MgO} = \frac{40 \times m_{MgO-H_2O}}{18} \tag{7-12}$$

(4)活性 MgO 的质量分数 $\omega(\alpha\text{-}MgO)$

$$\omega(\alpha\text{-}MgO) = \frac{m_{MgO-H_2O}}{m} \times 100\% \tag{7-13}$$

表 7-3 列出了一组实验所得到的数据。

表 7-3　实验所得数据

样品	ω(MgO)(%)	ω(α-MgO)(%)	ω(Ca)(%)
1	83.7	59.4	0.90
2	80.4	55.6	0.95
3	81.1	58.2	1.00
4	83.4	59.9	1.00
5	83.1	59.0	0.90
6	81.8	57.8	0.95

7.5　皮胶(骨胶)分析方法

7.5.1　样品的制备

样品粉碎制成小于 1 cm 的小块,并缩分到 100 ~ 150 g 备用。

粒状块状或粉状样品则直接缩分到 100 ~ 150 g 备用。

7.5.2　水分的测定

称取试样 1 g 于已衡量的低型称量皿(30 mL)中,加入 10 mL 水,置于水浴上加热,使其溶解(若样品未溶解完再补加少量水直至样品溶解为止)。并继续加热蒸发至大致干燥后,移入 105 ℃烘箱中,烘 2 h。然后取出冷却、称量。再置于烘箱中烘半小时,直至两量之差小于 0.000 5 g 时为止。

水分含量计算公式如下:

$$\omega(H_2O) = \frac{m_2 - m_1}{m} \times 100\% \tag{7-14}$$

式中　m——试样量,g;

m_1——烘后试样及称量皿质量,g;

m_2——烘前试样及称量皿质量,g。

7.5.3　灰分的测定

称取试样 1 g 于已恒量的瓷坩锅中,置于电炉上加热,至挥发分除去后,移入高温炉中,于 850 ℃时灼烧半小时,取出,冷却至室温,再送入高温炉中灼烧半小时,再称量,直至两次称量之差不大于 0.000 2 时为止。

灰分计算公式如下:

$$\omega(\text{灰分}) = \frac{m_2 - m_1}{m} \times 100\% \tag{7-15}$$

式中　m——试样质量,g;

m_2——灰分加坩锅的质量,g;

m_1——坩锅的质量，g。

7.5.4 黏度和溶解时间的测定

7.5.4.1 实验原理

称取一定量的皮胶和水，配成恰为15%绝对干胶（即扣除皮胶中水分后的胶）溶液300 g，放入恩氏黏度计中，使试液与三个水平针针端于一个水平位置上，在40 ℃时（骨胶30 ℃）的温度下，200 mL试样溶液自黏度计中流出的时间（秒数）与在20 ℃时200 mL水流出的时间（秒数）（即所谓黏度计的水值）之比值，称为恩氏黏度。

7.5.4.2 配胶量与水量的计算

$$\left.\begin{aligned}&\text{配胶量}=\frac{15\times300}{100-\text{水分}\%}\text{（精确到0.1 g）}\\&\text{水用量}=300-\text{配胶量}\text{（精确到0.1 g）}\end{aligned}\right\}\qquad(7\text{-}16)$$

7.5.4.3 分析步骤

称取按配胶量公式计算所需要配胶量的皮胶试样放入400 mL烧杯中，加入计算所需要量的水，让胶量在室温下浸泡90 min，并不时加以搅拌。然后将烧杯放入70 ℃的水浴中，用玻璃棒不时搅拌，并同时记下直到胶量完全溶解所经历的时间，即为胶样的溶解的时间。溶完后取出，补充因加热而蒸发掉的水分，将胶液冷却到41 ℃左右（骨胶为31 ℃）时，用36目筛网过滤入插有长木塞的恩氏黏度计内（事先使黏度计保温槽中水控制到41 ℃左右，胶液表面应与黏度计三枚水平针的尖端在同一水平面上。加盖，且不断旋转插有温度计的盖子搅拌试液，当胶液温度达到40 ℃（骨胶30 ℃）时，拔起长木塞，让胶液流入黏度计容量瓶中，同时迅速启动秒表，直到流至容量瓶200 mL刻度线处时，立即按停秒表，其读数为T_1（s）。从胶液倒入黏度计起到试验完毕，不能超过30 min。

7.5.4.4 计算

计算公式如下：

$$\text{恩氏黏度（E°）}=\frac{T_1}{T_0}\qquad(7\text{-}17)$$

式中 T_1——200 mL试液从黏度计中流出的时间，s；

T_0——200 mL水从黏度计中流出的时间，s。

7.5.5 泡沫量与消泡时间的测定

7.5.5.1 实验仪器

具有刻线的泡沫试管一只，每个刻度代表0.2 mL，试管长150 mm、直径20 mm。

7.5.5.2 实验步骤

称取10g皮胶于250 mL烧杯中，加入90 g冷蒸馏水，浸泡90 min后，在70 ℃的水浴中加热溶解，并补充因蒸发而损失的水量。

移上述胶液15 mL于泡沫试管中，将试管插入40 ℃的水浴中，待胶液达到40 ℃时，用塞塞住管口，用大拇指按住管塞，以每秒3次的速度摇动1 min，摇动距离为200～300 mm，然后迅速将泡沫试管放入40 ℃水浴中，30 s后记录胶液和泡沫的总体积，以毫升（mL）表示，即为泡沫数。并同时开始计时，直到泡沫试管中的胶液面上升到13 mL时所经历的时间，即为消泡时间。

7.5.6 油脂含量的测定

7.5.6.1 实验原理

试样中的油脂用丙酮抽出后，蒸去丙酮，剩余物即为油脂。

7.5.6.2 实验试剂

丙酮：分析纯。

7.5.6.3 实验仪器

索氏抽提器。

7.5.6.4 实验步骤

称取皮胶试样 2～3 g 用滤纸包好，置于虹吸杯内，加入为虹吸杯体积 1.5 倍量的丙酮，将冷凝管及已恒量的承受瓶装好后，在沸水浴上提取 6 h，取下，将承受瓶置于水浴上蒸去丙酮（勿蒸干），然后将瓶的外壁洗擦干净，放入 70～80 ℃的烘箱中烘 90 min，取出冷却，称量。

7.5.6.5 计算

油脂质量分数 ω（油脂）的计算公式如下：

$$\omega(\text{油脂}) = \frac{m_2 - m_1}{m} \times 100\% \tag{7-18}$$

式中 m——试样量，g；

m_1——承受瓶量，g；

m_2——承受瓶加油脂含量，g。

7.5.7 pH 值的测定

称取皮胶 1 g 于 250 mL 烧杯中，加蒸馏水 99 g，配制成 1% 的胶液，胶液于 40 ℃时，在酸度计上进行测定，pH 值读取到两位小数。

7.6 脲醛树脂分析方法

7.6.1 固体含量测定

7.6.1.1 实验原理

试样经 110 ℃烘干后残留的物质量即固体含量。

7.6.1.2 实验步骤

称取样品 1 g 置于（112 ±2）℃恒量的瓷坩锅盖中，转动坩锅盖，使样品均匀地铺在坩锅盖内，移坩锅盖于烘箱中，逐渐升温到 110 ℃，保温 90 min，取出于干燥器中，冷却至室温，称量。

固定含量 ω（固定）计算公式如下：

$$\omega(\text{固体}) = \frac{m_2 - m_1}{m} \times 100\% \tag{7-19}$$

式中 m——样品质量，g；

m_1——烘干样品与坩锅盖质量，g；

m_2——烘前样品与坩锅盖质量，g。

7.6.2 pH 值的测定

取 5 g 样品于 100 mL 烧杯中，加新煮沸并冷却后的蒸馏水 10 mL，搅匀（这时应呈清亮的溶液）。以精密 pH 试纸测定溶液的 pH 值。

7.6.3 游离甲醛测定——氯化铵法

7.6.3.1 实验原理

用氯化铵法测定甲醛，其原理是基于甲醛与一定量的铵盐相结合而成六次甲基四胺并生成盐酸，其反应式为：

$$6HCHO + 4NH_4Cl = (CH_2)_6N_4 + 4HCl + 6H_2O$$

加入氨水中和生成的盐酸，过量的氨水用盐酸标准溶液中和，从而计算出游离甲醛的含量。

7.6.3.2 实验试剂

（1）氯化铵－氨水混合液：取氯化铵 100 g 溶于水中，移入 1 000 mL 容量瓶中，加氨水（密度 0.90 g/cm^3）75 mL，用水稀释至刻度，摇匀。

（2）盐酸标准溶液：0.5 mol/L，标定使用。

（3）中性红－溴百里酚兰混合指示剂：取中性红 0.1 g，溴百里酚兰 0.03 g，溶于 100 mL 60% 的乙醇中。

7.6.3.3 实验步骤

称取试样 5 g 于 500 mL 具塞锥形瓶中，加 20 ℃的水 100 mL，摇匀，使试样完全溶解后，准确加入氯化铵－氨水溶液 25 mL，混合指示剂 10 滴，在（20 ± 1）℃静置 1 h，用 0.5 mol/L 盐酸标准溶液滴定至刚呈微红色为终点。按同样步骤作空白试验。

7.6.3.4 计算

甲醛含量 ω(HCHO) 计算公式如下：

$$\omega(\text{HCHO}) = \frac{(V - V_1) \times c \times 0.045}{M} \times 100\% \tag{7-20}$$

式中 c——盐酸标准溶液的浓度，mol/L；

V——空白试验消耗盐酸标准溶液的体积，mL；

V_1——滴定试样消耗盐酸标准溶液的体积，mL；

M——试样量，g。

7.6.3.5 注意事项

（1）该法只适用于能溶于水的脲醛树脂中游离甲醛的测定。

（2）分析时溶液的温度对结果的影响很大，这和脲醛树脂的分子结构有关，脲醛树脂的工业生产即使经过高温加热，由于空间上的阻碍，仍有若干羟甲基不能参加反应，因而造成聚合物中的微隙，消弱了结构的坚强度，此种游离的羟甲基及结构中醚链的联合愈多，则制品遇热或在沸水中煮沸时，愈易放出甲醛或水分，所以用热水溶解样品测定结果偏高。

（3）氯化铵法测定脲醛树脂中的游离甲醛，不能使用 NaOH 的原因，可能是 Na^+ 取代了树脂中的某个氢离子所致，所以用 NH_4^+ 代替 Na^+ 后，结果就稳定了。

（4）试样加水后，必须充分摇动，使试样完全溶解后方可加入试剂。

（5）操作应该在碘量瓶或具塞锥形瓶中进行。

(6)测定时温度必须严格控制。

7.6.4 游离甲醛测定——亚硫酸钠法

7.6.4.1 实验原理

基于甲醛与亚硫酸钠反应生成碱，以过量的盐酸中和生成的碱，然后以碱标准溶液回滴剩余的盐酸，其反应如下：

$$HCHO + Na_2SO_3 + H_2O = NaOH + HOCH_2SO_3Na$$

7.6.4.2 实验试剂

(1)亚硫酸钠溶液:15%。

(2)麝香草酚酞:0.1%。

(3)盐酸标准溶液:0.5 mol/L。

(4)氢氧化钠标准溶液:0.5 mol/L。

(5)乙醇溶液:1+1。

7.6.4.3 实验步骤

称取试样 5 g 于 2 550 mL 锥形瓶中，加入 100 mL 乙醇溶液(1+1)。使样品溶解(难溶样品可以搅拌)，加入麝香草酚酞指示剂(0.1%)10 滴，用 0.5 mol/L 氢氧化钠标准溶液中和至蓝色(不计量)，用移液管加入 10 mL 0.5 mol/L 的盐酸溶液，立即加入亚硫酸钠溶液(15%)20 mL，摇动 2 min，用 0.5 mol/L 氢氧化钠标准溶液在快速摇动下，尽快回滴剩余盐酸至蓝色为终点。同时做两次空白试验。

7.6.4.4 计算

甲醛的质量分数 $\omega(HCHO)$ 的计算公式如下：

$$\omega(HCHO) = \frac{(V - V_1) \times c \times 0.030\,03}{m} \times 100\% \tag{7-21}$$

式中 m——样品质量，g；

c——氢氧化钠标准溶液的浓度，mol/L；

V——空白试验消耗氢氧化钠标准溶液的体积，mL；

V_1——滴定样品时消耗氢氧化钠标准溶液的体积，mL。

7.7 水溶性酚醛树脂液分析方法

7.7.1 游离酚的测定

方法同酚醛树脂粉游离酚的测定。

7.7.2 稀释度的测定

7.7.2.1 实验原理

水溶性酚醛树脂液在(23±0.5)℃的温度下，用水滴加到出现明显的浑浊，并不再变化时，所用水量(mL)与试样量(mL)之比值，即树脂液之稀释度。

7.7.2.2 实验步骤

移取水溶性酚醛树脂液试样 10 mL 于 100 mL 烧杯中，在(23±0.5)℃的温度下，用(23±

0.5）℃的水滴加到出现明显的浑浊并不再加深为止，记下所加水的体积。

7.7.2.3 计算

水溶性酚醛树脂液的稀释度由下式计算：

$$稀释度 = \frac{V}{V_1} \tag{7-22}$$

式中 V——用去水的体积，mL；

V_1——所取试样的体积，mL。

7.7.3 固体含量的测定

7.7.3.1 实验原理

试样在130 ℃温度下聚合后的质量为固体含量。

7.7.3.2 实验仪器

金属皿：可用白铁皮焊制的长方形平底皿，其规格为长65 mm、宽45 mm。

7.7.3.3 实验步骤

称取水溶性酚醛树脂液3 g于已在130 ℃恒量的金属皿中，转动金属皿，使试样平铺于皿底，送入烘干箱中，自室温起升温到130 ℃并保温1 h，取出于干燥器中冷却到室温，称量，再送入130 ℃的烘箱中烘半小时，如前称量，重复上述操作直至恒量为止。

7.7.3.4 计算

固体的质量分数计算公式如下：

$$\omega(固体) = \frac{m_1 - m_2}{m} \times 100\% \tag{7-23}$$

式中 m_1——烘后金属皿及试样量，g；

m_2——金属皿量，g；

m——试样量，g。

7.7.4 pH值的测定

7.7.4.1 实验原理

试样溶于适量的水中，用pH计测量其pH值。

7.7.4.2 实验仪器

(1)酸度计，读数精确到0.1pH。

(2)玻璃电极。

(3)甘汞电极。

7.7.4.3 实验步骤

移取可溶性酚醛树脂液50 mL于200 mL烧杯中，在不断搅拌下，用滴定管加蒸馏水，直到搅拌后试样与水互溶成为均匀混合物（即合二为一）为止。若搅拌后仍分层，则继续加水直到合二为一为止，但不得出现浑浊。

得到均匀透明的混合物后，插入电极，用酸度计测量pH值。插入电极3 s读数，读数精确到0.1pH。

7.7.5 密度的测定

7.7.5.1 实验原理

用比重瓶法测定其密度。

7.7.5.2 实验步骤

于20 ℃的温度时，取一个洗净、烘干并冷却到20 ℃的25 mL比重瓶，称其质量为M。加满水溶性酚醛树脂液，待瓶内气体完全排出后，塞上瓶塞，用一块湿毛巾擦净瓶外壁后，再用一块干燥清洁的毛巾擦净抹干瓶外壁，称其质量为M_1，同时测量其温度。

倒出树脂，洗净比重瓶，盛满蒸馏水，用干燥清洁的毛巾擦干瓶外壁，称其质量为M_2，并同时测量水的温度。

7.7.5.3 计算

密度计算公式如下：

$$\rho = \frac{M_1 - M}{M_2 - M} \times \rho_{水} \tag{7-24}$$

式中 ρ——水溶性酚醛树脂液的密度，g/cm^3；

$\rho_{水}$——测定温度下水的密度，g/cm^3；

M——比重瓶的质量，g；

M_1——比重瓶加树脂液的质量，g；

M_2——比重瓶加水的质量，g。

7.7.6 黏度的测定

7.7.6.1 实验原理

霍普勒落球黏度计(HOPPler)：霍普勒落球黏度计的原理主要是用一特定的钢球或光学玻璃球在恒定温度下通过一定试液，测量所需要的时间。以测0.01 cp到1 000 000 cp的液体试样。

黏度计主要由内径16 mm、长175 mm的玻璃管A和直径85 mm、长150 mm玻璃管B构成，A管储存试液，B管盛恒温水以保持A管内试液温度恒定。整个玻璃管套固定在一个支架上，并保持80°的倾斜，B管内的恒温水由外接恒温器来调节。霍普勒落球黏度计的构造如图7-6所示。

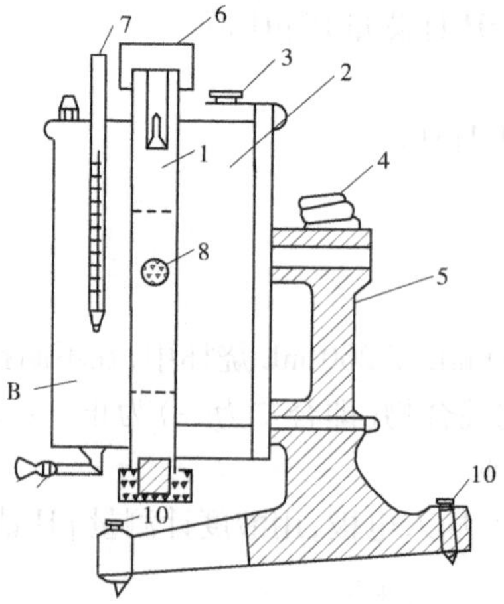

图7-6 霍普勒落球黏度计构造图

—盛液管A；2—玻璃套B；3—出气孔；4—水平器；5—支架；6—盖；7—温度计；8—小球；9—恒温水入口；10—调节螺丝

7.7.6.2 **实验步骤**

测定时应根据试液黏度的大小，选择合适的小球。黏度计附有一套供测试用的小球，选择用的范围见表7-4。

表7-4 选用黏度测试球范围

小球	直径(mm)	常数 K	测量范围(cp)
1	15.87	0.001 3	0.3
2	15.79	0.011	2.3 ~ 23
3	15.62	0.08	15 ~ 150
4	15.25	0.55	115 ~ 1 150
5	14.40	3.8	810 ~ 8 100
6	11.80	27.0	5 700 ~ 57 000
7	9.20	43.0	2 000 ~ 200 000

测定时按常规将黏度计A洗净烘干，调好支架水平，使A管成80°的角。调好恒温水浴到(20 +0.5) ℃，于管A内加入试液，管上部留有10 ~ 15 mm空隙，轻轻放下小球加盖塞紧，将玻璃套管翻转，使小球回到开始的位置，重新翻转，当小球至管A上部刻度线的瞬间，开动秒表，到下部刻度线的瞬间，停止秒表。反复3次。其误差小于0.5 s。取平均值，按以下公式计算：

$$n_t = T \times (S_K - S_f) \times K \tag{7-25}$$

式中 n_t——动力黏度，cp；

T——小球下落时间，s；

S_K——小球密度；

S_f——温度为T时，试液的密度。

若无霍普黏度计，可用旋转黏度计测定其黏度。

7.7.7 硬化速度的测定

将约0.5 g水溶性酚醛树脂液倒入一块预先加热到(120 ±2)℃的专用铁板上的小孔中(该铁板上表面钻有2 ~3个直径为20 mm、深5 mm的小孔，侧面于小孔的下方钻有一孔，以插入温度计测量温度)，用玻璃棒做圆周搅拌，慢慢提高玻璃棒至100 ~200 mm，此时观察引申线条的形成。当线条停止引申并开始断裂的瞬间，即为树脂硬化的终结。从树脂倒入圆孔中起，到线条断裂时止，这一段时间称树脂的硬化速度时间。

7.8 机油、变压器油分析方法

7.8.1 酸值测定

7.8.1.1 **实验原理**

试样溶于酒精后，以氢氧化钠标准溶液滴定所含的游离酸，然后换算为1 g试样所消耗氢氧化钾的毫克数,称为酸值。

7.8.1.2 **实验试剂**

(1)0.2 mol/L 氢氧化钠标准溶液。

(2)酒精-苯混合溶液,1+1。

(3)碱性蓝溶液,1%。

7.8.1.3 **实验步骤**

称取试样 5 g 左右,放入 250 mL 三角瓶中,加入 100 mL 中性酒精-苯混合试剂,摇动、溶解后,以 0.02 mol/L 氢氧化钠标准溶液滴定,以碱性蓝为指示剂,滴定至蓝色变为红色为终点。

7.8.1.4 **计算**

酸值计算公式如下:

$$酸值 = \frac{c \times V \times 56.1 \times m_1}{m_2} \tag{7-26}$$

式中 c——氢氧化钠标准溶液浓度,mol/L;

V——氢氧化钠标准溶液所消耗的体积, mL;

m_1——1 g 试样所消耗氢氧化钾的毫克数;

m_2——所称试样的量,g。

7.8.1.5 **说明**

酒精-苯混合液需预先中和,中和时以 10 滴碱性蓝作指示剂,以 0.02 mol/L 氢氧化钠标准溶液滴定至蓝色变为红色为止。

7.8.2 机械杂质测定

7.8.2.1 **实验原理**

试样不溶于酒精-苯混合溶剂中的全部杂质称为机械杂质。

7.8.2.2 **实验试剂**

酒精-苯混合溶剂,1+1。

7.8.2.3 **实验步骤**

称取试样 5~10 g 于 300 mL 烧杯中,加入 70 mL 酒精-苯混合溶剂,置于水浴上微热,用玻璃棒搅拌,直至完全溶解,然后用眼睛观察是否有不溶物,如很少,就做痕量分析;如较多,就用已知质量的 4 号玻璃过滤器过滤(用抽气减压过滤),用苯充分洗涤烧杯及过滤器,然后放入 105 ℃烘箱中,烘干 1 h,取出,置于干燥器中进行干燥冷至室温,并称量,再置于烘箱中烘至恒量。

7.8.2.4 **计算**

机械杂质含量计算公式为:

$$\omega(机械杂质) = \frac{m_2 - m_1}{m} \times 100\% \tag{7-27}$$

式中 m——称取试样的质量,g;

m_1——玻璃过滤器的质量,g;

m_2——玻璃过滤器与不溶物的质量,g。

7.8.3 pH 值测定

7.8.3.1 实验原理

用水将油中的酸碱性物质抽出，抽出液用酸度计进行 pH 值的测定。

7.8.3.2 实验步骤

用量筒取油样 50 mL 于 250 mL 锥形瓶中，加入新煮沸而冷却的蒸馏水 50 mL，在 70 ~ 80 ℃的水浴中加热 5 min，在加热过程中，要不时地摇动，然后趁热倒入已用中性蒸馏水的洗涤干燥的分液漏斗中，冷却至室温后，取其下层水溶液 50 mL 于干烧杯中，在酸度计上进行 pH 值测定。

7.8.3.3 注意事项

(1)所用蒸馏水，每次使用时必须检查 pH 值。

(2)所用的玻璃仪器应用 GG 型料或 95% 料制成的，同时使用前必须先用蒸馏水洗净后，再用中性水洗几次；再经干燥后方可使用。

(3)试液必须完全冷却至室温，否则会影响 pH 值的测定。

7.8.4 水分测定

7.8.4.1 实验原理

试样溶于有机溶剂后，经蒸馏将水分蒸出，流入一刻度羊角管内，测其体积，求出其水分含量。

7.8.4.2 实验仪器

金门氏水分测定仪：由 500 mL 圆底烧瓶、10 mL 刻度羊角管及直型冷凝管组成。

7.8.4.3 实验试剂

二甲苯或甲苯；用前需要用水在分液漏斗中充分震动，使其水饱和，然后分出水分，留作备用。

7.8.4.4 实验步骤

称取试样 50 g 于烧瓶中，加甲苯(或二甲苯)70 ~ 100 mL，于电炉上加热蒸馏，当不再有水珠流出而下落到刻度羊角管内时，停止加热，读其羊角管水体积。

7.8.4.5 计算

水分含量计算公式为：

$$\omega(H_2O) = \frac{V}{m} \times 100\% \tag{7-28}$$

式中 V——水层体积，mL；

M——试样质量，g。

7.8.4.6 注意事项

(1)升温速度由慢到快结束时，升高温度，再加热 5 ~ 10 min。

(2)整套仪器必须烘干才能使用。

(3)蒸馏前羊角管内最好预先充满甲苯(或二甲苯)，以免最初蒸出之浑浊下沉到羊角管底层，而增加操作上的麻烦，否则的话，则需将羊角管浸泡在水浴中，让其浑浊变为清亮，然后冷却到室温，读其体积。

7.8.5 灰分测定

7.8.5.1 实验原理

试样在 800～850 ℃高温炉中,经灼烧后,其残渣为灰分。

7.8.5.2 实验步骤

称取试样 3 g 于已经灼烧过至恒量的坩锅中,在电炉上低温加热,挥发分除尽后,加高温进行灰化。然后移入 800～850 ℃高温炉内灼烧半小时,取出、冷却、称量。再送入高温炉。灼烧,称量。直到恒量为止。

7.8.5.3 计算

灰分含量计算式如下:

$$\omega(\text{灰分}) = \frac{m_2 - m_1}{m} \times 100\% \tag{7-29}$$

式中 m——试样质量,g;

m_1——坩锅质量,g;

m_2——试样残渣及坩锅烧后的质量,g。

7.8.6 黏度测定

7.8.6.1 实验原理

恩格勒黏度系 200 mL 试样在指定温度下,自恩格勒黏度计流出的时间秒数与同体积蒸馏水在 20 ℃流出时间秒数(即黏度计之水值)之比。

7.8.6.2 实验仪器

(1)恩氏黏度计。

(2)恩格勒黏度计用温度计 2 支。

(3)恩格勒黏度计用黏度瓶 2 个。

(4)秒表。

7.8.6.3 实验步骤

将干净的恩格勒黏度计装置好,用木栓严格塞住黏度计的流出孔,把试样注入容器中,至恰与三个尖顶之同一水平(利用黏度计的三个支架的螺旋调整)。

于黏度计浴槽(保温、加热槽)中注满自来水或润滑油(测定 80～100 ℃之试样黏度时),打开开关利用调节控制器进行加热。当浴槽中液体温度高于指定试验温度的 3～4 ℃时,停止加热,并时时围绕长木栓旋转插入温度计的盖,以搅拌试样,使温度均匀。

在流出孔中央之下部,放一干净的 200 mL 黏度瓶,当试液的温度至恰好为指定温度时,保持 1～2 min 后,迅速提起长木栓,并同时开动秒表,当流下的试样体积达到黏度瓶 200 mL 时,停止秒表,记录时间。

7.8.6.4 计算

计算公式如下:

$$\text{恩格勒黏度 } E_t = \frac{S_t}{S_{H_2O}} \tag{7-30}$$

式中 S_t——在试样温度为 t 时,200 mL 试液从黏度计中流出的时间,s;

S_{H_2O}——200 mL 20 ℃的纯水,从黏度计中流出的时间,s。

7.8.6.5 **注意事项**

(1)测完黏度后,必须用酒精-苯混合溶剂或苯,将黏度计的内容器及流出孔洗涤干净,并以脱脂棉小心地吸出预留的溶剂后,让其自然干燥。

(2)测定完后,黏度瓶必须用苯洗涤干净,然后置于烘箱中烘干。

(3)试样内有机械杂质、泥沙等时,需要预先用每平方厘米至少有576格孔的筛网过滤,如试样内含有水分时,需以新煅烧而冷却的食盐、硫酸钠或粒状氯化钙进行脱水,再用筛网进行过滤。

(4)黏度计的水值,在仪器说明书中附有,试验人员可以定期的按照黏度计的测定的操作手续进行校正。

7.8.7 闪点测定

7.8.7.1 闭口式

1)实验原理

在测定条件下,加热的试样蒸汽与周围空气形成混合物,于接触火焰时,发生闪电的温度称为闪点。

2)实验仪器

(1)闭口式闪点测定仪。

(2)闭口式闪点测定仪用温度计2支。

3)实验步骤

将试样注入干净的闪点仪的油杯内,至环状标线处,盖上盖,插入温度计,将油杯置于加热浴中,打开电开关,加热。

试样之闪点在50 ℃以下时,在测定过程中需自始至终不断地搅拌并加热,速度为每分钟上升1 ℃。

试样闪点在50~150 ℃和150 ℃以上时,开始加热的速度每分钟上升分别为5~10 ℃和10~12 ℃。当温度低于估计闪点30 ℃时,加热的速度每分钟上升2 ℃。而当温度低于估计闪点20~10 ℃时,用搅拌器充分搅拌试样,对于闪点在50 ℃以下的试样,每上升1 ℃时,打开洞口,用点火器进行点火试验(点火时停止搅拌),而闪点在50 ℃以上者,每上升2 ℃进行点火试验。点火时,试样表面上方呈现蓝色火焰闪光时,立即记下温度,即为闪点。

4)注意事项

(1)测定完后,仪器需用苯洗涤干净,让其干燥。

(2)如果仪器上不带煤气点火器时,可用纸做的灯芯,浸上试油代替。

(3)测定时,应在空气无显著流动,并且在光线较暗的地方进行,以便清晰地观察闪火(或在仪器周围上风屏)。

(4)试样如含水分超过0.05%时,须先脱水。脱水时用新煅烧并冷却的氯化钠,硫酸钠或氯化钙进行处理。然后取上层液进行测定。

(5)如试样不详时,应预先快速测定其近似闪点,然后再按分析步骤进行测定。

(6)如果发生闪火点已过,则可将油杯取出,冷却至闪点下20 ℃时,重新置于加热浴中加热,以再进行测定。

(7)闪点是个条件常数,它与所用仪器型式、加入试油量、点火用的火焰大小、离液面高低、停留时间、加热速度等有关。

7.8.7.2 **开口式**

1)实验原理

将试油注入干净油杯(或用200 mL瓷蒸发皿)中至环状标线处,置于加热浴中(或置于铁三角架上,用酒精灯加热)。将温度计悬挂于烧杯的中央,并浸没水银柱,然后加热,以后操作手续与闭口式闪点测定同。

2)说明

(1)可以用闭口式闪点仪进行测定,但必须除去盖子。

(2)用纸浸上油后的灯芯,进行点火时,即将点燃的灯芯沿着油杯口的边缘滑过,持续时间为2~3 s。

7.8.8 密度测定

7.8.8.1 **实验步骤**

将油注入干净的量筒内,至口的边缘下5~10 cm处,待气泡消失后,插入干净的密度计,完全静止后(勿与量筒壁接触),记下密度计所接触液面上边缘数字,即为试样的密度。同时记下试样的温度。

7.8.8.2 **计算**

计算公式如下:

$$D_4^0 = D_4^t + r(t-20) \tag{7-31}$$

式中 D_4^t——测定温度下,试样之密度,g/cm³;

r——密度的平均温度补正系数;

t——测定时试样之温度,℃。

第8章　陶瓷原料分析

8.1　烧失量的测定

方法、原理同4.1.3。

8.2　试样溶液的制备

8.2.1　试剂

氢氧化钾乙醇溶液：1%，1 g粒状氢氧化钾溶于100 mL无水乙醇中。

8.2.2　实验步骤

精确称取0.5 g烘干的试样，置于用2 g氢氧化钾铺好的银坩埚中，再滴加1%的氢氧化钾乙醇溶液将试样湿润，然后盖上坩埚盖（口上留一缝隙），在电炉低温处烘至半干。接着再在试样上盖一层氢氧化钾2～3 g（含铝量高的物质可适当增加1 g），用低温加热，时时注意勿使喷溅。待全部熔融，即移至高温处将坩埚盖严熔融约20 min，视坩埚内无不熔物并呈半透明状的液体后，继续加热几分钟，待熔融物黏度增加，达到均匀细腻时即已熔好，取下冷却时，转动坩埚，使熔融物固着在坩埚壁上，冷却，用蒸馏水转移到250 mL烧杯中，以水稀释至100～150 mL，在搅拌溶液的同时，快速加入10～12 mL盐酸酸化试液，并继续搅拌1 min，然后用1%的盐酸洗净坩埚，所得透明之溶液冷却后，定量转移到250 mL容量瓶中，用水稀释到刻线摇匀，留待测定SiO_2、Al_2O_3、Fe_2O_3、TiO_2、CaO、MgO之用。

8.3　二氧化硅的测定

8.3.1　实验原理

氟硅酸钾容量法测定二氧化硅是根据可溶性硅酸在硝酸溶液中，有适量氯化钾存在的条件下，加入氟化钾，使硅定量地生成氟硅酸钾（K_2SiF_6）沉淀：

$$SiO_3^{2-} + 4F^- + 6H^+ \longrightarrow SiF_4 + 3H_2O$$

$$SiF_4 + 2F^- \longrightarrow SiF_6^{2-}$$

$$SiF_6^{2-} + 2K^+ \longrightarrow K_2SiF_6$$

沉淀过滤，用氯化钾－乙醇溶液洗去大部分酸，残余酸量用氢氧化钠中和（用甲酚红－麝香草酚蓝混合指示剂）。沉淀与足量沸水作用，使水解生成相当量的氢氟酸，生成的氢氟酸用氢氧化钠标准溶液滴定：

$$K_2SiF_6 + 3H_2O = 2KF + H_2SiO_3 + 4HF$$

$$HF + NaOH = NaF + H_2O$$

由消耗的 NaOH 标准溶液的体积计算出试样中 SiO_2 百分含量。

8.3.2 试剂

(1)硝酸:7 mol/L。

(2)氯化钾-乙醇溶液:每 100 mL 水中溶解 14 g 氯化钾后,加 100 mL 无水乙醇混合均匀。

(3)氟化钾溶液:20%,取 20 g 氟化钾溶于 100 mL 水中,溶液盛于塑料瓶中。

(4)氢氧化钠标准溶液:0.1 mol/L。

(5)甲酚红-麝香草酚蓝指示剂:将 100 mL 甲酚红溶于 2.5 mL 0.1 mol/L 氢氧化钠溶液中,用水稀释至 10 mL,为 A 液;将 10 mL 麝香草酚蓝溶于 1.0 mL 0.1 mol/L 氢氧化钠溶液中,用水稀释至 10 mL,为 B 液。将 A 液与 B 液按 1+1 混合。

8.3.3 实验步骤

吸取 8.2 试液 25 mL 置于塑料烧杯中,加 7 mol/L 硝酸 15~20 mL,再加 3 g 氯化钾,用塑料棒搅拌,使其溶解,再用塑料量杯加入 20% 氟化钾溶液 5 mL 并搅拌 1 min,放置 5~10 min后,用快速定性滤纸在塑料漏斗中过滤,用氯化钾-乙醇溶液洗涤烧杯及沉淀 3~4 次,原塑料烧杯中再加入 10 mL 氯化钾-乙醇溶液,将沉淀连同滤纸一并放入原塑料杯中,加 5 滴混合指示剂,滴加 0.1 mol/L 氢氧化钠标准溶液中和沉淀及滤纸上的残余酸量至溶液由黄色变为紫色,最后,立即加沸水 150 mL,趁热用氢氧化钠标准溶液滴定至紫红为终点,记下毫升数。

8.3.4 计算

二氧化硅的质量分数 $\omega(SiO_2)$ 的计算公式如下:

$$\omega(SiO_2) = \frac{T_{SiO_2} \times V \times A}{m \times 1\,000} \times 100\% \tag{8-1}$$

式中 T_{SiO_2}——氢氧化钠标准溶液对二氧化硅的滴定度,mg/mL;

V——消耗氢氧化钠标准溶液的毫升数, mL ;

A——吸取体积倍数;

m——试样质量,g。

8.3.5 注意事项

(1)氟硅酸钾沉淀必须在塑料烧杯中进行。溶液体积要控制在约 40 mL,沉淀时的温度在 25 ℃以下,溶液的酸度不能低于 3 mol/L 硝酸。

(2)对于含铝、钛高而硅含量少的试样,如矾土等,要减少氟化钾的加入量,以防止生成铝尖晶石等,造成结果偏高。

(3)过滤后的氟硅酸钾沉淀不能放置时间过长,以防止水解。

(4)中和残余酸量是关键一步,操作要迅速仔细,以防沉淀水解,并且要将整个滤纸都搅拌到。

(5)操作要迅速并连续进行,中途不能停顿,否则氟硅酸钾易水解,造成分析结果偏低。

8.4 三氧化二铁的测定

8.4.1 实验原理

此法基于把溶液中的 Fe^{3+} 在近沸的情况下，用二氯化锡（$SnCl_2$）还原为 Fe^{2+}，过量的 $SnCl_2$ 加氯化高汞（$HgCl_2$）使其氧化为不参加反应的四氯化锡（$SnCl_4$）：

$$2FeCl_3 + SnCl_2 = 2FeCl_2 + SnCl_4$$

$$SnCl_2 + 2HgCl_2 = SnCl_4 + Hg_2Cl_2\text{（白色丝状）}$$

然后，在硫磷混酸的存在下，以二苯胺磺酸钠为指示剂，用重铬酸钾标准溶液滴定，重铬酸钾消耗的体积数用以求得铁含量。其反应式为：

$$6Fe^{2+} + Cr_2O_7^{2-} + 14H^+ = 6Fe^{3+} + 2Cr^{3+} + 7H_2O$$

8.4.2 试剂

（1）二氯化锡：6%。取 6 g 二氯化锡溶于 20 mL 浓盐酸中，加水稀释到 100 mL，再加入数粒锡粒，保存于棕色瓶中。

（2）饱和二氯化汞：取 6 g $HgCl_2$ 溶于 100 mL 中。

（3）硫磷混酸：150 mL 浓硫酸与 300 mL 水混合，冷却后，加入 150 mL 浓磷酸，加水至 1 000 mL。

（4）二苯胺磺酸钠：1% 水溶液。

（5）重铬酸钾标准溶液：$c(\frac{1}{6}K_2Cr_2O_7) = 0.01$ mol/L。

8.4.3 实验步骤

吸取 8.2 的试样溶液 25 mL 于锥形瓶中，加热至近沸，滴加 $SnCl_2$ 至黄色消失，再过量 1～2滴，用水冲洗杯壁，迅速冷却至室温，加 $HgCl_2$ 饱和溶液 10 mL，摇晃后，静置 2～3 min，见有白色绢丝沉淀出现，加硫磷混酸 15 mL 及二苯胺磺酸钠 7～8 滴，立即用重铬酸钾标准溶液滴定至出现稳定的紫色为终点。

8.4.4 计算

三氧化二铁的质量分数 $\omega(Fe_2O_3)$ 的计算公式如下：

$$\omega(Fe_2O_3) = \frac{c(\frac{1}{6}K_2Cr_2O_7) \times V \times M(\frac{1}{2}Fe_2O_3) \times A}{1\ 000m} \times 100\% \qquad (8\text{-}2)$$

式中 $c(\frac{1}{6}K_2Cr_2O_7)$——$\frac{1}{6}$重铬酸钾标准溶液物质的量浓度，mol/L；

V——耗重铬酸钾标准溶液体积数，mL；

A——试样溶液总体积为滴定试样体积的倍数；

m——试样质量，g；

$M(\frac{1}{2}Fe_2O_3)$——$\frac{1}{2}Fe_2O_3$ 的摩尔质量，79.84 g/mol。

8.4.5 注意事项

(1)加入 $SnCl_2$ 时要小心,过量要适当,如果 $SnCl_2$ 用量不足,容易造成铁还原不完全。再加 $HgCl_2$ 就会没有白色绢丝状沉淀生成,测定结果偏低,如果 $SnCl_2$ 过量较多,则会使 $HgCl_2$ 还原为金属汞,沉淀呈灰色或黑色:

$$Hg_2Cl_2 + SnCl_2 = 2Hg\downarrow + SnCl_4$$

在这种情况下,析出的汞同样能被 $K_2Cr_2O_7$ 氧化,使结果显著偏高,出现上述两种情况,都必须重新进行测定。

(2)加入硫磷混合酸可促进氧化还原反应进行。同时加入磷酸可以使反应中生成黄色 Fe^{3+} 离子配合为无色配合物,有利于终点确定。

(3)$SnCl_2$ 溶液放置时间过长容易失效,每次配制不可过多。

8.5 二氧化钛的测定

方法、原理同4.1.6。

8.6 氧化钾、氧化钠的测定

8.6.1 实验原理

同10.8.1,本方法试样用硫酸和氢氟酸分解后,直接用火焰光度计测定。

8.6.2 测定步骤

准确称取0.1~0.2 g试样,置于铂皿中,用水湿润,加入5~6滴9 mol/L硫酸和8~10 mL氢氟酸,在砂浴上蒸发至干,再移到电炉上蒸发至三氧化硫白烟冒尽,继续加热5 min冷却,用洗瓶沿皿壁洗涤(用水约10 mL),加入5 mL 3 mol/L的盐酸,加热使残渣溶解,用定性滤纸过滤于100 mL容量瓶中,加水稀释到刻度,摇匀。最后,在火焰光度计上用钾、钠滤光片,以水作空白,同时测定标准溶液和试液中的钾、钠电流强度,并绘制出标准系列溶液中的氧化钾、氧化钠两条标准曲线,再根据被测试样中已测得的氧化钾、氧化钠电流强度,在标准曲线上查出溶液中氧化钠和氧化钾含量,然后计算。

8.6.3 计算

氧化钾、氧化钠含量的计算公式如下:

$$\omega(K_2O) = \frac{\rho(K_2O) \times V}{m \times 1\,000} \times 100\% \tag{8-3}$$

$$\omega(Na_2O) = \frac{\rho(Na_2O) \times V}{m \times 1\,000} \times 100\% \tag{8-4}$$

式中 $\rho(K_2O)$——从标准曲线上查得被测溶液中氧化钾的含量,mg/mL;

$\rho(Na_2O)$——从标准曲线上查得被测溶液中氧化钠的含量,mg/mL;

V——被测溶液稀释的体积,mL;

m——试样质量,g。

8.6.4 注意事项

(1)如果试样中铝含量高,会使钾、钠的辐射光谱减弱,可先用氨水中和,使铝成为氢氧化铝 $Al(OH)_3$ 沉淀,经过滤除去。

(2)在测定过程中空气和乙炔气的压力必须始终保持稳定。

(3)火焰光度计的燃料通常都用乙炔或85号汽油,经过改进燃烧喷头或调节压力,可用液化石油气(民用)代替。而且不需要净化,操作简便,燃烧稳定,分析时间缩短,节约能源,降低分析成本。

8.7 三氧化二铝的测定

方法、原理同4.1.7。

8.8 氧化钙、氧化镁的测定

方法、原理同4.1.8、4.1.9。

8.9 铁、铝连续滴定法

8.9.1 实验原理

在 pH =1.5 ~2.0 酸性溶液中,以磺基水杨酸为指示剂,用 EDTA 滴定三铁价:

$$Fe^{3+} + Sal^{2-} = FeSal^{+}$$

(紫色)

$$Fe^{3+} + H_2Y^{2-} = FeY^{-} + 2H^{+}$$

然后,加入过量 EDTA 标准溶液,以醋酸钠调节 pH 约为 6,在有酒石酸存在下,不经加热煮沸,EDTA 即能与 Al^{3+} 定量结合:

$$Al^{3+} + H_2Y^{2-} = AlY^{-} + 2H^{+}$$

过剩的 EDTA 再以二甲酚橙为指示剂,用硝酸铅标准溶液回滴。

8.9.2 实验步骤

吸取8.2的试液25 mL于250 mL锥形瓶中,加5滴7 mol/L硝酸,5滴9 mol/L氨水,加热至近沸取下,立即加入5%磺基水杨酸约1 mL,以0.002 5 mol/L EDTA 标准溶液滴定至紫红色褪去变为亮黄色,记下毫升数,计算三氧化二铁的百分含量。

滴定铁后的试液中加入过量1倍0.04 mol/L EDTA 标准溶液,摇匀,再顺序加入饱和醋酸钠溶液 5 mL,10% 酒石酸溶液 5 mL,加热 30 ~ 40 ℃。加 3 ~ 4 滴二甲酚橙指示剂,用 0.02 mol/L硝酸铅标准溶液回滴至由黄色突变为橙红色为止。记下毫升数,计算三氧化二铝的百分含量。

8.9.3 计算

铁、铝含量的计算公式如下：

$$\omega(Fe_2O_3)=\frac{T_{Fe_2O_3}\times V\times A}{m\times 1\ 000}\times 100\% \tag{8-5}$$

$$\omega(Al_2O_3)=\frac{T_{Al_2O_3}\times (V_1-V_2\times K)\times A}{m\times 1\ 000}\times 100\% \tag{8-6}$$

式中 $T_{Fe_2O_3}$——EDTA 对三氧化二铁的滴定度，mg/mL；

$T_{Al_2O_3}$——EDTA 对三氧化二铝的滴定度，mg/mL；

V——滴定铁时所耗用 EDTA 标准溶液的体积，mL；

V_1——测铝时加入 EDTA 标准溶液毫升数，mL；

V_2——回滴铝时耗用硝酸铅标准溶液毫升数，mL；

K——硝酸铅对 EDTA 的换算系数；

A——吸取试液倍数；

m——试样质量，g。

8.9.4 注意事项

（1）本法简便快速，但要连续操作，中途不得停顿，滴定到达终点时，红色突变很明显，但很快褪到黄色，这是正常现象，无需再滴定。

（2）Ti^{4+} 被酒石酸掩蔽无干扰。Pb^{2+}、Zn^{2+}、Co^{2+} 有干扰，但一般原料及制品不含这些元素，色釉、颜色釉、熔快釉等测定 Al^{3+} 本方法不适合。

（3）也可加入 2 mL（1 + 2）的乳酸代替酒石酸，效果也很好。

第9章　金属材料分析技术

9.1　钢的分类

钢号的表示方法与钢的分类方法之间有着十分密切的关系，通常钢号的表示方法都是在钢分类的基础上按照以下的规则制定出来。对钢的分类，通常可依据以下5种方法：按化学成分分类、按品质分类、按用途分类、按金相组织分类和按冶炼方法分类。对检验工作者来说，经常接触的是前三种分类方法。

按化学成分，钢可分为碳素钢和合金钢两大类。在碳素钢中，碳的质量分数小于或等于0.04%的称为工业纯铁，小于或等于0.25%的为低碳钢，在0.25%～0.60%之间的为中碳钢，大于0.60%的为高碳钢。在合金钢中，合金元素质量分数小于或等于5%的为低合金钢，在5%～10%之间的为中合金钢，大于10%的为高合金钢。

常用钢号表示方法举例及说明见表9-1。

表9-1　常用钢号表示方法举例及说明

钢类	钢号举例	钢号表示方法说明
1.碳素结构钢 低合金结构钢	Q235AF, Q235BZ, Q345C, Q345D	①采用代表屈服点的拼音字母“Q”、屈服点数值(单位为MPa)和所规定的质量等级、脱氧方法等符号表示，按顺序组成牌号 ②质量等级号“A,B,C,D,E”。脱氧方法沸腾钢“F”；半镇静钢“B”；镇静钢“Z”和特殊镇静钢“TZ” ③碳素结构钢的牌号组成中，表示镇静钢和表示特殊镇静钢的符号可以省略；低合金高强度结构钢，在牌号组成中没有表示脱氧方法和符号
2.优质碳素结构钢 普通含锰量优质碳素结构钢、较高含锰量优质碳素结构钢、锅炉用优质碳素结构钢	45, 10b, 20A, 50Mn, 70 Mn, 20g	①普通含锰量优质碳素结构钢，阿拉伯数字表示平均含碳量的万分之几。例如：平均碳质量分数为0.45%的钢，钢号表示为“45” ②较高含锰量的优质碳素结构钢，在阿拉伯数字后标出锰元素符号。如50Mn ③高级优质碳素结构钢，在牌号尾部加符号“A” ④沸腾钢、半镇静钢和专门用途的优质碳素结构钢和普通碳素钢一样在钢号头(或钢号尾)特别标出
3.碳素工具钢 普通含锰量碳素工具钢、较高含锰量碳素工具钢	T7, T12, T8 Mn	①普通含锰量碳素工具钢，钢号冠以“T”，阿拉伯数字表示平均含碳量的千分之几 ②较高含锰量以及高级优质碳素工具钢的表示方法同优质碳素结构钢
4.易切削钢 易切削碳素结构钢	Y12, Y40 Mn	①钢号冠以“Y”，阿拉伯数字表示含碳量的万分之几。较高含锰量者表示方法同上。如Y40Mn ②硫易切削钢或硫磷易切削钢，牌号中不标出易切削元素符号，而含钙、铅、硒等易切削元素的易切削钢，在牌号尾部标出易切削元素符号

续表 9-1

钢类	钢号举例	钢号表示方法说明
5. 合金钢 低合金结构钢 合金结构钢 合金弹簧钢 合金工具钢 高速工具钢 滚珠轴承钢 不锈耐酸钢 耐热钢	15MnV,16Mn 30CrMnSi, 38CrMoAlA 60Si2Mn, 50CrVA Cr12MoV, 4CrW2Si W18Cr4V W6Mo5Cr4V2 GCr15 GCr15SiMn 2Cr13 00Cr18Ni10 4Cr10Si2Mo 1Cr23Ni18	(1)合金钢含碳量表示方法 ①低合金钢、合金结构钢、合金弹簧钢等在牌号的头部用二位数字表示平均含碳量的万分之几 ②不锈钢、耐酸钢、耐热钢等，一般用一位数字表示平均含碳量的千分之几。平均含碳量小于 0.1% 时，用“0”表示；平均含碳量不大于 0.03% 时，用“00”表示 ③合金工具钢、高速工具钢、高碳轴承钢等，一般不标出含碳量数字；若平均含碳量小于 1.00% 时，可用一位数字表示含碳量的千分之几 (2)合金元素质量分数表示方法(铬轴承钢和低铬合金工具钢除外) ①平均某合金元素质量分数小于 1.50% 时，钢号中仅标明元素，一般不标明质量分数。 ②平均某合金元素质量分数为 1.50% ~2.49%，2.50% ~3.49%，…，22.50% ~23.49%…时，在元素符号后相应地写成 2，3，…，23，… ③合金钢中的钼、钒、钛、硼等元素，如系有意加入的，虽然质量分数很低，仍应在钢号中标出。例如：20MnVB，平均含碳量 0.20%，Mn1.20% ~1.60%，V0.07% ~0.12%，B0.001% ~0.004% ④高碳铬轴承钢，其铬质量分数用千分之几计，并在牌号头部加符号“G”。例如：平均含铬量为 0.90% 的轴承钢，其牌号表示为“GCr9” ⑤低铬(平均含铬量小于 1%)合金工具钢，其铬质量分数亦用千分之几计，但在质量分数数值之前加一数字 0。例如：平均含铬量为 0.60% 合金工具钢其牌号表示为“Cr06” (3)高级优质合金结构钢、弹簧钢等，在牌号尾部加符号“A” (4)专门用途的低合金钢、合金结构钢在牌号头部(或尾部)加代表该钢用途的符号。例如：铆螺丝用 30CrMnSi 钢，其牌号表示为 ML30CrMnSi

根据钢材中含有害杂质的多少，钢材可分为普通钢、优质钢和高级优质钢。普通钢含硫量(质量分数)一般小于或等于 0.055%，含磷量小于或等于 0.045%，其他非有意加入的杂质，如铜、砷等均有一定限制。普通钢又分甲、乙、丙三类，按机械性能供货的为甲类普通碳素钢，按化学成分供货的为乙类普通碳素钢，按机械性能和化学成分供货的为丙类普通碳素钢。优质钢对不同的钢种磷、硫质量分数的要求不同，一般要求小于或等于 0.040%，其他非有意加入的杂质元素也有一定限制。高级优质合金钢要求含磷量(质量分数)小于或等于 0.035%，含硫量小于或等于 0.030%，高级优质碳素工具钢要求含磷量小于或等于 0.030%，含硫量小于或等于 0.020%，其他非有意加入的杂质也有一定的限制。

按用途分类，钢材可分为建筑及工程用钢(普通碳素钢、低合金高强度钢、钢筋钢等)、结构钢(机械制造用钢、弹簧钢、轴承钢等)、工具钢(碳素工具钢、合金工具钢、高速工具钢、刃具用钢、量具用钢、模具用钢等)、特殊性能钢(不锈耐酸钢、耐热钢、电热合金、耐磨钢、低温用钢、电工用钢等)、专业用钢(船舶用钢、桥梁用钢、压力容器用钢、锅炉用钢等)。

9.2　钢号的表示方法

钢的分类方法只能把具有共同特征的钢种划分和归纳为一类,不可能将每一种钢的特征全部反映出来,所以还必须采用钢号表示方法,进一步把每一种钢的特征用符号全部表示出来。有了钢的牌号,人们对所确定的某一种钢就有了共同的概念,这给生产、使用、设计、供销工作以及科学技术的交流等方面,都带来了极大的便利。

但是,钢号的编制却又是一件非常复杂和细致的工作,世界各国的钢号表示方法很不相同。有些国家除了有国家标准以外,还有某部门标准或者某协会团体标准,各自的钢号命名和编号方法又不相同。本节主要叙述我国的钢号表示方法,并列出我国常用的钢号,见表 9-1。我国标准《钢铁产品牌号表示方法》(GB /T 221)的总则中有如下两条规定:

(1)产品牌号的命名,采用汉语拼音字母、化学元素符号及阿拉伯数字相结合的方法表示。常用化学元素符号见化学元素周期表,但混合稀土元素用“RE”表示。

(2)采用汉语拼音字母表示产品名称、用途、特性和工艺方法时,一般从代表该产品名称的汉字的汉语拼音中选取,原则上取第一个字母,当和另一产品所取字母重复时,改取第二个字母或第三个字母,或同时选取两个汉字的汉语拼音的第一个字母。采用的汉语拼音字母原则上只取一个,一般不超过两个。

9.3　铸铁的分类和铸铁牌号的表示方法

铸铁是一种铁碳合金,碳质量分数较高,一般在 2.0% 以上,除了铁和碳以外,还含有硅、锰、硫、磷及其他合金元素。铸铁一般分为 4 类:灰铸铁;可锻铸铁;球墨铸铁;特殊性能铸铁。合金化学元素符号用国际化学元素符号表示,混合稀土元素符号用“R”表示,质量分数及机械性能用阿拉伯数字表示。

在牌号中常规碳、硅、锰、硫、磷元素,一般不标注,有特殊作用时才标注其元素符号及其质量分数。合金化学元素的质量分数大于或等于 1% 时用整数表示,小于 1% 时,一般不标注,只有对该合金特性有较大影响时才予标注。合金元素按其质量分数递减次序排列,质量分数相等时按元素符号的字母顺序排列。牌号中代号后面一组数字表示抗拉强度,有两组数字时,第一组表示抗拉强度,第二组表示延伸率,两组数字间用“ - ”隔开。当牌号中标注元素符号及质量分数还需标注抗拉强度时,抗拉强度值置于元素符号及质量分数之后,之间用“ - ”隔开。

示例:

(1)

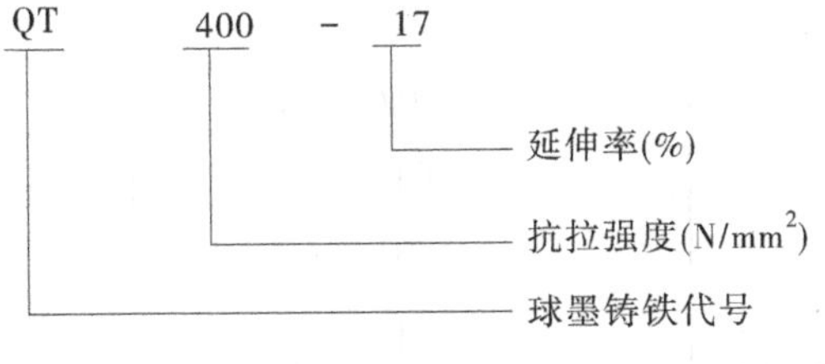

（2）

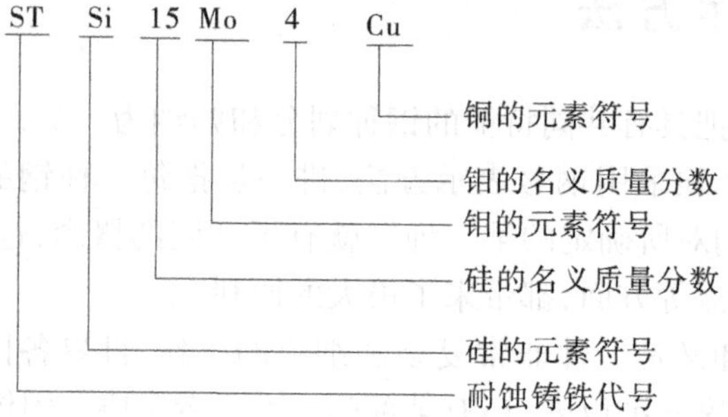

（3）

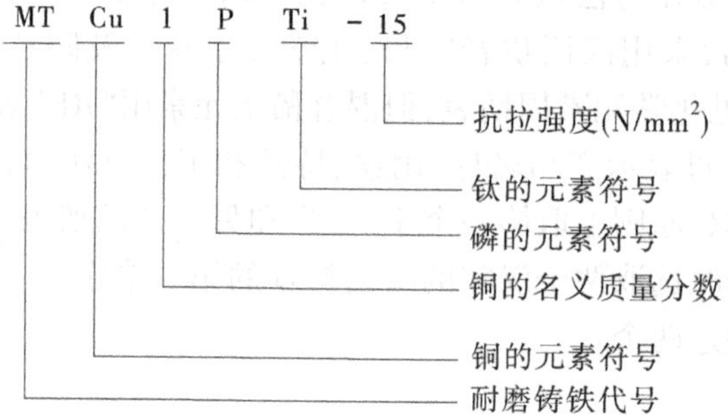

各种铸铁名称、代号及牌号表示方法实例，如表 9-2 所示。

表 9-2　各种铸铁名称、代号及牌号表示实例

铸铁名称	代号	牌号表示方法实例
灰铸铁	HT	HT100
蠕墨铸铁	RuT	RuT400
球墨铸铁	QT	QT400 - 17
黑心可锻铸铁	KTH	KTH300 - 06
白心可锻铸铁	KTB	KTB350 - 04
珠光体可锻铸铁	KTZ	KTZ450 - 05
耐磨铸铁	MT	MTCulPti - 150
抗磨白口铸铁	KmTB	KmTBMn5Mo2Cu
抗磨球墨铸铁	KmTQ	KmTQMn6
冷硬铸铁	LT	LTCrMoR
耐蚀铸铁	ST	STSi15R
耐蚀球墨铸铁	STQ	STQA15Si5
耐热铸铁	RT	RTCr2
耐热球墨铸铁	RTQ	RTQA16
奥氏铸铁	AT	—

9.4 钢铁试样的采取与制备

9.4.1 钢铁试样的采取

试样的采取和制备是化学分析中一项十分重要的工作。进行分析测定所采取的试样具有代表性，是获得准确分析结果的基础，为此，在试样采取和制备过程中应严格按照要求进行。

金属锭块或制件样品的取样，一般可用钻、铣、刨、车、击碎等方法，取其碎屑、碎块即可。对于硬度较大的钢样，如钨钢等，取样前应先退火，降低钢样的表面硬度，再采取试样。退火的方法是：将锭块置于750～870 ℃高温电炉中加热15～25 min，然后再慢慢冷却即可。锭块和制件采取可按规定进行，如无明确规定，则从锭块或制件的纵横剖面各部位取样，如送样单位有特殊要求，可协商采取。

例如圆钢从横断面取样，一般取中心部位，若从侧面（即从圆钢纵面取样），应尽量打深些，接近圆钢的中心部位。

9.4.2 钢铁试样制备的一般规则

(1)收到试样和送检单时，应认真检查分析项目、试样状态。如有问题应及时向送检人员提出，明确后才能收样登记，及时取样妥善保管，防止试样搞混。

(2)制样前检查加工现场、工具及设备是否干燥清洁，有无油污及其他杂物，以确保试样的纯净。

(3)如金属表面有油污，取样前应以汽油、乙醚等有机溶剂洗净，风干。若有锈垢及其他附着物，应将表面除去。

若遇到特殊涂层、渗层或复合层（如材料表面有喷涂漆层、电镀或化学镀层、渗C渗N磁化层等复合层）时，必须予以处理，要避免这些成分混入基体试样中，同时还要将试样表面可能存在的包砂氧化油污等不洁净物除掉。可以用砂纸砂轮或钢丝刷清理，直到露出金属光泽。钻取后的试样以磁铁反复吸取干净后装入试样袋中。

(4)如遇钢铁试样有缩孔或气泡（这种试样往往有严重的成分偏析），应重新取样。

(5)制样过程中，不能接触水、油、润滑剂等。钻取试样的速度不宜过快，防止金属氧化。若发现试样是蓝黑色则重新取样，制取的试样应为细铁屑，不能制成大块的薄片或长卷试样。有的金属不适合钻取，应采取刨或车等方法。如球墨铸铁，测C的试样，不能采取钻取，否则石墨会从其基体上脱落飞散，使结果严重偏低。

如苏联有人试验测球铁：

①用ϕ9 mm钻头转速250 r/min钻铁屑，再捣碎混匀，从总量中取0.2 g测C，偏低。

②用ϕ9 mm钻头转速同①，制取0.2～0.35 g全部测C，优于①。

③用ϕ20 mm钻头转速同①，从总量中取0.2 g全部测C，优于①和②。

④用薄片试样，取0.2～0.35 g测C，结果接近真实值。

铸铁（含碳量大于4.3%）及重型铸件，碳的炉前分析试样，应速冷，取白口铁求得碳的真实值，白口铁试样可制取薄片状或针棒状以代替屑样。

白口铁试样制取：从炉中取出铁水浇铸成ϕ5 mm、长100 mm左右针棒冷却后以砂纸（或砂轮）打去表面层，然后砸成小块状供分析用，测得C，相当稳定。

灰口铸铁上取样：可采取锯样，即锯取一条仅0.25 g薄块，再准确称量后直接进行燃烧测定。

(6)捣碎试样的钢钵、钢杵一定要用硬质高锰钢制成。制取金属、铁矿石、炉渣试样后，应以磁铁将钢钵、杵上的残余试样吸附干净。钢钵、杵用完后要彻底打扫干净。再用玛瑙、玻璃和陶瓷研钵研磨试样后，如发现有痕迹，应以少量浓 HCl 清洗干净。

(7)研磨、掺和及试样装袋时应防止试样丢失。研磨时跳出的试样颗粒必须回收。因此，制样现场不允许再同时进行另外一种试样研磨、掺和工作。

(8)在过筛时凡不过筛的颗粒决不能丢弃，经反复研磨试样完全通过筛孔为止。混入原试样，以保证所得样品能真实地反映出被测组分的平均值。

(9)液体试样采取前应用被采取的试液冲洗盛样瓶2～3次，再取样，防止盛样瓶中混入其他试样。

如果用袋装样，则纸袋用纸必须细密、光滑，不许带绒毛纤维。

供分析用试样采样量应在制样前填写与委托单一致的来样单位、试样名称、牌号、分析项目、日期等项目，试样制完入袋前要仔细核对清楚。

试样必须按规定的保管期限妥善保存。

9.5 金属材料常见元素测定时溶样酸的选择

钢铁试样溶样酸根据钢种不同，选择不同。元素在不同的钢种中，酸的选择也不一样，下面简单介绍几种元素溶样酸的选择。

9.5.1 Cr 的测定

一般情况下，普碳钢、低合金钢、高速钢采用硫磷混酸溶解，HNO_3 分解氧化；高铬钢、高铬镍钢等采用王水溶解，$HClO_4$ 氧化或 $HCl-H_2O_2$ 溶解，$HClO_4$ 氧化；高碳铬铁采用 Na_2O_2 熔融，H_2SO_4 酸化；镍铬合金钢采用 $HClO_4$ 分解氧化；铝合金采用碱熔融再酸化；其他有色金属合金（如铬青铜）采用 $HCl-H_2O_2$ 分解，$HClO_4$ 氧化。同样浓度的 HNO_3 易使 Cr 金属及其合金钝化。

9.5.2 Si 的测定

一般钢种，普通碳钢、低合金钢（含 Si 量小于1.0%）采用稀硝酸(1+4 或 1+3)溶解。但含 Si 量较高（1.0%～4.5%）的弹簧钢，硅钢用稀 HNO_3 溶解易生成硅酸脱水而沉淀，应改为稀 H_2SO_4 溶解。不锈钢、高速钢一般用 $HCl-H_2O_2$ 或硝酸混合酸溶解。含 Ni、Cr、Mo、W 等的不锈钢、耐热钢，单以 HNO_3、HCl 难溶解。以 $HCl+H_2O_2$(30%)溶解能力很强，且含 Si 量小于2%的钢样加热过程中硅酸不会析出。但温度不宜过高，特别是在分解 H_2O_2 时，否则硅酸会在高温下脱水析出。

9.5.3 Mn 的测定

一般碳素钢、低合金钢、生铁试样常以 HNO_3(1+3)或硫磷混酸溶解。难溶的高合金钢以王水溶解，加 $HClO_4$ 或 H_2SO_4 冒烟溶解。溶解试样的酸主要依靠 H_2SO_4、HCl、HNO_3，因 H_2SO_4-HCl 可使 MnS 分解。HNO_3 分解碳化物(Mn_3C)生成 CO_2 逸出，加磷酸可使 Fe^{3+} 配合

成无色而消除 Fe^{3+} 的干扰。同时因为磷酸的存在，防止了 MnO_2 沉淀的生成和 $HMnO_4$ 的分解。加 HNO_3 破坏碳化物后，必须将氮氧化物 NO 除尽，否则会使 Mn(Ⅶ)还原，使结果测定偏低。

9.5.4 P 的测定

大多数钢种的磷较易用酸溶解。普碳钢、低合金钢、合金钢都采用稀 HNO_3(1+3)溶解，$KMnO_4$ 氧化或 $(NH_4)_2S_2O_8$ 氧化或 $HClO_4$ 冒烟。硅钢、矾钢、不锈钢、高速钢一般采用王水溶解，$HClO_4$ 冒烟。

溶解试样如果测磷时，一般用氧化性酸，不能采用还原性酸，如单独用 HCl，易生成 PH_3 气体逸出，使磷损失。

9.5.5 Ni 的测定

溶解含 Ni 的钢种，当 Ni 含量较低时，普通碳素钢、低合金钢、合金钢一般采用 HNO_3(1+3)或 HCl(1+1)，生铁则采用硫磷混酸。含 Ni 量高时，如高镍铬钢、不锈钢采用王水或混酸(HNO_3: HCl = 1: 1)或 $HClO_4$。铬镍钼钢采用 H_2O_2 + HF + HCl = 20 + 10 + 5 在常温下溶解。镍与 HCl 或 H_2SO_4 反应较慢，与浓 H_2SO_4 共沸时生成硫酸镍，并析出 SO_3 气体，冒白烟。浓 HNO_3 使镍钝化。

9.5.6 Mo 的测定

大多数普碳钢、低合金钢，可采用 HCl - HNO_3 混酸、硫磷混酸滴加 HNO_3 或 HCl + HNO_3 + H_3PO_4 混合溶解，加 H_2SO_4 蒸发冒烟驱 HNO_3；高合金钢采用王水或逆王水溶解，加硫磷混酸蒸发冒 SO_3 白烟或加 $HClO_4$ 冒烟。含 Cr 的钢直接加 $HClO_4$ 冒烟(溶解)，含 W 的钢应补加磷酸配合钨。

9.5.7 Ti 的测定

一般含 Ti 的钢样溶于 HCl、浓 H_2SO_4、王水和 HF 中。存在的形式不同溶样酸不同，以金属状态固溶体存在于钢中的以 HCl(1+1)可溶解。以 TiC、TiN 形式存在必须有氧化性酸如 HNO_3、$HClO_4$ 才能溶解。当以 TiO_2 形式难溶时，可用焦硫酸钾熔融生成 $Ti(SO_4)_2$，而迅速溶解于稀酸中。

9.5.8 V 的测定

金属 V 不易溶于 HCl 中，但能迅速溶解于 HNO_3 中，常以稀 HNO_3 溶解，也可溶于 HNO_3 + HCl 中。V 的碳化物很稳定，用 H_2SO_4 和 HCl 处理时几乎完全不溶解，只有 HNO_3(或 H_2O_2)氧化并经 H_2SO_4 冒烟处理才能溶解。

一般含钒的钢样常以热的 H_2SO_4 或硫磷混合酸溶解，加 HNO_3 破坏碳化物，或以王水溶解以 H_2SO_4 冒烟；如果还有碳化物不溶，这时滴数滴 HNO_3，并继续冒烟 1 ~ 2 min，但时间不能太长，否则生成难溶的硫酸盐析出，使测定结果偏低。

9.5.9 Cu 的测定

铜不易溶于稀 HCl、冷 H_2SO_4 中，但溶于 HNO_3、热的 H_2SO_4、王水或 HCl + H_2O_2 中。为了

把分析方法和试样溶解结合考虑，通常用 HNO_3 或 $HCl + H_2O_2$ 来分解试样。采用 $HCl + H_2O_2$ 比较多。

9.5.10 Al 的测定

Al 在钢铁中主要以金属固熔体状态存在。在化学分析中所讲的酸溶性铝：金属铝和铝盐；酸不溶性铝：氧化铝，但都是相对的。氧化铝不是绝对不溶于酸，而铝盐也不是全部溶于酸。全铝指的是酸溶性铝和酸不溶性铝之和。

铝易溶于稀 HCl 和稀 H_2SO_4 中，铝及铝合金试样通常用 NaOH 溶解到不反应时，再用 HNO_3 分解。铝在化学分析中有几点应该注意：①在 HCl 介质中，$AlCl_3$ 过热状态易逸出；②铝与铁、铬、钛等元素常伴随，又因铝具有两性，因此分离测铝时至今仍有一定困难。

9.6 C、S 的定量分析

9.6.1 概述

碳（C）是钢铁中的重要元素，它是区别钢和铁的主要指标之一。确定钢号时，往往要注意到碳的含量。C 对钢铁起决定作用。由于 C 的存在，才能将钢进行热处理，才能调节和改善其机械性能。当 C 含量在一定的范围之内，随 C 百分含量升高钢的硬度和强度得到提高，塑性和韧性下降；反之，强度硬度下降，塑性和韧性提高。所以，C 的快速准确测定就相当重要。

C 在钢中以化合碳和游离碳两种形式存在，测总量是两者之和。化合碳在钢铁中常以 Fe_3C 和合金元素的碳化物 Mn_3C、Cr_3C 等形式存在。一般钢中碳以上述形式存在。但铸铁中含有无定型碳、石墨等游离碳。高碳钢经退火时也会有部分碳游离析出。因此分析时一般是两者的总量，所以取样应有代表性、均匀性才能反映出真实值。

硫（S）主要是以硫化物形式存在于钢中（MnS、FeS），当钢中含 Mn 高时，很少形成其他硫化物，一般认为 S 是有害元素。硫在钢中易偏析，恶化钢的质量。当以 FeS 形式存在时，将导致钢的热脆性。此外，由于硫的存在，使钢的机械性能降低，同时对钢的耐蚀性、可焊性不利。因此取样要有代表性（因为 S 在钢中易偏析）。

目前工厂常用的方法有气体容量法、非水定碳法，还有电导法，此外还有库仑法、低压法、气相色谱、红外线光谱法。

分析碳硫时常加入添加剂。

9.6.2 添加剂的作用

9.6.2.1 助熔作用

铁的熔点约在 1 529 ℃，在 1 500 ℃的温度下难以熔化，虽然铁中含有其他一些元素，使凝固点有所降低，但不能使铁融化成液体。CO_2 和 SO_2 不能在固相中逸出，只能在液相中释放，因此必须加入助溶剂降低熔点。由于此点的重要性，过去常把添加剂叫助熔剂。

9.6.2.2 发热作用

所用的添加剂中，有些是金属和非金属元素，在氧气流中氧化燃烧，能放出大量的热，可以提高炉温，特别是对于电弧炉燃烧，有显著的作用。

9.6.2.3 调节介质的酸碱性

氧化燃烧成 CO_2 和 SO_2 都属于酸性氧化物，碱性介质不利于 CO_2 和 SO_2 的释放，选取适量的偏酸性添加剂加入燃烧体系，可使介质变成中性或弱酸性，有利于 CO_2 和 SO_2 的逸出。特别是 SO_2 对介质酸碱性更加敏感。因此，要注意调节介质的酸碱度。

9.6.2.4 搅拌作用

搅拌能加速硫离子的扩散，有利于与氧气接触，使氧气反应加快，添加剂如 SiO_2 由于液体密度小于铁的氧化物，在体系内部向上漂浮的过程中，可加快硫离子的扩散，有些添加剂受热后生成气体物质，当气体逸出时，起到良好的搅拌作用。

9.6.2.5 催化作用

如氧化铜，在燃烧过程中，碳和硫都能夺 CuO 中的氧生成 CO_2 和 SO_2，然后氧再与铜生成 CuO，起催化加速作用。

9.6.2.6 稳燃作用

电弧炉的燃烧，有时欠稳定，若在电弧炉燃烧中加适量锡粒或二氧化硅，有助于稳燃。

9.6.2.7 抗干扰作用

燃烧后生成的 Fe_2O_3、SnO_2 等粉尘，对 SO_2 有吸附作用，导致测试结果偏低，加入有关的添加剂，可阻止吸附，减少干扰。

9.6.2.8 参与化学反应

此点很重要，在后面硫酸盐的热法高速测定及通氮燃烧的理论问题等内容详细讨论。

9.6.3 对添加剂的要求

添加剂作为化学制品，有规格要求。常量碳、硫测定，要用分析纯，低含量测定，有时用光谱或优级纯试剂，要求杂质要少，碳、硫含量要低。另外对添加剂的几何形状、粒度、空隙度等物理性能也应注意。如钨系列助燃剂，粒度在 0.84 ~ 0.42 mm，空隙度 15% 左右，这样透气性好，反应快，有利于氧化燃烧。更重要的是添加剂的空白问题，要求添加剂的空白值小，一般应小于被测物质碳、硫含量的 10%，此项要求对高含量碳、硫的测定，不会引起很大的麻烦，而对于低碳、低硫的测定，就是很大的问题。如碳含量 0.005%、硫含量为 0.000 5% 的试样测定，要求添加剂中碳含量小于 0.000 5%，硫含量小于 0.000 05%，制备碳含量为 0.000 5%，硫含量为 0.000 05% 的添加剂是很困难的，即使能制备出来，测定其含量也有难度。因此，添加剂的空白问题是测定低碳、低硫过程中最难解决的问题。

9.6.4 燃烧体系常用添加剂的作用原理

9.6.4.1 管式电阻炉常用添加剂的作用原理

用管式电阻炉燃烧测定碳量、硫量，用的添加剂品种较多，此处选择介绍 Sn、CuO、V_2O_5 等添加剂的作用原理。

(1) Sn：主要作用是助熔。钢的熔化温度一般在 1 400 ℃左右，某些铁合金熔化温度更高，熔化试样，一靠燃烧过程产生的热量，二靠加入助熔剂降低熔点。锡的熔点是 231 ℃，钢铁分析常用它作助熔剂，除助熔外，兼有发热作用和稳燃作用。由于锡助熔作用突出，不仅用于电阻炉燃烧，也用于电弧炉、高频炉燃烧。由于锡氧化生成 SnO_2 属碱性氧化物，加入过多，会引起硫测定值降低，因此锡应适量加入。

(2) CuO：常用做燃烧法测定碳的添加剂。为了实现完全氧化，CuO 起催化作用，它在高温时放出氧，然后在氧气中再转化为 CuO。

此处 CuO 起氧化剂的作用。由于氧化铜熔点较低，并兼有助熔作用。

$$C + 4CuO \xrightarrow{\text{高温}} 2Cu_2O + CO_2$$

$$2Cu_2O + O_2 \xrightarrow{\text{氧气流}} 4CuO$$

(3) V_2O_5：属酸性氧化物，它有利于 SO_2 的释放，常用做燃烧法测硫的添加剂。其作用原理与 CuO 相似，在氧气流中，它既是催化剂又是氧化剂。

$$S + V_2O_5 \xrightarrow{\text{高温}} V_2O_3 + SO_2$$

$$V_2O_3 + O_2 \xrightarrow{\text{氧气流}} V_2O_5$$

其他添加剂如 NiO、Co_3O_4、Fe_2O_3、PbO_2 与 CuO 有类似的性质，都可用做测碳的添加剂。通常情况碳和硫进行联合测定，因此多用复合添加剂。

9.6.4.2 电弧炉常用添加剂的作用原理

电弧炉燃烧常用添加剂有 Sn、Si、Fe、MoO_3 等，其发热作用见下列反应式：

$$Sn + O_2 = SnO_2, \triangle rHm(1\,500K) = -565\ kJ$$

$$Si + O_2 = SiO_2, \triangle rHm(1\,500K) = -907.48\ kJ$$

$$4Fe + 3O_2 = 2Fe_2O_3, \triangle rHm(1\,500K) = -1\,615.87\ kJ$$

$$MoO_3 + FeO = FeO \cdot MoO_3, \triangle rHm(1\,500K) = -420.1\ kJ$$

电弧炉主要靠试样和添加剂的氧化燃烧放出热量，使试样熔化，要求添加剂有高的发热量。

1) MoO_3 的作用原理

一级品的 MoO_3 硫的含量应低于 0.000 7%，比分析纯硫含量低于 0.002% 还要严格。控制 MoO_3 中硫的空白值，是至关重要的。若空白值高，对硫的测定有害。需用优质纯的 MoO_3 作添加剂，才有利于二氧化硫的测定。在电弧炉中，硫离子靠扩散从熔融的液相介质中到熔体表面，再与氧气接触，氧化成二氧化硫，扩散的速度取决于温度和搅拌。提高温度有利于硫的测定，然而如何实现搅拌呢？这里有奇妙的 MoO_3 的作用。MoO_3 的熔点 795 ℃，沸点 1 150 ℃，MoO_3 沸腾时，体积增加约 5 000 倍，它从液相中逸出时，产生气泡，起良好的搅拌作用，增加了硫离子向表面的扩散速度，有利于二氧化硫的生成。MoO_3 另一重要作用是防止管道吸附，管式炉、高频炉等都有吸附，电弧引燃炉更严重。经研究发现与 Fe_2O_3 有关。

$$2SO_2 + O_2 \xrightarrow{Fe_2O_3} 2SO_3$$

SO_2 氧化成 SO_3 在 1 000 ℃的平衡转化率为 63%，若无 Fe_2O_3 存在，反应速度极慢，SO_2 很难转化成 SO_3；Fe_2O_3 在 1 000 ℃是良好的催化剂，加速 SO_2 的转化，这样就有一定数量的 SO_3 生成，SO_3 是酸性极强的氧化物，它与碱性 SnO 或 Fe_2O_3 生成相应的盐，引起的后果是测硫的结果偏低，通俗的说法，即管道吸附。MoO_3 能与 FeO 生成 $FeMoO_4$，减少 Fe_2O_3 的数量。另外，当温度低于 795 ℃时，MoO_3 从气相、液相转化为固相，此固体粉末覆盖在 Fe_2O_3 的表面，隔绝了 SO_2 和 O_2 与 Fe_2O_3 的接触，Fe_2O_3 失去催化作用，SO_2 难于转化成 SO_3，使测硫的结果较好。

综观上述，MoO_3 是酸性氧化物，它的加入，有利于 SO_2 的释放，它在 1 150 ℃生成气体，从液相中逸出时，起良好的搅拌作用，有利于硫离子的扩散和 SO_2 的生成。它能破坏 Fe_2O_3 的催化作用，防止管道吸附。它可以制成高纯度，有较小的碳硫空白值。因此，MoO_3 是电弧燃烧测定碳硫的良好添加剂。

2）铁添加剂的作用原理

在测定铸铁及含碳量较高的物质时，有时称0.1 g左右试样，这样在电弧炉中燃烧所放出的热量也较少，满足不了测试的温度。为了满足测试的要求，往往加入适量纯铁，根据计算，1 g纯铁经燃烧后可放出7 233 J的热量，此热量一般可以满足电弧炉的燃烧温度。

3）硅添加剂的作用原理

主要用做发热剂，0.15 g的硅，燃烧后生成0.317 4 g SiO_2，放出的热量为4 816.49 J，此热量相当于0.66 g纯铁燃烧生成 Fe_2O_3 所放出的热量。硅的纯度可达99.999%以上，又几乎无碳、硫空白，对低碳、低硫的测定有益。另外，硅氧化后的产物是 SiO_2，属酸性氧化物，它的密度比铁及其氧化物都小，在液相中有漂浮作用，有利于硫的测定。

4）复合添加剂的作用原理

复合添加剂由多种成分构成，由于组成不同，起的作用也有所差异，下面选TH－100添加剂为例。

TH－100添加剂是一种复合添加剂，由 MoO_3 、锡粉、硅粉及其他的微量元素组成。按质量比，主成分的适宜比例为 MoO_3∶Si∶Sn＝15∶30∶55。采用它，空白小，发热量大，导电性好，转化率高，对碳硫的测定均好。此项已获添加剂发明专利奖，专利号为88106159。

TH－100添加剂的作用及其特点如下：

（1）发热量大。主要是因硅含量高，硫的转化率与温度密切相关，发热量大，燃烧温度高，可以提高硫的转化率。

（2）导电性好，能单独起弧。

（3）空白小，单晶硅，可以说无碳、硫空白。MoO_3，采用特殊的生产工艺，使空白值降低到0.000 2%以下，几乎无碳硫空白。锡，选用优质锡，尽可能减少空白。由于空白值低，可用于低碳、低硫的测试。

（4）粉尘少。粉尘主要来自 MoO_3 的挥发，其次是 SnO_2 和 Fe_2O_3，由于 MoO_3 用量少，所以粉尘少。用电弧炉燃烧50～60个试样，不清理粉尘，不影响测试结果。

（5）无毒无味，不污染环境。使用时一次加入，省工省时，快速简便。该添加剂应注意防潮，如发现受潮，烘干后使用不影响其性能。

9.6.5 高频炉常用添加剂简介

9.6.5.1 高频感应炉对添加剂的要求

选用添加剂最好是导电导磁材料，在燃烧过程中最好是放热反应，它与样品氧化物熔融时形成互熔的流体。挥发物不吸附 CO_2 和 SO_2。

添加剂中碳、硫含量要低，ω（C）<0.001%、ω（S）<0.000 5%。碳、硫空白值越小越好。

添加剂与样品氧化熔融时，对坩埚无腐蚀作用，以免在燃烧过程中坩埚开裂、渗漏。

添加剂钨的粒度最好控制在0.84～0.42 mm之间，空隙度15%左右，表面致密光滑，这样既可防止氧气流吹扰，又能快速氧化燃烧，还可减少表面吸附。

9.6.5.2 钨粒添加剂

钨粒是高频炉常用添加剂，它的特点如下：

（1）钨是最难熔化的金属，它的熔点为3 380 ℃。电弧温度才能将钨熔化。由此，电灯泡中常用钨丝。它能用做添加剂，是因为钨容易氧化。

（2）钨的氧化，钨粒在温度高于650 ℃时通氧就开始氧化并发出大量的热。

$$2W + 3O_2 = 2WO_3,\ \triangle H = -840.11\ kJ/mol$$

此反应具有发热值高、反应速度快的特点,生成疏松状的 WO_3。

(3)三氧化钨,属酸性氧化物。它的生成有利于 CO_2 和 SO_2 的释放,其熔点 1 473 ℃,沸点大于 1 750 ℃。WO_3 有一个重要特性,即温度在 900 ℃以上有显著的升华,有部分 WO_3 挥发。挥发的 WO_3 在 700 ~ 800 ℃ 又转化为固相,覆盖在管道中尚存的 Fe_2O_3 上,阻止了 SO_2 催化转化为 SO_3,防止了管道对硫的吸附,从而保证了碳、硫分析结果的可靠性。另外钨空白值低,可用于低碳、低硫的测定。因此,钨粒添加剂在高频炉燃烧中得到广泛应用。

9.6.5.3 钨系列复合添加剂

1)钨 + 锡粒添加剂

增加锡的含量,主要是为了助熔。钨熔点极高(3 380 ℃),难起助熔作用,WO_3 熔点 1 473 ℃,虽然在高频炉中能熔化并起助熔作用,但助熔不足。特别分析耐热合金钢、铁合金等难熔化合物时使用钨粒添加剂效果更好。

2)钨 + 锡 + 铁添加剂

难熔的非磁性材料,如硅酸盐、有色金属等,除助熔以外,尚需磁性物质帮助燃烧,导磁性好,最佳选择就是加入纯铁。

3)用铜或铁做添加剂

经试验表明,用铜做添加剂,对碳的测定值接近标准值而且精度高,效果最好。用锡做添加剂测碳也可以,但不如用铜。用铜、锡助熔时,硫的测定值明显偏低,铜助熔硫的测定值最差,用钨 + 锡混合助熔,对碳、硫的测定能满足技术要求,但就碳的测定而言,均不如铜添加剂。

9.6.6 常用快速分析方法:非水定碳 - KIO_3 定硫联测法

9.6.6.1 实验原理

碳、硫经燃烧生成 CO_2 和 SO_2,CO_2 以碱性非水溶液吸收定碳,SO_2 以 KIO_3 氧化定硫。

9.6.6.2 实验步骤

称样 0.5 g(生铁称 0.1 ~ 0.2 g),加助熔剂适量,用炉钩将瓷舟推入燃烧高温炉(1 200 ~ 1 250 ℃)预热 0.5 ~ 1 min,通氧(1 ~ 2 L/min)生成 SO_2 和 CO_2,经除尘管导入 C - S 吸收杯中,以 KIO_3 滴硫,以碱性非水溶液滴碳,将近终点时,间断 O_2 1 ~ 2 次,继续滴定至溶液原来的淡蓝色不褪为终点。记下毫升数 V_C、V_S,根据标样消耗的毫升数换算滴定度 T:每毫升滴定液相当于标样 C 或 S 的质量分数。

9.6.6.3 计算

计算公式如下:

$$\left.\begin{aligned}\omega(\mathrm{C}) &= T_{\mathrm{C}} \times V_{\mathrm{C}} \\ \omega(\mathrm{S}) &= T_{\mathrm{S}} \times V_{\mathrm{S}}\end{aligned}\right\} \tag{9-1}$$

式中 $\omega(C)$——试样中 C 的质量分数,%;

T_C——每毫升滴定剂相当于碳的质量分数,%/L;

T_S——每毫升滴定剂相当于硫的质量分数,%/L;

V_C——测定碳时消耗的定碳滴定剂的体积,mL;

V_S——测定硫时消耗的定硫滴定剂的体积,mL。

9.6.6.4 注意事项

(1)称样量根据钢铁中 C 百分含量多少而定,还根据非水碱液中碱的浓度的大小而定。

(2)本法乙醇胺为3%为宜，若 $\omega(C)<0.05\%$，可采用1%；若 $\omega(C)=0.06\%\sim0.3\%$ 可采用2%。乙醇胺量不可过多，否则反应迟缓，终点不好判断。

(3)非水定碳不需预置，等到溶液泛黄时开始滴，其吸收率近100%，滴定度在 $\omega(C)=0.07\%\sim1.2\%$ 钢样范围内基本不变。

(4)但滴定硫要预滴，其吸收率最好时也不会达到100%，在70%左右，故不能按照理论值计算，需标样换算。且分析样品的操作要控制一致。

(5)选95%的乙醇液比无水乙醇更合适，5%的水可起稳定剂作用，使终点更清楚。

9.6.7 红外碳硫高速分析

9.6.7.1 实验原理

(1)高频加热原理：当金属导体处在一个高频交变电场中，根据法拉第感应定律，将在金属导体内产生感应电动势，由于导体的电阻很小，从而产生强大的感应电流。由焦耳—楞次定律可知，交变磁场将使导体中电流趋向导体表面流通，引起集肤效应，瞬间电流的密度与频率成正比，频率越高，感应电流密度集中于导体的表面，即集肤效应就越严重。有效的导电面积减小，电阻增大，从而使导体迅速升温。

(2)红外检测原理：CO_2、SO_2 等气体分子在红外光波段，具有选择性吸收谱图，当某特定波长的红外光通过 CO_2 或 SO_2 气体后，能产生强烈的光吸收，符合朗伯—比尔定律。二氧化碳可选4.26 μm，二氧化硫可选7.4 μm 作为测定波长。

试样材料经高温氧化后，通过检测再进行积分、归一化等数据处理过程，可直接得到质量分数。

9.6.7.2 实验仪器

1)仪器外形结构

HW2000型高频红外碳硫分析仪，外形结构见图9-1(无锡英之诚高速分析仪器有限公司生产)。

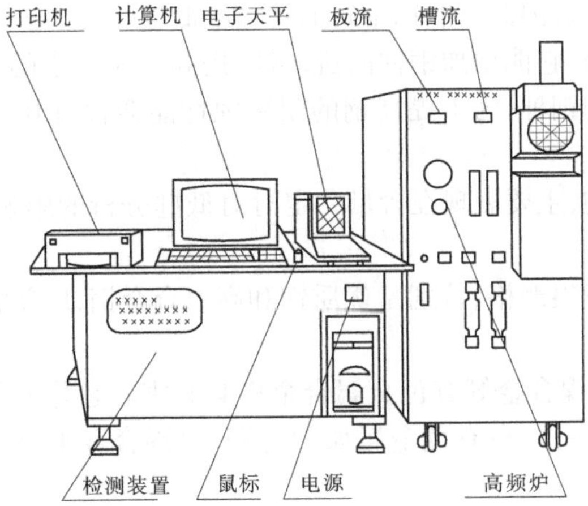

图9-1 HW2000型高频红外碳硫分析仪外形结构

2)主要技术指标

测量范围：碳，0.000 01% ~99.999%；硫，0.000 01% ~99.999%。

测量误差：碳符合ISO9556标准，硫符合ISO4935标准。

分析时间:25~60 s 可调,一般在 35 s 左右。

测量池数:碳,高碳池、低碳池各一只;硫,硫池一只。

高频炉:振荡频率,20 MHz;输出功率,大于 2.5 kVA。

读数精度:0.000 1 g 。

9.6.7.3 实验步骤

将灼烧处理后的瓷坩埚放入电子天平,按下天平中“TARE”键去皮重后,放入试样,试样重量一般在 0.500 g 左右,通过电子天平中“PRINT”按键把样品重量发送给计算机,再加入一定量的助熔剂,用坩埚钳将盛有试样的坩埚移至高频感应加热炉的燃烧室,启动“升炉”开关,将气路密封后,仪器自动进行“分析”,在燃烧试样之前有一段吹氧过程,其目的是吹净气路中残留气体,使整个管路充满纯氧,因纯氧不吸收任何波长的红外光,此时测得 $V_{0(\lambda)}$ 值。当吹氧时间结束后,即打开高频感应燃烧炉,在富氧条件下,试样达到充分燃烧,释放出二氧化碳和二氧化硫等混合气体。由于载气的作用,气体通过气路系统到达硫吸收池、高碳吸收池和低碳吸收池,此时相应探测器上测得的信号分别为被测气体吸收后的电信号值 $V_{i(\lambda)}$ 值,这些电信号值被放大后,输入到对应的 A/D 芯片,A/D 芯片以每秒 4 次的测量速度,将所测的全部数据输入计算机,最后通过公式换算出被测气体的即时浓度,测量结束后将整个燃烧过程的浓度累加起来,经计算机处理后得出样品中碳、硫的质量分数。

9.7 P 的定量分析

9.7.1 概述

磷(P)在钢中主要以固熔体、磷化物(FeP、Fe_3P)及磷酸盐夹杂物状态存在。钢铁中多少都含有磷。主要是由矿石带入。一般作为有害元素进行分析。它主要使钢的晶粒粗大,产生冷脆,尤其在低温时特别严重,易产生偏析,使钢冷加工性能及焊接性能变坏。当钢中 C 含量越高时,这种脆化作用更大,因此一般钢中磷的含量越低越好。

但磷也有有利的一面,它能增加钢铁的流动性,提高钢对海水的耐腐蚀能力,改善钢铁的切削性能。有特殊要求的钢种,为了提高钢的耐腐蚀性能会含有 0.1% 左右的磷。一般钢材中 $\omega(P) \leqslant 0.050\%$ 。

在化学分析上的影响,主要表现在含量一定时对低硅分析的影响。这时可加草酸后延长摇振时间来克服。

所以钢材控制 P 含量很严格,特别是优质钢和高温合金钢,P 含量 0.035%~0.040%(As 同上)。

P 对铝青铜、硅青铜、镍合金等有色金属合金极其有害。它降低了上述合金的机械性能、冷工艺性能。而 As 则不一样,在有色金属如砷青铜、铅锡合金中是重要元素,而不是有害元素。

9.7.2 NaF-$SnCl_2$ 还原磷钼蓝光度法

一般碳素钢、碳素低碳钢、合金钢等都可以适用此法。

9.7.2.1 实验原理

试样经 HNO_3 溶解氧化,$KMnO_4$ 氧化使之生成正磷酸,在 1.6~2.7 mol/L 酸性介质中,使磷酸和钼酸铵生成磷钼杂多酸 $H_3[P(Mo_3O_{10})_4]$，直接以水溶液中的 $SnCl_2$ 还原，大量 Fe 被 NaF 掩蔽，生成磷钼蓝在 660 ~ 680 nm 波长下进行比色。

9.7.2.2 实验步骤

实验步骤略。

9.7.2.3 注意事项

1）还原剂的选择

选 $SnCl_2$ 还原能力强，但某些条件下因 $SnCl_2$ 还原能力太强重现性和稳定性就较差。有不少方法选较弱的还原剂：Vc，硫脲，硫酸联胺。实践证明，大多情况下 $SnCl_2$ 还原磷钼杂多酸速度快，灵敏度高，只要还原酸度适当，能保证其重现性和稳定性。同时，$SnCl_2$ 浓度不宜过高，否则显色 A 值随时间增大而增大。当达到最高值时又逐渐降低。

当 $SnCl_2$ 浓度太低也不行，否则钼黄还原不完全，造成生成的钼兰不稳定，而且 $SnCl_2$ 量要准确称量。

2）酸度的控制

酸度影响磷钼配离子的形成。当显色酸度 <1.5 mol/L 时，还原酸度 <0.7 mol/L 时，将导致硅钼配离子的形成。过量的钼酸铵可能部分被还原，使测定结果偏高，同时又会抑制磷的显色。一般显色酸度为 1.6 ~ 2.7 mol/L，还原酸度为 0.8 ~ 1.1 mol/L，也有的以 0.75 ~ 1.25 mol/L 为宜。

同时溶液酸度和钼酸铵的加入量是相互制约的，所以酸度较高（或加入钼酸铵量多），显色酸度和钼酸铵加入量的允许范围就窄。因此选择磷钼杂多酸的显色条件时，应把两者有机地结合起来。钼酸铵加入量发生变化，所得 A 也随之变化，因此钼酸铵应准确加入。

注：对于各种酸只要控制相同的氢离子浓度：例如 1.0 mol/L HNO_3，1.0 mol/L $HClO_4$，0.25 mol/L $HClO_4$，加 0.375 mol/L H_2SO_4，0.8 mol/L HNO_3，0.1 mol/L H_2SO_4 等还原酸度都与 1.0 mol/L HNO_3 介质中显色行为一致。

对于 1.0 mol/L H_2SO_4 和 1.0 mol/L HNO_3 加 0.5 mol/L H_2SO_4，1.0 mol/L $HClO_4$ 加 0.5 mol/L H_2SO_4 其显色行为与 1.0 mol/L H_2SO_4 一致，其色泽稳定，以 1.0 mol/L H_2SO_4 和 H_2SO_4 加 $HClO_4$ 最好。但盐酸使钼酸蓝色泽极不稳定，所以盐酸存在是有害的。在 NaF - $SnCl_2$ 还原成钼蓝光度法中是不允许有盐酸的存在的，有时 $SnCl_2$ 不好溶解，但尽量避免使用盐酸。

3）温度控制

磷钼杂多酸还原成钼蓝，放置过程中色泽逐渐由纯蓝变为天蓝色，吸光度会逐渐降低，这种转变是色泽不稳定的主要因素。主要是由于 HNO_3 溶样时产生的 NO 影响后面色泽的稳定。它转变的速度随温度的高低而不同。如果加 NaF - $SnCl_2$ 后不立即冷却，是随它的温度（55 ~ 75 ℃）放置，转变 1 ~ 2 min 就完全。如果冷却在 14 ℃条件下放置，这种转变很慢，但转变后的色泽可以稳定 2 h 以上，20 h 后 A 值才略有下降。在 HNO_3 介质中，室温高于 30 ℃时，显色不稳定，1 h 约降低 A 值的 4%，遇此情况应在半小时内迅速测定 A 值。因此显色后应立即冷却，可得到稳定色泽，还可以成批显色。若显色液中加入少量的 H_2SO_4 和尿素，可使显色稳定在半小时以上。尿素存在是破坏氮氧化物，稳定色泽的作用。

4）氧化剂的加入（$KMnO_4$）的影响

$KMnO_4$ 不能太多，也不能太少，太多易产生大量的 MnO_2 沉淀，使还原 P 的 $SnCl_2$ 不够，导致结果偏低。加入太少时，氧化不完全，一般 2% 加 4 滴左右。若 $KMnO_4$ 加入太多时，可加入 2% $NaNO_2$ 数滴，先还原高价锰至 Mn^{2+}，然后煮沸，破坏 $NaNO_2$，按方法重新操作，不会影响测定。

5）还原剂（$SnCl_2$）加入量的控制

$SnCl_2$ 加入量应严格控制，要称准确，一般要求配 0.3%。浓度不宜过高，否则显色后的 A 值随浓度时间延长而增加，当达到最高值时又逐渐下降，色泽不稳定。

6）NaF 加入作用与控制

消除 F 干扰，生成 FeF_6^{3-} 与 $SnCl_2$ 作用生成锡氟配离子，使 Sn^{2+} 还原能力增强。NaF 用量是使 F 配合后稍过量一些，过多会破坏磷钼蓝，过少则因 F 配合不完全使 A 值不稳定。一般控制在 2% 左右。NaF 还能阻止 HNO_3 电离。

7）干扰元素的控制

（1）Si

当 $\omega(Si) > 0.8\%$ 时，在滴加 $KMnO_4$ 后，应加 8% 酒石酸钾钠 10 滴，然后再加钼酸铵－酒石酸钾钠－尿素液消除掩蔽。一般 $\omega(Si) < 0.6\%$ 时不干扰测定。大部分生铁中存在此情况。测定硅钢中的 P 时 $\omega(Si) > 1\%$ 可用 $HClO_4$ 冒烟脱水除 Si。$\omega(As) \leqslant 0.05\%$ 不干扰。

（2）Mn

不干扰，但测锰钢时，试样必须加 $HClO_4$ 冒烟 10 min 以上。冒烟不能太激烈，以免酸蒸发，影响显色酸度，冒烟至有明显 MnO_2 沉淀即可；否则结果偏低。

（3）V

有干扰以 Na_2SO_3 将其还原消除，V（V）→V（IV），但煮沸过程中 V（IV）又会被 HNO_3 氧化。因此当 $\omega(V) > 2\%$ 时不易在 HNO_3 介质中进行。

（4）Cr

Cr（VI）干扰测定，一般量不太高时，以 Na_2SO_3 将 Cr（VI）还原成 Cr^{3+} 可消除影响。Cr^{3+} 和 Ni^{2+} 由于本身颜色的影响需制备空白清除。当 Cr 量特别高时可在溶样时，以 $HClO_4$ 冒烟时滴加 HCl 生成 CrO_2Cl_2 挥发除去。

（5）Fe

大量 Fe 以 F^- 配合。多余 F^- 存在，少量的铌、锆、钛不干扰。过量 F^- 加硼酸配合。

（6）W

W 的影响一般可以钨酸的形式沉淀除去。W（VI）可加柠檬酸掩蔽。

9.7.3 磷钼蓝光度法

用于碳素钢、低合金钢中 P 的快速分析。

9.7.3.1 实验试剂

（1）HNO_3：（1+3）。

（2）$KMnO_4$：2%。

（3）$NaNO_2$：2%。

（4）NaF－$SnCl_2$：每 1 000 mL 中含 24 g $SnCl_2$，2 g NaF。

（5）钼酸铵：5%。

9.7.3.2 实验步骤

称样 0.1 g 于 125 mL 锥形瓶加 HNO_3（1+3）10 mL，加热至沸腾，滴加 $KMnO_4$ 至 MnO_2 沉淀，微沸 20～30 s，滴加 $NaNO_2$ 至澄清（可省略）煮沸除去氮氧化物。取下，加钼酸铵 5 mL，立即加入 NaF－$SnCl_2$20 mL，搅匀。加5%的尿素5 mL，放1～2 min，流水冷却。转移至50 mL量瓶稀释至刻度。用2 cm比色皿，$\lambda=660\sim700$ nm，水参比，测吸光度A。根据工作曲线查得含量。

9.7.3.3 注意事项

（1）加钼酸铵后不宜摇动、多停留。应立即加入 NaF－$SnCl_2$，否则 Si 干扰。

（2）炉前快速分析可省略定容，稀释后可直接加水15 mL比色，时间应控制一致。

9.7.4 磷钒钼黄光度法

碳素钢、低合金钢中P快速分析，测高磷时常用。

9.7.4.1 实验原理

在硝酸介质中钼酸铵和钒酸铵形成可溶性鳞钒钼黄色配合物，在加波长为$\lambda=315$ nm处有最大吸收，一般选可见光420 nm。

9.7.4.2 实验步骤

试样0.2 g，加(1+3)$HNO_3$10 mL，加热煮沸，加15%过硫酸铵2 mL，氧化分解，加H_2O_2 2滴，煮沸分解，加0.25%钒酸铵5 mL，加5%钼酸铵6 mL摇动。于波长470 nm处比色。NaF－$SnCl_2$还原光度法适用于低合金钢、碳素钢、合金钢（硅钢、钒钢除外），不锈钢的原理与之相同，但溶样酸改为王水，$HClO_4$冒烟。高速钢一般采用 NaF－$SnCl_2$－Vc法，因试样中含有W，溶样时也要用高氯酸冒烟处理。同时W形成W酸沉淀除去。

9.7.4.3 注意事项

（1）显色酸度5%～8%为宜，超过10%显色缓慢。

（2）显色温度：20～40 ℃为宜。20 ℃以上5 min后颜色可达最深。在室温较低时约20 min才能显色完全。

（3）干扰元素：W(VI)存在时。在8%的酸度下WO_3量小于15 mg不干扰，大于20 mg以钨酸形式沉淀，干扰测定。当As(V)、Si(IV)、W(VI)同时存在时，$\omega(As)<0.5$ mg，$\omega(Si)<1$ mg，$\omega(WO_3)<1$ mg时均不干扰。超此量，可在碱性溶液中以Ca^{2+}、Be^{2+}作载体进行分离。

（4）硅酸的影响与溶液的酸度和放置时间有关。酸度低，温度高或放置时间长会增加硅酸的影响。Si(IV)与钼酸铵形成黄色配合物干扰测定。干扰随酸度增加而减弱。5% HNO_3条件，允量10 mg以下；>10% HNO_3条件，可允许存在20 mg；若采用15% HNO_3溶液显色，可消除大量Si干扰。含Si高的样，可预先以HF除Si。

（5）大量As(V)存在使发色缓慢，结果偏低，干扰随酸度增加减弱。若溶液中只有As存在时，5% HNO_3条件下可允许0.5 mg As存在。酸度8%～10%时允许砷量5 mg。当As含量高时，可在HCl溶液中加HBr加热使As挥发除去。

（6）Cu^{2+}、Co^{2+}、Ni^{2+}、Cr^{3+}本身有色，干扰测定，可用Fe^{3+}或Be^{2+}作载体，用$NH_3\cdot H_2O$沉淀P(V)分离。Cr^{3+}可在H_2SO_4溶液中用过量硫酸铵－Ag盐氧化成Cr(VI)，再在氨性介质中用Fe^{3+}或Be^{2+}作载体使P(V)分离。

（7）F^-延缓发色。大于10 mg结果偏低。应在H_2SO_4酸性溶液中加热蒸发除去。Cl^-能使吸光度降低，必须用HNO_3反复蒸干。H_2O_2能将显色剂中V(IV)氧化，使比色液呈红色，干扰测定，应用高锰酸钾破坏双氧水，过量的高锰酸钾以亚硝酸钠除去。过量的亚硝酸钠加热煮沸分解。

(8)磷钒钼黄光度法适用于各种含量的测定,特别是高 P。

(9)微量用正丁醇、异戊醇或乙酸乙酯等萃取磷钒钼黄光度法测定,萃取法适用于测定含有大量 Fe 和有色离子溶液中的磷。

9.8 Si 的定量分析

9.8.1 概述

硅(Si)在钢中主要以 Fe_2Si、FeSi 存在,高碳素钢也有部分以 SiC 存在。另有少部分生成硅酸盐状态的夹杂物,一般炼钢中用做还原剂和脱氧剂。

单质硅只与氟化氢作用,与其他酸不作用,但可溶于强碱溶液中。一般认为钢中含硅量小于0.5%是常有的杂质。所以,一般钢中含有0.1% ~0.4%的硅。钢中添加0.5% ~0.6%的硅对机械性能有显著影响。一般碳钢中加入1.0% ~1.2%的硅经调质后,能显著提高钢的抗疲劳极限。在铸钢中加入硅可降低熔点,改善流动性。含量高时,可提高钢的耐热性、耐磨性、高温抗氧化性、硬度和强度,但降低韧性和塑性。

硅对提高钢的抗氧化性比铬还大。能形成致密的氧化膜,因此常在钢中加入一定量的硅来替代 Cr(部分或全部),其在 100 ℃以上的条件下也可使用。

在铬钢中加入硅的硅铬钢比铬钢有更高的淬透性和淬硬性。

硅加入高铬镍钢可提高其锻造性能,但硅含量太高可使钢的焊接性能遭破坏。

硅常用做镍及镍合金的脱氧剂。硅在锡青铜和铝青铜中因破坏晶体间的结构因而是有害元素。

硅极易溶于 HNO_3 加 HF 的混合酸中。

$$FeSi + 6HF + 10HNO_3 = Fe(NO_3)_3 + H_2SiF_6 + 7NO_2\uparrow + 7H_2O$$

二氧化硅是最稳定的氧化物。HF 是唯一能溶二氧化硅的酸。

$$SiO_2 + 4HF = SiF_4\uparrow + 2H_2O$$

二氧化硅在高温下可以为强碱或碱金属的碳酸盐熔融分解,使难溶的硅酸盐转化成易溶的硅酸盐,易溶的硅酸盐在酸作用下析出硅酸胶体,经脱水和高温灼烧失去水分解成为二氧化硅。常用于质量法测硅。

单分子硅酸在微酸性的溶液里与钼酸铵作用生成黄色配合物和蓝色还原产物。常用做硅的光度法测定。

9.8.2 硅钼蓝比色光度法

适合于硅含量较低时碳素钢、低合金钢、一般合金钢的分析。

9.8.2.1 实验原理

试样在硝酸或硫酸溶液酸性介质中,Si(Ⅳ)与碱性钼酸铵形成硅钼黄,在草酸存在下以硫酸亚铁铵还原形成硅钼蓝进行光度比色。反应式如下:

$$3FeSi + 16HNO_3 = 3Fe(NO_3)_3 + 3H_4SiO_4 + 9NO\uparrow + 2H_2\uparrow$$

$$FeSi + H_2SO_4 + 4H_2O = FeSO_4 + H_4SiO_4 + 3H_2\uparrow$$

9.8.2.2 实验步骤

实验步骤略。

9.8.2.3 注意事项

(1)试样溶解。溶解试样时温度不宜过高,如试样激烈沸腾则可暂离火源,以免硅酸凝聚结果偏低(当硅含量较高时易出现此情况)。称样时应尽量选择细薄易溶的样品。溶样时氮氧化物要除尽,因它能使钼蓝带黄,使结果不稳,溶样时滴加高锰酸钾目的是破坏碳化物。

$$2KMnO_4 + 2HNO_3 = 2KNO_3 + 2MnO_2 + H_2O + 3[O]$$

$$C + 2[O] = CO_2$$

(2)酸度控制。在用硅钼蓝光度法测定硅时,重要的是保持硅在溶液中以单分子硅酸状态,只有单分子才能形成硅钼黄。但硅在溶液中还可以聚合成多分子状态(硅胶)。其聚合的程度与硅的浓度、酸度及钠盐等离子浓度有关。当硅浓度越大时,酸度越大越易聚沉。因此溶液酸度应小于 2 mol/L,同时硅的浓度不宜过高。一般每 100 mL, 2 mol/L 溶液中硅含量小于 4 mg。酸度过大或过小都会影响到硅钼杂多酸的形成,使结果都偏低。酸度过大时钼酸铵与硅不起反应,酸度过小会使硅钼铵与铁形成大量沉淀。

酸度的适用范围随溶液的温度增加而增加,但随硅的含量增加而减小。在沸水浴上酸度范围:0.080 ~ 0.6 mol/L (HNO_3)。而在常温下 20 ℃左右时则为:0.080 ~ 0.4 mol/L(HNO_3)。一般认为当加入适量的钼酸铵后如有适量的钼酸铁沉淀,溶液的酸度和温度较合适。如果酸度大,温度太低钼酸铁不会形成,表示硅钼酸配离子形成不完全。但铁含量较少或不含时,有很少的钼酸铁沉淀生成,则不能断定温度和酸度不适宜。

(3)钼酸铵的加入量。钼酸铵的加入量会影响到钼蓝色泽。由于它较多地消耗与铁生成沉淀。因而加入钼酸铵必须过量。但也不能太多,否则会影响硅的色泽。

(4)温度的影响。在光度分析中硅钼杂多酸一般选用 β 型(硅钼杂多酸形成两种:α 型、β 型),采用 α 型配合酸度 pH = 3 左右。此时则会有 $Fe(OH)_3$ 沉淀析出。影响硅钼杂多酸形成。但 β 型与温度有关,温度高形成快,一般用室温放置 10 min 可配合完全,如在沸水浴左右摇动 30 s 即可。沸水加热后必须立刻冷却,否则结果偏低。

(5)干扰元素消除。P、As 干扰加草酸消除,但 $H_2C_2O_4$ 也能破坏硅钼配离子,因此加入 $H_2C_2O_4$ 生成钼酸铁沉淀溶解后,应立即加入亚铁离子还原,同时与三价铁离子形成浅色 $[Fe(C_2O_4)_3]^{3+}$,从而能溶解钼酸铁。此时 Fe^{3+} 的有效浓度降低,使 Fe^{3+}/Fe^{2+} 电对电极电位降低,相对提高了 Fe^{2+} 的还原能力。

(6)还原剂选择。常用还原剂:$SnCl_2$、Vc、Na_2SO_3、硫酸亚铁铵(常用)。

(7)为什么采用硫酸亚铁铵而不用硫酸亚铁? 因为硫酸亚铁本身不稳定。一般采用铵盐的办法,配制时在(5 + 95)硫酸介质中,有利于亚铁的存在,且可防止亚铁水解。

9.8.3 硅钼蓝快速分析光度法

适用于一般碳素钢的测定。

9.8.3.1 实验试剂

(1)HNO_3:1 + 4。

(2)K_2CO_3 - 钼酸铵:钼酸铵 45 g 溶于 500 mL 水中,冷却后渐渐加入 125 g K_2CO_3,边加边搅拌,让气泡逐渐产生,待溶解完毕稀释至 1 000 mL 贮于塑料瓶里。

(3)$H_2C_2O_4$:3.75% ,2.5% 。

(4)Fe^{2+}:1.5% 硫酸亚铁铵,每 100 mL 加 H_2SO_4(1 + 1)1 ~ 5 mL。

9.8.3.2 实验步骤

称样0.05 g(硅含量0.1% ~0.3%)或(硅含量0.4% ~0.8%称0.03 g)于高脚烧杯中,加10 mL HNO_3(1+4),加热分解驱尽氮氧化物,立即加 K_2CO_3 - 钼酸铵 10 mL。摇匀 10 s 后加 $H_2C_2O_4$ 40 mL,加 Fe^{2+} 40 mL,摇匀比色。于 $\lambda=680$ nm,水参比,测吸光度 A,作工作曲线。

9.8.3.3 注意事项

(1)硅的显色酸度0.08 ~0.6 mol/L(加热条件下),但溶样时因酸度过低溶解太慢,为了保证溶样速度和合适的显色酸度,采用 HNO_4(1+4),溶样过量的酸以 K_2CO_3 中和,使溶液的酸度正好为显色酸度范围。

(2)由于硅钼配离子形成速度较慢,加 K_2CO_3 - 钼酸铵要摇匀 10 s,否则配合不完全,结果偏低。

(3)此法适用于一般碳素钢、低合金钢。

9.8.4 硅钼蓝比色法

适用于一般合金钢、普碳钢的测定。

9.8.4.1 实验试剂

(1)HNO_3,(1+3)。

(2)钼酸铵,5%。

(3)草酸,5%。

(4)硫酸亚铁铵,6%:每 100 mL 加 H_2SO_4(1+1)1 mL。

9.8.4.2 实验步骤

称样0.2 g 于 125 mL 锥形瓶中,加 HNO_3(1+3)15 mL,加热低温溶解,蒸沸驱赶氮化物,冷却,移入 100 mL 量瓶加水稀释定容。

显色:吸 10 mL 试液于 50 mL 量瓶中,加 5 mL 钼酸铵,沸水浴 30 s,冷却,加 $H_2C_2O_4$ 10 mL,摇匀,加硫酸亚铁铵 10 mL,以水稀释至刻度。

参比:吸 10 mL 试液于 50 mL 量瓶中,加 $H_2C_2O_4$ 10 mL,加 5 mL 钼酸铵,加硫酸亚铁铵 10 mL,以水稀释至刻度。于 $\lambda=680$ nm 处测定 A。

9.8.4.3 注意事项

(1)合金钢低(硅含量0.01% ~0.1%)时分析原理同普钢,有色离子以参比抵消。

(2)含量较高钢(硅含量1.0% ~4.5%)时,如硅钢、弹簧钢,分析方法、原理同普碳钢,但由于高 Si 在 HNO_3 介质中易脱水,应改用稀 H_2SO_4。

(3)不锈钢中 Si 同样用硅钼蓝比色,但溶样方法用 HCl + H_2O_2。

9.8.5 不锈钢中 Si 的定量分析 - 快速分析(ω(Si) ≤2%)

9.8.5.1 实验试剂

(1)H_2O_2:30%。

(2)钼酸铵 - K_2CO_3 液:称 5 g 钼酸铵溶于温水,加 K_2CO_3 5 g 混匀后稀释至 100 mL,储于塑料瓶。

(3)$H_2C_2O_4$:2.5%。

(4)硫酸亚铁铵:1%,每 100 mL 溶液中加硫酸 10 滴。

9.8.5.2 **实验步骤**

称样0.02 g于150 mL锥形瓶,加浓盐酸1 mL,加 H_2O_2 2 mL溶解后,加水4 mL煮沸至无小气泡,离火,立即加钼酸铵 - K_2CO_3 5 mL摇匀10 s,加 $H_2C_2O_4$ 40 mL,加 Fe^{2+} 40 mL比色。

9.8.6 系统分析(ω(Si) ≤2%)

9.8.6.1 **实验试剂**

(1)混酸:HCl 200 mL加 HNO_3 60 mL,以水稀释至1 000 mL。

(2)钼酸铵:5%。

(3)$H_2C_2O_4$: 5%。

(4)硫酸亚铁铵:6%,每1 000 mL中加硫酸(1+4)10 mL。

9.8.6.2 **实验步骤**

称样0.1 g于100 mL锥形瓶,加混液20 mL,低温溶解,注入100 mL量瓶中,以水稀释至刻度。

空白:吸10 mL于150 mL锥形瓶,加 $H_2C_2O_4$ 10 mL,加钼酸铵5 mL,加水50 mL,加 Fe^{2+} 5 mL,摇匀。

显色:吸10 mL于150 mL锥形瓶,加钼酸铵5 mL,煮沸30 s,冷却加 $H_2C_2O_4$ 10 mL,加水50 mL,加 Fe^{2+},摇匀。

9.9 Mn的定量分析

9.9.1 概述

锰(Mn)是黑色金属中常见的元素,炼钢炼铁常用做脱氧剂、脱硫剂,小于0.8%认为杂质,大于0.8%为金属元素。生铁Mn含量为0.5%~2%,锰在钢中以MnS状态存在,也可能以 Mn_3C 及MnSi等形式存在。

锰可溶于稀酸,在化学分析方面的影响如下:

(1)当锰高时在低酸度介质中遇到强氧化剂易产生棕色浑浊。

(2)Mn高时会使溶液中其他元素氧化难以完全,如高锰钢中磷的氧化。遇此情况需考虑适当的氧化剂或进行先分离、再氧化的办法。炼钢时加入Mn,可以消除"热脆性"的作用,使钢的机械性能提高。普通低合金钢中Mn可提高钢的强度,对韧性有好的影响。Mn对有色金属合金有良好的影响,比如可消除镍合金中P和C的有害影响。

锰在钢铁测定中价态有两种:三价与七价。

三价:硝酸铵 - 三价锰容量法。主要在磷酸介质中。

七价:高碘酸盐氧化光度法,或过硫酸铵氧化滴定或光度法。

9.9.2 亚砷酸钠 - 亚硝酸钠滴定法

适用 ω(Mn) ≤2%,特别高时不适用。该法适用于合金钢中Mn测定,当含有Cr时一般用Cr、Mn联测。

9.9.2.1 **实验原理**

试样经酸溶解,HNO_3 分解碳化物,以 $AgNO_3$ 作催化剂,过硫酸铵将 Mn^{2+} 氧化为 MnO_4^-,以

NaCl 除去多余 Ag^{+}，立即用亚砷酸钠－亚硝酸钠还原（也可用 Fe^{2+} 滴定），以标准样品求滴定度，计算。

9.9.2.2 **实验步骤**

实验步骤略。

9.9.2.3 **注意事项**

（1）一般碳素钢、低合金钢、生铁试样常用（1+3）HNO_3 或 S－P 混酸溶解。难溶高合金钢可用王水溶解，溶解后加 $HClO_4$ 或 H_2SO_4 冒烟。溶样时主要依靠 H_2SO_4、HCl、HNO_3。

（2）H_3PO_4 可消除 Fe^{3+} 干扰。H_2SO_4 使 MnS 溶解：

$$Fe(NO_3)_3 + 2H_3PO_4 = H_3[Fe(PO_4)_2] + 3HNO_3$$

$$Fe_2(SO_3)_3 + 4H_3PO_4 = 2H_3[Fe(PO_4)_2] + 3H_2SO_4$$

（3）加 HNO_3 分解碳化物，但必须除尽氮氧化物 NO，否则 NO 形成的 HNO_2 具有还原性，继续保留在溶液中还原高价锰使结果偏低。同时 H_3PO_4 的存在可防止 MnO_2 沉淀生成和 $HMnO_4$ 分解。

（4）Mn^{2+} 氧化的 H^{+} 浓度以 2～3 mol/L 为宜，过大氧化不完全，过小有 MnO_2 沉淀，甚至不出现 MnO_4^-。此外 Mn^{2+} 氧化时应注意煮沸时间，不能太长。过长 $HMnO_4$ 易分解，过短 Mn^{2+} 氧化不完全，并残留大量的硫酸铵而影响测定，可以煮沸时小气泡停止大气泡产生判断。

（5）采用亚砷酸钠－亚硝酸钠作还原滴定剂。单独使用亚砷酸钠，虽然 Na_3AsO_3 与 $HMnO_4$ 反应，但实际滴定 MnO_4^- 不是完全还原至 Mn^{2+}，而有部分被还原至 Mn^{4+}、Mn^{3+}，平均 $Mn^{3.3+}$，使溶液呈现黄绿色或棕色，终点难测定。但试剂本身很稳定。若单独使用 $NaNO_2$ 作滴定剂，虽将 Mn(VII)→Mn^{2+}，但在室温下反应速度慢，不适于容量法，且试剂本身不稳定。将两试剂按 1∶1 混合使用，可相互取长补短，使滴定速度足够快，可在室温进行，终点由淡红突然转为白。若含 Cr 则为淡绿，易判断。

但混合滴定剂仍不能将七价还原为二价。因此不能以理论值计算，必须带标准样品换算。

（6）干扰元素消除。

Cr(VI)、V(V)干扰，过硫酸铵虽将它氧化为高价，但不能被亚砷酸钠－亚硝酸钠还原。但 $\omega(Cr) > 15$ mg 时影响滴定终点，应予分离：用固体 NaCl（或浓 HCl）挥 Cr；ZnO 沉淀分离。

Co 量大时使终点难判断，在 NH_4Cl 存在下，用 $(NH_4)_2S_2O_8$ 氧化 $MnO_2\downarrow$ 而与 Co、Ni 分离，然后将二氧化锰洗净，在 $NaNO_2$ 存在下将二氧化锰溶于硝酸内。

$$MnO_2 + 2NO_2^- + 4H^+ = Mn^{2+} + 2NO_2\uparrow + 2H_2O$$

煮沸除氮氧化物再进行 Mn 的氧化滴定。

$\omega(W) > 4\%$ 则溶样时易生成黄色钨酸沉淀，干扰终点观察。可用 H_3PO_4 溶解配合消除。镍存在对锰无影响，终点呈现镍离子的翠绿色。

9.9.3 Cr、Mn 联测

适合 40Cr、合金钢、35CrMo、42CrMo、20CrMnTi 等样品的测定。

9.9.3.1 **实验试剂**

（1）S－P 混酸：160 mL 浓 H_2SO_4 溶于 760 mL H_2O 中，冷却后，加浓 H_3PO_4 80 mL。

（2）$AgNO_3$：0.5%，过硫酸铵：12%。

（3）尿素（固）。

(4) H_2SO_4 - NaCl 溶液:400 mL H_2SO_4 于 600 mL H_2O 中,加 NaCl 10 g。

(5) N - 苯代邻氨基苯甲酸 :0.2g 试剂与 0.2 g Na_2CO_3溶于 100 mL 热水中。

(6) 亚砷酸钠 - 亚硝酸钠溶液:称亚砷酸酐 $As_2O_3$2.2 g 和 7 g NaOH 溶于 100 mL 水中,加热溶解,冷却,以(1 +4) H_2SO_4 调节中和至呈弱酸性,再过量数滴,用 10% Na_2CO_3 溶液中和呈弱碱性,加 $NaNO_2$ 1.5 g 溶解后过滤,以水稀释至 5 000 mL,摇匀备用。

9.9.3.2 实验步骤

1) Mn 的测定

称样 0.2 g 于 250 mL 锥形瓶中,加 S - P 混酸 30 mL,加热溶解,加 10 mL 过硫酸铵氧化,煮沸至小气泡停止,稍冷后加水 70 mL,加 $AgNO_3$ 5 mL,加过硫酸铵 20 mL,加热煮沸,此时有 MnO_4^- 紫红色出现,当小气泡停止,说明过硫酸铵分解完全。流水冷却,加 10 mL H_2SO_4 - NaCl,以 N - 苯代邻氨基苯甲酸为指示剂,用亚砷酸钠 - 亚硝酸钠滴定至红色消失,出现淡绿为终点,Cr 含量越高绿色越浓。

$$\omega(\mathrm{Mn}) = \frac{T_{\mathrm{Mn}} \times V_1}{m} \times 100\% \tag{9-2}$$

式中 $\omega(\mathrm{Mn})$—— Mn 的质量分数,%;

T_{Mn}——每毫升亚砷酸钠 - 亚硝酸钠滴定剂相当于 Mn 的质量,g/mL;

V_1——滴定消耗的亚砷酸钠 - 亚硝酸钠滴定剂的体积,mL;

m——试样质量,g。

2) Cr 的测定

在滴定锰的溶液中加少量脲素(0.5 ~1 g),摇匀溶解后加 N - 苯代邻氨基苯甲酸指示剂 7 滴,立即以硫酸亚铁铵滴定至由樱桃红→亮绿为终点,同样以标样计算。

$$\omega(\mathrm{Cr}) = \frac{T_{\mathrm{Cr}} \times V_2}{m} \times 100\% \tag{9-3}$$

式中 $\omega(\mathrm{Cr})$——Cr 的质量分数,%;

T_{Cr}——每毫升硫酸亚铁铵滴定剂相当于 Cr 的质量,g/mL;

V_2——滴定消耗的硫酸亚铁铵滴定剂的体积,mL;

m——试样质量,g。

9.9.4 高碘酸钾(钠)氧化光度法(国标)

9.9.4.1 实验原理

试样经酸溶解,直接以高碘酸盐氧化进行光度比色分析。

9.9.4.2 实验步骤

实验步骤略。

9.9.4.3 注意事项

(1) 酸度条件的选择。在氢离子 2 mol/L 左右的 S - P - N 酸介质中过硫酸铵 - 银盐在加热条件下氧化。在氢离子 2 mol/L 左右的硫酸或硝酸介质中室温下用铋酸钠氧化。在低酸度下氢离子 0.25 ~0.5 mol/L 的硫酸介质中高碘酸盐氧化,在加热条件下进行氧化。

(2) 利用高碘酸盐的优点。即使溶液中有稍过量的高碘酸盐也不影响测定,尤其是高钴试样更方便,无需分离进行比色。试样中含 Cu、Co、Ni、V 有色离子,加亚硝酸钠或 EDTA 褪色参比。

(3) 氧化反应。氧化反应以在硝酸或硫酸中进行快,但碘酸铁在硝酸中很难溶解,因此试液加些磷酸较好，也便于三价铁配合，除去三价铁干扰，并可阻止碘酸锰和高碘酸锰的沉淀生成。由于剩余的氧化剂不易分解，但不影响测定，不用破坏残余的氧化剂，并且得到的高锰酸很稳定。

9.9.5 过硫酸铵－银盐氧化光度法

快速分析，适于碳素钢、低合金钢、合金钢等的测定。

9.9.5.1 实验试剂

(1)N－P 混酸：称 3 g 硝酸银溶于 1 L(1＋3)HNO_3 中，加浓磷酸 50 mL。

(2)过硫酸铵 30%，当日现配。

9.9.5.2 实验步骤

称样 30～50 mg 于高脚烧杯中，加 10 mL 混酸加热溶解，煮沸，立即加过硫酸铵 5 mL，氧化 15～20 s，离火，加水 15 mL，水参比，于 530 nm 处测定吸光度，绘制工作曲线。

9.9.5.3 注意事项

(1)同批试样应跟随做工作曲线，因温度不同工作曲线会有偏离。

(2)合金钢选择溶样酸不同，如采用硝酸(1＋3)或王水加 S－P 混酸，参比液采用试液剩余液加 EDTA 褪色参比，消除干扰。

(3)ω(Ni)＜5%，ω(Si)≤4%，ω(C)≤3%，ω(Mo/Ti)≤2% 不干扰。过量试剂不影响测定，显色色泽能稳定 2～3 h。

9.9.6 炉前快速分析

9.9.6.1 实验原理

KIO_4 氧化光度法(ω(Mn)＝0.01%～6%)适于碳钢、低合金钢、硅钢、弹簧钢、精密合金、铬镍不锈钢及钨钢等各种钢。测定 0.01%～3.0% 范围的 Mn。

9.9.6.2 实验试剂

(1)HNO_3：(1＋3)，(1＋2)。

(2)EDTA：5%。

(3)S－P 混酸：甲 S∶P∶H_2O＝1∶1∶2；乙 S∶P＝1∶1；

(4)KIO_4：甲，4%：20 g KIO_4 加 250 mL 水，加 150 mL 磷酸，加 100 mL 硝酸，加热煮沸溶解；乙，2%：取甲稀释 1 倍。

9.9.6.3 实验步骤

(1)纯铁、碳钢、低合金钢、硅钢、弹簧钢及部分精密合金等可被稀硝酸溶解的试样(ω(Mn)＝0.01%～3%)。

称样 50～100 mg 于预置 10 mL 热(1＋3)硝酸 100 mL 锥形瓶，加热摇动至全溶，立即加 10 mL KIO_4，在水中煮沸 20～30 s 取下，加水 30 mL(Mn 含量小于 0.1 mg 不加水)，蒸馏水作参比，λ_{max}＝530 nm 处测定。

(2)高温，铬(＞1%)钢(如生铸铁、GCr15、Cr12MoV 等)及高速钢、模具钢(ω(Mn)≤1%)。

称样 40～100 mg(一般 50 mg)于 100～125 mL 锥形瓶，加 1～2 mL HCl，滴加 H_2O_2 溶解完全，加 2 mL $HClO_4$(W 钢改加 3～4 mL S－P 混酸)高温发烟 20 s，取下稍冷，速加 20 mL 热

KIO_4。

(3)高 Cr 钢,高 Cr、高 Ni 钢,不锈钢等(ω(Mn) = 0.1% ~2.0%)。

称样 30 ~50 mg,加 S-P 混酸 10 mL 于 150 mL 锥形瓶中,加热溶解,不断摇动,滴加 2 ~3 滴浓硝酸分解碳化物,稍加煮沸(近发烟)取下,稍冷,加 20 mL 热 KIO_4(乙),煮沸 30 ~60 s,取下稍冷,加 20 ~30 mL 水,摇匀(以 EDTA 褪色作参比)(或 HCl-H_2O_2 各 1 ~2 mL 溶解加 5 mL S-P 混酸乙至发浓白烟取下。稍冷,加 20 mL 热 KIO_4(乙),以下同上)。

(4)高碳高 Cr 钢;低碳高 Cr 钢(Cr25A15,Cr16A14)及高温合金钢(Mn < 0.5%)。

可按(3)以 EDTA 褪色参比;或接(2)溶解后加 2 mL $HClO_4$ 发烟,滴加 HCl 飞铬 1 ~2 次(因形成的 $CrCl_3$ 在 $HClO_4$ 发烟条件下挥发除去,所以俗称飞铬),加 20 mL 2% KIO_4 加热煮沸 20 s,取下,稍冷,加水 10 mL(>0.1% 是改加 25 mL 水)摇匀比色。

9.9.6.4 注意事项

(1)凡测盐酸溶样时要不断摇动,驱尽氮氧化物,否则高锰酸有被破坏的可能,结果不稳定。

(2)若含有 Co^{2+}(粉红干扰)故以 EDTA 褪色。

(3)凡溶样有盐酸还原参与时,一定发烟除尽 Cl^-,否则发色慢且不完全。

(4)本法对高 Cr 钢,消除 Cr 干扰有效,因 Cr^{3+} 不被 KIO_4 氧化为 Cr(VI)(至少不明显),Cr^{3+} 绿色,在 530 nm 处吸收很少。一般不采用 $HClO_4$ 发烟,因完全将 $Cr^{3+} \rightarrow$ Cr(VI)再测 Mn 时 Cr(VI)干扰,但若对高碳高 Cr 试样为了破坏碳化物,加 $HClO_4$ 发烟。在加 KIO_4 前,应将 Cr^{6+} 还原至 Cr^{3+} 再氧化发色。

(5)样品取薄片状易于溶解,对于高碳钢,一定要溶解完毕后再加硝酸,否则钝化,试样反而溶解不完,但 S-P 混酸溶解样品,只要加硝酸分解碳化物煮沸即可。高碳 Cr 钢(2Cr13、3Cr13、Cr12MoV)发烟为宜。

(6)高 Cr 钢可以空气、水参比或试液参比。

9.9.7 KIO_4光度法

适于铜合金 0.01% ~1.0% Mn 测定。

9.9.7.1 实验试剂

(1)混酸:将 10 mL 硫酸缓缓注入 40 mL 水中,冷却后加硝酸 25 mL,加磷酸 20 mL,水稀释至刻度。

(2)KIO_4:5%,称 5 g 于 250 mL 烧杯,加 60 mL 水,加 20 mL 硝酸,温热溶解,冷却至室温,水稀释至 100 mL。

(3)$NaNO_2$:1%。

(4)EDTA:5%。

9.9.7.2 实验步骤

称 0.2 g 样于 100 mL 钢量瓶,加 10 mL 混酸溶解,煮沸,除氮氧化物,以水稀释至 50 mL,加 10 mL KIO_4,煮沸 2 ~3 min,冷却至室温,以水稀释至刻度,摇匀。直接比色。褪色参比测 A。

9.9.7.3 注意事项

(1)称样范围:0.5 g,0.01% ~0.1%;0.2 g,0.1% ~1.0%。

(2)锰氧化酸度范围宽,氧化后七价锰可任意稀释,对酸度无严格要求。

(3)Cu、Ni、Co、Cr 干扰,以硝酸钠或 EDTA 褪色参比。

9.9.8 磷酸-三价锰容量法($\omega(Mn)>2\%$,$\omega(V)<1.5\%$)

适合高锰钢、硅锰合金、锰铁、不锈钢等 Mn 的定量分析。

9.9.8.1 实验原理

在大量磷酸存在下,在 160~250 ℃内,固体硝酸铵能定量氧化 $Mn^{2+} \rightarrow Mn^{3+}$。

$$MnHPO_4 + NH_4NO_3 + H_3PO_4 \longrightarrow NH_4MnH_2(PO_4)_2 + NH_4NO_2 + HNO_3 + H_2O$$

使反应中亚硝酸盐完全分解。

过量的硝酸铵及硝酸对结果无防碍,但加入时,温度要加以控制,不能太高,也不能太低,否则结果不稳定。且结果偏低,生成的亚硝酸及亚硝酸铵加热时完全分解。以 $HClO_4$ 代替硝酸铵,结果也同样,但氧化完全后必须除尽 $HClO_4$,否则生成 Cr^{6+} 时 Mn 测定有影响。

在 $HClO_4$ 除尽后,在大量磷酸存在下,Cr 仍是三价状态,所以加磷酸一般要过量,一般加 10~20 mL 磷酸,以上两种氧化剂,氧化的都是 Mn、V 的含量,必须校正,1% V 相当于 1.08% Mn。

9.9.8.2 实验试剂

(1)王水:(2+1)。

(2)浓磷酸。

(3)磷酸铵固体。

(4)硫酸:(1+9)。

(5)指示剂:N-苯代邻氨基苯甲酸 0.2%。

(6)硫酸亚铁铵:0.05 mol/L,称 20 g 溶于(5+95)硫酸 1 000 mL 中。

9.9.8.3 实验步骤

称样 0.1~0.5 g 于 250 mL 锥形瓶,加王水(2+1)6~10 mL,加热溶解(含 Si 滴时加 HF 数滴),加磷酸 15 mL 冒磷酸烟取下,20~30 s 后,立即加 1~2 g 硝酸铵摇动驱尽氮化物,冷却至 50~60 ℃时,加硫酸(1+9)30 mL 摇匀,流水冷却至室温。立即以亚铁滴至微红,加 N-苯代邻氨基苯甲酸指示剂 3 滴,滴定至亮绿为终点。

9.9.8.4 注意事项

(1)磷酸冒烟是关键,时间长有焦磷酸盐析出,不易溶解。测定结果偏低。但加 NH_4NO_3 时温度不能太低,太低氮氧化物除不尽,锰含量同样偏低。

(2)氧化完毕后,要将溶液冷却至 50~60 ℃,再稀释,否则结果偏低。

(3)Mn^{3+} 的配合物加 H_2O 稀释会逐渐分解,故用稀硫酸稀释。

(4)锰铁溶样时,20 mL 磷酸 ,滴加 1 mL 硝酸。

9.9.9 Mn、P、Si 联测

9.9.9.1 实验原理

锰在钢中存在的形式,主要是以 MnS、Mn_3C、MnSi 或 FeMnSi 状态存在,试样以酸溶解后,以硝酸银作催化剂,以过硫酸铵将二价锰氧化成七价锰,在 530 nm 处进行比色。磷在钢中以固溶体和磷化物(Fe_2P、Fe_3P)形态存在,试样以酸溶解,过硫酸铵氧化,磷转化为正磷酸,砷的干扰用硫代硫酸钠掩蔽。加入磷显色剂显色,形成稳定的磷钼蓝,在 680 nm 处进行比色。硅在钢中主要以固溶体形式存在,还可形成硅化物。其形式有 MnSi 或 FeMnSi 等。试样以酸溶解后,使硅转化为可溶性硅酸,在 pH=1 左右的溶液中,正硅酸与钼酸铵形成硅钼杂多酸(硅

钼黄)，在草酸存在下，硫酸亚铁铵将硅钼黄还原成硅钼蓝，在680 nm处进行比色。

9.9.9.2 实验试剂

(1)溶样酸：(1+7)硝酸，或5%硫酸内含0.8%硝酸。

(2)过硫酸铵：20%(当天配制)。

(3)亚硝酸钠：5%。

(4)钼酸铵溶液：2%，3%。

(5)草酸溶液：3%。

(6)硫酸亚铁铵溶液：2%，称取硫酸亚铁铵20 g于250 mL水中，边搅拌边加入50 mL浓硫酸，溶解后稀释至1 000 mL。

(7)硝酸银溶液：2%，称取硝酸银20 g于500 mL水中，加入20 mL浓硝酸，溶解后稀释至1 000 mL，混匀，贮于棕色瓶中。

(8)磷掩蔽剂：称取12 g抗坏血酸溶于800 mL水中，分次加入无水碳酸钠固体4.5 g，调整pH在6~6.5之间，然后加入3 g硫代硫酸钠溶解后，再加200 mL无水乙醇，混匀。

9.9.9.3 实验仪器

(1)仪器规格型号。HGA-3B型锰磷硅高智能自动分析仪，由无锡英之诚高速分析仪器有限责任公司生产。

(2)分析仪适用范围。

铁：平炉铁、铸造铁、球墨铸铁、低合金铁。

钢：碳钢、低合金钢中的锰、磷、硅三元素作定量分析。

(3)测量范围。

ω(Mn)：0.100% ~ 2.00%；ω(P)：0.010% ~ 0.600%；ω(Si)：0.100% ~ 5.00%。

9.9.9.4 实验步骤

(1)母液的制备。钢样：称取0.100 0 g钢样于50 mL两用瓶，加20%过硫酸铵溶液5 mL，再加溶样酸10 mL，于电炉上加热溶解后，煮沸至溶液呈大气泡，再加5%亚硝酸钠2~3滴，继续煮沸1~2 min，取下，流水冷却至室温，以水定容。

铁样：称取0.050 0 g铁样，用上述方法溶解样品，以水定容后，用干滤纸或脱脂棉过滤除去石墨碳，即得母液。

(2)硅显色液：做钢样用3%草酸溶液与2%硫酸亚铁铵溶液，按1∶1体积混合(当天配)。做铁样用3%草酸溶液与2%硫酸亚铁铵溶液与水，按1∶1∶1体积混合(当天配)。

(3)磷显色液：90 mL浓硫酸缓慢加至500 mL水中，再加5 g硝酸铋及12 g钼酸铵，溶解后，以水稀释至1 000 mL。

(4)制作曲线。

(5)样品分析，打印分析结果。

9.10 Cr的定量分析

9.10.1 概述

铬(Cr)的化合价有+2、+3、+6、+7。耐腐蚀，在空气中甚至在赤热状态下氧化很慢。不易溶于水。溶于HCl并释放H_2。钢中Cr主要以碳化物、硅化物、氧化物、铁固熔体等形式存在。氧化物以 Cr_2O_3 状态，其中 Cr 的碳化物 Cr_3C_2、Cr_5C_2 和氧化物状态，较为稳定。因此用于测定钢铁中 Cr 时，应首先注意上述情况。采用相应溶解方法才能保证钢中 Cr 全部溶解，从而得到满意准确的分析结果。

一般处于固溶体中的 Cr 易溶于 HCl、稀 H_2SO_4。但铬的碳化物或氧化物通常要浓 HNO_3 或加热或 $HClO_4$ 冒烟才能破坏。有时甚至需要加浓 H_2SO_4 时滴加 HNO_3 使钢样氧化。故不能单独以一种酸来溶解钢样。

钢中由于 CrO 存在有利于提高钢样的淬透性，提高钢的强度、硬度和耐磨性。在结构钢和工具钢中 Cr 是重要的强化元素。由于 Cr 能提高钢的抗氧化性和耐磨性，因而成为耐热钢、不锈钢和抗氧化不锈钢的重要元素，而且含量越高抗氧化、耐磨性能越好。铸钢中加入 Cr 提高了耐腐性和耐磨性。

Cr 对化学分析的影响主要表现在两个方面：

(1)铬离子有色(Cr^{3+} 绿色，Cr(VI)黄色)，因此分光光度法测 A 时应考虑色泽空白的影响。

(2)高价铬离子有氧化性，对某些有机显色剂有氧化作用。应还原成低价态，如果含量高时用 $HClO_4$ 冒烟，加 HCl 生成 CrO_2Cl 驱除消除影响。

9.10.2 过硫酸铵氧化容量法(合金钢测定常用)

9.10.2.1 实验原理

试样经 S－P 混酸溶解，硝酸分解碳化物，在酸性溶液中，以硝酸银为催化剂，过硫酸铵氧化低价铬。同时，Mn^{2+} 被氧化为最高价，以氯化钠消除干扰，以 N－苯代邻氨基苯甲酸作指示剂，以硫酸亚铁铵滴定至亮绿色为终点。同时以标样换算。

9.10.2.2 实验试剂

(1)S－P 混酸：于 760 mL 水中缓缓注入 160 mL H_2SO_4，冷却后，加磷酸 80 mL，混匀。

(2)浓硝酸。

(3)硝酸银：0.5%，加几滴硝酸，贮存于棕色瓶中。

(4)过硫酸铵：20%。

(5)氯化钠：5%。

(6)硫酸(1＋1)。

(7)N－苯代邻氨基苯甲酸指示剂：0.2%。

(8)硫酸亚铁铵：0.05 mol/L，20 g 溶于 1 000 mL 硫酸(5＋95)中。

9.10.2.3 实验步骤

称样 0.5 g 于 300 mL 锥形瓶中，加 S－P 混酸 40 mL，加热溶解后，滴加硝酸氧化，继续加热至冒硫酸烟，冷却，加水 50 mL，加硝酸银 5 mL，加过硫酸铵 20 mL，煮沸至有正七价锰的红色出现(若锰低时，可加入 0.5% 硫酸锰溶液几毫升，再氧化)，继续煮沸至冒大气泡，过量的过硫酸铵分解，加氯化钠 5% 5 mL，煮沸至红色消失(红色不消失，再加氯化钠溶液 2～3 mL，煮沸数分钟至硝酸银沉淀)，流水冷却至室温，加硫酸(1＋1)20 mL，加 N－苯代邻氨基苯甲酸指示剂 3 滴，用硫酸亚铁铵滴定至亮绿色为终点。

计算：

$$\omega(\mathrm{Cr}) = \frac{T_{\mathrm{Cr}} \times V}{m} \times 100\% \tag{9-4}$$

式中　$\omega(Cr)$—— Cr 的质量分数,%;

T_{Cr}——每毫升硫酸亚铁铵滴定剂相当于 Cr 的质量,g/mL;

V——滴定消耗的硫酸亚铁铵滴定剂的体积,mL;

m——试样质量,g。

9.10.2.4　注意事项

(1)酸度对铬的氧化很重要,因为硫酸浓度大,铬氧化迟缓;硫酸浓度小,锰易析出 MnO_2 沉淀。实际操作中,每 100 mL 中含 H_2SO_4 5 ~8 mL 为宜。过高时 Cr 氧化不完全。

(2)硝酸银用量要足够,否则,氧化不完全。催化完毕,应用 NaCl 将 Ag^+ 除去,否则,它将会继续催化。

(3)过硫酸铵用量一般 2 ~2.5 g,约为铬量的 1 000 倍。过量应除去,否则,滴定时可以氧化滴定剂。另一方面,若 $AgNO_3$ 未除尽,又有多余的过硫酸铵存在,会将低价的铬重新被氧化,消耗更多的滴定剂,分析的结果偏高。

(4)一般选的指示剂为 N – 苯代邻氨基苯甲酸 0.2%,它是氧化还原指示剂,滴加时不可太多,一方面太多会消耗滴定剂,同时指示剂变化不明显,终点判断困难。

(5)还原时滴定速度不宜太快,特别是快到终点时,应在剧烈摇动下滴,因为氧化还原反应速度较慢。当 Cr 较高时应在近终点时加指示剂,Cr 低时可以不考虑。此方法可理论计算:

$$\omega(Cr) = V \times c \times 0.017\,33 \times 100\% / m$$

(6)试样不易溶于 S – P 混酸的应以王水溶解,然后冒烟,对于含 W 样品应补加 5 mL 浓磷酸。

(7)加 NaCl 还原 $HMnO_4$ 后,应立即采用流水冷却,否则 6 价铬有被 NaCl 还原的可能,使结果偏低。

9.10.3　二苯偕肼光度法

9.10.3.1　实验原理

试样经硝酸溶解,以 S – P 混酸冒烟,以硝酸银为催化剂,过硫酸铵氧化低价铬。同时,Mn^{2+} 被氧化为最高价,以亚硝酸钠消除干扰,多余的亚硝酸钠以尿素消除,用二苯偕肼光度法测定。同时以标样换算。

9.10.3.2　实验试剂

(1)硝酸(1 +3)。

(2)S – P 混酸:400 mL 水中加 300 mL 磷酸,300 mL 硫酸。

(3)硝酸银:1%。

(4)过硫酸铵:20%(现配)。

(5)尿素:10%(现配)。

(6)二苯偕肼:0.2% 乙醇溶液。

(7)亚硝酸钠:1%(现配)。

(8)EDTA:1%。

9.10.3.3　实验步骤

(1)称样 0.5 g 或 0.1 g 于 250 mL 锥形瓶中,加硝酸(1 +3)15 mL,加热溶解,加混酸 10 mL,蒸发至微冒烟,稍冷,加水 50 mL,加硝酸银 5 mL,加过硫酸铵 10 mL,加热煮沸至大气泡,冷却,移入 100 mL 量瓶中,以水稀释至刻度。

（2）显色。吸取 10 mL 于 50 mL 量瓶，加入尿素 10 mL，滴加亚硝酸钠至高锰酸全部褪色并过量 2 滴，加 EDTA10 mL，加二苯偕肼 5 mL，水稀释至刻度，摇匀，于 530 nm 处，水参比测定吸光度 A，绘制曲线。

9.10.3.4 注意事项

（1）二苯偕肼溶于酒精中应为无色，若为黄色或棕色，是试剂不纯或酒精中含有氧化物，易导致测定结果偏低。可按下法：溶解 4 g 苯二甲酸酐于 100 mL 热酒精中，加入二苯偕肼 0.5 g，冷却，于暗处，可用数日。

（2）含 Cr 0.01% ~0.1% 的称 0.5 g；含 Cr 0.1% ~0.5% 的称 0.1 g。

（3）过硫酸铵将导致色泽稳定性降低，所以必须将多余的过硫酸铵分解。

9.10.4 不锈钢中的 Cr 的定量分析——高氯酸冒烟氧化

9.10.4.1 实验原理

试样以王水溶解，高氯酸冒烟氧化，以 N－苯代邻氨基苯甲酸为指示剂，硫酸亚铁铵滴定，以标样换算。

9.10.4.2 实验试剂

（1）王水：2 +1。

（2）高氯酸：70%。

（3）S－P 混酸：于 700 mL 水中，加磷酸 150 mL，硫酸 150 mL。

（4）N－苯代邻氨基苯甲酸指示剂：0.2%。

（5）硫酸亚铁铵 0.05 mol/L：20 g 溶于 1 000 mL 硫酸（5 +95）中。

9.10.4.3 实验步骤

称样 0.1 g 于 150 mL 锥形瓶中，加王水 4 ~5 mL，加热溶解，加高氯酸 3 mL，继续加热至冒烟，使 Cr 氧化完全，并保持约半分钟，稍冷，加水 30 mL，流水冷却至室温，加硫磷混酸 20 mL，以硫酸亚铁铵滴定至淡绿，加指示剂 2 滴，继续滴定至亮绿为终点。

9.10.4.4 注意事项

（1）加热冒烟的时间、温度很重要。温度高时，时间长易造成结果偏低。因此，加热时高氯酸烟接近瓶口，且高氯酸于瓶壁回流，保持约 30 s。若高氯酸烟完全冒出瓶口或瓶内无烟时，测定结果偏低。

（2）不要同时氧化多个试样，否则使氧化时间不一致引入误差。

（3）试样中含 Si 高时，会造成脱水，带走一部分 Cr，此时，可滴加 HF 溶解。

（4）冒烟后，不能速冷，易产生氯气，指示剂加入后不显色。

（5）Cr 被氧化后，必须冷却至室温，才能加硫磷混酸，否则高价 Cr 又被还原。

（6）含 V 的试样，用过硫酸铵法进行校正。每 1% V 相当于 0.34% Cr，从 Cr 中扣除。

9.10.5 不锈钢中 Cr 的定量分析——过硫酸铵氧化

9.10.5.1 实验原理

试样以王水溶解，过硫酸铵氧化，硝酸银为催化剂，以 N－苯代邻氨基苯甲酸为指示剂，硫酸亚铁铵滴定，以标样换算。

9.10.5.2 实验试剂

（1）王水：2 +1。

(2) S－P 混酸：于 400 mL 水中加磷酸 300 mL，硫酸 300 mL。

(3) Fe^{2+}：0.05 mol/L 硫酸亚铁铵。

(4) N－苯代邻氨基苯甲酸指示剂：0.2%。

(5) 硫酸亚铁铵 0.05 mol/L：20 g 溶于 1 000 mL 硫酸(5＋95)中。

9.10.5.3 实验步骤

称样 0.1～0.5 g 于 300 mL 锥形瓶中，加(2＋1)王水 10 mL 加热溶解，加 S－P 混酸 20 mL，加热冒烟，维持半分钟，冷却，加水 50 mL，0.5% 硝酸银 5 mL，20% 过硫酸铵 20 mL，煮沸至大气泡，取下，加 5% 氯化钠 5 mL，继续煮至红色消失(如不消失再补加氯化钠 2～3 mL)，煮沸至氯化银沉淀，溶液变清，流水冷至室温，加(1＋1)硫酸 20 mL，以 Fe^{2+} 滴定。

9.10.5.4 注意事项

(1) S－P 混酸：于 400 mL 水中加磷酸 300 mL，硫酸 300 mL。

(2) Fe^{2+}：0.05 mol/L 硫酸亚铁铵。

(3) 试样含 Mn 低时可加 $MnSO_4$。

(4) 试样加氯化钠以后，煮至氯化银沉淀即可，不能放太久，并应立即流水冷却，否则测得 Cr 的结果偏低。

(5) 应加水至 50 mL，若太少，酸度大，Cr 不能完全氧化，$c(H^+)$ 在 2～2.5 mol/L 为佳。

(6) 若含 V 应校正，每 1% V 相当于 0.34% Cr。

9.11 Mo 的定量分析

9.11.1 概述

钼(Mo)在钢中常以碳化物形式存在，钢中的钼不易溶于稀硫酸和盐酸，但可溶于硝酸。硝酸不仅能分解钼的碳化物，而且能溶解金属固熔体中的钼。高纯度钼，可以 $HF + HNO_3$、$H_2SO_4 + HNO_3 + H_2O_2$ 或 HNO_3 滴加 H_2O_2 溶解。

对于比较稳定的钼的碳化物，可加热至冒硫酸烟溶解，也就是说，当硫酸温度在 200～250 ℃时钼的氧化物分解。

钢中加入钼，主要是使钢增加热强性能。结构钢中加入钼，提高机械性能，减少因回火而引起的热脆性。因钼与钢中的碳生成的碳化物具有很高的硬度和耐磨性，能提高工具钢的红硬性。

在不同的酸度下钼能形成不同的配合物。最常见的是钼的杂多酸及其盐类，如磷钼酸铵 $(NH_4)_3PO_4 \cdot 12MoO_3 \cdot 2H_2O$、砷钼酸铵 $(NH_4)_3AsO_4 \cdot 12MoO_3$ 及硅钼酸 $H_8[Si(Mo_2O_7)_6]$。这些化合物在分析化学上有所应用。

钼是耐热和耐磨合金的重要元素。58% Ni、17% Mo、14% Cr(还有 Fe 与 W)组成的合金最能抵抗盐酸侵蚀，甚至有氧存在时也很稳定。在不锈钢中加入钼可提高不锈钢抗 Cl^- 的腐蚀能力，同时加入 Mo、Cu 使不锈钢在稀硫酸中耐腐蚀性增强。

9.11.2 硫氰酸盐直接光度法

9.11.2.1 实验原理

在 $H_2SO_4 - HClO_4$ 介质中，用 $SnCl_2$ 还原 Mo，Mo 与硫氰酸盐生成橙红色配合物。进行光度分析。$\lambda_{max}=470$ nm。

9.11.2.2　**实验步骤**

实验步骤略。

9.11.2.3　**注意事项**

(1)一般认为 $SnCl_2$ 还原速度快,还原能力较强。可采用 H^+ 浓度(酸度)控制在 1.0~2.5 mol/L H_2SO_4 介质进行,还允许适量 HNO_3 存在,防止 Mo(Ⅴ)、Mo(Ⅵ)还原到 Mo^{3+},但硝酸不能太多,否则硫氰酸根被分解。同时 Mo(Ⅴ)也可能被氧化到 Mo(Ⅵ)影响显色,此时 W 不被还原,但用了强还原剂 $TiCl_3$ 时,W 则被还原到 W^{3+},若 W 被还原影响测定(Vc 做还原剂,适量含铁离子,否则速度较慢),所以选 $SnCl_2$ 做还原剂,在 H_2SO_4 介质中,Mo(Ⅵ)被还原为 Mo(Ⅴ),然后与 SCN^- 形成 $(MoO(SCN)_5)^{2-}$ 显橘红色,W 不被还原,不与 SCN^- 生成有色配合物。不能选 $TiCl_3$ 以免造成 W 还原与 SCN^- 生成有色配合物。一般加 20 mL 左右,当有 Cu 时,H^+ 浓度在 0.3~6 mol/L 都可以显色,但尽量不用。

(2)Vc 作还原剂,显色时 H^+ 浓度(酸度)控制在 1.0~3 mol/L 的 H_2SO_4 介质,含适量 Fe 离子,否则速度慢,但只能将 Mo^{6+} 还原至 Mo^{5+},但显色后较稳定,且灵敏度高。室温高时也不影响测定,但显色速度慢,须放较长时间,若引入铜盐催化剂可提高显色灵敏度。

(3)硫脲为掩蔽干扰离子(加 Cu^{2+})的影响,引入硫脲做掩蔽剂,硫脲也是一种较弱的还原剂,在此方法的条件下,不能将 Mo^{6+} 还原至 Mo^{3+},所以硫脲的加入对 Vc 的还原作用没有不利影响。当用 $SnCl_2$ 作还原剂可采用 $HClO_4-HCl-H_2SO_4$ 混合酸,$HClO_4$:0.3 mol/L,HCl:0.5 mol/L,H_2SO_4:0.75 mol/L 左右,总酸度控制在 H^+ 浓度 2.5 mol/L 左右。当 Vc 作还原剂,可采用 H^+ 浓度 2.5 mol/L H_2SO_4 或 $HClO_4$。当用硫脲作还原剂,采用 1 mol/L 左右 HCl 或 $HClO_4$ 介质。

(4)硫氰酸钼在硫酸介质中很稳定,H^+ 浓度(酸度)控制在 1.0~2.5 mol/L 范围内都可,酸度过小显色太慢,酸度过大,配合物吸光度很不稳定,并随时间增加 A 值显著下降。$HClO_4$ 是还原剂的抑制剂,一般不用,当有 Cu 盐存在时,将使钼的适宜酸度降低,即酸度在 0.3~0.4 mol/L 都能立即显色,但 HNO_3 应尽量避免使用。

(5)硫氰酸盐浓度不大时,过量使用会降低配合物的色泽。Fe^{3+} 与硫氰酸盐生成红色配合物,加还原剂还原至二价并不影响测定,且 Fe 的存在使显色速度加快,而且有助于钼保持五价状态,使钼显色十分稳定。如果不含 Fe 或含 Fe 量很少时,放置 30 min 显色仍完全。所以说钼含量与硫氰酸铁的还原速度成正比关系。可用硫酸铜催化提高反应速度,当铜含量高时立即加硫脲掩蔽,W 则与磷酸配合消除。

(6)硫脲作还原剂它适合含 W 及 Ni 的基本试样,但还原 Fe 及 Mo 较慢。

9.11.3　Vc 还原硫氰酸盐光度法

适于 0.1% 以上各种钢,适合合金钢分析。

9.11.3.1　**实验原理**

在硫酸介质中,在铜盐存在,Vc 还原,五价钼与硫氰酸盐形成橙红色的配合物测 A 值,钼的酸度在很大的范围内有良好的线性关系。

9.11.3.2　**实验试剂**

(1)王水。

(2)浓磷酸。

(3)浓盐酸。

(4)硫酸与硫酸铜混液:称五水硫酸铜 1 g 溶于 300 mL 水中,加硫酸 85 mL,加水稀释至 1 000 mL。

(5)硫氰酸铵液:20% 。

(6)Vc:10%(现配)。

9.11.3.3 **实验步骤**

(1)称样 0.1 ~0.5 g 于 150 mL 锥形瓶,加王水 15 mL,加磷酸 10 mL 加热溶解,加 10 mL 硫酸冒烟,冷却加少量水溶解盐类,移入 100 mL 容量瓶中,加水稀释至刻度。

显色:吸试液 5 mL 于 50 mL 容量瓶,加硫酸 - 硫酸铜混合液 5 mL,加硫氰酸盐 20% 10 mL,加 Vc10 mL。水稀释至刻度,摇匀。

(2)空白:吸 5 mL 于 50 mL 容量瓶,除不加硫氰酸盐外,其他相同。做工作曲线查 ω(W)。

9.11.3.4 **注意事项**

(1)本法适应于含钼在 0.1% 以上的各种钢样;含钼小于 0.5%,称样 0.5 g ;0.5% ~ 1.00%,称样 0.25 g;1% ~2.5%,称样 0.1 g。一般显色液中含钼控制在 25 ~200 mg。

(2)试样如不含 W 可不加磷酸。

(3)显色液的含铁量应不低于 5 mg。试液内铁量不足时应补加(当 ω(Mo) >2.00%,可减少样品的吸取体积,并补加铁量)并尽可能保持试液的含铁量与检量线中含铁量保持一致。

(4)铜盐存在,不仅对 Mo^{6+} 的还原有催化作用,对 Mo^{3+} 的还原也起催化作用。任意改变加入顺序对结果不影响,所以在高速分析中可予先将各种试剂按其比例用量混合,使用时 1 次加入。

(5)温度对显色速度及稳定性有影响:

10 ℃时 3 min 显色完全,可稳定 2 h;20 ℃时,1 min 可显色完全,可稳定 1 h;>30 ℃时,在稀释摇匀过程中,已显色完全,但只能稳定 0.5 h。

(6)Cu <2.5 mg 不干扰测定,Cu >2.5 mg 时在钼的显色过程中,生成一价铜和硫氰酸铜沉淀干扰组分测定,可在试液中加适当硫脲掩蔽;2.5 ~8 mg 铜加 20 mg 硫脲;8 ~15 mg 可加 40 mg 硫脲;15 ~25 mg 铜加硫脲 70 mg;如果硫脲量过大,将失去铜盐的催化作用,显色缓慢且不完全。

(7)不锈钢中 Mo 的定量分析(ω(Mo) <5%),同样也可用 Vc - 硫氰酸盐光度法。但测定低含量钼不好,因硫氰酸铁色泽不易褪去。溶样时,改用王水且冒浓烟,而且不锈钢中共存元素一般不干扰测定。同样 Cu 以硫脲遮掩。

9.12 Ti 的定量分析

9.12.1 概述

钛(Ti)是化学性质很活泼的金属元素之一。一般是作为脱氧剂加入钢中的。一般为固熔体,化合物形态存在钢中,稳定钢中的 C、N,防止钢中产生气泡,使钢的内部结构改变,细化晶粒。

在钢中加入 0.1% ~0.2% Ti 可改善钢的性能。

在不锈钢中加入 Ti ,防止 C 的有害作用,保证 Cr 的有效含量,能使不锈钢在焊接或加热到一定温度时，不会析出 Cr 的碳化物，提高了不锈钢的抗腐蚀能力。通常 Ti 的加入量必须大于含碳量的 5 倍。

纯 Ti 的比重不大，但强度比 Fe 高 1 倍，比纯 Al 几乎高 5 倍。Ti 的耐腐蚀能力近乎超过不锈钢，在 Ti 中加入 Mn、Al、Cr、V 等多种合金元素，能获得优良的钛合金。

Ti 及 Ti 合金，广泛用于航空及化工中，TiO_2 是白色颜料。

Ti 溶于盐酸、浓硫酸、王水和氢氟酸中。

钛的几种化学性质：

(1) Ti 与氧可生成多种氧化物，如：TiO 为弱碱性；Ti_2O_3 为碱性；TiO_2 为两性；TiO_3 为酸性。

(2) 二价 Ti 与六价 Ti 均极不稳定，二价 Ti 在稀酸中，甚至在水溶液中能产生氢气而转变为三价 Ti。

$$2Ti^{2+} + 2H^{+} \longrightarrow 2Ti^{3+} + H_2$$

(3) 日常分析接触一般为三价 Ti 和四价 Ti。

(4) 三价 Ti 离子为紫色，不很稳定，易受空气和氧化剂氧化为四价，四价 Ti 为无色，在弱酸性溶液中易水解生成白色偏钛酸沉淀或胶态物质，难溶于酸中。因此在分析中要保持溶液的酸度。

9.12.2 二胺替吡啉甲烷光度法

适于 0.01% 以上中低合金钢中 Ti 的分析。

9.12.2.1 实验原理

试样用酸溶解在 1.2 ~ 3.6 mol/L HCl 介质中，Fe^{3+} 以 Vc 还原，Ti^{4+} 与二胺替吡啉甲烷(DAM)生成黄色配合物，测量其吸光度。配合物在 380 ~ 400 nm 有最大的吸收。

9.12.2.2 实验试剂

(1) HCl：(1 + 1)。

(2) HNO_3：浓 。

(3) H_2SO_4：(1 + 4)。

(4) 酒石酸溶液：50% 。

(5) Vc：10% 。

(6) DAPM 2.5% ：称 25 g 溶于 1 mol/L HCl 1 000 mL 中。

9.12.2.3 实验步骤

(1) 称样(ω(Ti) < 0.1% 称 0.5 g，0.1% ~ 1.00% 称 0.25 g ，ω(Ti) > 1.00% 称 0.1 g)于 150 mL 锥形瓶中，加(1 + 4)H_2SO_4 25 mL 加热溶解(难溶改用王水 10 mL，然后加 3 ~ 5 mL H_2SO_4 冒烟，滴加 HNO_3 氧化)，加热煮沸 2 min，除氮氧化物，冷却，移入 100 mL 量瓶 ，以水稀释至刻度。

(2) 显色液：吸 10 mL(1) 的试液于 100 mL 量瓶中，加 5(10) mL Vc，摇匀 5 ~ 10 min，加 (1 + 1) HCl 10 mL(以分解 Ti 和 Vc 的配合物)，加 DAPM 20 mL，以水稀释至刻度，摇匀放 40 min，若含有 Mo 则放 1 h。

(3) 参比液：吸 10 mL(1) 的试液于 100 mL 量瓶中，加 5(10) mL Vc(称样 1 g 时用 10 mL)摇匀 5 ~ 10 min，待溶液黄色褪去后加(1 + 1) HCl 10 mL，水稀释至刻度摇匀。

9.12.2.4 注意事项

(1) 酸的选择。显色反应在酸性溶液中进行，一般选 HCl。H_2SO_4 会降低配合物的吸光度

A 值;$HClO_4$ 存在与二胺替吡啉甲烷 DAPM 生成白色沉淀。显色酸度一般 HCl 1.5～3.0 mol/L,酸度高,A 值下降;酸度小于 0.2 mol/L 时 Ti(Ⅳ)离子显著水解聚合成沉淀,使反应进行不完全。在 HCl 介质中 Ti(Ⅳ)与 DAM 显色速度一般需要 0.5 h,酸度对显色反应速度影响不太大。可能在高酸度解聚速度变大,Ti(Ⅳ)浓度加大,但由于 DAM 有效浓度减小,二者影响相互抵消,有色溶液极为稳定。

(2)显色试剂浓度影响。显色试剂对显色速度有显著影响,显色试剂浓度在 0.01 mol/L 以下时需要 20 h 才能发色完全,因此经常需加入过量显色试剂(达 0.05 mol/L 左右)即 2.5%(DAM)试剂加入 20 mL 到 50 mL 容量瓶中显色。

(3)温度对显色速度有影响。加热可以加快反应速度,当温度为 15～30 ℃时显色 5 min,低于 15 ℃反应延长时间。

(4)干扰元素影响。钢铁中大部分元素不干扰钛的定量分析,当 Fe 量多时,一般采取沉淀分离,微量 Fe^{3+}、V(Ⅴ)、Mo(Ⅵ),以 Vc 还原成低价。大量的 W 以 W 酸沉淀分离。Cr(Ⅵ)、Ni^{2+}、Co^{2+} 有色离子干扰以参比液消除。

加酒石酸溶液是为了掩蔽残余 Mo(Ⅵ)与显色剂形成的黄色配合物。

(5)分析过程中引入硫酸、磷酸不影响测定,但 $HClO_4$ 不能引入。

(6)Vc 使用时需要过滤。

(7)分析高 Ni 高 Cr 试样,可在 5%～10% 硫酸介质中,用铜铁试剂先将 Ti 沉淀分离,在沉淀前最好将铁还原至二价。

9.13 Ni 的定量分析

9.13.1 概述

镍(Ni)以固熔体、碳化物形式存在钢中,一般 0.1%～0.3% 为杂质;含镍 0.8% 以上为合金,加入镍钢材增加弹性、抗蚀性,还能提高铝、青铜等硬度、机械性能。但在镁合金中它是有害元素。

9.13.2 丁二酮肟光度法

测定不锈钢中镍,氨性介质,碘为氧化剂。

9.13.2.1 实验原理

试样经酸溶解,在碱性或氨性介质中当有氧化剂存在时,二价镍离子被氧化成四价,然后与丁二酮肟生成酒红色配合物,以 NiD_3^{2-} 表示(D^{2-} 表示丁二酮肟的阴离子)。此配合物颜色的深度与镍含量在一定的范围内成正比关系,借此进行光度比色。

9.13.2.2 实验试剂

(1)王水:$2HCl + 1HNO_3$。

(2)碘液:称碘化钾 25 g,碘 12.7 g 加少量水溶解稀释至 1 000 mL。

(3)氨性丁二酮肟:称试剂 1 g 溶于 1 000 mL 氨水(1+1)中。

(4)氨水:1+1。

(5)柠檬酸铵:50%。

9.13.2.3 实验步骤

(1)称样0.1 g于100 mL锥形瓶中,加王水(2+1)15 mL,加热溶解,加 H_2O 10 mL,煮沸1~2 min,冷却,稀释至100 mL容量瓶中。

(2)显色液:吸5 mL试液于100 mL量瓶中,加 H_2O 50 mL、柠檬酸铵5 mL、碘液3 mL,摇匀,加氨性丁二酮肟20 mL,水稀释至刻度。

(3)空白液:吸5 mL试液于100 mL量瓶中,加 H_2O 50 mL、柠檬酸铵5 mL、碘液3 mL,摇匀,加氨水(1+1)20 mL,水稀释至刻度。$\lambda=530$ nm处做工作曲线(标准曲线、检量线)。

9.13.2.4 注意事项

(1)丁二酮肟是一种弱有机酸,其反应常在氨性介质中进行。但pH<11(氨性)介质中其形成配合物最大的吸收峰位于400 nm,配合物稳定性差。经放置后波峰逐渐转移,转变为另一种配合物,其转变速度随介质pH增加和试剂过量过程而加快。pH≥12(碱性)其最大吸收峰460~470 nm,此时配合物稳定性好。由此可见,为了获得准确结果,最好是pH≥12碱性介质中进行。

(2)为了消除其他离子干扰,通常在酒石酸钾钠存在下进行。

(3)丁二酮肟直接光度法测Ni,常应用的氧化剂有过硫酸铵和碘。pH≥12强碱介质,过硫酸铵作氧化剂;pH≤11氨性介质,碘作氧化剂。氧化剂的用量一般要过量,否则发色慢或者不完全,会形成沉淀。但也不能太多,否则形成的配合物又被破坏。

(4)显色时丁二酮肟用量一般须过量,否则发色速度减慢。一般100 mL显色液中加入1%丁二酮肟5 mL为宜。

(5)在碱性介质中 Fe^{3+} 不能被掩蔽或掩蔽不完全,则加氨性丁二酮肟时会有氢氧化物沉淀使显色液浑浊,所以必须用酒石酸盐或柠檬酸盐配合 Fe^{3+},消除干扰,但该配合物为黄色,最大吸收峰也在460 nm,因此许多分析方法中经常选用灵敏度较低的500~530 nm作为测定的波长,以彻底消除 Fe^{3+} 的干扰。

(6)Cu以EDTA消除干扰,Co以多加丁二酮肟消除,Cr利用挥发Cr消除,残余的基本不影响。

(7)Ti、Pb不干扰,Zn、Si存在也不影响,Ca、Mg较多而含铁较少的试样必须加入一定量的铁离子。

(8)碘为氧化剂显色快,不受铬干扰,但显色液稳定性差,所以显色后比色时间要控制一致,3 min后比色,10 min内比完。室温高时比室温低时比色效果要差。

(9)锰影响镍,测定结果偏高,按上述操作($\omega(\mathrm{Mn})<10\%$),使镍结果偏高0.06%,可在结果中减去,一般不锈钢中测镍比较多。

9.13.3 钼镍铬联测

9.13.3.1 实验原理

在 $H_2SO_4-HClO_4$ 介质中,用 $SnCl_2$ 还原铁和钼与NaCNS生成橙红色配合物,其吸光度与钼含量符合朗伯-比耳定律;在碱性介质中,以酒石酸钠掩蔽铁、锰等干扰元素,在氧化剂存在时,四价镍与丁二酮肟(二甲基乙二醛肟)形成红色配合物,其吸光度与镍含量符合朗伯-比耳定律;试样经高氯酸冒烟,将铬氧化至六价,在pH=1.0磷酸介质中,铬与二苯卡巴肼(即二苯氨基碳酰二肼,二苯氨基脲)反应生成可溶性紫红色配合物,其吸光度与铬含量符合朗伯-比耳定律。

9.13.3.2　**实验试剂**

(1)混酸:50 mL HNO_3 +750 mL $HClO_4$ +200 mL H_2O。

(2)硫高混酸:150 mL浓硫酸以细流状加入500 mL水中,冷却后,再加70 mL高氯酸及280 mL水,混匀。

(3)硫氰酸钠溶液:20%。

(4)氯化亚锡溶液,20%:20 g氯化亚锡先低温溶于20 mL浓盐酸,再加80 mL水,混匀。

(5)钼显色液:使用前,根据需要量将20%硫氰酸钠溶液与20%氯化亚锡溶液等体积混匀即可。

(6)镍氧化剂:称取过硫酸铵50 g,溶于1 000 mL水中(当天配制)。

(7)镍显色液:称取酒石酸钠40 g及氢氧化钠60 g,溶于1 000 mL水中,再将4 g丁二酮肟分次撒入溶液,并剧烈搅拌促其溶解。

(8)磷酸(1+30):30 mL磷酸加入900 mL水中。

(9)二苯卡巴肼:10 g邻苯二甲酸酐,2.5 g二苯卡巴肼溶于200 mL乙醇中,溶解后用乙醇稀释至1 000 mL。

9.13.3.3　**实验仪器**

(1)仪器规格型号:HGA-3DS钼镍铬高智能自动分析仪,由无锡英之诚高速分析仪器有限责任公司生产。

(2)分析仪适用范围:碳素钢、低合金钢中的钼、镍、铬三元素做定量分析。

(3)测量范围。钼 ω(Mo):0.100%~2.00%;镍 ω(Ni):0.010%~0.600%;铬 ω(Cr)低:0.050%~0.500%;铬 ω(Cr)高:0.500%~1.500%。

9.13.3.4　**实验步骤**

(1)母液的制备。称取样品0.100 0 g于100 mL钢铁量瓶中加混酸5 mL溶解,并冒白烟,集中至瓶口,维持30 s,冷却,以水稀释至刻度,摇匀。

(2)钼的测定。分取20 mL母液,加硫高混酸20 mL,钼显色溶液10 mL,加热至50~58 ℃,470 nm,水参比测定。

(3)镍的测定。分取10 mL母液,加镍氧化剂5 mL,加镍显色溶液30 mL,530 nm,水参比测定。

(4)铬的测定。分取5 mL母液,加磷酸30 mL,加二苯卡巴肼5 mL,540 nm,水参比测定。

(5)制作曲线。

(6)样品分析,打印分析结果。

9.13.3.5　**注意事项**

(1)镍显色液配制时间不能太长,夏天最好实验当天配制。

(2)二苯卡巴肼溶于乙醇应为无色,若呈棕黄色或红棕色系试剂不纯或乙醇中含有氧化性杂质,会导致测量结果偏低。

9.14　Cu 的定量分析

9.14.1　概述

纯铜(Cu)具有良好的化学稳定性,在不含氧的酸和盐溶液中很耐腐蚀,并具有良好的导电性、延展性和坚韧性。

通常钢中铜的含量在0.2%以下，作为杂质存在于钢中，降低钢的机械性能，加热时，导致金属表面氧化，影响钢的质量，但有时又特意加入铜以代替部分镍。钢中铜含量在0.25%～0.5%时，其耐大气腐蚀性有所提高，在不锈钢中加入铜使不锈钢提高了在盐酸、硫酸中的抗腐蚀能力。但铜在不锈钢中含量较高时，可以使不锈钢的热加工性能变坏。

铜与锌的合金成为黄铜，它的机械性能较纯铜好，但塑性又不如纯铜，广泛用于机器制造工业中。

铜不易溶于稀盐酸、冷硫酸中。但易溶于热硝酸和热硫酸、王水和 $HCl+H_2O_2$ 中，一般采用 $HCl+H_2O_2$。

9.14.2 BCO——二环己酮草酰双腙光度法

9.14.2.1 实验原理

在弱碱性介质中，BCO 与 Cu^{2+} 离子生成蓝色配合物，$\lambda_{max}=590\sim600$ nm。

9.14.2.2 实验步骤

实验步骤略。

9.14.2.3 注意事项

（1）酸度。BCO 显色酸度易在 pH = 7 ~ 10，当 pH < 6.5 时配合物形成碱，pH > 10 时配合物的蓝色迅速消退。通常认为 Cu 含量高时 pH = 9.1 ~ 9.5 酸度下显色；Cu 含量低时 pH = 8.3 ~ 9.8酸度下显色。同时还受缓冲体系影响，如在柠檬酸铵—NaOH—硼酸钠缓冲介质，适宜酸度 pH = 8.5 ~ 9.5。而 NH_4Cl – 氨水缓冲液显色适宜酸度 pH = 9.0 ~ 9.5。

（2）BCO 的加入量。一般为 Cu^{2+} 的 10 倍。如果试样含镍，则 BCO 的加入量要相应增加，否则 Cu 的定量分析结果将偏低且色泽不稳定。加 BCO 后须放置 5 min 才能显色完全，大量柠檬酸存在将使显色反应速度减慢。

（3）干扰元素。BCO 测铜选择性高，干扰的仅是 Fe、Ni、Cr^{3+}、Co。Fe 加柠檬酸消除，Cr^{3+} 被氧化成 Cr(Ⅵ)不干扰，Ni^{2+} 存在增加 BCO 用量。大部分阴离子不干扰测定。

9.15 V 的定量分析

9.15.1 概述

钒(V)对化学分析影响主要有两方面：一是钒离子有色（五价黄，四价蓝），比色时须色泽参比；二是五价钒是氧化剂，不稳定，易被还原，对某些有机显色剂有氧化作用。五价钒能与 P 和 Mo 一起生成配合物，使 P 的定量分析结果偏低，通常以 Fe^{2+} 将其还原消除干扰。

9.15.2 $KMnO_4$ 氧化容量法

9.15.2.1 实验原理

试样经酸溶解在 S – P 混酸介质中，用 $KMnO_4$ 将低价 V 氧化为五价，过量的 $KMnO_4$ 在尿素的存在下用 $NaNO_2$ 还原，以苯代邻氨基苯甲酸作指示剂，以硫酸亚铁铵滴定 V。

9.15.2.2 实验步骤

实验步骤略。

9.15.2.3 注意事项

(1)钒在钢中生成稳定碳化物,不易被硫酸或盐酸溶解,只有在热的酸中用氧化剂如硝酸、过氧化氢才能破坏,甚至须在冒硫酸烟的条件下才能用硝酸破坏。因此,分解含钒的试样时,常以热的 H_2SO_4 或 S－P 混酸加 HNO_3 分解碳化物,或用王水溶解,冒 H_2SO_4 烟后,如果不溶再滴硝酸数滴并冒白烟 1～2 min,时间不宜过长,否则 V 生成难溶硫酸盐析出,使测量结果偏低。

(2)氧化剂的选择:试样溶解后,V 主要以 V^{4+} 存在于溶液中,因此滴定前必须加氧化剂把 V^{4+} 定量氧化成 V(Ⅴ)。

一般选过硫酸铵、$HClO_4$、$KMnO_4$。

过硫酸铵:在酸性溶液中以硝酸银作催化剂,Cr^{3+} 和 V^{4+} 氧化为高价,但无硝酸银时,只选择 V^{4+} 氧化为 V^{5+},过量的过硫酸铵加热分解。

$HClO_4$(浓):加热将 V^{4+}、Cr^{3+} 氧化,加入 HCl 或(NaCl 固)将 Cr^{6+} 挥发掉。

$KMnO_4$:加热时将 V^{4+}、Cr^{3+} 氧化,但在冷溶液中只能定量氧化 V^{4+},对 Cr^{3+} 氧化较慢。在室温下 $KMnO_4$ 作氧化剂,将 V^{4+} 氧化为 V(Ⅴ),以达到测 V 的目的。

(3)$KMnO_4$ 氧化 V 应在酸性溶液中进行,适宜酸度 3%～8%(硫酸体积比),温度低于 30 ℃时因 $KMnO_4$ 氧化 V 较慢,应放置一段时间,以保证氧化完全,但放置时间要一致,否则结果不稳定。

$KMnO_4$ 加入量要控制,加至红色不消退为止,若过多 Cr^{3+} 易被氧化。同时,过量的高锰酸钾会与硫酸亚铁铵作用,使结果偏高,过量的 $KMnO_4$ 必须用 $NaNO_2$ 除去。由于 $NaNO_2$ 能还原 V(Ⅴ),因此在以 $NaNO_2$ 还原 $KMnO_4$ 前加入尿素,以破坏过量的亚硝酸盐。

(4)Cr 的影响:Cr 高时挥发 Cr,选择 $KMnO_4$ 于室温测 V,ω(Cr)<1% 不影响测定。

(5)ω(Mn)>3% 时影响测定。

(6)W 干扰测定,加磷酸配合 W。

9.15.3 $KMnO_4$ 氧化－亚铁滴定容量方法(不锈钢中 V 的定量分析)

9.15.3.1 实验原理

试样以王水溶解,加 $HClO_4$ 氧化,加盐酸驱(挥)Cr,然后在 S－P 介质中,在室温下,用 $KMnO_4$ 将 V 氧化为五价,用亚砷酸钠选择性的还原残留的 Cr(Ⅵ),最后以 N－苯代邻氨基苯甲酸为指示剂,用 Fe^{2+} 滴定。

9.15.3.2 实验试剂

(1)王水:2HCl＋1HNO_3。

(2)S－P 混酸:400 mL 水中加磷酸 300 mL 加硫酸 300 mL。

(3)$HClO_4$:70%。

(4)HCl:浓。

(5)$KMnO_4$:0.02 mol/L。

(6)$NaNO_2$。

(7)尿素:20%,现配。

(8)亚砷酸钠液:0.1 mol/L,称无水碳酸钠 1 g 和三氧化二砷 0.49 g 溶于水后稀释至 100 mL,摇匀。

(9) N－苯代邻氨基苯甲酸：0.2%。

(10) Fe^{2+}：0.02 mol/L，称 8 g 硫酸亚铁铵（$(NH_4)_2Fe(SO_4)_2 \cdot 6H_2O$）溶于（5＋95）$H_2SO_4$ 溶液 1 000 mL 中摇匀。

9.15.3.3 实验步骤

称取试样 0.2～0.5 g 于 250 mL 锥形瓶中，加王水（2＋1）10 mL，加热溶解，加 $HClO_4$ 15 mL，蒸发至冒烟，滴加 HCl，驱（挥）Cr，至无红色氯化铬酰烟雾出现。加 S－P 混酸 25 mL，继续蒸至冒烟维持 1 min 左右，冷却加水 30 mL，加 2 mL 2% 硫酸亚铁铵，滴加 1% $KMnO_4$ 至微红，静置 1～2 min，使 V 氧化完全，加尿素液 10 mL，仔细滴加 0.5% $NaNO_2$ 2 滴，摇匀，静置 1 min，加 3 滴 N－苯代邻氨基苯甲酸，用硫酸亚铁铵 0.02 mol/L 滴至亮绿色为终点，用含 V 相近的钢标样计算。

9.15.3.4 注意事项

(1) 含 $\omega(V)$ 0.1%～0.5%，称样 0.5 g；$\omega(V)>0.5\%$ 则称样 0.2 g；$\omega(V)<0.1\%$ 则应称 1 g。

(2) $KMnO_4$ 氧化 V 之前，为了避免残余 Cr，必须加少量硫酸亚铵溶液数毫升。

(3) 加 $KMnO_4$ 时必须在室温，氧化时间要一致。

(4) $NaNO_2$ 还原过量 $KMnO_4$ 时要防止过量太多，以免把五价 V 也还原，必须缓慢地加，充分地摇匀。

(5) 以亚砷酸钠还原 Cr 是由于诱导反应，有少量锰氧化为三价，所以必须再加 2 滴 $NaNO_2$ 还原 Mn^{3+}。

(6) 指示剂用量要一致。

(7) 测低 V 时，滴定前加（1＋1）H_2SO_4 10 mL 以适当提高浓度，使终点转变明显。

9.16 Al 的定量分析

9.16.1 概述

铝（Al）在化学分析中有两点需要注意：一是在 HCl 介质中 $AlCl_3$ 在过热状态下易损失；二是 Al 与 Fe、Cr、Ti 等元素常伴随在一起。另外铝具有两性，因此分离测定铝比较困难。

9.16.2 铬天青 S 光度法

9.16.2.1 实验原理

试样经酸溶解后在 pH＝5.3～5.9 弱酸性介质中，铝与铬天青 S 生成紫红色配合物。借此进行光度比色。此方法具有较高灵敏度，但选择性差。广泛用于钢铁、铜合金等金属材料中铝的定量分析。

9.16.2.2 实验步骤

实验步骤略。

9.16.2.3 注意事项

(1) 酸度选择。Al^{3+} 与铬天青 S 的配合物在 pH＝4.6～5.8 范围内均能形成，但 pH＜5.6 时，铬天青 S 试剂本身有最大吸收。故一般选 pH＝5.7 左右。当 pH 高时生成 AlO_2^- 影响测定。所以用铬天青 S 光度法测铝时应在 pH＜3 的溶液中，加入铬天青 S 试剂，再加缓冲液调酸度至 pH = 5.7 左右,以免 Al 的水解对测定带来的影响。

(2)缓冲溶液的选择。一般用六次甲基四胺较多,但其显色液的稳定性不如乙酸盐缓冲溶液。

(3)温度的影响。一般室温 10 ℃显色 30 min;30 ℃时 1 min。

(4)干扰元素:Fe 以 Vc 消除,但量大时,由于增大 Vc 的浓度,使 Al 的 A 值下降,为了消除影响,在做工作曲线时,也应加入同量的 Fe 和 Vc。Cu 加硫脲消除,Mo、Ti 加入磷酸盐消除干扰;W 使 Al 测定结果偏低,加入少量 Ca 盐消除干扰;V 微量不干扰,但存在时,V(Ⅴ)还原成 V^{4+} 干扰;F^-、EDTA 均干扰,应除去;Zn、Pb、Mn、Ni、Sn 不干扰测定。

(5)试剂加入次序非常重要。一般应在加入铬天青 S 以后,再调 pH,并加缓冲溶液,否则结果重现性不好。

9.17 Mg 的定量分析

9.17.1 概述

镁(Mg)在自然界很活泼,不能以单质的形式存在,一些金属中为了除掉非金属元素,统统加入镁。

镁的氯化物、硝酸盐、硫酸盐都易溶于水,而碳酸盐难溶于水。

镁是工业上最轻的金属之一,纯镁的机械性能很低,不能用来制造机器零件,可用镁粉制造照明弹和燃烧弹等。

在灰口铸铁中加入适量镁、稀土元素(球化剂),在球化剂的作用下,促使其中的石墨呈球状分布于基体组织中,这就是球墨铸铁,其不仅具有高的强度,且具有一定的韧性和塑性。

镁广泛用于镍及其合金熔炼时的脱氧剂与除气剂,可消除 S 的有害作用,对锌合金的性能也有良好的影响。

由于在锡青铜中镁破坏晶体间的结合,所以是有害元素。镁能降低铝青铜的强度、延伸率,可提高硬度的同时使合金发脆。

9.17.2 偶氮氯膦Ⅰ光度法

适合于镁含量 0.02% ~0.08% 的试样分析。

9.17.2.1 实验试剂

(1)S-N 混酸:1 000 mL 中含有硫酸 50 mL,硝酸 8 mL。

(2)H_2O_2:30%。

(3)三乙醇胺:(1+1)。

(4)硼砂缓冲液:pH = 10,优级纯硼砂 50 g,优级纯氢氧化钠 10 g 溶于水稀释至 1 000 mL。

(5)邻菲啰啉-四乙烯五胺液:邻菲啰啉 1 g 溶于 10 mL 乙醇中,加四乙烯五胺液 1 mL,水稀释至 500 mL(ω(Cu) < 0.4% 可不加四乙烯五胺)。

(6)EGTA-Pb 混合液,0.05 mol/L:取乙二醇二乙醚二胺四乙酸(EGTA)1.9 g 加水 200 mL,加热溶解,滴加 10% 氢氧化钠至中性,摇匀,称取 $PbCl_2$ 1.53 g,加水 300 mL,加热溶解,将二液合并,调至中性,水稀释至 1 000 mL 摇匀。

(7)Mg 偶氮氯膦Ⅰ液,0.025%。

9.17.2.2 实验步骤

(1)称样0.25 g于150 mL锥形瓶,加S-N混液12 mL,加30% H_2O_2 2 mL,加热低温溶解(难溶时补水),再滴 H_2O_2 2 mL氧化,煮沸分解剩余 H_2O_2,冷却,于100 mL量瓶水稀释至刻度,干滤。

(2)另取不含Mg铸铁同时做空白。

(3)吸滤液5 mL于25 mL量瓶加(1+1)三乙醇胺5 mL,加硼砂缓冲液5 mL,加邻菲啰啉5 mL,加EGTA-Pb 1 mL,加偶氮氯膦Ⅰ 2.5 mL,水稀释至刻度。于剩余液中加5% EDTA 3滴褪色参比。$\lambda_{max}=576$ nm, $A_{实}=A_{试样液}-A_{试剂空白}$。

9.17.3 稀土总量(偶氮氯膦-mA光度法)和Mg(偶氮氯膦Ⅰ光度法)联测

9.17.3.1 实验试剂

(1)HNO_3:1+5。

(2)$H_2C_2O_4$:5%。

(3)三乙醇胺:1+2。

(4)偶氮氯膦-mA:0.015%。

(5)缓冲溶液pH=10.9 : NH_4Cl 24 g加 $NH_3 \cdot H_2O$ 750 mL,稀释至1 000 mL。

(6)邻菲啰啉: 0.4%。

(7)偶氮氯膦Ⅰ:0.025%。

(8)EDTA:5%。

9.17.3.2 实验步骤

(1)称样0.1 g于100 mL锥形瓶,加(1+5)硝酸5 mL,加热溶解,冷却,于25 mL量瓶稀释至刻度,摇匀干滤。另取不含稀土和镁的生铁同时做空白。

(2)稀土的定量分析:吸试液及空白各5 mL分别于25 mL量瓶中,加 $H_2C_2O_4$ 7 mL,摇匀加0.015%偶氮氯膦-mA 5 mL,水稀释至刻度,试剂空白参比。$\lambda_{max}=660$ nm。

(3)Mg的定量分析:吸5 mL试液于25 mL量瓶中,加三乙醇胺10 mL,摇匀,加缓冲溶液(pH=10.9)2 mL,摇匀,加0.015%偶氮氯膦Ⅰ 5 mL,水稀释至刻度。

(4)参比:剩余显色液加EDTA 1~2滴褪色,即为试剂空白参比。λ max=580 nm,测 A 值。$A_{实}=A_{试样}-A_{试剂空白}$。

9.17.3.3 注意事项

(1)三乙醇胺在分析化学上常用来掩蔽 Zr^{4+}、V(Ⅴ)、Ti(Ⅳ)、Th^{4+}、Sn^{4+}、Mn^{2+}、Hf^{4+}、Fe^{3+}、Cr^{3+}、Al^{3+}。本法掩蔽球铁中Fe,Al,Sn,Ti,Zn等。

(2)邻菲啰啉常掩蔽 Cd^{2+}、Co^{2+}、Cu^{2+}、Ni^{2+}、Zn^{2+}、Mn^{2+}、Fe^{3+}(pH=5.5~5.8时),本法掩蔽 Mn^{2+}、Zn^{2+}、Ni^{2+}、Cu^{2+}、Co^{2+}等二价金属离子。

(3)四乙烯三胺常掩蔽 Cd^{2+}、Cu^{2+}、Hg^{2+}、Ni^{2+}、Zn^{2+}、Co^{2+},本法主要掩蔽 Cu^{2+}因球铁中Cu含量有时大于1%,故以邻菲啰啉不能完全掩蔽,故有时加此,当Cu含量小于0.3%时可不加。

(4)EGTA-Pb(乙二醇二乙醚二胺四乙酸与 Pb^{2+}混合溶液)在分析化学上常用来掩蔽碱土金属和稀土元素,本法掩蔽Be、Mg、Ca、Sr、Ba、Ra和稀土。

(5)偶氮氯膦Ⅰ与镁显色酸度较宽,在pH=9.7~10.3范围内都有较大吸收。

(6)加 $H_2C_2O_4$为了掩饰 Fe^{3+},测的是稀土总量。

9.17.4 镁、稀土仪器联测

9.17.4.1 实验原理

(1)稀土的测定:适量草酸及磷酸可抑制钇组稀土的显色,又可消除大量铁及少量铬、镍、铜、铝、钼等干扰;在0.4 mol/L 硝酸 - 磷酸介质中,铈族稀土和二溴硝基偶氮氯膦(DBNCPA)形成蓝色配合物,其吸光度与稀土含量符合朗伯 - 比耳定律。

(2)镁的测定(偶氮氯膦Ⅰ光度法):以三乙醇胺 - EGTA - Pb - 邻二氮菲联合掩蔽铁、铝、锰、钛、钙、铜、锌、镍等干扰元素,以偶氮氯膦Ⅰ作显色剂,于 pH = 10 ~ 10.5 的硼砂 - 氢氧化钠缓冲液中显色,其吸光度与镁含量符合朗伯 - 比耳定律。

9.17.4.2 实验试剂

(1)稀土显色剂:称0.06 g 二溴硝基偶氮氯膦,于1 000 mL 烧杯中,加20 mL 水及3 ~4 滴氨水助溶,透明后,加500 mL 水,加15 mL 磷酸及10 g 草酸,溶清后,以水稀释至1 000 mL。

(2)镁掩蔽剂:500 mL 水中加0.132 g 硝酸铅,溶解后,再加16 g 氢氧化钠及0.150 g EGTA,温热溶解后,再加21 g 硼砂,继续温热溶解至透明,再加100 mL(1 +1)三乙醇胺;另外,0.500 g 邻菲啰啉(即邻二氮菲)溶于20 mL 50% 乙醇后,加入上述溶液中,定容至1 000 mL。

(3)镁显色剂:0.045 g 偶氮氯膦Ⅰ溶于1 000 mL 水中混匀。

9.17.4.3 实验仪器

(1)规格型号:HGA - MR 型镁稀土微机数显自动分析仪,无锡英之诚高速分析仪器有限公司生产。

(2)适用范围:一般球墨铸铁中镁稀土元素的定量分析。

(3)测定范围:镁,0.010% ~ 0.100%,稀土,0.010% ~0.100%。

(4)分析时间:3 min。

9.17.4.4 实验步骤

(1)称取0.200 0 g 样品于150 mL 锥形瓶中,加40 mL 硫硝混酸(5% 硫酸内含0.8% 硝酸)及4 mL 30% 过硫酸铵溶液,低温溶解,再加4 mL 30% 过硫酸铵溶液,煮沸3 min(应出现 MnO_2 棕色浑浊物),滴加30% 过氧化氢3 ~5 滴使 MnO_2 还原后,再煮沸2 min,分解过量过氧化氢,冷却,用棉花过滤入100 mL 两用瓶(或容量瓶)中,锥形瓶及棉花用多次少量水洗涤,洗液仍入两用瓶中,最后以水定容,混匀,即得分析母液,供测定稀土及镁用。

(2)稀土测定:取母液10 mL,加稀土显色剂40 mL,混匀,于670 nm 处,以水参比测定吸光度 A。

(3)镁测定:取母液10 mL,加镁掩蔽剂30 mL,镁显色剂30 mL,混匀,于580 nm 处,以水参比测定吸光度 A。

9.18 金属材料的定性分析

9.18.1 试样溶液的制备

称样约0.5 g 于250 mL 锥形瓶中,加(1 +4)HCl 10 mL,放置10 s,如果出现绿色,则说明有 Co 5% 左右，若为蓝色，则说明 Co 达 10% 以上。

再滴加 30% H_2O_2 适量，使之溶解，接着加 10 mL $HClO_4$，发烟 3 ~ 5 min，取下，冷却。

用 50 mL 水溶解盐类，有沉淀过滤，当 Si 高时，则会有白色沉淀，且有胶状颗粒，常附于杯壁或悬于溶液中，如果溶液无色透明，说明是碳钢。

9.18.2　Cr、W 的鉴别

称样约 0.5 g 于 250 mL 锥形瓶中，加(1 + 4) HCl 10 mL，再滴加 30% H_2O_2 适量，使之溶解呈绿色，则说明含有 Cr；若溶液黑浊，说明可能含有 C、Cr、W、Mo 等。接着加 10 mL $HClO_4$，发烟 3 ~ 5 min，取下，冷却，如果含有 Cr 则此时出现橙黄色结晶，色越深，Cr 含量越高。如果出现极浅的樱桃红则 Cr 含量小于 0.05%，无 Cr 时则无色。若有 W 时出现黄色 W 酸沉淀，且不溶于水。

9.18.3　Ni – 丁二酮肟光度显色

取 1 mL 试液，加过硫酸铵，酒石酸钾钠，丁二酮肟碱性液，看是否有红色丁二肟 – Ni。Cu 含量高时呈棕色，可用硫代硫酸钠还原褪色。Co 含量高时应多加丁二肟。

9.18.4　V 的鉴别

分取 2 mL 于试管中，加 1 mL 乙醚，10 滴 H_2O_2(1.5%) 振荡，放置片刻，水相中有红褐色，说明 V 的含量大于 0.02%，Cr(VI) 在乙醚中呈蓝色，不久消失。

9.18.5　Mo 的鉴别

取 1 mL 试液加 Vc 少许，振荡并使黄色褪去，加 30% NH_4CNS 1 mL，摇匀。如有棕黄色配合物出现，则说明 Mo 大于 0.01%。

9.18.6　Co 的鉴别

取 1 mL 试液于试管中，加 5% 柠檬酸钠 2 mL，1% 亚硝基 R 盐 2 mL，(1 + 1) H_2SO_4 2 ~ 3 mL，摇动，如有红色则含有 Co。

9.18.7　Mn 的鉴别

取 5 mL 试液于 100 mL 锥形瓶中，加(1 + 1) HNO_3 100 mL，4% $NaIO_4$ 5 mL，煮沸 1 ~ 2 min，如有紫红说明 Mn 含量大于 0.05%。

9.18.8　Al 的鉴别

取几滴试液于试管中，加 5% Vc 1 mL，0.05% CAS(铬天青 S) 1 mL，六次甲基四胺缓冲溶液 3 ~ 5 mL，与试剂空白比较，有紫红色再加几滴 HF(1 + 5) 红色褪去，说明含 Al。

9.18.9　Ti 的鉴别

取 1 mL 试液于 100 mL 锥形瓶中，加(1 + 1) H_2SO_4 2 mL，发烟，取下冷却，加 10 mL 水，5% Vc 5 mL，4% DAM(二胺替吡啉甲烷) 3 ~ 5 mL，放 20 min 出现黄色则含 Ti。或直接取 1 ~ 2 mL

试液，加 Vc 还原（Fe^{3+}、Cr(Ⅵ)），6%变色酸 3 mL，有橙红色，则有 Ti^{4+}。

9.18.10 Cu 的鉴别

取 1 mL 试液于试管中，加 50% 柠檬酸铵 1 mL，氨水(1+1)3 mL，使 pH 在 8.5~9.5，10 mL BCO(0.1% 乙醇液)，观察有蓝色时含有 Cu，越深含量越大。

9.19 生铁/铸铁中 Si、P、Mn、Ti 的测定

9.19.1 实验试剂

(1)混酸：H_2SO_4：HNO_3：H_2O =5：8：87(体积比)。

(2)过硫酸铵：固体。

(3)H_2O_2：3%。

(4)钼酸铵 - K_2CO_3：45 g 钼酸铵加 57 g K_2CO_3 配成 1 L。

(5)$H_2C_2O_4$：2.5%。

(6)硫酸亚铁铵 3%：30 g 硫酸亚铁铵加 950 mL 水加 50 mL 浓硫酸。

(7)钼酸铵：2%。

(8)Vc - 乙醇溶液：7 gVc 溶于 500 mL 水中加乙醇 500 mL。

(9)$Bi(NO_3)_3$ 溶液：5 g $Bi(NO_3)_3 \cdot 5H_2O$ 溶于 1 L(1+9)HNO_3 中。

(10)定锰混酸：70 mL H_3PO_4 加 10 mL HNO_3 加 2 g $AgNO_3$ 配成 1 L。

(11)$(NH_4)_2S_2O_8$ 溶液：10%，15%。

(12)S - N 混酸：900 mL H_2O 加 85 mL H_2SO_4 加 13.6 mL HNO_3。

(13)过硫酸铵。

(14)Vc：5%。

(15)DAPM：4%；700 mL DAPM 液中含 30 mL HCl。

9.19.2 样品溶液的制备

称样 0.2 g 于 250 mL 锥形瓶中，加过硫酸铵 1~1.5 g，加预热的混酸 90 mL，低温溶解，继续加过硫酸铵 1 g，低温煮沸 1.5~2 min，加 H_2O_2 3~5 滴，煮沸除尽过量的 H_2O_2 1.5~2 min，流水冷却，移入 100 mL 的量瓶中，水稀释至刻度。以脱脂棉过滤于原锥形瓶中，摇匀测定 Si、Mn、P。

9.19.3 Si 的定量分析

吸试液 5 mL 于 150 mL 锥形瓶中，加 10 mL 钼酸铵 - K_2CO_3 溶液，在沸水浴中摇动至无气泡产生(30 s)，立即加 $H_2C_2O_4$ 20 mL，加 Fe^{2+} 摇匀，水空白。λ =680 nm。

9.19.4 P 的定量分析

吸试液 5 mL 于锥形瓶中，加钼酸铵 5 mL，加 $Bi(NO_3)_3$ 5 mL，加 Vc - 乙醇 10 mL。λ =680 nm，水参比。

9.19.5 Mn 的定量分析

吸试液 20 mL 于 125 mL 锥形瓶中,加 15 mL 定锰混酸,加热煮沸,加入$(NH_4)_2S_2O_8$液 10 mL,文火煮沸 1.5 ~2 min,冷却比色。$\lambda = 530$ nm,水参比。

9.19.6 生铁中 Ti 的定量分析(DAPM 光度法)

称样 0.5 g 于250 mL 锥形瓶中,加50 mL S－N 混酸,加 8 mL 过硫酸铵,低温溶解,加 3 ~6 mL 过硫酸铵,加热至大气泡产生取下,滴加 5 ~10 mL H_2O_2 使溶液澄清,并煮沸至大气泡,取下于100 mL 量瓶中稀释至刻度。脱脂棉过滤。

分取 5 mL 于 50 mL 量瓶中,加 10 mL Vc, 4% DAPM 10 mL,30 mL H_2O 至刻度。$\lambda =$ 420 ~430 nm ,水参比。

9.19.7 注意事项

(1)高 Si 时加 $H_2C_2O_4$,硫酸亚铁铵各 40 mL;也可取试液,以溶样酸补够。

(2)乙醇:稳定剂;$Bi(NO_3)_3$:催化剂。

(3)对于低 P 试样,Vc 可改为 5 mL,以提高 A 值,增加稳定性。

(4)对于高 P 试样,Vc 可改为 20 mL。

9.20 日常工作实际问题简单处理

9.20.1 S 的定量分析用指示剂(淀粉)问题

(1)淀粉配制:易变质,致使碘的稀溶液呈现紫色或紫红色,如果加少量 KI 做防腐剂,可保持长时间不变质。

(2)淀粉:直链淀粉遇碘获得天蓝,支链淀粉为弱紫色。

直链:山芋、马铃薯大多约由 20% 直链、80% 支链组成,灵敏度高。

支链:多为谷物,灵敏度低。

9.20.2 Si 的定量分析用亚铁还原剂问题

配制硫酸亚铁铵过一段时间 Fe^{2+} 变黄,因部分 Fe^{2+} 氧化为 Fe^{3+},可加几毫升浓硫酸摇匀,放置一段时间会恢复,因 Fe^{3+} 在硫酸介质中易向 Fe^{2+} 转化,且配制 Fe^{2+} 不用硫酸亚铁,是因为硫酸亚铁不稳定,而硫酸亚铁铵比较稳定。

9.20.3 非水定碳用排水溶液的稳定问题

加稳定剂的作用是防止乙醇钾生成浓度过高,为促使其溶解,通常加 5% 水,故用 95% 乙醇配制即可使析出的白色沉淀溶解,同时能提高滴定终点的阶段性。

9.20.4 用光电天平称样时,经常会出现光标偏移现象

称样后,称样托盘会变轻而不变重,即会向砝码方向移动。这是因为表面皿经常以毛刷清扫试样产生了静电。最好的办法是,保持天平有一定的湿度,特别是有暖气的房间更易出现此

情况，尽量避免用毛刷清扫，而用敲打的办法使试样转移至器皿中。

9.20.5 比色法有时出现负值现象

A 值出现负值，统统在测定低含量的情况下出现。即低含量系列 A 值反而比空白值小。最常见的原因是由于比色皿厚度不一和化学性质不一致，包括洁净度不一致造成。可在比色皿同时注入蒸馏水校正。

比色皿放在比色皿架中的位置应一致，同时靠左或靠右。并且注意低含量显色后的色泽和空白的色泽是否一致。若不一致应分析原因，要选用灵敏度高的显色剂。

9.20.6 用标样换算结果的问题

在分光光度法测定时，应先制作工作曲线。

如果用标样与试样对比操作进行换算，则必须符合两个条件：

(1)必须符合吸收定律，绘成的曲线是直线。

(2)绘成的检量线应通过原点。

但在实际工作中，并非所有的工作曲线都是一直线，有的向上或向下弯曲，且因空白原因一般不通过原点。利用标样就是默认一切曲线都是直线易造成误差，尤其含量特别低或特别高的试样。

在某些情况下，工作曲线没有通过原点，应考虑试液空白 A 值：

例：测 Si 时，若试液空白有 0.05 吸光度，标样 $A=0.20$，试样 $A=0.30$，若换算，则

$$A_{标}/A_{试}=W_{标}/W_{试}\qquad W_{试}=1.5W_{标}$$

而实际 $(0.30-0.05)/(0.20-0.05)=1.667$，而不等于 1.5，所以误差非常大。

9.20.7 测 P 时所用的玻璃仪器必须专用

因在钢铁分析时，S－P 混酸是常用的试剂酸，玻璃仪器往往会被磷酸腐蚀，特别在高温时(100～150 ℃时)S－P 混酸冒烟处理能侵蚀玻璃仪器，且与玻璃仪器中的硅酸盐反应生成 $SiO_2\cdot P_2O_5$ 或 $SiO(PO_3)_2$ 等化合物粘在玻璃仪器的内壁，用水、清洁剂洗涤都难洗净。当用玻璃仪器溶解磷时，该化合物会使玻璃仪器上的磷逐渐溶解下来，造成测量结果偏高。

9.20.8 常见的几个问题

(1) $NaF-SnCl_2$ 光度法测低合金钢中磷时，试样经(1＋1) HNO_3 溶解，$KMnO_4$ 氧化，有时发现有不溶物存在，此时是否影响磷的定量分析？

答：不影响。因为此黑色多为某些合金元素。为 Cr、Mo 的磷化物，对磷的定量分析影响不大。因其含量很小，为 $2\times10^{-4}\%\sim3\times10^{-4}\%$。

(2) $NaF-SnCl_2$ 光度法中，P 含量小于 $<0.02\%$ 出现钼蓝色泽褪去或变绿色至无色，为什么？

答：这种现象是氮氧化物未清除净，所以加入 $NaF-SnCl_2$ 并随即加 50 g/L 尿素溶液 2 mL 即可避免。

9.20.9 常用氧化剂氧化能力的比较

查电极电位，见表 9-3，比较常用氧化剂的氧化能力，电位越大，氧化能力越强。

表 9-3 常用氧化剂电极电位

电对	电极电位(V)	电对	电极电位(V)
$Cr_2O_7^{2-}/Cr^{3+}$	1.33	IO_6^{5-}/IO_2^-	1.6
Cl_2/Cl^-	1.358 5	H_2O_2/H_2O	1.776
MnO_4^-/Mn^{2+}	1.491	$S_2O_8^{2-}/SO_4^{2-}$	2.06

9.21 铁矿石的全分析

9.21.1 全铁含量的分析

9.21.1.1 实验原理

试样经 HCl 及氟化钠溶解，在热盐酸中加稍过量的二氯化锡，使 Fe^{3+} 还原成 Fe^{2+}，过量的二氯化锡以二氯化汞氧化，然后以二苯胺磺酸钠做指示剂，用重铬酸钾标准溶液滴定之。

反应式如下：

$$Fe_2O_3 + 6HCl = 2FeCl_3 + 3H_2O$$

$$FeO + 2HCl = FeCl_2 + H_2O$$

$$FeCO_3 + 2HCl = FeCl_2 + CO_2\uparrow + H_2O$$

$$FeSiO_3 + 4NaF + 6HCl = FeCl_2 + 4NaCl + SiF_4\uparrow + 3H_2O$$

$$2FeCl_3 + SnCl_2 = 2FeCl_2 + SnCl_4$$

$$SnCl_2 + 2HgCl_2 = SnCl_4 + Hg_2Cl_2(\text{丝状物})$$

$$6FeCl_2 + K_2Cr_2O_7 + 14HCl = 6FeCl_3 + 2KCl + 2CrCl_3 + 7H_2O$$

9.21.1.2 实验试剂

(1)HCl(比重 1.19)。

(2)$SnCl_2$,6%溶液：称 6 g 溶于 20 mL 微热 HCl 中，加水稀释至 100 mL，使用时间较长时应加入少量锡粒。

(3)氟化钠:5%。

(4)二氯化汞饱和溶液。

(5)硫磷混酸：于 700 mL 水中缓缓注入硫酸(比重 1.84)250 mL，冷却后加入磷酸(比重 1.70)50 mL 混匀。

(6) 二苯磺酸钠 0.5%溶液：称 1 g 溶于 200 mL 0.2%碳酸钠溶液中。

(7)重铬酸钾标准溶液:0.05 mol/L。

9.21.1.3 实验步骤

称样 0.2 g 于 500 mL 三角烧瓶中，加入氟化钠溶液 10 mL，盐酸 15 ~ 20 mL 低温溶解，慢慢滴加 $SnCl_2$ 至浅黄色，待试样溶解完全后，浓缩体积至 8 mL 左右，趁热滴加 $SnCl_2$ 至无色后再滴加 2 滴，迅速以流水冷却，加二氯化汞饱和溶液 5 mL，摇匀静置 1 ~ 2 min，以水稀释至 120 ~ 150 mL，加硫磷混酸 15 mL，二苯胺碘酸钠 4 ~ 5 滴，立即用重铬酸钾标准溶液滴定至溶液由无色经绿色变为紫红色为终点。

9.21.1.4 **注意事项**

(1)二氯化锡还原时,溶液由浅黄色变为无色后,过加 1 ~2 滴即可,若加量过多,加入二氯化汞时过量的 $SnCl_2$ 首先将生成的氯化亚汞还原成金属汞,析出金属汞,在重铬酸钾标准溶液滴定时,起还原作用,使测定结果偏高。

$$Hg_2Cl_2 + SnCl_2 = SnCl_4 + 2Hg\downarrow$$

$$4Hg + K_2Cr_2O_7 + 7H_2SO_4 = 2Hg_2SO_4 + 2Cr(SO_4)_2 + K_2SO_4 + 7H_2O$$

(2)二氯化汞要由瓶中央一次注入,如溶液中没有产生白色浑浊或丝状物,则二氯化锡加量不足,测定结果偏低。加入二氯化汞后,必须摇动静置 1 ~2 min,因为 $SnCl_2$ 氧化为高价时反应慢,否则测定结果偏低。

(3)成批分析时,用 $SnCl_2$ 还原后,可先加水稀释,再加 $HgCl_2$ 放置 3 min。

(4)接近终点时要缓慢进行,并充分振荡,以免滴定过量。

(5)加硫磷混酸的作用:在滴定中生成的 Fe^{3+} 能氧化指示剂,使颜色变化不灵敏,且会使终点早现,加磷酸后,有利于滴定中产生的 Fe^{3+} 形成 $[Fe(PO_4)_2]^{3-}$ 配离子,从而降低 Fe^{3+}/Fe^{2+} 的氧化还原电位,消除 Fe^{3+} 氧化指示剂的影响,也可以避免 Fe^{3+} 的黄色掩盖终点。铁含量高时应增加硫磷酸的量。

(6)含 C、S 高的试样称量后应先经高温灼烧后再进行酸处理。

(7)称样可视含铁量高低而定。

9.21.2 铁矿石中 P 的分析

9.21.2.1 **实验原理**

试样在 HCl 介质中,HF 助溶,$HClO_4$ 氧化,将低价磷氧化成正五价,在酸性溶液中以钼酸铵配合生成磷钼黄,以 $SnCl_2$ 还原成磷钼蓝,借此进行光度分析,$\lambda_{max}=680$ nm。

9.21.2.2 **实验试剂**

(1)NaF:2.4% ,称 24 g NaF 溶于热水中,煮沸后冷却,稀释至 1 000 mL。

(2)$SnCl_2$ - NaF:称 0.3 g $SnCl_2$ 溶于 2.4% NaF 100 mL 中(当日现配)。

(3)钼酸铵 - 酒石酸钾钠:称钼酸铵、酒石酸钾钠各 5 g 溶少量水,稀释至 100 mL。

(4)尿素:5%(当日配)。

(5)HCl:浓。

(6)$HClO_4$:70%。

(7)HNO_3:(2 +5)。

9.21.2.3 **实验方法**

称样 0.25 g 于 100 mL 钢铁量瓶,加 HCl 约 10 mL,滴加 HF 数滴,加 $HClO_4$ 约 10 mL 溶解,冒烟近干,取下,冷却(自然放冷)。

加(2 +5)HNO_3 10 mL,加热煮沸,加 5% 钼酸铵 5 mL,摇动 10 s,立即加 NaF - $SnCl_2$ 溶液 20 mL 还原,摇动,加 5% 尿素 5 mL,摇动,放 30 s。流水冷却,以水稀释至刻度,1 cm 比色皿,λ_{max}为 680 nm,水参比进行光度分析。同时分析标准试样,做标准曲线,在标准曲线上,查待测试样磷的含量。

9.21.3 铁矿石中 S 的分析

原理、步骤同钢铁中 S 的分析,要注意助熔剂的加入。其他元素分析参见其他书籍。

第10章 现代快速仪器分析方法简介

10.1 原子吸收光谱分析法

10.1.1 基本原理

原子吸收光谱分析法是基于被测元素的原子蒸汽对共振波长光的吸收作用进行定量分析的一种方法。这种方法已广泛地用于低质量分数元素的定量测定,可对70余种金属元素及非金属元素进行定量,其检测限可达 ng/mL(见表10-1),相对标准偏差为1%~2%。

表10-1 原子吸收光谱分析法测定部分元素的灵敏度和检测下限(Δ用 $N_2-C_2H_2$ 火焰)

元素	分析线波长(nm)	火焰原子化法		石墨炉原子化法	
		检测下限(μg/mL)	特征浓度(μg/(mL·1%))	绝对检测下限(g)	特征质量(g/1%)
Ag	328.1	0.002	0.08	3×10^{-14}	1×10^{-13}
AlΔ	309.3	0.02	1.1		1×10^{-12}
As	193.7	0.05	1		
Au	242.8	0.01	0.5		1×10^{-12}
B	249.7	2.0	40		
BaΔ	553.6	0.008	0.4		6×10^{-12}
CaΔ	422.7	<0.000 5	0.03		4×10^{-13}
Cd	228.8	0.002	0.03	3×10^{-15}	8×10^{-14}
Co	240.7	0.01	0.1		2×10^{-12}
Cr	357.9	0.003	0.15		2×10^{-12}
Cu	324.7	0.001	0.1		6×10^{-13}
Fe	248.3	0.005	0.15		1×10^{-12}
Hg	253.7	0.25	15		8×10^{-11}
K	766.5	<0.002	0.1		
Mg	285.2	<0.000 1	0.008		4×10^{-14}
Mn	279.5	0.002	0.08	3×10^{-14}	2×10^{-13}
Na	589.0	<0.000 2	0.04		
Ni	232.0	0.002	0.1		
Pb	283.3	0.01	0.5		2×10^{-12}
Se	196.0	0.05	2		9×10^{-12}
SiΔ	251.6	0.02	1.2		5×10^{-14}
Sn	224.6	0.01	1.2		
Sr	460.7	0.002	0.2		1×10^{-12}
TiΔ	354.3	0.04	1.4		4×10^{-11}
VΔ	318.4	0.04	1.3		
Zn	213.8	<0.001	0.04		3×10^{-14}

10.1.1.1 原子吸收光谱的性质

当光源发出的辐射通过基态自由原子蒸汽，且入射辐射的频率等于原子由基态跃迁到较高能态（通常是第一激发态）所需要能量频率时，原子就从辐射场中吸收能量，产生共振吸收，同时伴随着原子吸收光谱的产生。有辐射光强弱吸收的程度即可推算出样品中元素的质量分数。原子对辐射的选择吸收是由原子的能级结构决定的。原子吸收光谱的频率（或波长），决定于原子两能级的能量差 ΔE。吸收的辐射波长为

$$\lambda = hc/\Delta E \tag{10-1}$$

式中 λ——波长；

h——普朗克常数；

c——光速；

ΔE——跃迁能级之间的能量差。

10.1.1.2 原子谱线的宽度及变宽

吸收谱线或发射谱线并不是几何意义上的线，而是占据相当窄的频率（或波长）范围，即有一定的波长宽度。谱线在无外界影响下仍有一定宽度，称为自然宽度，其数量级约为 10^{-5} nm。谱线的自然宽度决定于激发态原子的平均寿命。

由于原子处于无规则的热运动状态之中，不规则的热运动与观测器两者之间形成相对位移运动，从而使谱线变宽，称为热变宽或多普勒变宽。由于辐射原子与其他粒子（分子、原子、离子、电子等）间的相互作用而产生的谱线变宽称为压力变宽。凡是由异种粒子相互碰撞作用引起的变宽称为罗仑兹变宽。

10.1.1.3 原子吸收光谱法的定量基础

理论和实践都证明，当使用锐线光源时原子吸收的吸光度与基态原子浓度之间遵循朗伯－比耳定律，即

$$A = KNL = \lg(I_0/I) \tag{10-2}$$

式中 A——吸光度；

I_0——入射光强度；

I——透射光强度；

K——原子吸收系数；

L——原子吸收层厚度；

N——自由原子总数（近似于基态原子数）。

在实际分析中，当实验条件一定时，N 正比于待测元素的浓度 c。因此，以标准系列做出工作曲线后，即可从吸光度大小求出待测元素的质量分数。

10.1.2 原子吸收分光光度计

原子吸收分光光度计，又叫原子吸收光谱仪，主要由光源、原子化系统、分光系统、检测放大系统等四部分组成（见图 10-1）。

10.1.2.1 光源

原子吸收分光光度计光源的作用是辐射基态原子吸收所需的特征谱线。对光源的要求是：发射待测元素的锐线光谱有足够的发射强度，背景小，稳定性高。原子吸收分光光度计广泛使用的光源有空心阴极灯（见图 10-2），又称元素灯，偶尔使用蒸气放电灯和无极放电灯。

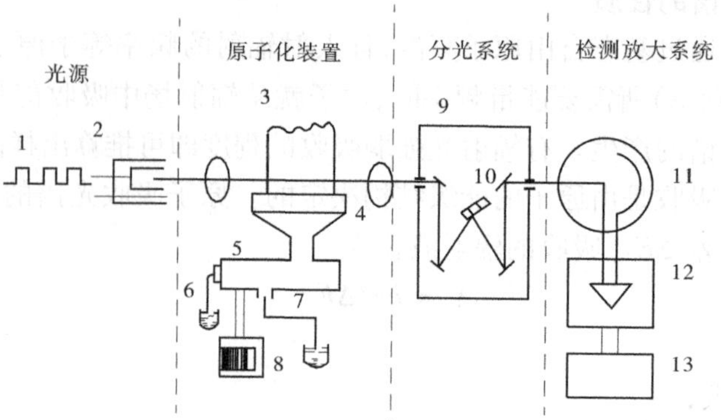

图 10-1　原子吸收分光光度计结构示意图

1—电源;2—光源;3—火焰;4—燃烧器;5—雾化器;6—吸样毛细管;
7—废液排水管;8—气体流量计;9—单色器;10—光栅;11—光电倍增管;
12—检波放大器;13—读数记录器或工作站

10.1.2.2　原子化系统

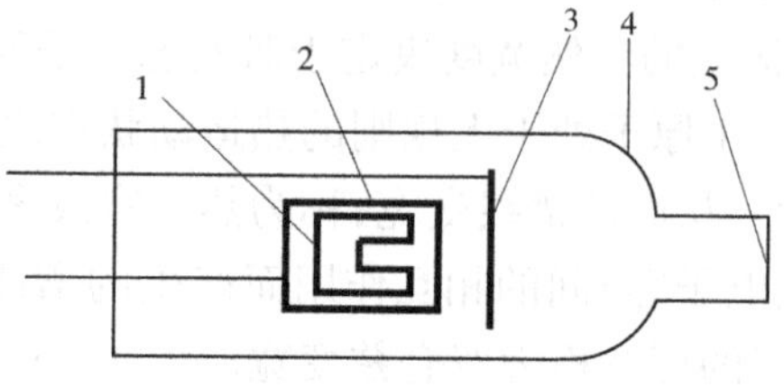

图 10-2　空心阴极灯结构图

1—阴极;2—屏蔽管;3—阳极;4—外壳;5—窗口

原子化系统的作用是将试样中的待测元素转变为基态原子蒸气。它是原子吸收分光光度计的重要部分。其性能直接影响测定的灵敏度,同时很大程度上还影响测定的重现性。

(1)火焰原子化系统。由雾化器和燃烧器组成。

(2)石墨炉原子化器(系统)。非火焰原子化器有多种,如石墨炉、钽舟、等离子喷焰、激光等,应用最多的是石墨炉原子化器,提高了原子化效率,灵敏度比火焰法要高 3 ~4 个数量级,且可测元素比火焰法要多,因此近年来得到了较多的应用。石墨炉原子化器由电源、炉体、石墨管三部分组成。

(3)氢化物形成法。砷、锑、铋、锗、锡、硒、碲和铅等元素在强还原剂,如四氢硼钠的作用下,容易生成氢化物。在较低的温度下使其分解、原子化,进行原子吸收的测定。

(4)冷原子吸收法。冷原子吸收法主要用于无机汞和有机汞的分析。这个方法是基于常温下汞有较高的蒸气压。在常温下用还原剂(如氯化亚锡)将汞(Ⅱ)还原为金属汞,然后把汞蒸气送入原子吸收管中,测量汞蒸气对汞 253.7 nm 吸收线的吸收。

10.1.2.3　分光系统

原子吸收光谱的分光系统是用来将待测元素的共振线与干扰的谱线分开的装置,主要由外电路系统和单色器构成。外电路系统的作用是将光源发出的共振谱线正确地通过被测试样的原子蒸气并投射到单色器的入射狭缝上。单色器的作用是将待测元素的共振谱线与其他谱线分开,然后进入检测装置。

10.1.2.4　检测放大系统

在原子吸收分光光度计上,广泛采用光电倍增管作检测器。它的作用是将单色器分出的光信号转变为电信号。这种电信号一般比较微弱,需经放大器放大。信号的对数变换最后由读数装置显示出来。非火焰原子吸收法,由于测量信号具有峰值形状,故宜用峰高法或积分法进行测量。

10.1.3 定量分析

原子吸收光谱法是一种相对测量而不是绝对测量的方法。即定量的结果是通过与标准溶液相比较而得出的。所以为了获得准确的测量结果,应根据实际情况选择合适的分析方法。常用的分析方法有工作曲线法和标准加入法。

10.1.3.1 工作曲线法

工作曲线法是最常用的基本分析方法,主要适用于组分比较简单或共存组分互相没有干扰的情况。配制一组合适的浓度不同的标准溶液,由低浓度到高浓度依次喷入火焰,分别测定它们的吸光度 A,以 A 为纵坐标,被测元素的浓度 c 为横坐标,绘制 $A-c$ 工作曲线。在相同的测定条件下,测定未知样品的吸光度,从 $A-c$ 工作曲线上用内插法求出未知样品中被测元素的浓度。

10.1.3.2 标准加入法

对于比较复杂的样品溶液,有时很难配制与样品组成完全相同的标准溶液。这时可以采用标准加入法。

分取几份等量的被测试样,其中一份不加入被测元素,其余各份试样中分别加入不同已知浓度 $c_1, c_2, c_3, \cdots, c_n$ 的被测元素的标准溶液,然后在测定条件下,分别测定它们的吸光度 A_i,绘制吸光度 A_i 对被测元素加入量 C_i 的曲线。

如果被测试样中不含被测元素,在校正背景之后,曲线应通过原点。如果曲线不通过原点,说明含有被测元素,截距所相应的吸光度就是被测元素所引起的效应。外延曲线与横坐标轴相交,交点至原点的距离所相应的浓度 c_x,即为所求的被测元素的浓度。

标准加入法只能用于待测元素浓度与吸光度呈线性关系的范围内才能得到正确的结果。加入标准溶液的浓度要与样品的浓度接近,才能得到准确的结果。

10.1.4 原子吸收分析中干扰的消除

原子吸收分光光度法中,总的说来干扰是比较小的,这是由方法本身的特点决定的。但在原子吸收法中,在试样转化为基态原子的过程中,不可避免地受到各种因素的干扰。在某些情况下还是很严重的。在原子吸收法中,干扰效应按其性质和产生的原因,可以分为 4 类:物理干扰、化学干扰、电离干扰和光谱干扰。

10.1.4.1 物理干扰及其消除

物理干扰是指试样在转移、蒸发和原子化过程中,由于试样物理特性的变化而引起的吸收强度变化效应。属于这类干扰的因素有:试液的黏度,它影响试样喷入火焰的速度;表面张力,它影响雾滴的大小及分布;溶剂的蒸汽压,它影响蒸发速度和溶剂损失;雾化气体的压力,它影响喷入量的多少等。

配制与待测溶液具有相似组成的标准样品,是消除物理干扰的常用而有效的方法。

10.1.4.2 化学干扰及其消除

化学干扰是指液相或气相中被测元素的原子与其他组分之间发生化学作用,从而影响被测元素化合物的解离及其原子化。化学干扰是一种选择性干扰。

消除化学干扰的方法有:化学分离、改变火焰种类和组成、加入释放剂和保持剂、使用基体改进剂、化学分离等。表 10-2 列出了常用抑制干扰的试剂。

表 10-2　常用抑制干扰的试剂

试剂	类型	防止干扰种类	分析元素
1% 铯溶液	消电离剂	碱金属	K, Na, Rb
1% 钠溶液	消电离剂	碱金属	K, Rb, Cs
1% 钾溶液	消电离剂	碱金属	Cs, Na, Rb
La	释放剂	Al, Si, PO_4^{3-}, SO_4^{2-}	Mg, Ca
Sr	释放剂	Al, Be, NO_3^-, SO_4^{2-}, PO_4^{3-}, Se, F	Mg, Ca, Ba
Mg	释放剂	Al, Si, PO_4^{3-}, SO_4^{2-},	Ca
Ca	释放剂	Al, PO_4^{3-}, F	Mg, Sr
Mg + $HClO_4$	释放剂	Al, P, Si, SO_4^{2-}	Ca
Sr + $HClO_4$	释放剂	Al, P, B	Ca, Mg, Ba
La	释放剂	Al, P, Si, PO_4^{3-} SO_4^{2-}	Cr, Mg
Fe	释放剂	Si	Cu, Zn
NH_4Cl	保护剂	Al	Na, Cr
NH_4Cl	保护剂	Sr, Ca, Ba, PO_4^{3-}, SO_4^{2-}	Mo
NH_4Cl	保护剂	Fe, Mo, W, Mn	Cr
乙二醇	保护剂	PO_4^{3-}	Ca
氟化物	保护剂	Al	Be
甘露醇	保护剂	PO_4^{3-}	Ca
葡萄糖	保护剂	PO_4^{3-}	Ca, Sr
水杨酸	保护剂	Al	Ca
乙酰丙酮	保护剂	Al	Ca
EDTA	络合剂	PO_4^{3-}, SO_4^{2-}, F^-	Pb
EDTA	络合剂	SO_4^{2-}, Al	Mg, Ca
8-羟基喹啉	络合剂	Al	Ca, Mg
$K_2S_2O_7$	络合剂	Al, Fe, Ti	Cr
Na_2SO_4	络合剂	可抑制 16 种元素的干扰	Cr
Na_2SO_4 + $CuSO_4$	络合剂	可抑制 Mg 等十几种元素的干扰	

10.1.4.3　电离干扰及其消除

在高温下原子电离，使基态原子的浓度减小，引起原子吸收信号降低，此种干扰称为电离干扰。电离效应随温度升高，随被测元素的电离能的增加而降低，随被测元素浓度增高而减小。

为了消除电离作用的影响，一方面可适当降低火焰温度，另一方面应加入较大量的易电离元素，如碱金属钾、钠、铯等，加入的物质称为消电离剂。

10.1.4.4 光谱干扰及其排除

原子吸收分析法使用了发射单一元素光谱的锐线光源，所以光谱干扰不严重。在原子吸收中的光谱干扰主要是指光谱的重叠干扰、火焰发射光谱干扰、背景干扰。表 10-3 列出了一些元素在原子吸收中观察到的谱线重叠。

表 10-3 原子吸收中观察到的谱线重叠

元素分析线		元素干扰线		元素分析线		元素干扰线	
Al	308.215	V	308.211	Cd	228.802	As	228.812
Sb	217.023	Pb	216.999	Ca	422.673	Ge	422.657
Sb	231.147	Ni	231.090	Co	252.136	In	252.137
Cu	324.754	Eu	324.753	Ga	403.298	Mn	403.307
Fe	271.902	Pt	271.904	Mn	403.298	Ga	403.298
Hg	253.652	Co	253.649	Si	250.690	V	250.690
Zn	213.856	Fe	213.859	I	206.17	Bi	206.16

10.2 紫外可见分光光度法

无论物质有无颜色，当光线通过其溶液时，它会有选择地吸收一定波长的光。溶液对特定波长的光的吸收程度与该溶液的浓度有关，溶液的浓度越大，对光的吸收程度也就越大，因此可以根据溶液对光的吸收程度确定溶液的浓度，进而确定被测组分的含量。这种基于溶液对光吸收的大小来定被测组分的含量的分析方法，称为吸光光度法(或分光光度法)。

利用物质本身所具有的颜色或某些待测组分与一些试剂作用生成有色物质，比较溶液颜色深浅的方法来确定溶液中有色物质的含量，这种方法称为比色法，分目视比色法与光电比色法两种。随着测定仪器的改进，分光光度计研制成功，又出现了分光光度法。分光光度法又分紫外(UV)、可见(VIS)和红外(IR)等三种。

比色分析的相对误差通常为 5% ~20%，分光光度法为 2% ~5%。其准确度不如称量分析法和滴定分析法，但称量分析法和滴定分析法仅适用于常量组分的分析，对于微量成分分析，称量分析法和滴定分析法就不适用了，只能采用比色法和分光光度法。

10.2.1 基本原理

10.2.1.1 溶液颜色与光吸收的关系

物质呈现的颜色与光有密切关系。日常所见的白光，如日光、白炽灯光等，实际上是波长 400 ~750 nm 连续光谱的混合光，它是由红、橙、黄、绿、青、蓝、紫等色光按一定的强度比例混合而成的。这段波长范围的光是人们视觉可觉察到的，所以称为可见光。波长小于 400 nm 的光称为紫外光，大于 750 nm 的光称为红外光，它们都是人们视觉觉察不到的光。当混合光通过溶液时，一部分光被吸收，另一部分光透过溶液。由于透射光波长的范围不同，人眼所感到的颜色也不同。溶液呈现的颜色实际就是透射光的颜色。如果溶液全部吸收了可见光，则该溶液呈现黑色；如果溶液对可见光吸收的很少，即入射光全部透过，则该溶液呈无色透明状。表 10-4 是颜色、波长和互补色的关系。

表 10-4　可见颜色、波长和互补色的关系

波长(nm)	透射颜色	互补色	波长(nm)	透射颜色	互补色
400 ~ 435	青紫	淡黄 - 绿	560 ~ 580	淡黄 - 绿	青紫
435 ~ 480	蓝	黄	580 ~ 595	黄	蓝
480 ~ 490	淡绿 - 蓝	橙	595 ~ 610	橙	淡绿 - 蓝
490 ~ 500	淡蓝 - 绿	红	610 ~ 750	红	淡蓝 - 绿
500 ~ 560	绿	紫			

若把两种适当颜色光按一定强度比例混合，可以得到白光，人们称这两种颜色的光为互补色。绿色光和紫色光、黄色光和蓝色光互为互补色。例如，当白光通过高锰酸钾溶液时，它选择地吸收了白光中的绿色光，其他光不被吸收就透过溶液。又因为除紫红光未互补外，别的透过的颜色的光两两互补成白光，因此高锰酸钾溶液呈现紫红色。同理，邻菲啰啉铁溶液吸收了蓝绿色光，而呈蓝绿色光的互补色——橙红色。所以，对于每一种溶液，它对光具有选择性吸收的特性，该溶液吸收的光就是它所显色的互补色。

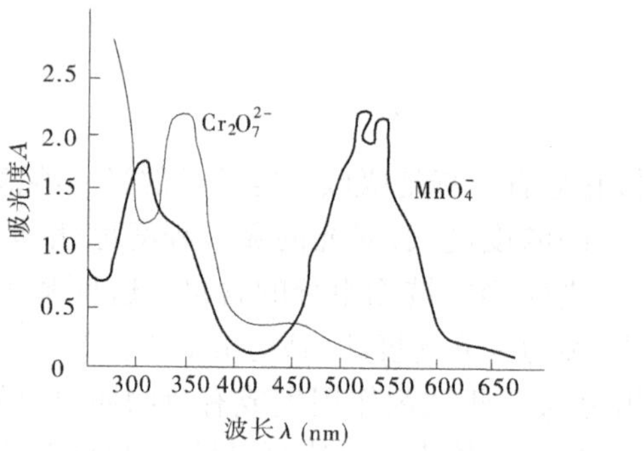

图 10-3　MnO_4^- 和 $Cr_2O_7^{2-}$ 溶液吸收曲线(0.001 mol/L)

以上只是粗略地用溶液对各种颜色光的选择吸收性来说明溶液的颜色。为了更准确地说明物质具有选择性吸收不同波长范围光的性能，通常用光吸收曲线来描述。其方法是将不同波长的光依次通过一定浓度的有色溶液，分别测出它们对各种波长光的吸收程度，用吸光度 A 表示。以波长为横坐标，吸光度 A 为纵坐标，画出的曲线称为光的吸收曲线，如图 10-3 所示为 MnO_4^- 和 $Cr_2O_7^{2-}$ 溶液的吸收曲线。

从图 10-3 可以看出，在可见光区内，高锰酸钾溶液对波长为 525 nm 左右的绿色光吸收为最大，而对紫色和红色光很少吸收。

对于任何一种有色溶液，都可以测出它的光吸收曲线。光吸收最大处的波长称为最大吸收波长，常以 λ_{max} 表示，例如高锰酸钾溶液的 $\lambda_{max} = 525$ nm。

浓度不同时，其最大吸收波长不变。但浓度越大，光吸收程度越大，吸收峰就越高。

10.2.1.2　光吸收定律

光吸收定律，也称朗伯 - 比耳定律或简称比耳定律，它是光度分析的基本依据。光吸收定律内容为：当一束单色光通过均匀溶液时，其溶液的吸光度与溶液中吸光物质的浓度和液层厚度的乘积成正比，即

$$A = \lg(I/I_0) = \lg(1/T) = kbc \tag{10-3}$$

式中　k——比例常数；

I_0——入射光的强度；

b——液层厚度；

I——透过光的强度；

c——溶液中吸光物质的浓度；

T——透射率(度),$T = I/I_0$;

A——溶液的吸光度。

比例常数 k 又称吸光系数、吸收系数,它与入射光波长及溶液性质和温度等有关。比耳定律表明:当入射光波长、液层厚度和溶液温度一定时,溶液吸光 A(又称吸光值、光密度 D 或消光值 E 等)与溶液中吸光物质的浓度成正比,即 $A \propto c$。所以,可通过测量溶液的吸光度 A 来求被测组分的含量。

光吸收定律不仅适用于可见光,也适用于紫外光和红外光。或者说,光吸收定律不仅适用于有色溶液,也适用于无色溶液。

上面谈到的是溶液中仅存一种吸光物质的情况,如果同时存在多种吸光物质,那么溶液的总吸光度应等于每一种吸光物质的吸光度之和。

10.2.1.3 摩尔吸光系数

比耳定律关系式中的 k 随 b、c 所用单位的不同而不同。如果液层厚度的单位为 cm,溶液浓度的单位为 mol/L 时,则吸光系数 k 用 ε 表示,ε 称为摩尔吸光系数(或摩尔吸光率),单位为 L/(mol·cm),比耳定律可写成:

$$A = \varepsilon \cdot b \cdot c \tag{10-4}$$

式中 A——吸光度;

ε——摩尔吸光系数,L/(mol·cm);

b——液层厚度,cm;

c——溶液浓度,mol/L。

摩尔吸光系数是有色物质在一定波长下的特征常数,它表示物质的浓度为 1 mol/L,液层厚度为 1 cm 时溶液的吸光度。其数值越大,该有色物质的颜色越深,该光度分析法的灵敏度越高。

10.2.1.4 定量分析

分光光度法是属于相对测量法,对于某一组分的定量分析,通常采用绘制工作曲线方法。首先选定波长,在无干扰情况下,一般选定吸光度最大波长 λ_{max};其次,配制一系列(5 个左右)不同浓度的标准溶液,在溶液最大吸收波长下,逐一测它们的吸光度 A,然后在方格坐标纸上以溶液浓度为横坐标,吸光度为纵坐标作图。若被测物质光的吸收符合光吸收定律,得到一条通过原点的直线,即工作(标准)曲线,见图 10-4。按同样方法配制样品溶液并测定其吸光度 A,在工作曲线上找出与此吸光度相应的浓度,即为样品溶液的浓度,再计算样品的组分含量。

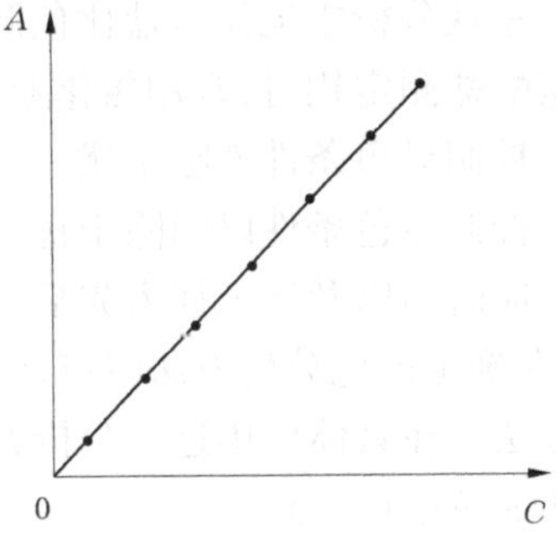

图 10-4 标准曲线

10.2.2 分光光度计的基本结构

分光光度计通常由光源、单色器、吸收池、检测器及测量结果显示与记录器组成。

10.2.3 吸光度读数范围的选择

任何分光光度计都有一定的测量误差。对于给定的某台分光光度计来说,其透射率的读数误差(以 ΔT 表示)是一常数。但透射率不同时,同样大小的 ΔT 所引起的浓度误差(以 ΔC 表示)是不同的,浓度相对误差(以 $\Delta C/C$ 表示)也是不同的,如表 10-5 所示。从表 10-5 中可以看出，浓度相对误差反映了吸光度读数的相对误差，它的大小与吸光度的读数范围有关。为了减小这方面的误差，应选择在适当的吸光度范围进行测定。一般要求吸光度读数在0.1～1.0之间，最好是在0.2～0.7范围。可通过调节溶液的浓度或改变液槽厚度等方法，控制吸光度在上述范围。

表 10-5　不同 T(或 A)时浓度相对误差(假设 $\Delta T = \pm 0.15\%$)

透射率 $T(\%)$	吸光度 A	浓度相对误差 $\Delta C/C$	透射率 $T(\%)$	吸光度 A	浓度相对误差 $\Delta C/C$
95	0.022	10.2	40	0.399	1.36
90	0.046	5.3	30	0.523	1.38
80	0.097	2.8	20	0.699	1.55
70	0.155	2.0	10	1.000	2.17
60	0.222	1.63	3	1.523	4.75
50	0.301	1.44	2	1.699	6.38

10.2.4　比色分析中干扰因素及其消除方法

为了减少和消除干扰离子的影响，首先要选择适当的显色剂和适宜的显色条件，以获得对被测离子选择性高于干扰较少的显色反应；其次，分别不同情况采取适当的措施来消除干扰离子的影响。通常有下列一些方法可供选择考虑，重要的是必须在条件试验时加以比较筛选以确定最佳方案。

(1)利用掩蔽剂消除干扰。与络合滴定中使用掩蔽剂的情形相似。掩蔽剂可以是络合剂、氧化剂或还原剂，但掩蔽剂不能影响被测离子和显色剂的显色反应。利用掩蔽剂和干扰离子生成无色络合物降低干扰离子的浓度，以消除干扰作用。如以 PAR - H_2O_2 比色测定钒时，用 EDTA 掩蔽铁、铜等干扰元素；在 DDTC 和 BCO 比色测铜，丁二酮肟比色测镍，亚硝基 R 盐比色测钴时，常用酒石酸盐、柠檬酸盐来络合掩蔽铁、铜等干扰元素；在用 CAS 比色测铝时，钛、锆、钨和锡等元素的干扰可用苦杏仁酸掩蔽等。

钢铁分析中硫氰酸盐比色测定钨时，用氯化亚锡、三氯化钛为还原剂，消除 Fe^{3+} 的干扰。硫氰酸盐测定钼时，常用氯化亚锡、抗坏血酸、硫脲作为还原剂，以消除 Fe^{3+} 的干扰。

控制显色条件消除干扰。

控制显色条件以消除干扰应用很广，可以通过控制显色酸度、显色剂浓度、显色时温度、显色反应时间以及试剂加入先后的次序等方法来改变显色的条件以达到消除干扰的目的。因此，在确定比色分析方法时应认真做好各种不同显色条件的试验，以确定一最佳显色条件的分析方法。在具体应用这一分析方法时，不论在制作工作曲线或待测成分显色测定时，均应保持这些显色条件一致。

如磷钼蓝比色测定钢铁中磷时，控制显色酸度 $c(H^+)$ 在 1.6～2.7 mol/L 范围(指采用 5 mL 5% 钼酸铵的情况)可以避免硅钼蓝的生成，从而消除硅对磷酸测定的干扰。如用 EDTA - H_2O_2 显色测定钴时，可在氨性溶液中先形成 Co - EDTA - H_2O_2 三元络合物，然后将显色溶液调至酸性(pH = 1)，Co - EDTA - H_2O_2 仍然很稳定，呈玫瑰色，而此酸度条件下 Fe - EDTA - H_2O_2 被破坏了，消除了铁的干扰。

如二甲酚橙，在 pH = 5～6 时能与许多金属离子显色，选择性差；而当 pH = 1 时，它只能与锆、铋、铌等少数金属离子显色，选择性提高了；当酸度 $c(H^+)$ 为 1 mol/L 时，它仅与锆离子显色，这种酸度条件下二甲酚橙就成为锆离子的特效性显色剂等。

(2)控制测量条件。当被测离子与干扰离子的显色生成物的吸收曲线有明显差别时，利用它们最大吸收波长的不同，选择合适的单色光波长作为测定时的工作波长，在某种程度上也可以消除干扰离子的影响，如硫氰酸盐直接比色法测钨，钨离子与硫氰酸盐生成黄色络合物，其最大吸收波长在 400 ~ 410 nm，为消除钼的干扰，可将工作波长改为 450 nm，钼的干扰可明显降低。当干扰离子本身有颜色或干扰离子虽参加显色反应但颜色不深，可使用适当的空白溶液来消除干扰。

(3)使被测组分与干扰离子分离。当以上几种比较简单消除干扰的方法不能有效地消除干扰影响时，就要考虑采用适当的化学分离方法将被测组分与干扰离子分离开来，然后进行比色测定，这样分析手续就比较麻烦了。

(4)使用校正系数法消除干扰。用硫氰酸盐对钨进行比色分析时，钒的干扰采用校正系数法，丁二酮肟比色测定镍时锰的干扰也可采用校正系数法。应强调指出的是，试样处理、显色条件及测量条件的变化将使校正系数值发生变化，因此在比色分析应用校正系数法消除干扰时必须严格控制规定的测量条件。不同测量条件下所得到的校正系数是不同的，不能互用。

10.2.5　空白溶液的制备及使用

(1)蒸馏水或溶剂作为空白。在被测溶液中，只有被测定的化合物有颜色，显色剂和溶液都是无色的，显色剂与试样溶液中的非被测共存组分也不显色或在测定波长下对光的吸收很小的情况，可以用蒸馏水或溶剂作为空白溶液（简称溶剂空白）。例如，用过硫酸铵 $(NH_4)_2S_2O_8$ 将 Mn^{2+} 氧化为 MnO_4^- 以测定铝合金中锰的质量分数时，试样和试样溶液都是无色的，这种情况下可以用水作为空白溶液。如以有机溶剂萃取比色测定时，可以用萃取剂作为空白溶液。

(2)试剂空白。当显色剂有颜色并且在测定波长下有吸收，而制成的试样溶液在测定波长下没有吸收或吸收很小，这种情况下，可按照与显色反应相同的条件加入各种试剂（但不加入试样溶液），将这样所得的溶液作为空白溶液，简称试剂空白。例如，用 HPTA 比色测定钢中硼时，显色剂 HPTA 本身在测定波长 620 nm 有较大吸收，所以取 HPTA 和其他相应试剂（钢样不加）作为试剂空白，这样做可以消除显色剂 HPTA 等对测定的影响。

(3)试样溶液空白。当未经显色的试样基体溶液有颜色，显色剂无色，显色剂也不与共存元素显色。在这种情况下，可按照与显色反应相同的条件，取相同量的试样溶液，但不加显色剂作为空白溶液，简称试样空白。例如，以硫氰酸盐法测定钢中钼时，常在操作步骤中不加硫氰酸盐而其他操作步骤相同所得的试样溶液作为空白溶液，可以消除铬、镍和铜等有色金属离子的影响，铜试剂比色法测定钢中铜时，也可以用试样空白。

(4)褪色空白。当试样基体有颜色，显色剂也有颜色，单一使用试样空白或试剂空白，都不能完全消除干扰。遇到这种情况，可以寻找一种褪色剂（络合剂、氧化剂、还原剂等）有选择地将被测离子络合或改变价态，使显色的有色化合物褪色，以此作为空白溶液，简称褪色空白。这种空白溶液作为 $A=0$ 的参比溶液能够同时消除试样溶液和试剂溶液颜色的干扰。例如，用变色酸比色测定钢中钛，往往在显色后，倒出一部分已显色的有色溶液用于比色测定，另一部分显色的有色溶液中滴加氟化氨溶液，褪去钛 - 变色酸的颜色，以此作为空白进行测定，这样可以消除变色酸本身的颜色影响，又可消除钛基体试样溶液的影响。常用的褪色空白溶液如表 10-6 所示。

表 10-6 褪色空白溶液示例

被测元素	显色剂	褪色剂	褪色作用原理
Mg	铬黑 T	EDTA	夺取 Mg^{2+} 形成 MgY^{2-}
Ti	变色酸	NH_4F	夺取 Ti^{4+} 形成 TiF_6^{2-}
Al	铬天青 S	NH_4F	夺取 Al^{3+} 形成 AlF_6^{3-}
Nb	PAR	HF	结合 Nb^{5+} 形成 NbF_7^{2-}
Mn	氧化为 MnO_4^-	$NaNO_2$	还原 MnO^{4-} 为 Mn^{2+}
稀土	偶氮胂Ⅲ	HF	沉淀稀土形成 R_EF_3

(5)不显色空白。在某些显色反应中,如果改变试剂加入的顺序,可以使显色反应不发生。这样配置的空白溶液含有试样基体和试剂的颜色,但被测离子又没有显色,简称不显色空白,其作用与褪色空白相同,可以消除试样溶液和试剂溶液颜色的干扰。例如,在硅钼蓝比色测定硅时,加试剂时先加草酸后加钼酸铵,这样硅钼杂多酸不能形成,作为空白。又如,用亚硝基 R 盐比色测定钴时,可先加硫酸后加亚硝基 R 盐,使钴不显色作为空白。

(6)平行操作空白。

10.3 ICP 光谱法

10.3.1 ICP 光谱法的理论基础

ICP 光谱法是以 ICP(电感耦合等离子体的英文缩写)为发射光源的光谱分析方法,其全称为电感耦合等离子体原子发射光谱法,通常简称为 ICP - AES。

ICP - AES 具有许多独特的优点。主要有:

(1)测定元素范围广,从原理上讲,它可用于测定除氩以外的所有元素。

(2)动态范围宽,其校准曲线的线性范围一般宽达 5 个数量级,待测元素的质量浓度在 1 000 μg/mL 以下一般都能呈良好的线性关系。

(3)大多数元素都有良好的检出限,用普通进样法各元素的检出限一般在 1 ~ 100 μg/L。

(4)可供选择的波长多,每个元素都有好几个供测定的、灵敏度不同的波长,因此 ICP - AES 适用于超微量成分到常量成分的测定。

(5)精密度好,测定的相对标准偏差一般在 1% ~ 3% 的范围内。

(6)干扰较少,基本上没什么化学干扰和电离干扰,基体效应也小,因此在许多情况下可用人工配制的校准溶液。

(7)可进行多元素同时测定,如多道光谱仪在短短的 30 s 内就能完成 30 ~ 40 种元素的分析,而只消耗 0.5 mL 试液。

ICP - AES 的局限性和不足之处是:有的元素(如铷)的灵敏度相当差,基体效应仍然存在,光谱干扰仍然不可避免,氩气消耗量大。

等离子体是一种原子或分子大部分已电离的气体。它是电的良导体,因其中的正、负电荷密度几乎相等,所以从整体来看它是中性的。ICP 属低温等离子体,温度可高达 5 000 ~ 10 000 K。

被测定的溶液首先进入雾化系统,并在其中转化成气溶胶,一部分细微颗粒被氩气载入等离子体的环形中心，另一部分较大颗粒的则被排出。进入等离子体的气溶胶在高温作用下，经历蒸发、干燥、分解、原子化和电离的过程，所产生的原子和离子被激发，并发射出各种特定波长的光，这些光经化学系统通过入射狭缝进入光谱仪照射在光栅上，光栅对光产生色散使之按波长的大小分解成光谱线。所需波长的光通过出射狭缝照射在光电倍增管上产生电信号，此信号输入电子计算机后与标准的电信号相比较，从而计算试液的浓度。

10.3.2 ICP – AES 的仪器设备

ICP – AES 的装置由进样系统、ICP 炬管、高频发生器、光谱仪和电子计算机等组成。

10.3.3 干扰

由于 ICP 的高温和具有很高的电子密度，所以化学干扰是微不足道的。只有当易电离元素大量存在时，才需考虑电离干扰。ICP 光谱分析中存在的主要干扰为光谱干扰和基体效应。

10.3.3.1 光谱干扰

光谱干扰概括为三种情况：

(1)谱线直接重叠。

(2)谱线部分重叠。

(3)背景漂移。

前两种干扰的消除可采取另选谱线的办法或者用元素间的数学校正系数进行。

10.3.3.2 基体效应

它是因基体成分的变化而引起的干扰效应。基体效应有以下两种类型：

(1)基体成分的增加使雾化率降低。当溶液中所含酸的浓度以及溶解固体量增加时，溶液的密度、黏度、表面张力也增大，使雾化率降低，分析元素测定的信号强度也随之降低。各种无机酸的影响按以下次序递增：盐酸 < 高氯酸 < 磷酸 < 硝酸 < 硫酸。一般都不用磷酸和硫酸做 ICP 分析的介质，而以盐酸和高氯酸为最佳。

(2)基本成分的变化影响分析元素的激发过程，从而影响其信号输出。例如大量钾、钠、镁和钙的存在能使背景增加，使其他分析元素的信号受到抑制。其基体效应按下列次序增加：钾 < 钠 < 镁 < 钙。

总的来说，ICP 光谱分析的基体效应相对较小。克服基体效应最有效的办法是使标准溶液与试样溶液进行基本匹配。内标法也是一种好办法。

10.4 X 射线荧光光谱法

X 射线荧光(以下简称 XRF)光谱法的基本原理是：当物质中的原子受到适当的高能辐射的激发后，放射出该原子所具有的特征 X 射线。根据探测到该元素特征 X 射线的存在与否的特点，可以定性分析，而其强度的大小可定量分析。在 XRF 定量分析中，鉴于高灵敏度和多用途的要求，多数采用高功率的封闭式 X 射线管为激发源，配以晶体波长色散法和高效率的正比计数器及闪烁计数器，并用电子计算机进行程序控制、基体校正和数据处理。

该法具有准确度高、分析速度快、试样形态多样性及测定时的非破坏性等特点，它不仅用于常量元素的定性和定量分析，而且也可进行微量元素的测定，其检出限多数可达 10^{-6}，与分离、富集等手段相结合，可达 10^{-8}。测量的元素范围包括周期表中从 F ~ U 的所有元素。一些较先进的 X 射线荧光分析仪器还可测定硼、碳等超轻元素。而多道 XRF 分析仪,在几分钟之内可同时测定 20 多种元素的质量分数。

10.4.1 X 射线光谱

10.4.1.1 X 射线连续光谱

在 X 射线管中,两个电极之间在数万伏特高压作用下,电子以很高的速度由阴极(灯丝)向阳极靶冲击,连续谱线就是高速电子在冲击靶时被迅速减速时产生的。其中一些电子在一次撞击中即被制止,并放出所有的能量,产生上限能量的光子,即最短波长的 X 射线;另一些电子要和靶中原子碰撞多次,方能逐次丧失一部分总动能,直到完全耗尽为止,从而产生比最短波长长的各种不同波长组成的 X 射线,即构成连续谱线。试验和理论表明,其最短波长 λ(单位为 nm)由式(10-5)决定:

$$\lambda = 1.24/U \tag{10-5}$$

式中 λ——波长,nm;

U——电压,kV。

式(10-5)表明,X 射线管产生的最短波长为施加的工作电压 U(单位 kV)的函数。

靶上发出的 X 射线是由一组不同波长的波组成的连续光谱,其强度随着波长而变化,且由管压、管流和靶材决定。

由此可见,当我们需要大量连续谱线时,应选用像钨这样的重金属靶材,并尽可能施加高的电压和电流。但必须指出,靶材只能影响连续谱线的强度,不能影响其波长的分布。

10.4.1.2 X 射线特征光谱

在 X 射线管中,当工作电压高到某一临界值以后,制靶金属的特征谱线便会在连续谱线的一定波长处出现叠加的尖锐而狭窄的峰谱线。对钼靶来说,K 谱线波峰在 0.07 nm 出现,L 谱线波峰在 0.5 nm 出现。钼 K 谱线的临界激发电压为 20.01 kV ,因此在低于该电压的曲线上看不到钼 K 系谱线。靶的特征谱线强度是非常大的,如铜靶在 30 kV 操作时,Cuka 谱线的强度大约是与它紧邻的连续谱线强度的 90 倍,而半峰宽还不到 0.000 1 nm 。

在荧光光谱分析中,当来自 X 射线管具有足够能量的初级(一次)X 射线与试样中的原子发生碰撞时,并从该原子中逐出一个内层电子(如 K 电子),就在此壳层中形成一个空穴,随后由较外层的一个电子跃迁来填充此空穴,同时放射出二次 X 射线光量子(荧光 X 射线)。光子的能量等于完成两个壳层之间跃迁的能量差,即为该原子的特征 X 射线。

10.4.2 X 射线的吸收与散射

假定有一束平行的强度为 I_0 的单色 X 射线照射在均匀的材料上,穿过厚度为 L 的路程,由于材料的吸收和散射,强度减少至 I_0。也就是说,X 射线透过物体后,透射强度为

$$\mathrm{d}I/I = -\mu_{\mathrm{lin}}\mathrm{d}L \tag{10-6}$$

对光程 L 积分后,即为朗伯(Lambert)定律:

$$I = I_{\mathrm{oexp}}(-\mu_{\mathrm{lin}} L) \tag{10-7}$$

式中 μ_{lin}——线吸收系数(表示单位面积上单位厚度的吸收,也就是单位截面上的入射 X 射线通过单位厚度时,被吸收的能量份数),cm^{-1}。

质量吸收系数(表示单位面积上单位质量的吸收,它与化学状态和物质排布无关,仅仅是波长和原子序数的函数)和线吸收系数的关系:

$$\mu_m = \mu_{lin}/\rho \tag{10-8}$$

式中 ρ——密度，g/cm^3；

μ_m——质量吸收系数，cm^2/g。

在与入射光相同的方向上，没有透过部分的光强 $I_0 - I$ 主要损失于两个过程：

(1)所吸收的入射光子用于迸出轨道电子，并将剩余部分变成光子的动能，称为光电吸收。在电离的原子中，电子重新配位，因而产生 X 射线荧光发射和俄歇吸收。

(2)入射光子与原子碰撞后向各个方向散射，散射光子波长变长者称为变质的非相干散射或康普顿(Compton)散射；波长不变者称为非变质的相干散射或称雷利(Rayleigh)散射。

10.4.3 XRF 光谱仪和探测器

试样中各元素谱线荧光强度的测定可采用波长色散和能量色散两种方式。

在波长色散光谱仪中，样品发生的各种波长的荧光 X 射线，在到达探测器之前，已由分光晶体按其波长大小在空间散开。因此，原则上说，探测器每次只接收一种波长。在 0.02 ~ 1.5 nm 波段内，单晶是一种最有效的色散器，配合单道脉冲高度分析器，可以成功地消除高级衍射的干扰。对波长大于 1.5 nm 的超软 X 射线，则往往采用面间距(d)较大的金属有机化合物晶体或人造多层薄膜晶体作为波长色散的晶体。

在能量色散光谱仪中，探测器同时接收样品中所有元素发散出的荧光 X 射线，然后输出，经放大，送到脉冲高度选择器。脉冲高度选择器按各个波长的脉冲高度分布的平均值加以分离，也就是按入射 X 射线光子能量把它们分开。适当地设置基线和窗口，可以单独地测量每种能量分析线的脉冲分布，或适当地设置探测器电压和放大器增益，也可以把单个分析线的脉冲高度移到一个固定的窗宽之内。多道脉冲高度分析器可同时显示所有脉冲高度。

10.5 光电光谱分析

10.5.1 概述

自 1944 年 Haeler 首先提出以将待测元素光谱线引出并用光电倍增管接收的方法来代替摄谱法进行光谱分析以来，光电光谱仪及其应用都有了很大的发展。由于它快速、准确，一次能进行多种元素的测定，因而分析自动化程度高。从分析仪器化和自动化来看，到现在还没有更新的仪器能够代替这种大型仪器。

光电直读光谱仪分真空型和非真空型两大类。真空型可用来作波长在 200 nm 以下的碳、硫、磷的分析，世界上许多国家，如美国、英国、日本、荷兰、意大利和我国等都有这种仪器产品，且种类繁多。据不完全统计共有 50 多种。

目前在国际上，光电直读光谱仪不仅广泛地用于黑色(钢铁)和有色金属(铝、铜、锌、镁、钛、铅)冶炼工业，而且也用于地质样品的分析，原子能材料 U 235 的测定，金属氧化物，如矾土、红土(三氧化二铁)、氧化镁和萤石中的三氧化二铁、二氧化硅、二氧化钛、氧化钙、氧化钠等的半定量测定，天然水中 19 个杂质的测定，植物中的锌、铜和铅的测定，润滑油中添加金属钙、钡、锌的测定以及催化裂化原料(汽油)灰分中的镍、铜、钒、铁的光电直读化学光谱测定，分析灵敏度可达 10^{-9}(g)的数量级。由此可见，光电直读光谱仪作为一个光谱分析的自动记录方式来说，其应用范围的潜力是相当大的。

但由于它是固定狭缝,所以使用时灵活性较差。

10.5.2 工作原理

光电直读光谱仪主要由三部分组成:光谱激发光源、分光系统和电子测量系统。当样品被光谱激发光源激发后,发出的光经过入射狭缝射到色散元件凹面光栅(或棱镜)上,再经分光后被聚焦在焦面上,形成光谱。在焦面上放置若干出射狭缝,将待测元素的特定波长引出,透射到光电倍增管上,使光能变成电能,再由积分电容储存。当曝光中止时,由测量系统(具有高输入阻抗)逐个测量积分电容器上的电压,根据测定值的大小来确定质量分数。

若积分电容为 C,光电流为 i,经过积分时间 T 后在积分电容上所达到的电压为 U,则

$$U = \frac{1}{C}\int i\mathrm{d}t = \frac{\bar{i}T}{C} \tag{10-9}$$

式中,$\bar{i}$ 为平均电流。由于光电倍增管的光电流 $\bar{i}$ 正比于谱线强度 I,故 $U \propto \bar{i} \propto I$。

电压 U 是可由测量系统测得的,而谱线强度与样品中所含元素的质量分数有一定的关系,故只要知道标准样品的电压 U(通常取与内标 U 的比)与质量分数的关系曲线,就可进行分析试样的定量测定。

10.5.3 WGD-731 型光电光谱仪

中型棱镜摄谱仪(HCπ-28 型)可改装成 WGD-731 型光电光谱仪。该仪器适用于有色金属及其合金的快速定量分析。它具有 12 个通道,可同时分析 11 种元素。试样为棒状、块状、粉末或矿石。用一个试样分析几个元素,而且仅需 2~3 min 即可完成,分析速度很快。

10.6 红外光谱分析

10.6.1 红外光谱简介

1800 年英国天文学家 Hershl 用温度计测量太阳光可见区内外的温度时,发现红色光以外的黑暗部分比可见光部分高,从而认识到在可见光光波长波方向末端还有一个红外光区。红外光发现以后,逐步应用到各个方面,例如红外检测器、红外瞄准镜、红外理疗仪等。而许多化学家致力于研究各种物质对各种不同波长红外光的吸收程度,用于推断物质分子的组成和结构。1892 年发现,凡是含有甲基的物质都会强烈地吸收波长 3.4 μm 的红外光,从而推断凡是在该波长处产生强烈吸收的物质都含有甲基。这种利用样品对不同波长红外光的吸收程度研究物质的分子组成和结构的方法,称为红外分子吸收光谱法。到 1905 年前后,人们已系统研究了数百种化合物的红外吸收光谱,并总结了一些物质分子基团与其红外吸收带之间的关系。1930 年有人用群论和量子力学方法计算了许多简单分子的基频及键力常数,发展了红外光谱的理论研究。红外光谱区的波数是从 12 800 到 10 cm^{-1},波长是从可见光的长波端(0.78 μm)到 10^3 μm,通常将红外波谱区分为近红外(near-infrared),中红外(middle-infrared)和远红外(far-infrared),其范围如表 10-7 所示。

中红外区是有机化合物吸收的最重要范围,常用红外波谱仪波数范围为 4 000~650 cm^{-1} 或 4 000~400 cm^{-1}。其中 4 000~1 400 cm^{-1} 这一段用得最多。一定的特征基团如—C=O 等的特定的振动,可以比较容易地得到指认。1 400~600 cm^{-1} 范围内也包含很多对于分子指

认很有用的带，被称为指纹区。

表 10-7　红外光谱区范围

分类	波长范围(μm)	波数范围(cm^{-1})	频率范围(Hz)
近红外	0.78~2.5	12 800~4 000	$3.8\times10^{14}\sim1.2\times10^{14}$
中红外	2.5~50	4 000~200	$1.2\times10^{14}\sim6.0\times10^{12}$
远红外	50~1 000	200~10	$6.0\times10^{12}\sim3.0\times10^{11}$
常用光谱区	2.5~15	4 000~670	$1.2\times10^{14}\sim2.0\times10^{13}$

远红外区的吸收能够反映重原子化学键的伸缩振动及一些基团的弯曲振动。某些商品仪器的测量范围可到 10 cm^{-1}，近红外区吸收可用于 O—H、N—H、C—H 等官能团的定量分析。

随着谱分析测量技术的发展，峰强度即峰面积已经开始应用于红外谱的定量分析。

1936 年世界上第一台棱镜分光的单光束手录式红外光谱仪问世，大约在 1946 年制成了棱镜分光的双光束自动笔录式红外光谱仪。从 20 世纪 40 年代中到 50 年代末的商品红外光谱仪（棱镜分光，电子管放大）被称为第一代红外光谱仪。用于红外光色散的棱镜用卤化物晶体制成，分辨率低且易潮解，对环境温度、湿度要求严格。60 年代由于光栅的刻制和复制技术的进步及半导体工业的迅速发展，生产出以光栅为色散元件、晶体管为放大器件的第二代红外光谱仪，提高了分辨率，拓宽了测量波段，降低了对环境的要求。70 年代随着大规模集成电路的研制成功和计算机技术的发展，出现了干涉分光和计算机处理的傅立叶变换红外光谱仪。这种被称为第三代的红外光谱仪，分辨率高，扫描速度极快，光谱范围宽，特别适于微量样品和微弱信号测定、反应过程的跟踪等应用，这种干涉型仪器正在逐步取代色散型仪器。70 年代末发展起来的激光红外光谱仪，以可调激光作为光源，单色性好，灵敏度极高，且省去了分光部件。这种被称为第四代的红外光谱仪可能成为今后发展的方向。

商品红外光谱仪从 50 年代初开始问世，很快就成为有机物结构鉴定的主要手段之一，近十几年来，傅立叶变换红外光谱仪的问世及一些新技术（如发射光谱、光声光谱、色－红联用等）的出现，使红外光谱应用更加广泛。

红外光谱法的广泛应用是由于它的若干优点：

(1) 对样品无破坏。

(2) 样品形态不限，气态、液态、固态样品均可测定，各形态样品的红外谱间可相互转换。

(3) 信息量丰富：每种化合物都有红外吸收，从红外光谱可以得到大量信息。

(4) 官能团区的吸收反映了化合物中官能团的特征，而指纹区的吸收对于指认分子提供了可靠的依据。

(5) 样品用量较少。

(6) 仪器比较便宜（与核磁等相比）。

(7) 有大量数据可参考。

(8) 红外吸收速度（$\approx10^{-15}$ s）与荧光（$>10^{-9}$ s）和核磁共振（$\approx10^{-6}$ s）相比较快，适于时间分辨测量。

红外光谱的主要缺点：与核磁共振等高分辨率波谱学方法相比，分辨率较低。目前主要的解决办法包括同位素标记、定点突变等，二维红外谱目前也有进展。水的吸收对红外光谱的干扰十分严重。

10.6.2 实验原理

10.6.2.1 红外光谱的基本原理

(1)红外线指频率为 $3\times10^{12}\sim3\times10^{14}$ Hz 范围的电磁波,其能量范围$(1.60\sim198.65)\times10^{-21}$J 正好落在分子振动能级跃迁的范围内,当入射红外线的光子能量和分子振动能级之间的跃迁能量相一致时,就可能会使分子产生对该频率的红外线的吸收。因而说红外光谱是一种吸收光谱。它主要反映分子的化学键振动和转动引起偶极矩变化的情况。其吸收的基本原理是朗伯－比尔定理。

(2)对于双原子分子来说,仅有一种振动方式,其红外吸收决定于折合质量和键力常数,而对于多原子分子(n 个原子)来说存在多种振动形式,非线性分子有 $3n-6$ 个自由度,即有 $3n-6$ 个基本振动,线性分子则有 $3n-5$ 个自由度,即有 $3n-5$ 个基本振动。振动分为两大类:伸缩振动及弯曲振动,伸缩振动频率相对在高波数,而弯曲振动频率相对在低波数。虽然在理论上非线性多原子分子有 $3n-6$ 个基本振动,但因为有一些基本振动无红外活性,有些振动能量简并等原因,使化合物的红外吸收峰的数目大大地低于 $3n-6$。

(3)红外的吸收强度决定于跃迁的几率。

$$跃迁几率 = (4\pi^2/\varepsilon h^2)\,|\mu_{ab}|^2E_0^2t$$

式中　E_0——红外电磁波的电场矢量;

μ_{ab}——跃迁偶极矩。

可见红外吸收强度决定于振动时偶极矩变化的大小。

(4)对于有机化合物来说,其官能团往往有特征的吸收峰,即其吸收峰位置、强度及峰形具有特征性,但是由于化学环境的不同,不同化合物相同的官能团的吸收峰往往会有一些差异(主要是频率),影响官能团吸收频率的因素有电子效应、空间效应、氢键的影响、质量效应等。这样不仅可以进行官能团的鉴别,还可以通过相同官能团吸收峰位置的不同判断其化学环境,为有机化合物的鉴定提供更多的信息。由于多原子分子具有大量的简正振动数,虽然如前所述,真正测得的红外吸收峰的数目远小于简正振动数,但一个化合物的红外吸收峰数目仍是较多的。要想把每个红外吸收峰的归属都弄清楚是很困难的。但是,通过大量标准样品的测试,人们在实践的基础上总结出以下一些基本规律:① 一定的官能团总对应一定的特征吸收。不少参考书中归纳出了各种官能团的特征频率表。这些特征频率表对于从谱图推测分子结构有重要意义。② 同样的基团在不同的化合物中有不同的范围,例如同样的 C—O 伸缩振动,在不同的化合物中范围就不同。

10.6.2.2 红外光谱仪的基本原理

光源→ 样品→分光器件 → 检测器(见图 10-5)。

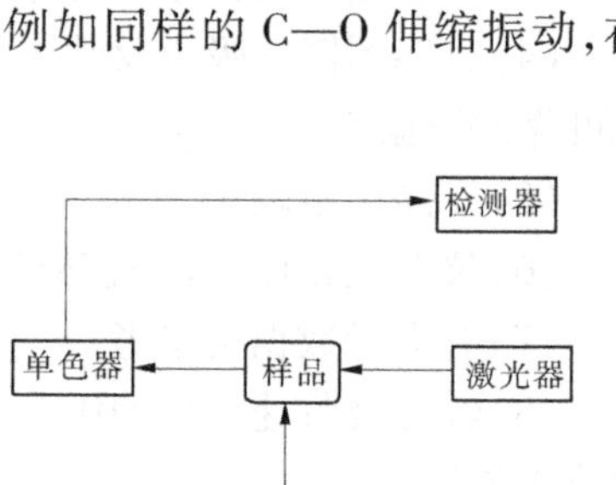

图 10-5　FT－IR 光学原理示意图

一般地,红外光源主要使用 Nernst 灯和碳硅棒等;早期使用的分光器件有光栅、棱镜等,目前在 FT－IR 中使用 Michelson 干涉仪直接将复色光通过样品后产生的复色光通过动镜移动及反射透射设备形成光程差,进而产生干涉图样,再由傅立叶转换将时筹谱转化为频筹谱。透光固体样品通常采用 KBr 压片或石蜡油调糊的方法处理,不透光的固体可以用反射光谱测定,液体样品在 NaCl、CaF_2 等结晶盐片上涂布或制成稀溶液用液体池测定,气体或蒸气用气体池测定。

傅立叶转换技术的发展大大提高了红外光谱的测量精度和效率,测量时间在 1 s 内可以完成全程扫描;减少了分光器件带来的散射损失,所以得到信号较强,灵敏度高,尤其是远红外区;通过调整动镜移动速度可以获得较高分辨率,克服了狭缝宽度对分辨率的限制。

10.7 气相色谱分析

10.7.1 基本原理

色谱法是俄国植物学家茨维特在 1906 年提出的一种分离技术。试样混合物的分离过程也就是试样中各组分在称之为色谱分离柱中的两相间不断进行着的分配过程。

其中的一相固定不动,称为固定相;另一相是携带试样混合物流过此固定相的流体(气体或液体),称为流动相。

气相色谱分离原理是利用试样中各组分在色谱柱中的气相和固定相的分配系数不同,当汽化后的试样被载气带入色谱柱中运动时,各组分就在其中的两相间进行反复多次(10^3 ~ 10^6)的分配,由于在固定相中各组分的吸附能力不同,经过一定的柱长后,各组分间彼此分离,依次离开色谱柱并进入检测器。检测器将组分的量(或浓度)转变成对应大小的信号(电信号或光信号),信号经放大器放大后,在记录器上描绘出各组分的色谱图,由色谱图进行定性、定量分析。

色谱分析的特点是被分析的混合物首先经色谱柱分离成单组分,然后经检测器、记录器自动地检测及记录下各组分的定性、定量数据。色谱柱和检测器是色谱仪的关键部件,混合组分能否完全分离开决定于色谱柱,分离后的组分能否准确检测出来则取决于检测器。

10.7.2 色谱法分类

气相色谱:流动相为气体(称为载气)。

按分离柱不同可分为:填充柱色谱和毛细管柱色谱;按固定相的不同又分为:气固色谱和气液色谱。

为了获得可靠的数据,必须严格控制操作条件,包括载气的选择、净化、压力及流量,还有固定相的制备和填充、色谱柱温度、检测器的操作条件、进样量等。

10.7.3 气相色谱法的特点

(1)分离效率高:复杂混合物,有机同系物、异构体,手性异构体。

(2)灵敏度高:可以检测出 μg/g(10^{-6})级甚至 ng/g(10^{-9})级的物质量。

(3)分析速度快:一般在几分钟或几十分钟内可以完成一个试样的分析。

(4)应用范围广:适用于沸点低于 400 ℃的各种有机或无机试样的分析。

(5)不足之处:不适用于高沸点、难挥发、热不稳定物质的分析。被分离组分的定性较为困难。

10.7.4 色谱流出曲线的特征数据

(1)死时间(t_0):不被固定相吸附的气体(如空气)从进样到柱后出现浓度最大点的时间,

即气体流经色谱柱空隙所需的时间。

(2)保留时间(t_R):样品组分从进样到柱后出现浓度最大点的时间,即组分流经全柱时分配于气相和液相中时间的总和。

(3)校正保留时间(t_R'):扣除死时间的保留时间,即组分流经色谱柱留在液相中的时间。

(4)基线:当色谱没有组分通过检测器时,仪器记录到的信号称为基线。

(5)峰高(h):色谱峰的顶点与基线之间的距离(以厘米为单位)。

(6)半峰宽($W_{1/2}$):峰高一半处色谱峰的宽度(以厘米为单位)。

(7)峰面积(A):近似计算是峰高(h)与半峰宽($W_{1/2}$)之积。

10.7.5 柱效能指标

某物质在色谱柱内每达成一次分配平衡所需要的柱长,叫做塔板高度(H)。对于柱长(L)一定的色谱柱,塔板高度越小,塔板数越多,此柱的柱效能越高。

(1)理论塔板数 $n_{理论}$:

$$n_{理论} = 5.54\left(\frac{t_R}{W_{1/2}}\right)^2 \tag{10-10}$$

(2)理论塔板高度 $H_{理论}$:

$$H_{理论} = \frac{L}{n_{理论}} \tag{10-11}$$

(3)有效理论塔板数 $n_{有效}$:

$$n_{有效} = 5.54\left(\frac{t'_R}{W_{1/2}}\right)^2 \tag{10-12}$$

(4)有效理论塔板高度 $H_{有效}$:

$$H_{有效} = \frac{L}{n_{有效}} \tag{10-13}$$

10.7.6 柱的总分离有效指标——分辨率 R

分辨率 R 为相邻两峰保留时间之差与其各自半峰宽之和的比值,即

$$R = \frac{t_{R(2)} - t_{R(1)}}{W_{1/2(2)} - W_{1/2(1)}} \tag{10-14}$$

式中 $t_{R(2)}$——甲物质的保留时间,min;

$t_{R(1)}$——乙物质的保留时间,min;

$W_{1/2(2)}$——甲物质的半峰宽,cm;

$W_{1/2(1)}$——乙物质的半峰宽,cm。

10.7.7 峰面积归一化法计算组分的含量

归一化法是一种常用的简便、准确的定量方法。使用此法的条件是:样品中所有的组分都要流出色谱柱,并在所用检测器上都产生信号。如果各组分的校正因子不同,当参数为峰面积时,归一化法的计算公式为:

$$\omega_i = \frac{A_i f_i}{A_1 f_1 + A_2 f_2 + \cdots + A_n f_n} \times 100\% \tag{10-15}$$

式中 ω_i——i 组分的质量百分含量,%;

A_i——i 组分的峰面积,cm^2;

f_i——i 组分的质量校正因子。

醇系物系指甲醇、乙醇、正丙醇和正丁醇等,其中常含有水分。用 GDX - 103 作固定相,用热导池检测器,在适当条件下,可使各组分完全分离。所得的水分、甲醇、乙醇及正丙醇的色谱峰都是狭窄的,而正丁醇的则稍宽。此种峰的宽窄相差较大,对小峰半峰宽的测量易引入较大误差。可以采用峰高乘保留时间的归一化法计算醇系物各组分含量。

用氢气作载气,因氢热导值高,灵敏度较高,进样量少。用氮气作载气,其热导值较小,桥电池也受到限制,灵敏度较低,必须增大进样量,因而分析周期也增长。

10.8 火焰光度分析

10.8.1 基本原理

火焰光度计是以发射光谱法为基本原理的一种分析仪器。例如:将食盐置于火焰中时,火焰呈黄色。这是由于食盐中的钠原子外层电子吸收了火焰的热能,而跃迁到受激能级。当由受激能级回复到正常状态时,电子就要释放能量。这种能量的表征是发射出钠原子所特有的波长光谱线——黄色光谱(主波 589.3 nm)。利用火焰的热能使某种元素的原子激发特征光谱,并用仪器检测其光谱能量的强弱,进而判断物质中该元素含量的高低,这类仪器称为火焰光度计。火焰光度计具有灵敏度高、选择性强、所需样品少、分析速度快的特点,已广泛运用在医疗临床、土壤肥分、玻璃陶瓷等方面。

对火焰光度法来讲,虽然理论上物质元素含量与其发射谱线强度成正比,但受到激发能量,以及燃烧过程物质中的自吸、自蚀现象的影响,这种关系只在低浓度条件下才能成立。FP - 640 火焰光度计在医疗检测读数范围是:K,0 ~ 9.9 mmol/L;Na,0 ~ 199 mmol/L。为考虑其他场合的使用,在改变标定方式后,测量范围扩大为 K,20 ~ 100 μg/mL;Na,200 ~ 1 000 μg/mL。

线性误差:K 在 0.02 ~ 0.07 mmol/L,Na 在 1.10 ~ 1. 60 mmol/L,线性误差不大于 5%。

重复性:C_v 不大于 2%。

火焰光度计本身无法得出被测元素的绝对浓度值。因此,必须首先制备标准溶液,进行检测标定,绘制标准曲线,然后对未知溶液进行测定,获得仪器显示的读数,再从曲线上找到相对应的浓度值,才能得到被测元素的未知浓度值。

FP - 640 火焰光度计是在原产品基础上,作了很大的改进,简化了气路系统,易于操作调节;采用数字显示电路,测量结果显而易见,读数可靠。该仪器不但保留医疗临床测试的要求,而且还适用于农业、工业对 K、Na 的测定,并具备对精神病患者服用 Li 盐的检测功能(需另购 Li 滤光片)。

10.8.2 仪器结构

火焰光度计结构见图 10-6。

10.8.3 实验方法(GB /T 3044—2007)

10.8.3.1 工作曲线的绘制

移取空白溶液 9 份各 25 mL,分别放入 9 个 100 mL 容量瓶中,用微量滴定管依次加入氧

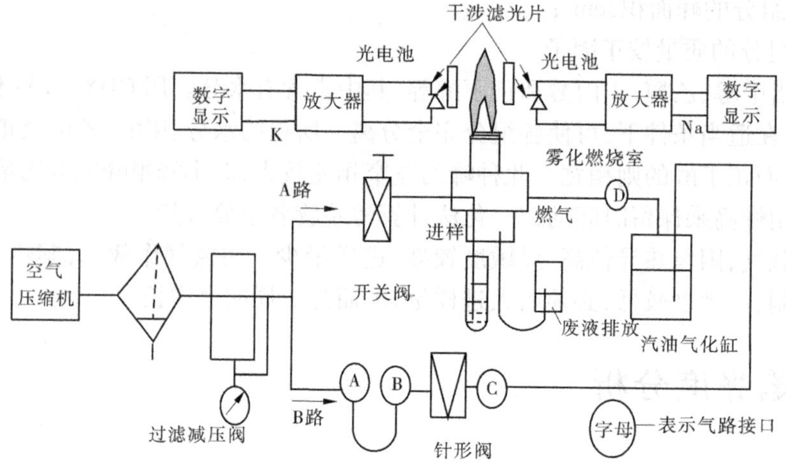

图 10-6　火焰光度计结构示意图

化钠标准溶液(含氧化钠 0.2 mg/mL)0.00 mL,0.50 mL,1.00 mL,2.00 mL,3.00 mL,4.00 mL,6.00 mL,8.00 mL,10.00mL,用水稀释至刻度,摇匀。在火焰光度计上选择适当的工作条件,测定其检流计值 $f(i)$,减去空白试验的检流计值后,绘制工作曲线。

10.8.3.2　试样中氧化钠含量的测定

准确称取试样 0.500 0 g(细于 180 号)于铂坩埚中,与 1.5 g 硼酸混合,再加上 0.5 g 硼酸,加盖,盖微启,外套一大小适宜的瓷坩埚,于明丝电炉上加热,待大部分水分逐去后,将铂坩埚送入 980 ℃的高温炉中熔融 30 min,取出,冷却后,洗净坩埚外壁,于 250 mL 烧杯中,用热的盐酸(3:97)100 mL 加热浸出,移入 250 mL 容量瓶中冷却后,用水稀释至刻度,摇匀,待残渣沉淀后,干过滤,吸取部分滤液在火焰分光光度计上,用绘制工作曲线相同的工作条件,测定其检流计值 $f(i)$,减去空白试验的检流计值后,于工作曲线上查出氧化钠的含量。

10.8.3.3　分析结果的计算

按下式计算氧化钠的百分含量:

$$\omega(Na_2O) = m_1 \times 2.5 \times 100/m \tag{10-16}$$

式中 $\omega(Na_2O)$——Na_2O 含量,%;

m_1——自工作曲线上查得被测溶液中氧化钠质量,g;

m——试样质量,g。

10.8.3.4　允许误差

允许误差按表 10-8 的规定。

表 10-8　允许误差　(%)

含量范围	同一实验室允许误差	不同实验室允许误差
≤0.25	±0.04	±0.05
0.26~0.5	±0.05	±0.07
0.51~1.00	±0.07	±0.10

10.8.4 标样校正及计算举例

10.8.4.1 标准溶液(氯化钾+氯化钠、钾离子+钠离子、氧化钾+氧化钠)

a. 蒸馏水。

b. 5 μg/mL。

c. 10 μg/mL。

d. 20 μg/mL。

e. 30 μg/mL。

f. 40 μg/mL。

注:以上标准溶液仅为举例。实际使用的标准溶液应根据被测溶液的浓度而定。只要被测溶液的浓度落在标准溶液的浓度范围内,最低标准溶液可以不用蒸馏水,而用 5 μg/mL、10 μg/mL、20 μg/mL 等。标准溶液的浓度最好不超过 40 μg/mL。只要仪器读数不溢出,更高浓度也可做,但要多插几点,以保证读数精度。

10.8.4.2 操作

(1)仪器背面钾扩展开关按下。(6400A:选择量程)

(2)蒸馏水。用低标旋钮调零。(6400A:调零旋钮)

(3)40 μg/mL 溶液,用高标旋钮调 100 左右(可以更大,如 120、150、180 等小于 199 的任意数)。(6400A:满度旋钮调 100 格或几十格)

(4)标准溶液 b、c、d、e 进样,读数。

(5)被测溶液进样,读数。

注:以上操作应根据不同的标准溶液而有所不同。

10.8.4.3 计算

(1)被测溶液的读数一定要小于最高浓度标准溶液的读数,这里是 40 μg/mL 溶液所对应的读数。

(2)被测溶液的读数为 D,其质量浓度为 C,比被测溶液读数大一点的标准溶液的读数为 D_H,其对应的质量浓度为 C_H;比被测溶液读数小一点的标准溶液的读数为 D_L,其对应的质量浓度为 C_L。

(3)由于火焰是动态的,所以火焰光度计的读数在一定范围内也是动态的。为弥补这一点,操作时可以先取得一系列标准溶液的初始数据并记录之。然后,每进一个被测溶液取得读数 D 后,马上进 C_L、C_H 两个标准溶液,取它们的读数 D_L、D_H。

(4)公式:

$$C = \frac{D - D_L}{D_H - D_L}(C_H - C_L) + C_L \tag{10-17}$$

(5)质量百分数的计算:

$$\omega = 0.01K \times \frac{C}{M} \tag{10-18}$$

式中 C——为 4.3.4 计算值,μg/mL;

K——为稀释倍数,定容量除以 100 mL,即 100 mL 的倍数,如稀释 250 mL 为 2.5 倍;

M——称量值,g;

ω——最终结果,%。

10.9 综合热分析

10.9.1 实验原理

综合热分析是指几种单一的热分析法相互结合成多元的热分析法。也就是将各种单功能的热分析仪相互组合在一起变成多功能的综合热分析仪。如差热(DTA) - 热重(TG)、差示扫描(DSC) - 热重(TG)、差热(DTA) - 热重(TG) - 微商热重(DTG)、差热(DTA) - 热机械分析(TMA)等。这种多功能综合热分析的特点是在完全相同的实验条件下,也就是在一次实验中可同时获得样品的各种热变化信息。

因此,综合热分析具有极大的优越性而被广泛采用。在无机非金属材料中,综合热分析技术使用得最多的是 DTA - TG。

由综合热分析的基本原理可知,综合热分析曲线就是各单功能热分析曲线测绘在同一张记录纸上。因此,综合热分析曲线上的每一单一曲线的分析和解释与单功能仪器所作曲线完全一样,各种单功能标准曲线都可作为综合热分析曲线的标准,分析解释时可作参考。另外,在解释综合热分析曲线时,下面一些基本规律值得注意:

(1)有吸热效应,伴有失重时,为脱水或分解过程,有放热效应伴有增重时,为氧化过程。

(2)有吸热效应,无质量变化时为多晶转变过程,有吸热并伴有胀缩时也可能是多晶转变过程。

(3)有放热效应,伴有收缩现象,表示有新物质形成。

例如图 10-7 示出了某种黏土的综合热分析曲线,它包括加热曲线、差热曲线、失重曲线和收缩曲线。根据差热(DTA)曲线可知,该黏土的主要峰形与高岭土相符,其矿物组成应以高岭土(Al_2O_3、$2SiO_2 \cdot 2H_2O$)为主。DTA 曲线上两个显著的吸热峰,第一个吸热峰从 200 ℃以下开始发生至 260 ℃达峰值,TG 曲线上对应着这一过程的质量损失达 3.7%,而收缩曲线表明这一过程体积变化不大,所以这一吸热峰对应的是高岭土失去层间吸附水的过程。第二吸热峰从 540 ℃开始至 640 ℃达峰值,这一过程对应质量损失 10.31%,而体积收缩 1.4%。DTA 曲线上强烈的吸热效应相当于高岭土晶格中氢氧脱出或结晶水排除,致使晶格破坏,偏高岭土($Al_2O_3 \cdot SiO_2$)中的 Al_2O_3 和 SiO_2 转变成无定形。当温度升高至 1 000 ℃左右,无定形 Al_2O_3 结晶成 $\gamma - Al_2O_3$ 和部分微晶莫来石,使 DTA 曲线上出现强烈的放热效应,此时质量无显著变化,体积却显著收缩,收缩率从 3.19% 变成 8.67%。加热到 1 240 ℃,DTA 曲线上又出现一放热峰,同时体积从 9.86% 迅速收缩到 14.4%,这显然又是一个结晶相的出现,据研究系非晶质 SiO_2 与 $\gamma - Al_2O_3$ 化合成莫来石 $3Al_2O_3 \cdot 2SiO_2$ 结晶所致。

图 10-8 示出了以煤矸石、石灰为主要原料的煤矸石水泥水化产物的 DTA - TG - DTG 综合热曲线。图中 DTA 曲线上 100 ~ 300 ℃间的多处微小吸热峰对应 TG 曲线略有倾斜,DTG 曲线多处小峰起伏,表明水化产物中少量水化硫铝酸钙和水化铝酸钙脱水。DTA 曲线上 480 ℃处的吸热峰对应 TG 曲线上 2.417% 的失重,DTG 曲线明显向上的峰形表明水化物中 $Ca(OH)_2$ 的脱水失重明显,效应集中。DTA 曲线上 600 ℃以后有吸热效应,至 770 ℃有最明显的吸热,对应 TG 曲线有 11.03% 的质量损失,DTG 曲线有宽而大的峰形,表明水化物中碳酸钙的分解及 CSH 凝胶的脱水,水化物中碳酸钙分解峰之大、失重之多表明该水化物已在空气中碳化。

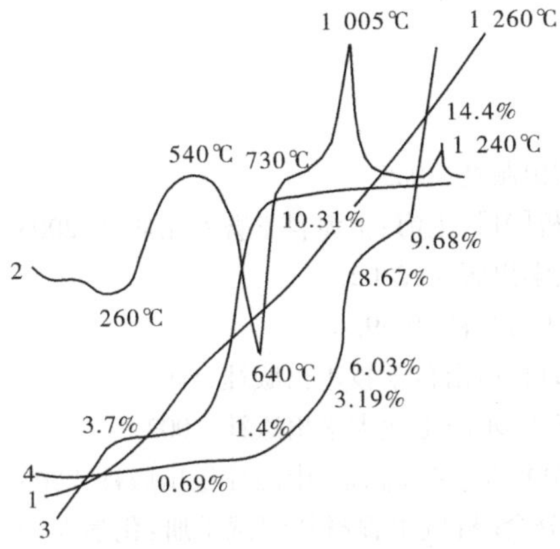

1—加热曲线;2—差热曲线;3—失重曲线;4—收缩曲线

图 10-7 某黏土的综合热分析曲线

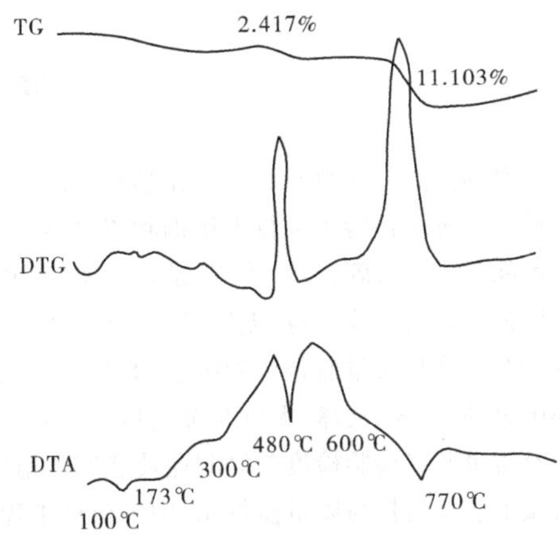

图 10-8 煤矸石水泥水化产物的综合热谱

10.9.2 影响热分析实验精度的因素

10.9.2.1 气氛

试样周围的气氛对试样热反应本身有较大的影响,试样的分解产物可能与气流反应,也可能被气流带走,这些都可能使热反应过程发生变化(如草酸钙的分解反应)。而气氛的性质、纯度、流速对 TG 曲线的形状也有较大影响。因此可以采用动态惰性气氛,即向试样室通入不与试样及产物发生反应的气体,如氮气、氩气等。

10.9.2.2 升温速率

升温速率大,所产生的热滞后现象严重,往往导致差热、热重曲线上的起始温度 T_i 和终止温度 T_f 偏高,但升温速率太小时,也会使得差热曲线上的峰值不明显,或没有差热峰。

在热重分析中,中间产物的检测是与升温速率密切相关的。升温速率快,不利于中间产物的检出,TG 曲线上的拐点及平台很不明显。升温速率慢些可得到相对明晰的实验结果。总之,升温速率对热分解温度和中间产物的检出都有较大影响,在热重分析中宜采用低速升温,如 2.5 ℃/min、5 ℃/min,一般不超过 10 ℃/min。

在差热分析中一般采用 10 ℃/min 或 20 ℃/min。值得指出的是,升温速率的改变不会导致试样失重量的改变。

10.9.2.3 试样粒度、装样密度、样品量

粒度细,表面积大,有些差热峰就可能不明显或反应起始温度较低。

装样密度大,反应速度变慢,或分几步反应。

样品量多,反应时差热峰就大,失重量也相应较大。

10.9.2.4 稀释剂、参比物

加入稀释剂,差热峰小,或使剧烈反应变得较平稳。

参比物,如在低温 500 ℃以下可用 SiO_2。一般都使用 $\alpha-Al_2O_3$,要经过高温煅烧,使之在加热过程中无变化。

参 考 文 献

[1] 陈金身,陈方平. 材料专业基础化学实验[M]. 北京:中国标准出版社,2005.
[2] 机械工业理化检验人员技术培训和资格鉴定委员会. 化学分析[M]. 上海:上海科学普及出版社,2003.
[3] 王世韵,吴法伦,郭艳玲,等. 基础化学实验[M]. 天津:南开大学出版社,2002.
[4] 徐甲强,孙淑香,陈金身. 无机及分析化学实验[M]. 北京:海洋出版社,1999.
[5] 国家磨料磨具质量监督检验中心. 磨料磨具化学分析[M]. 郑州:河南科学技术出版社,1992.
[6] 孙国忠,周永强,吴泽. 无机非金属材料专业实验[M]. 哈尔滨:哈尔滨工业大学出版社,2002.
[7] 国家质量监督检验检疫总局职业技能鉴定指导中心. 材料成分检验[M]. 北京:中国计量出版社,2005.
[8] 机械工业部科技与质量监督司,中国机械工程学会理化检验分会. 机械工程材料测试手册:化学卷[M]. 沈阳:辽宁科学技术出版社,1996.
[9] 韩永志. 标准物质手册[M]. 北京:中国计量出版社,1998.
[10] 全浩. 标准物质及其应用技术[M]. 北京:中国标准出版社,1991.
[11] 常钧,黄世峰,刘世权. 无机非金属材料工艺与性能测试[M]. 北京:化学工业出版社,2007.
[12] 武汉大学,吉林大学,等. 分析化学:第二版[M]. 北京:高等教育出版社,1982.
[13] 国家质量技术监督局. JJF1059—1999 测量不确定度评定与表示[S]. 北京:中国计量出版社,1999.
[14] 施惠生. 无机非金属材料实验[M]. 上海:同济大学出版社,1999.
[15] 陈君丽,智红梅. 材料专业基础化学实验:第二版[M]. 北京:中国标准出版社,2007.
[16] 华南工学院. 陶瓷工艺实验[M]. 北京:轻工业出版社,1982.
[17] 鞍钢钢铁研究所,沈阳钢铁研究所. 实用冶金分析[M]. 沈阳:辽宁科学技术出版社,1990.
[18] 刘军坛,侯胜梅. 工程化学基础实验[M]. 杭州:浙江大学出版社,2001.
[19] 国家磨料磨具质量监督检验中心. 磨料磨具物理检验[M]. 郑州:河南科学技术出版社,1992.
[20] 邹文俊. 涂附磨具制造[M]. 北京:中国标准出版社,2002.